纺织检测知识丛书

纺织产品生态安全性能检测

田 文 主 编

顾晓华 副主编

中国纺织出版社

内 容 提 要

本书从纺织产品生态安全性能的相关法规和标准入手，介绍了国内外法律法规的最新进展和要求，列举了纺织产品生态安全性能的各项检测项目，以及所对应的国内外现行检测标准，详细叙述了各有害物质管控的缘由、对应的检测技术与最新技术的发展，相关检测标准的测试原理、方法步骤、仪器条件以及检测过程中的技术细节、经验和存在问题等，使读者对纺织产品生态安全性能的相关标准和检测技术有全面细致的了解。希望本书能成为广大从事纺织产品检测的技术人员的一本实用工具书。

图书在版编目(CIP)数据

纺织产品生态安全性能检测/田文主编. --北京 ：中国纺织出版社,2019.12
(纺织检测知识丛书)
ISBN 978-7-5180-5888-4

Ⅰ.①纺… Ⅱ.①田… Ⅲ.①纺织品—产品安全性能—性能检测 Ⅳ.①TS107

中国版本图书馆 CIP 数据核字(2019)第 004873 号

策划编辑:朱利锋 沈 靖 责任编辑:朱利锋
责任校对:寇晨晨 责任印制:何 建

中国纺织出版社出版发行
地址:北京市朝阳区百子湾东里 A407 号楼 邮政编码:100124
销售电话:010—67004422 传真:010—87155801
http://www.c-textilep.com
中国纺织出版社天猫旗舰店
官方微博 http://weibo.com/2119887771
北京市密东印刷有限公司印刷 各地新华书店经销
2019 年 12 月第 1 版第 1 次印刷
开本:787×1092 1/16 印张:25.25
字数:508 千字 定价:128.00 元

前言

转眼十年，新的法规和标准陆续出台，禁用或限用有害有毒物质的种类不断扩大，新的检测技术和先进的仪器设备逐渐普及，在王建平教授的主持下，纺织检测技术丛书应运而生。2018年3月，笔者有幸得到王建平教授的邀约，负责该丛书中《纺织产品生态安全性能检测技术》的编撰工作。在王建平教授的鼓励和指导下，在参考《REACH法规与生态纺织品》"第三篇 检测与标准"的基础上，查阅了大量标准与文献，结合长期工作中积累的经验和心得，完成了本书的编撰工作。在此，非常感谢王建平教授对编著者的信任和指导。

作为纺织检测技术丛书中的一种，本书从纺织产品生态安全性能的相关法规和标准入手，介绍了国内外法律法规的最新进展和要求，列举了纺织产品生态安全性能的各项检测项目以及所对应的国内外现行检测标准，详细叙述了各种有害物质管控的缘由、对应的检测技术与最新技术的发展，相关的检测标准的测试原理、方法步骤、仪器条件以及在检测过程中的技术细节、经验和存在问题等，使读者对纺织产品生态安全性能的相关标准和检测技术有全面细致的了解。希望本书能成为广大从事纺织产品检测的技术人员的实用工具书。

本书的第一章由田文和杜敬梅编写；第二章由田文编写；第三章由郑娟编写；第四章由谢艳梅负责，刘小云、黄鸿森、曹明明、刘文娜参与编写；第五章由赵瑞娜负责，沈丽虹、贾逸凡、宁巧玉、谢勇、许冠杰、古祥华、邓湘辉、李发根、贺笑非、何铭坤、张静洁参与编写；第六章由沈丽虹负责，方琼、李运运、秦元、谢勇、张心颖、余艳芬参与编写；第七章由郭静、黄鸿森和田文编写。田文和顾晓华负责全书的统稿和修改，邓湘辉和刘文娜负责全书的排版和校对。

本书的编著得到了天祥集团(Intertek)中心化学实验室技术团队的大力支持，大家在繁忙的工作之余，查阅大量文献，并结合实际检测工作中积累的经验和心得编著该书，希望给读者提供最新、最详细的检测技术。在此，对所有参与本书编写的技术人员表示衷心的感谢。同时，也感谢家人对编著者工作的理解与支持。

由于时间仓促，编著人员水平有限，对标准的理解和检测技术方面仍存在一些不完善之处，错误也在所难免。恳请业界专家、学者和读者批评指正，不胜感激！

编著者

2019年5月

目录

第一章　纺织产品生态安全性能的相关法规和标准

第一节　国内外纺织产品生态安全性能的法规和标准

一、欧盟法规——REACH 法规

REACH 是欧洲关于化学品注册、评估、授权和限制的法规,是《化学品注册、评估、授权和限制》法规英文名称的缩写(Registration, Evaluation, Authorization and Restriction of Chemicals)。2006 年 REACH(EC)No 1907/2006 在欧盟官方公报上发布,2007 年生效,2008 年实施。同时,作为 REACH 法规实施的执行机构——欧洲化学品管理局(European Chemicals Agency,简称 ECHA)也于 2007 年开始运行。REACH 法规取代了欧盟以前的化学品立法框架,整合了欧盟已有的《危险物质分类、包装和标签指令》等 40 多项有关化学品的指令,分为 15 篇和 17 个附件,其中既有法律条文又有技术标准,是一套以测试、风险评估技术体系为支撑的化学品管理制度。REACH 旨在提高对人类健康和环境的保护,使其免受化学品可能带来的风险,同时提高欧盟化学品行业的竞争力,促进对物质危害评估的其他方法的研究,减少对动物的试验。

欧盟的 REACH 法规颁布以来,为确保其顺利实施,欧洲议会、欧洲理事会和欧洲化学品管理局(ECHA)以及各成员国致力于对该法规不断修订和完善。有关 REACH 法规的补充和修订,主要涉及四个方面:有关 REACH 法规的实施及指南;与 REACH 法规相关的其他法规的修订;原欧盟指令 76/769/EEC 废止后转入 REACH 法规附件 XVII 的某些被列入限制使用范畴的有害物质及其技术要求进行补充、修改和说明;针对 REACH 法规发布时尚属空白的附件 XIV,即需要授权才能使用的有害物质清单进行"填充"。截至 2019 年 9 月,REACH 法规的修订达 48 次,勘误达 6 次。

REACH 法规中与纺织产品安全性能紧密相关的部分是附件 XIV《需授权物质清单》和附件 XVII《对某些危险物质、混合物和物品的生产、销售和使用的限制》。

下面就与纺织类消费品有关的这两个附件进行介绍和解读。

(一)附件 XIV《需授权物质清单》

REACH 法规在第 7 篇(授权)第 1 章(授权的要求)中规定,被列入附件 XIV 的物质未经授权不得销售和使用。授权的目的是确保国内市场的良好运作,高度关注物质的风险得到适当控制,并确保在经济和技术可行的情况下,这些物质逐渐被适当的其他物料或技术取代。为此,所有申请授权的制造商、进口商或下游用户应分析替代产品的可用性,并考虑其风险以及替代产品的技术和经济可行性。

具有以下危害特性的物质可被认定为高度关注的物质(SVHC):根据 CLP(Classification,

Labeling and Packing)分类原则,属于第 1A 或 1B 类致癌、致基因突变和生殖毒性物质(CMR);根据 REACH 附件 XⅢ,属于持久性、生物积累性和毒性物质(PBT)或高持久性、高生物积累性物质(vPvB);其他可能产生与 CMR 或 PBT/vPvB 物质引起同等危害程度的物质。

某物质一旦被认定为 SVHC,它就会被列入 SVHC 候选物质清单。物质被列入候选清单后,该物质的供应者需立即承担法定义务,例如,需提供安全数据表;就安全使用信息跟消费者进行沟通;在接到消费者的要求后 45 天内必须答复;如果所生产的产品中含 SVHC 超过 0.1%(w/w),且该产品总量超过 1 吨/每年/每生产商,则必须向 ECHA 通报。

将 SVHC 列入候选清单的准备过程:第一步,ECHA 需提供详细的数据和理由来判定物质是否属于 SVHC;第二步,ECHA 在确认物质属于 SVHC 后,在后续的步骤中进行检查,包括有关欧盟市场的数量、用途和该物质的可能替代品的信息;第三步,ECHA 公布确认建议后,各利益相关方可在为期 45 天的咨询期内提出意见或提供进一步资料,也可对该物质的性质、用途和替代品提出评论。如果没有收到质疑的意见,则该物质直接列入候选清单;若收到新的信息或对该物质作为 SVHC 判定有质疑时,ECHA 将建议和意见提交成员国委员会(MSC)。如果委员会达成一致意见,该物质将被添加到候选清单中;如果委员会未能达成一致意见,再递交欧盟委员会进行最后的定夺。

2008 年 10 月 28 日到 2019 年 7 月,ECHA 前后共公布了 22 批经核准的 SVHC 候选清单,共计 201 种物质。表 1-1 中按公布时间分批列出了 201 种已确认的 SVHC。今后,随着更多的物质被判定为 SVHC,这份清单还会不断更新。

ECHA 会定期评估 SVHC 候选名单中的物质,按照物质的固有属性,广泛分散的用途,或在授权要求范围内的高使用量等相关信息,确定哪些物质应优先列入需授权物质清单中。目前,经欧盟委员会审核同意,被最终列入附件 XⅣ 的需授权物质,仅有 43 种物质,见表 1-1 中用 * 号标注的物质。

表 1-1　高度关注物质(SVHC)的候选清单

序号	日期	物质名称	EC No.	CAS No.	毒性类别	可能用途
1		4,4′-二氨基二苯基甲烷(MDA)*	202-974-4	101-77-9	致癌物质	用于聚氨酯生产;环氧树脂的固化剂;黏合剂中的固化剂;生产高性能聚合物的中间体
2		二甲苯麝香*	201-329-4	81-15-2	vPvB	香料
3	2008 年 10 月 28 日	短链氯化石蜡($C_{10} \sim C_{13}$)	287-476-5	85535-84-8	PBT、vPvB	金属加工润滑剂;皮革加脂剂;纺织品和橡胶、油漆、密封剂和黏合剂中的阻燃剂
4		蒽	204-371-1	120-12-7	PBT	存在于煤焦油、煤焦油蒸馏产品、含煤焦油产品(涂料、防水涂料等)和杂酚油中
5		五氧化二砷*	215-116-9	1303-28-2	致癌物质	用于印染行业;用于冶金(在合金中硬化铜、铅或金);制造特殊玻璃;木材防腐剂

续表

序号	日期	物质名称	EC No.	CAS No.	毒性类别	可能用途
6		三氧化二砷*	215-481-4	1327-53-3	致癌物质	玻璃和搪瓷的脱色剂；制造特殊玻璃的提炼和氧化剂和铅水晶配方；木材防腐剂；冶金研究的氢重组毒物；制备元素砷、砷合金和砷化物半导体；治疗难治性急性骨髓白血病（M3亚型）的细胞抑制剂
7		邻苯二甲酸二-2-乙基己基酯（DEHP）*	204-211-0	117-81-7	生殖毒性物质、内分泌干扰物质（对环境）、内分泌干扰物质（对人体健康）	聚合物产品（主要是PVC）中的增塑剂
8		双三丁基氧化锡（TBTO）	200-268-0	56-35-9	PBT	防污涂料的杀菌剂及其他杀菌的用途
9		邻苯二甲酸丁苄酯（BBP）*	201-622-7	85-68-7	生殖毒性物质、内分泌干扰物质（对人体健康）	PVC或其他聚合物的增塑剂（软化剂）；与其他聚合物如密封剂、黏合剂、油漆、油墨和色漆等一起使用
10	2008年10月28日	二氯化钴	231-589-4	7646-79-9	生殖毒性物质、致癌物质	化工行业中的氨气吸收剂，防毒面具，湿度指示器，用作湿度计、气压计、自指示硅胶，制造维生素B12，在人类和动物食品中添加钴微量元素作为营养物质；在硝酸盐肥料中添加钴微量元素，提炼镁的助熔剂，用作玻璃工业的染料（玻璃表面的油漆），固体润滑剂（例如用于切削工具），氢化和脱硫等有机反应中的催化剂，隐形油墨的配方，自干型涂料中的金属催干剂，油漆、色漆、清漆和印刷油墨的催干剂，有色金属的生产（用于飞机涡轮机的合金），电镀工艺，金属工业中的化学脱气，橡胶制造中的添加剂

续表

序号	日期	物质名称	EC No.	CAS No.	毒性类别	可能用途
11	2008 年 10 月 28 日	邻苯二甲酸二丁酯（DBP）*	201-557-4	84-74-2	生殖毒性物质、内分泌干扰物质（对人体健康）	树脂和聚合物（如聚氯乙烯）中的增塑剂，用于印刷油墨、黏合剂、密封剂/压浆剂、硝基纤维素涂料、薄膜涂料和玻璃纤维，用于化妆品，作为香水溶剂和固定剂，气溶胶中固体的悬浮剂，气雾剂阀门的润滑剂，消泡剂，皮肤润肤剂，指甲油和指甲伸长剂的增塑剂
12		六溴环十二烷以及所有主要的非对映异构体（α-、β-、γ-）*	221-695-9 247-148-4 — — —	3194-55-6 25637-99-4 134237-50-6 134237-51-7 134237-52-8	PBT	聚苯乙烯（PS）中的阻燃剂，用于阻燃纺织品（用于家具、汽车内饰等），用于高冲击 PS（HIPS）
13		酸式砷酸铅	232-064-2	7784-40-9	致癌物质、生殖毒性物质	杀虫剂
14		重铬酸钠*	234-190-3	7789-12-0 10588-01-9	致癌物质、致突变物质、生殖毒性物质	作为硫酸铬生产其他铬化合物，制造无机铬酸颜料，金属精加工，有助于提升耐腐蚀性，制造维生素 K；制备彩色玻璃和陶瓷釉面，染色媒染剂；制造精油和香水
15		三乙基砷酸酯	427-700-2	15606-95-8	致癌物质	可能用于集成电路的制造
16	2010 年 1 月 13 日	蒽油*	292-602-7	90640-80-5	致癌物质、PBT 和 vPvB	焦油中的成分（例如用于生产炭黑、燃料油、锅炉燃油），生产基本化学品，植物药物和医药产品的中间物；浸渍剂（作为木材防腐剂，用于绳索和帆布），用于特殊应用的部件的焦油涂料（例如水下防蚀保护），用于屋顶和其他密封目的的防水膜组件；用于道路施工的沥青部件，辅助高炉还原剂，工业用黏度调节剂
17		蒽油、蒽糊、轻油	295-278-5	91995-17-4	致癌物质、致突变物质、PBT 和 vPvB	
18		蒽油，蒽糊，蒽馏分	295-275-9	91995-15-2	致癌物质、致突变物质、PBT 和 vPvB	
19		蒽油，含蒽量少	292-604-8	90640-82-7	致癌物质、致突变物质、PBT 和 vPvB	
20		蒽油、蒽糊	292-603-2	90640-81-6	致癌物质、致突变物质、PBT 和 vPvB	

续表

序号	日期	物质名称	EC No.	CAS No.	毒性类别	可能用途
21		沥青、煤焦油,高温*	266-028-2	65996-93-2	致癌物质、PBT和vPvB	黏合剂,重防腐剂、防潮剂
22		三(2-氯乙基)磷酸酯(TCEP)*	204-118-5	115-96-8	生殖毒性物质	聚氨酯、聚酯、聚氯乙烯和其他聚合物的有阻燃性能的增塑剂和黏度调节剂;生产蜡添加剂的中间体;生产不饱和聚酯树脂、丙烯酸树脂、黏合剂和涂料;阻燃增塑剂;制造汽车、铁路和飞机;耐火涂料和清漆,例如聚乙酸乙烯酯或醋酸纤维素,作为聚氯乙烯的次级增塑剂
23	2010年1月13日	2,4-二硝基甲苯(2,4-DNT)*	204-450-0	121-14-2	致癌物质	炸药、增塑剂、摄影用化学品、染料、橡胶和塑料
24		邻苯二甲酸二异丁酯(DIBP)*	201-553-2	84-69-5	生殖毒性物质、内分泌干扰物质(对人体健康)	特殊增塑剂,并作为助凝剂与其他增塑剂结合使用,作为硝基纤维素、纤维素乙醚、聚丙烯酸和聚乙酸分散体的增塑剂
25		钼铬酸铅红(C.I.颜料红104)*	235-759-9	12656-85-8	致癌物质、生殖毒性物质	塑料、油漆、涂层的着色;橡胶和地板砂浆的着色
26		铬酸铅黄(C.I.颜料黄34)*	215-693-7	1344-37-2	致癌物质、生殖毒性物质	塑料、油漆、涂层的着色;橡胶和地板砂浆的着色
27		铬酸铅*	231-846-0	7758-97-6	致癌物质、生殖毒性物质	颜料和染料的制造;油漆和清漆中的颜料;洗涤剂和漂白剂的配方;制造烟火火药(在阻爆雷管中);防腐/复原艺术产品的添加剂(颜料);感光材料
28	2010年3月30日	丙烯酰胺	201-173-7	79-06-1	致癌物质、致突变物质	聚丙烯酰胺生产的中间体;聚丙烯酰胺凝胶的现场制备;压浆剂

序号	日期	物质名称	EC No.	CAS No.	毒性类别	可能用途
29		三氯乙烯 *	201-167-4	79-01-6	致癌物质	金属脱脂剂和有机材料的溶剂;黏合剂、化工合成(中间体)以及各种产品的溶剂,包括杀虫剂和蜡;皮革和纺织品加工业以及油漆、色漆和清漆行业
30		硼酸	233-139-2 234-343-4	10043-35-3 11113-50-1	生殖毒性物质	焊接产品、胶片显影剂和制药原材料;化肥、除污剂、用于焊接的助熔剂、制动液和传动介质、液压液、室内用具有阻燃作用的水性涂料、胶片显影剂和用于摄影胶片的定影剂、兽药、消毒剂和其他用于私人和公共场所的杀菌产品、用于卫生杀菌剂和木材防腐剂
31	2010年6月18日	无水四硼酸钠	215-540-4	1303-96-4 1330-43-4 12179-04-3	生殖毒性物质	玻璃、陶瓷、洗涤剂、木材处理、绝缘玻璃纤维;生产其他硼酸盐化合物
32		七水合四硼酸钠	235-541-3	12267-73-1	生殖毒性物质	
33		铬酸钠 *	231-889-5	7775-11-3	致癌物质、致突变物质、生殖毒性物质	制造其他铬化合物;实验室用分析试剂;转化膜,和冷却系统中的缓蚀剂
34		铬酸钾 *	232-140-5	7789-00-6	致癌物质、致突变物质	金属的处理和涂层;有色金属冶金;制造试剂和化学品。纺织品制造;陶瓷着色剂;皮革的鞣制和修整;制造颜料/油墨。制造纸和纸板;实验室用;制造药品;烟火
35		重铬酸铵 *	232-143-1	7789-09-5	致癌物质、致突变物质、生殖毒性物质	氧化剂;实验室用试剂和化学品;皮革的鞣制和修整;制造纺织品
36		重铬酸钾 *	231-906-6	7778-50-9	致癌物质、致突变物质、生殖毒性物质	制造铬金属;铬酸盐转化膜工艺(CCC)处理和金属涂层;铝阳极氧化后的密封;用于清洗和建筑;制造实验室用试剂和化学品;皮革的鞣制和修整;纺织品制造;光刻;木材处理;冷却系统中的缓蚀剂

续表

序号	日期	物质名称	EC No.	CAS No.	毒性类别	可能用途
37		硫酸钴（Ⅱ）	233-334-2	10124-43-3	致癌物质、生殖毒性物质	生产其他化学品；制造催化剂；制造催干剂；表面处理；防腐蚀；生产颜料；脱色；动物食品补充剂
38		硝酸钴（Ⅱ）	233-402-1	10141-05-6	致癌物质、生殖毒性物质	制造催化剂；生产其他化学品；表面处理；电池
39		碳酸钴（Ⅱ）	208-169-4	513-79-1	致癌物质、生殖毒性物质	制造催化剂；动物食品补充剂；生产其他化学品；生产颜料；黏合剂
40		醋酸钴（Ⅱ）（乙酸钴）	200-755-8	71-48-7	致癌物质、生殖毒性物质	制造催化剂；生产其他化学品；表面处理；合金；生产颜料、染料、黏合剂；动物食品补充剂
41	2010年12月15日	乙二醇单甲醚	203-713-7	109-86-4	生殖毒性物质	用作溶剂、中间体、混合物和水性配方中的溶剂耦合剂；中间体，也用作燃料的添加剂
42		乙二醇单乙醚	203-804-1	110-80-5	生殖毒性物质	中间体；工业溶剂；金属表面处理和修补行业；涂料、色漆、清漆和印刷油墨的配方；航空燃料和跑道的抗冻添加剂
43		三氧化铬*	215-607-8	1333-82-0	致癌物质、致突变物质	金属精加工；制造木材防腐产品；制造催化剂；制造二氧化铬制造；制造颜料；制造油漆、清漆和油墨用腻子；有机化学中的氧化剂；制造电子元件；生产聚乙烯和其他塑料；冶炼有色金属；制造肥皂、洗涤剂和清洁剂；制造其他有机基本化学品；感光软胶的无机固化剂层；制造珠宝；研发
44		由三氧化铬生成的铬酸、重铬酸及其低聚物*	231-801-5 236-881-5	13530-68-2 7738-94-5	致癌物质	

续表

序号	日期	物质名称	EC No.	CAS No.	毒性类别	可能用途
45		2-乙氧基乙基乙酸酯	203-839-2	111-15-9	生殖毒性物质	化工用溶剂;工业用涂涂料配方、色漆和清漆;化工的中间体;建造和修理船舶;制造飞机和航天器
46		铬酸锶*	232-142-6	7789-06-2	致癌物质	混合物的配方;涂料、底漆和特种涂料;对航空航天和航空部件的建造,包括飞机/直升飞机、航天器、卫星、发射器、发动机以及此类结构的维护
47	2011年6月20日	邻苯二酸二(C$_7$~C$_{11}$支链与直链)烷基酯(DHNUP)*	271-084-6	68515-42-4	生殖毒性物质	增塑剂,主要用作聚氯乙烯的增塑剂;用于聚氯乙烯(PVC)和泡沫、汽车密封剂、聚氨酯、玻璃和传动装置黏合剂、屋顶涂料、阻隔涂层、外饰和防水帆布;水泥、填料、密封料和高端行李;用于电气和通信绝缘电线的塑化
48		肼	206-114-9	302-01-2 7803-57-8	致癌物质	合成肼衍生物;聚合反应中的单体(用于聚氨酯涂料和黏合剂);水处理中的抑蚀剂;塑料和玻璃上金属(镍、铬、锡和贵金属)沉积中的还原剂;贵金属的还原剂和金属的盐溶液和废水中回收金属的还原剂;净化化学试剂的还原剂;芳香胺中的稳定剂(用于后续油漆/油墨制造);实验室化学试剂;航空航天器的推进剂(卫星推进和卫星发射装置的前阶段);军用(紧急)动力装置的燃料;用于潜艇救援系统的气体发生器
49		1-甲基吡咯烷酮(NMP)	212-828-1	872-50-4	生殖毒性物质	涂料(油漆、印刷油墨);清洁用品(聚合物去除剂、脱漆剂/清洁剂);农用化学品;电子设备制造;石化加工;药品

续表

序号	日期	物质名称	EC No.	CAS No.	毒性类别	可能用途
50	2011年6月20日	1,2,3-三氯丙烷	202-486-1	96-18-4	致癌物质、生殖毒性物质	合成其他产品,如农药;有机氯溶剂;聚硫化物弹性体(交联剂)
51		邻苯二甲酸二($C_6 \sim C_8$ 支链与直链)烷基酯,(富C_7)(DIHP)*	276-158-1	71888-89-6	生殖毒性物质	聚氯乙烯中的增塑剂;密封剂和印刷油墨中的增塑剂
52		铬酸铬*	246-356-2	24613-89-6	致癌物质	金属处理产品配方;工业中钢和铝的金属的表面防蚀处理;实验室用试剂
53		氢氧化铬酸锌钾*	234-329-8	11103-86-9	致癌物质	涂料和密封剂的配方;航空航天工业用涂料;车辆工业用涂料;工业用密封剂;实验室用(分析、研发等)
54		锌黄(C.I. 颜料黄36)*	256-418-0	49663-84-5	致癌物质	液体混合物的配方(涂料,如底漆和洗涤底漆、稀释剂、脱漆剂等);航空航天工业用混合物;车辆工业用涂料;实验室用(分析、研发等)
55	2011年12月19日	铝硅酸盐耐火陶瓷纤维,需满足以下条件:a)以氧化铝和二氧化硅为主要成分的纤维;b)纤维的平均直径显著小于$6\mu m$;c)碱金属和碱土金属的氧化物含量($Na_2O+K_2O+CaO+MgO+BaO$)不大于18%	—	—	致癌物质	炉衬及相关应用;高温绝缘;汽车;金属处理;消防;电器
56		铝硅酸锆耐火陶瓷纤维,需满足以下条件:a)以氧化铝、二氧化硅和二氧化锆为主要成分的纤维;b)纤维的平均直径显著小于$6\mu m$;c)碱金属和碱土金属的氧化物含量($Na_2O+K_2O+CaO+MgO+BaO$)不大于18%	—	—	致癌物质	

续表

序号	日期	物质名称	EC No.	CAS No.	毒性类别	可能用途
57		甲醛苯胺共聚物（MDA）*	500-036-1	25214-70-4	致癌物质	二苯甲烷二异氰酸酯（MDI）的前体；用于环氧树脂、黏合剂的固化剂，生产带复合物盖的卷筒，生产耐化学腐蚀的管道，生产模具；生产高性能聚合物；合成4,4′-亚基双环己胺（PACM）
58		邻苯二甲酸双（2-甲氧基乙基）酯（DMEP）*	204-212-6	117-82-8	生殖毒性物质	生产硝基纤维素、醋酸纤维素、醋酸聚乙烯、聚氯乙烯的增塑剂和用于与食品或饮料接触的聚氯乙烯的增塑剂；溶剂；用于漆包线、薄膜、高强度清漆和黏合剂；用于农药产品
59	2011年12月19日	2-甲氧基苯胺，邻氨基苯甲醚	201-963-1	90-04-0	致癌物质	染料的制造和作为加工辅助剂；制造愈创木酚和香兰素
60		对特辛基苯酚*	205-426-2	140-66-9	内分泌干扰物质（对环境）	聚合物制备的单体；用于制造聚氧乙烯的中间体；用于黏合剂配方的酚醛树脂中的成分；涂料、印刷油墨和某些涂料中的成分；橡胶制品生产中的增黏剂
61		1,2-二氯乙烷*	203-458-1	107-06-2	致癌物质	聚氯乙烯生产用的氯乙烯单体；萃取和清洗的有机氯溶剂，制造乙烯胺和偏氯乙烯
62		双（2-甲氧乙基）醚*	203-924-4	111-96-6	生殖毒性物质	溶剂；用于共沸蒸馏的夹带剂；用于涉及碱金属（如锂、钠和钾）的反应；活性药物成分；柴油添加剂；光刻、制造半导体芯片
63		砷酸*	231-901-9	7778-39-4	致癌物质	特种玻璃制造中的澄清剂；生产印刷电路板的铜箔
64		砷酸钙	231-904-5	7778-44-1	致癌物质	铜冶炼中的沉淀剂；制造三氧化二砷（As_2O_3）

续表

序号	日期	物质名称	EC No.	CAS No.	毒性类别	可能用途
65		砷酸铅	222-979-5	3687-31-8	致癌物质、生殖毒性物质	生产三氧化二砷的中间体
66		N,N-二甲基乙酰胺(DMAC)	204-826-4	127-19-5	生殖毒性物质	溶剂和中间体,用于制造农用化学品、药品和精细化学品;在生产各种聚合物的纤维中纺丝溶剂,包括丙烯酸、聚氨酯-聚脲共聚物和间位芳纶纤维;用于生产聚酰亚胺薄膜和其他树脂的溶剂;工业用涂料中的溶剂;用于脱漆剂、除墨剂、实验室用化学品、用于石油化工
67	2011年12月19日	4,4'-亚甲基双-2-氯苯胺(MOCA)*	202-918-9	101-14-4	致癌物质	聚氨酯物品的生产;实验室用化学品
68		酚酞	201-004-7	77-09-8	致癌物质	实验室试剂(pH指示剂溶液),混合物(配方)的制备;用于其他专业应用;药物制剂的配方
69		叠氮化铅	236-542-1	13424-46-9	生殖毒性物质	用于民用和军用雷管中的引物或助推剂;军用弹药(引信)和航天飞机/卫星中使用的起火装置的引物
70		2,4,6-三硝基苯二酚铅	239-290-0	15245-44-0	生殖毒性物质	小口径枪和步枪弹药撞击式雷帽的引物;用于民用和军用雷管的引物;军用弹药(引信)中使用的起火点火器;用于航空航天/国防/安全,也可用于紧固电动工具的墨盒驱动装置的底物;点火的引物,包括汽车安全气囊充气器和安全带预紧器;狩猎牲畜弹药底物
71		苦味酸铅	229-335-2	6477-64-1	生殖毒性物质	爆炸物;替代迭氮化铅和史蒂芬酸铅

序号	日期	物质名称	EC No.	CAS No.	毒性类别	可能用途
72	2012 年 6 月 18 日	三甘醇二甲醚	203-977-3	112-49-2	生殖毒性物质	溶剂;加工用化学品;在气体(气体洗涤器)的工业用吸收液体;某些相转移反应的催化剂;锂电池电解质系统的配方;制动液
73		1,2-二甲氧基乙烷	203-794-9	110-71-4	生殖毒性物质	溶剂;铝的表面处理;生产锂电池的溶剂;在柔版凹版水—溶剂型油墨、平版板显影剂和玻璃清洗溶剂中成分
74		三氧化二硼	215-125-8	1303-86-2	生殖毒性物质	用于洗涤剂和清洁剂;用于工业流体、黏合剂、建筑材料、试剂和化学品、油墨/油漆
75		甲酰胺	200-842-0	75-12-7	生殖毒性物质	制造药品,作为中间体、溶剂和实验室用化学品;农业化学品和制药行业;生产维生素和嘧啶;生产氰化氢;纸张精加工的中间体;合成皮革和油墨生产的溶剂;生产植保剂
76		甲磺酸铅(Ⅱ)	401-750-5	17570-76-2	生殖毒性物质	电镀(电镀和化学镀)
77		异氰尿酸三缩水甘油酯(TGIC)	219-514-3	2451-62-9	致突变物质	树脂和涂料中的固化剂;用于金属精加工的聚酯粉末涂层;用于印刷电路板行业中焊料的"遮掩"油墨
78		β-异氰尿酸三缩水甘油酯	423-400-0	59653-74-6	致突变物质	树脂和涂料中的固化剂;用于金属精加工的聚酯粉末涂层;用于印刷电路板行业中焊料的"遮掩"油墨

续表

序号	日期	物质名称	EC No.	CAS No.	毒性类别	可能用途
79	2012 年 6 月 18 日	4,4′-四甲基二氨二苯酮(米氏酮)	202-027-5	90-94-8	致癌物质	生产三苯甲烷类染料的中间体;药品制造的中间体;生产聚合物;染料和颜料中的添加剂,用作光敏剂;光吸水剂,用于光刻胶配方;用于干膜产品;用作电子电路板制造加工的化学品
80		4,4′-亚甲基双(N,N-二甲基苯胺)(米氏碱)	202-959-2	101-61-1	致癌物质	染料和颜料制造中的化学中间体;生产其盐酸盐的化学中间体
81		C. I. 碱性蓝 26	219-943-6	2580-56-5	致癌物质	生产各种油墨、清洁剂;涂料应用;各种纸张和塑料制品的染色;其他物品的染色或涂层
82		C. I. 碱性紫 3、龙胆紫	208-953-6	548-62-9	致癌物质	应用于打印机墨盒、圆珠笔和纸张着色剂的墨水染料;复写纸;干花/干植物的染色;油性笔;用于微生物和临床实验室
83		α,α-二[(二甲氨基)苯基]-4-甲氨基苯甲醇	209-218-2	561-41-1	致癌物质	墨水和染料;肥料;诊断、分析和研发应用
84		C. I. 溶剂蓝 4	229-851-8	6786-83-0	致癌物质	墨水和染料;燃料;肥料;诊断、分析和研发应用

序号	日期	物质名称	EC No.	CAS No.	毒性类别	可能用途
85		十溴二苯醚	214-604-9	1163-19-5	PBT 物质、vPvB 物质	塑料/聚合物和纺织品中的阻燃添加剂
86		全氟十三酸	276-745-2	72629-94-8	vPvB 物质	生产氟聚合物和氟调聚物，作为消费品和工业品的添加剂和成分
87		全氟十二酸	206-203-2	307-55-1	vPvB 物质	
88		全氟十一酸	218-165-4	2058-94-8	vPvB 物质	
89		全氟十四酸	206-803-4	376-06-7	vPvB 物质	
90		偶氮二甲酰胺	204-650-8	123-77-3	对人类健康有严重影响的物质	橡胶和塑料行业的发泡剂；发泡剂、老化和漂白成分、发泡剂、催化剂、绝缘材料、建筑材料、水泥填料、着色剂、添加剂；摄影业中的漂白剂
91	2012 年 12 月 19 日	[1]环己烷-1,2-二甲酸酐 [2]顺式-环己烷-1,2-二甲酸酐 [3]反式-环己烷-1,2-二甲酸酐，包括这些物质的顺式和反式异构体以及所有这些异构体的可能组合	201-604-9 236-086-3 238-009-9	85-42-7 13149-00-3 14166-21-3	对人类健康有严重影响的物质	制造醇酸树脂、增塑剂、驱虫剂、防锈剂和环氧树脂的固化剂
92		[1]甲基六氢邻苯二甲酸酐 [2]4-甲基六氢邻苯二甲酸酐 [3]1-甲基六氢邻苯二甲酸酐 [4]3-甲基六氢邻苯二甲酸酐，包括这些物质的顺式和反式异构体以及所有这些异构体的可能组合	247-094-1 243-072-0 256-356-4 260-566-1	25550-51-0 19438-60-9 48122-14-1 57110-29-9	对人类健康有严重影响的物质	生产聚酯和醇酸树脂，热塑性聚合物的增塑剂；用于环氧树脂的固化剂和用于热塑性聚合物的链式交联剂

续表

序号	日期	物质名称	EC No.	CAS No.	毒性类别	可能用途
93		支链或直链的4-壬基苯酚;4号位连接9个碳原子的支链或直链烷基的苯酚衍生物,包括含有一个或多个异构体的具有明确化学组成的物质或UVCB物质	—	—	环境激素	涂料配方;工业用涂料;消费者用和专业产品(如油漆);用于乳液聚合
94		对特辛基苯酚聚乙氧基醚	—	—	环境激素	涂料配方;工业用涂料;用于乳液聚合;用作生产烷基醚硫酸盐的中间体;消费者用和专业产品(如油漆)
95		甲氧基乙酸	210-894-6	625-45-6	生殖毒性物质	合成材料中间体
96	2012年12月19日	N,N-二甲基甲酰胺	200-679-5	68-12-2	生殖毒性物质	生产聚氨酯材质的合成/人造革;印刷电路板的制造;有机化学中用于合成的试剂和催化剂;合成和结晶用溶剂
97		二丁基二氯化锡(DBTC)	211-670-0	683-18-1	生殖毒性物质	橡胶添加剂、PVC塑料稳定剂、聚氨酯和硅胶生产中的催化剂;绝缘和涂层
98		一氧化铅	215-267-0	1317-36-8	生殖毒性物质	实验室用化学品、吸附剂和涂料产品;炸药和聚合物
99		四氧化三铅	215-235-6	1314-41-6	生殖毒性物质	涂料产品和填料,腻子,石膏,模型用陶土;实验室用化学品和吸附剂;炸药和聚合物
100		四氟硼酸铅	237-486-0	13814-96-5	生殖毒性物质	金属表面处理产品、非金属表面处理产品和实验室用化学品
101		碱式碳酸铅	215-290-6	1319-46-6	生殖毒性物质	油漆;制陶瓷彩釉和绘画涂料的原料;也用做塑料稳定剂

序号	日期	物质名称	EC No.	CAS No.	毒性类别	可能用途
102		钛酸铅	235-038-9	12060-00-3	生殖毒性物质	主要用于制造复合电子陶瓷,提高陶瓷的导电性能;也用作涂料的颜料
103		钛酸铅锆	235-727-4	12626-81-2	生殖毒性物质	电子电器
104		硅酸铅	234-363-3	11120-22-2	生殖毒性物质	用于制造光学玻璃,显像管,光导纤维,日用器皿和低熔点焊接
105		掺有铅的硅酸钡,其中铅的含量超过1272/2008/EC附录Ⅵ中对生殖毒性类别1A的限制要求	272-271-5	68784-75-8	生殖毒性物质	用于玻璃制造
106		1-溴丙烷*	203-445-0	106-94-5	生殖毒性物质	用于合成农药、染料、香料等
107	2012年12月19日	环氧丙烷	200-879-2	75-56-9	致癌物质、致基因突变物质	有机合成中的重要原料,合成丙醛、丙烯醇、丙二醇、甘油、合成树脂、有机酸、表面活性剂、乳化剂、增塑剂、泡沫塑料、杀菌剂、熏蒸剂、洗涤剂等
108		邻苯二甲酸二戊基酯(支链与直链)*	284-032-2	84777-06-0	生殖毒性物质	增塑剂
109		邻苯二甲酸二异戊酯(DIPP)*	210-088-4	605-50-5	生殖毒性物质	增塑剂,润滑剂
110		邻苯二甲酸正戊基异戊基酯*	933-378-9		生殖毒性物质	增塑剂
111		乙二醇二乙醚	211-076-1	629-14-1	生殖毒性物质	合成树脂,油漆的溶剂,有机合成中间体
112		碱式乙酸铅	257-175-3	51404-69-4	生殖毒性物质	油漆,涂层,脱漆剂,稀释剂
113		碱式硫酸铅	234-853-7	12036-76-9	生殖毒性物质	用作油漆、颜料、涂料、陶瓷

续表

序号	日期	物质名称	EC No.	CAS No.	毒性类别	可能用途
114		二碱式邻苯二甲酸铅	273-688-5	69011-06-9	生殖毒性物质	塑料生产中的稳定剂。用于高温电绝缘料、泡沫制品等
115		二碱式硬脂酸铅	235-702-8	12578-12-0	生殖毒性物质	塑胶制品
116		C16-18-脂肪酸铅	292-966-7	91031-62-8	生殖毒性物质	塑胶制品
117		氰氨化铅（Ⅱ）	244-073-9	20837-86-9	生殖毒性物质	防锈
118		硝酸铅	233-245-9	10099-74-8	生殖毒性物质	用作颜料,色素和鞣革剂,及涂料中的热稳定剂
119		四碱式硫酸铅	235-067-7	12065-90-6	生殖毒性物质	塑胶制品,电池
120		铅锑黄	232-382-1	8012-00-8	生殖毒性物质	用于涂料、油墨、塑料和橡胶制品
121		二碱式亚硫酸铅	263-467-1	62229-08-7	生殖毒性物质	用于玻璃陶瓷制品
122	2012年12月19日	四乙基铅	201-075-4	78-00-2	生殖毒性物质	汽油等燃料中的抗爆剂
123		三碱式硫酸铅	235-380-9	12202-17-4	生殖毒性物质	塑料生产中的稳定剂;用于制管、板、薄膜、电缆、人造革等
124		二碱式亚磷酸铅	235-252-2	12141-20-7	生殖毒性物质	塑料生产中的稳定剂;用于制管、板、薄膜、电缆、人造革等
125		呋喃	203-727-3	110-00-9	致癌物质	有机合成原料或溶剂
126		硫酸二乙酯	200-589-6	64-67-5	致癌物质、致基因突变物质	用来合成涂料、染料等精细化工中间体
127		硫酸二甲酯	201-058-1	77-78-1	致癌物质	用于制造染料及作为胺类和醇类的甲基化剂;分析试剂;有机合成,甲基化试剂
128		3-乙基-2-甲基-2-(3-甲基丁基)-1,3-噁唑烷	421-150-7	143860-04-2	生殖毒性物质	橡胶生产
129		地乐酚	201-861-7	88-85-7	生殖毒性物质	用于染料、有机合成、木材防腐等
130		4,4′-二氨基-3,3′-二甲基二苯甲烷	212-658-8	838-88-0	致癌物质	用于制取染料中间体及其他有机合成的中间体

续表

序号	日期	物质名称	EC No.	CAS No.	毒性类别	可能用途
131	2012年12月19日	4,4′-二氨基二苯醚及其盐类	202-977-0	101-80-4	致癌物质、致突变物质	用于制取染料中间体及其他有机合成的中间体
132		4-氨基偶氮苯	200-453-6	60-9-3	致癌物质	作染料及染料中间体
133		2,4-二氨基甲苯	202-453-1	95-80-7	致癌物质	用于制取染料中间体及其他有机合成的中间体
134		2-甲氧基-5-甲基苯胺	204-419-1	120-71-8	致癌物质	染料中间体,用于染料合成
135		4-氨基联苯	202-177-1	92-67-1	致癌物质	用于有机合成及染料中间体
136		邻-氨基偶氮甲苯	202-591-2	97-56-3	致癌物质	染料中间体
137		邻甲苯胺	202-429-0	95-53-4	致癌物质	染料中间体及有机合成
138		N-甲基乙酰胺	201-182-6	79-16-3	生殖毒性物质	有机合成中间体;溶剂
139	2013年6月20日	镉	231-152-8	7440-43-9	致癌物质、对人体健康有严重影响的物质	用于制造合金,电镀、电池;生产其他镉化合物的中间体
140		氧化镉	215-146-2	1306-19-0	致癌物质、对人体健康有严重影响的物质	生产金属镉和镉化合物的中间体;用于塑料的稳定剂、陶瓷釉、光电元件、杀虫剂等
141		邻苯二甲酸二正戊酯(DPP)*	205-017-9	131-18-0	生殖毒性物质	增塑剂
142		4-壬基苯酚聚乙氧基醚,支链或直链*;4号位连接9个碳原子的支链或直链烷基的苯酚聚乙氧基醚衍生物,包括含有一个或多个异构体的具有明确化学组成的物质或UVCB物质	—	—	环境激素	洗涤剂,乳化剂,纺织助剂等
143		全氟辛酸铵盐(APFO)	223-320-4	3825-26-1	PBT物质、生殖毒性物质	用于生产全氟聚合物;用做表面活性剂,被广泛用于生产纺织品、皮革制品、家具和地毯等;表面防污处理剂
144		全氟辛酸(PFOA)	206-397-9	335-67-1	PBT物质、生殖毒性物质	

续表

序号	日期	物质名称	EC No.	CAS No.	毒性类别	可能用途
145		硫化镉	215-147-8	1306-23-6	致癌物质、对人体健康有严重影响的物质	用作油漆、纸、橡胶和玻璃等的颜料（镉黄和镉红）；高纯度的硫化镉是良好的半导体
146		邻苯二甲酸二己酯(DnHP、DHXP)	201-559-5	84-75-3	生殖毒性物质	增塑剂
147		C. I. 直接红28	209-358-4	573-58-0	致癌物质	用于纺织品和纸制品的染色；用作酸碱指示剂和生物染色剂等
148	2013年12月16日	C. I. 直接黑38	217-710-3	1937-37-7	致癌物质	用于蚕丝、锦纶及其混纺织物的染色；用于皮革、生物和木材的染色、塑料的着色及作为赤色墨水的原料等
149		亚乙基硫脲	202-506-9	96-45-7	生殖毒性物质	用作合成橡胶硫化工艺的促进剂；用作精细化学的中间体；用于制造抗氧剂、杀虫剂、杀真菌剂、染料、药物和合成树脂
150		二乙酸铅	206-104-4	301-04-2	生殖毒性物质	纺织品印染、制药、制造铅盐的原料、铅电镀、防水漆、分析试剂、金冶炼等
151		磷酸三（二甲苯）酯	246-677-8	25155-23-1	生殖毒性物质	主要用作阻燃剂，也可用作增塑剂
152		邻苯二甲酸二异己酯［支链和直链(DHP)］	271-093-5	68515-50-4	生殖毒性物质	用作增塑剂
153	2014年6月16日	氯化镉	233-296-7	10108-64-2	致癌物质、致突变物质、生殖毒性物质、对人类健康有严重影响的物质	作为合成原材料，用于电镀和太阳能电池生产和科研
154		水合过硼酸钠	239-172-9 234-390-0	15120-21-5 13517-20-9 11138-47-9 10332-33-9 37244-98-7	生殖毒性物质	用作氧化剂、漂白剂、杀菌剂、脱臭剂、洗涤剂等
155		过硼酸钠	231-556-4	7632-04-4	生殖毒性物质	用作氧化剂、漂白剂、杀菌剂、脱臭剂、洗涤剂等

序号	日期	物质名称	EC No.	CAS No.	毒性类别	可能用途
156		氟化镉	232-222-0	7790-79-6	致癌物质、致突变物质、生殖毒性物质、对人类健康有严重影响的物质	主要用于研究,以及玻璃和光学器件生产、高温润滑剂、铝合金的助焊剂
157		硫酸镉	233-331-6	10124-36-4 31119-53-6	致癌物质、致突变物质、生殖毒性物质、对人类健康有严重影响的物质	用于科研和工业原料;金属涂层和铅酸电池等的生产
158	2014年12月17日	2-(2′-羟基-3′,5′-二叔丁基苯基)苯并三唑(UV-320)	223-346-6	3846-71-7	PBT、vPvB	广泛应用于汽车和工业木材涂料的 UV 稳定剂;也用于橡胶、塑胶、化妆品等
159		2-(2′-羟基-3′,5′-二叔戊基苯基)苯并三唑(UV-328)	247-384-8	25973-55-1	PBT 物质、vPvB 物质	广泛应用于汽车和工业木材涂料的 UV 稳定剂;也用于橡胶、塑胶、化妆品等
160		二正辛基-双(巯乙酸-2-乙基己酯)锡(DOTE)	239-622-4	15571-58-1	生殖毒性物质	PVC 塑料中的热稳定剂
161		二正辛基-双(巯乙酸-2-乙基己酯)锡(DOTE)和三(巯乙酸-2-乙基己酯)辛锡(MOTE)的反应物料	—	—	生殖毒性物质	PVC 塑料中的热稳定剂
162	2015年6月15日	邻苯二甲酸二(C₆-C₁₀)烷基酯;(癸基,己基,辛基)酯与1,2-邻苯二甲酸的复合物且邻苯二甲酸二己酯含量≥0.3%	271-094-0 272-013-1	68515-51-5 68648-93-1	生殖毒性	作为增塑剂、润滑剂用于黏合剂、涂料、建材、电缆复合聚合物箔片、PVC 化合物和美术用品
163		卡拉花醛,其同分异构体或它们的结合产物	—	—	vPvB	芳香剂

续表

序号	日期	物质名称	EC No.	CAS No.	毒性类别	可能用途
164		全氟壬酸及其钠盐和铵盐	206-801-3 — —	375-95-1 21049-39-8 4149-60-4	生殖毒性物质、PBT	主要用于 LCD 的生产；清洁及防水试剂、灭火器表面活性剂、润滑添加剂，制造含氟聚合物
165		硝基苯	202-716-0	98-95-3	生殖毒性物质	主要用于制造苯胺以及其他相关物质，也用作有机溶剂
166	2015 年 12 月 17 日	2-(2′-羟基-3′-异丁基-5′-叔丁基苯基)苯并三唑(UV-350)	253-037-1	36437-37-3	vPvB	广泛应用于汽车和工业木材涂料的 UV 稳定剂；也用于橡胶、塑胶、化妆品等
167		2-(2′-羟基-3′,5′-二叔丁基苯基)-5-氯苯并三唑(UV-327)	223-383-8	3864-99-1	vPvB	广泛应用于汽车和工业木材涂料的 UV 稳定剂；也用于橡胶、塑胶、化妆品等
168		1,3-丙烷磺酸内酯	214-317-9	1120-71-4	致癌物质	主要作为合成中间体、聚氨酯橡胶分散剂、锂电池的电解液
169	2016 年 6 月 20 日	苯并(a)芘	200-028-5	50-32-8	致癌物质,致突变物质、生殖毒性物质、PBT、vPvB	作为煤焦油和其他石油制品的成分之一,用于涂层、胶剂、道路和建筑应用、清洗剂等
170		双酚 A(BPA)	201-245-8	80-05-7	生殖毒性物质、环境激素、内分泌干扰物质	作为中间体合成树脂类和聚碳酸酯等材料；PVC 中的抗氧化剂；热敏纸的生产
171		全氟癸酸(PF-DA)及其钠盐和铵盐	206-400-3 — 221-470-5	335-76-2 3830-45-3 3108-42-7	生殖毒性及 PBT	用于增塑剂,润滑剂,表面活性剂,润湿剂和阻蚀剂
172	2017 年 1 月 12 日	支链或直链的 4-庚基苯酚；4 号位连接 7 个碳原子的支链或直链烷基的苯酚衍生物,包括含有一个或多个异构体的具有明确化学组成的物质或 UVCB 物质	—	—	环境激素	合成材料单体,润滑添加剂
173		4-(1,1-二甲丙基)苯酚	201-280-9	80-46-6	环境激素	作为合成香料和芳香剂的中间体；聚合物材料单体,用于黏合剂、涂料、油墨和油漆的生产

续表

序号	日期	物质名称	EC No.	CAS No.	毒性类别	可能用途
174	2017 年 7 月 7 日	全氟己基磺酸及其盐类(PFHxS)	—	—	vPvB	常被用作消防泡沫组件;表面活性剂;含氟聚合物的制造;地毯,纸张和纺织品的水和污渍保护涂层等
175		德克隆(包括所有顺式和反式异构体及其组合)	236-948-9	13560-89-9	vPvB	用作非增塑阻燃剂,用于胶黏剂,密封剂和黏合剂等
176		苯并(a)蒽	200-280-6	56-55-3	致癌物质	作为煤焦油和其他石油制品的成分之一,用于涂层、胶剂、道路和建筑应用、清洗剂等
177		硝酸镉	233-710-6	10325-94-7 10022-68-1	致癌物质、致突变物质、生殖毒性物质、对人类健康有严重影响的物质	用于实验室化学品,以及玻璃和陶瓷的生产
178	2018 年 1 月 15 日	碳酸镉	208-168-9	513-78-0	致癌物质、致突变物质、生殖毒性物质、对人类健康有严重影响的物质	用作 pH 调节剂,用于水处理产品、实验室化学品、化妆品和个人护理产品等
179		氢氧化镉	244-168-5	21041-95-2	致癌物质、致突变物质、生殖毒性物质、对人类健康有严重影响的物质	用于实验室化学品,用于生产电气电子和光学设备等
180		屈	205-923-4	218-01-9	致突变物质,致癌物质	作为煤焦油和其他石油制品的成分之一,用于涂层、胶剂、道路和建筑应用、清洗剂等
181		2,5-二巯基噻二唑,甲醛和4-庚基苯酚,支链和直链的反应产物(RP-HP),[4-庚基苯酚,支链和直链含量≥0.1%(质量分数)]	—	—	内分泌干扰物质、环境激素	可用作润滑剂和润滑脂中的添加剂

续表

序号	日期	物质名称	EC No.	CAS No.	毒性类别	可能用途
182		八甲基环四硅氧烷(D4)	209-136-7	556-67-2	PBT、vPvB	用于洗涤、清洁产品、抛光剂、蜡、化妆品和个人护理用品
183		十甲基环五硅氧烷(D5)	208-764-9	541-02-6	PBT、vPvB	用于洗涤、清洁产品,抛光剂,蜡,化妆品,个人护理产品,纺织品处理和染料
184		十二甲基环六硅氧烷(D6)	208-762-8	540-97-6	PBT、vPvB	用于洗涤和清洁产品,抛光剂和蜡,化妆品和个人护理产品
185		铅	231-100-4	7439-92-1	生殖毒性物质	用于金属、焊锡和焊接产品、金属表面处理产品和聚合物
186	2018年6月27日	氧化硼钠 无水八硼酸二钠 四水八硼酸二钠	234-541-0	12008-41-2 12280-02-4	生殖毒性物质	用于防冻产品,传热流体,润滑剂和润滑脂,洗涤和清洁产品
187		苯并[ghi]芘	205-883-8	191-24-2	PBT、vPvB	作为煤焦油和其他石油制品的成分之一,用于涂层、胶剂、道路和建筑应用、清洗剂等
188		氢化三联苯	262-967-7	61788-32-7	vPvB 物质	用作塑料添加剂,溶剂,涂料/油墨,黏合剂和密封剂,以及传热流体
189		乙二胺(EDA)	203-468-6	107-15-3	呼吸道致敏物质	用于胶黏剂和密封剂,涂料产品,填充剂,石膏,黏土,pH 调节剂和水处理产品
190		1,2,4-苯三甲酸-1,2-酐(偏苯三酸酐)TMA	209-008-0	552-30-7	呼吸道致敏物质	用于制造聚合物和酯类
191		邻苯二甲酸二环己酯(DCHP)	201-545-9	84-61-7	生殖毒性物质、内分泌干扰性物质	用于生产塑料溶胶、聚氯乙烯、橡胶和塑料制品。此外,还用作有机过氧化物制剂的钝感剂和分散剂

序号	日期	物质名称	EC No.	CAS No.	毒性类别	可能用途
192		2,2-双(4'-羟基苯基)-4-甲基戊烷	401-720-1	6807-17-6	生殖毒性	用于热敏纸、聚合物等的生产
193		苯并(k)荧蒽	205-916-6	207-08-9	致癌物质、PBT、vPvB	作为煤焦油和其他石油制品的成分之一,用于涂层、胶剂、道路和建筑应用、清洗剂等
194		荧蒽	205-912-4	206-44-0	PBT、vPvB	作为煤焦油和其他石油制品的成分之一,用于涂层、胶剂、道路和建筑应用、清洗剂等
195	2019年1月15日	菲	201-581-5	85-01-8	vPvB	作为煤焦油和其他石油制品的成分之一,用于涂层、胶剂、道路和建筑应用、清洗剂等
196		芘	204-927-3	129-00-0	PBT、vPvB	作为煤焦油和其他石油制品的成分之一,用于涂层、胶剂、道路和建筑应用、清洗剂等
197		1,7,7-三甲基-3-(苯基亚甲基)双环[2.2.1]庚烷-2-酮	239-139-9	15087-24-8	内分泌干扰性物质	防晒霜及其他化妆品中作为化学紫外线过滤,用于皮肤和头发护理产品,家居用品和纺织品的防紫外线
198		2,3,3,3-四氟-2-(七氟丙氧基)丙酸及其盐和酰卤(包括各种异构体及其组合)	—	—	对人体健康和环境可能有严重影响的物质	可用作含氟聚合物的生产助剂,如用于含氟聚合物树脂、电缆和涂料等
199	2019年7月16日	4-叔丁基苯酚	202-699-0	98-54-4	内分泌干扰性物质	用于涂层、聚合物、胶黏剂、密封剂等,也用于其他物质的合成
200		2-甲氧基乙酸乙酯	203-772-9	110-49-6	生殖毒性物质	用作油脂、蜡等物质的溶剂,用于半导体、纺织品喷印、胶片生产等领域
201		三(壬基苯基,支链和直链)亚磷酸酯(TNPP),含有≥0.1%(质量分数)的4-壬基苯酚,支链和直链(4-NP)	—	—	内分泌干扰性物质	作为抗氧化剂,用于塑料和橡胶产品、聚合物、涂层、胶黏剂、食品接触塑料的生产

（二）附件XVII《对某些危险物质、混合物和物品的生产、销售和使用的限制》

REACH法规在第8篇（对生产、销售和使用某些危险物质和混合物的限制）第1章的总则中规定：附件XVII中被限制的物质，不论该物质是单独的，还是存在于混合物或物品中，除非符合该限制的条件，否则不得生产、销售或使用。

附件XVII源于欧盟指令76/769/EEC的附件I的10个附录。随着REACH法规的出台和实施，2007年6月1日欧盟指令76/769/EEC正式并入REACH法规，成为最重要的附件之一，即附件XVII。在经过两年过渡期后，2009年6月1日欧盟指令76/769/EEC完成其历史使命被废止，正式由REACH法规附件XVII取代。

截至2019年2月，经过多次修订和补充，附件XVII中对限制物质清单中物质的附录从最初的10个增加到12个。12个附录分别是：

附录1：第1类致癌物质（附件XVII中第28项物质）

附录2：第2类致癌物质（附件XVII中第28项物质）

附录3：第1类致基因突变物质（附件XVII中第29项物质）

附录4：第2类致基因突变物质（附件XVII中第29项物质）

附录5：第1类生殖毒性物质（附件XVII中第30项物质）

附录6：第2类生殖毒性物质（附件XVII中第30项物质）

附录7：对含石棉物品的标记的特别规定

附录8：偶氮着色剂 芳香胺（附件XVII中第43项物质）

附录9：偶氮着色剂 偶氮染料（附件XVII第43项物质：蓝色素）

附录10：偶氮化合物 检测方法列表

附录11：附件XVII第28—30项—特定物质的降解物

附录12：附件XVII第72项受限物质和最大浓度限值（以均质材料重量分数计）

附件XVII《对某些危险物质、混合物和物品的生产、销售和使用的限制》，清单见表1-2。

表1-2 附件XVII 限制物质清单

序号	物质或物质组名称	EC No.	CAS No.
1	多氯三联苯（PCTs）	—	—
2	氯乙烯（单体氯乙烯）	200-831-0	75-01-4
3	1999/45/EC指令被视为危险的液体物质或混合物，或符合EC第1272/2008号法规附件I所列危险类别或类别的液体物质或混合物	—	—
4	三(2,3-二溴丙基)磷酸盐	—	126-72-7
5	苯	200-753-785	71-43-2

续表

序号	物质或物质组名称	EC No.	CAS No.
6	石棉纤维： 　(a)青石棉 　(b)铁石棉 　(c)直闪石 　(d)阳起石 　(e)透闪石 　(f)温石棉	601-649-8 601-801-3 616-472-1 616-471-6 616-473-7 601-650-3 —	12001-28-4 12172-73-5 77536-67-5 77536-66-4 77536-68-6 12001-29-5 132207-32-0
7	三-(氮丙啶基)膦化氧	208-892-5	545-55-1
8	多溴联苯(PBB)	—	59536-65-1
9	(a)肥皂树粉及其含皂草苷的衍生物 (b)嚏根草皂角粉末 (c)藜芦皂角粉末 (d)联苯胺和/或其衍生物 (e)邻-硝基苯甲醛 (f)木材粉	273-620-4 — — — 209-025-3 —	68990-67-0 — — — 552-89-6 —
10	(a)硫化铵 (b)硫化氢铵 (c)多硫化铵	235-223-4 235-184-3 232-989-1	12135-76-1 12124-99-1 9080-17-5
11	溴乙酸的挥发性酯类： 　(a)溴乙酸甲酯 　(b)溴乙酸乙酯 　(c)溴乙酸丙酯 　(d)溴乙酸丁酯	202-499-2 203-290-9 679-467-3 242-729-9	96-32-2 105-36-2 35223-80-4 18991-98-5
12	2-萘胺及其盐类： 　(a)2-萘氯化铵 　(b)2-萘醋酸铵 　(c)2-萘胺	210-313-6 209-030-0 202-080-4	612-52-2 553-00-4 91-59-8
13	联苯胺及其盐类	202-199-1	92-87-5
14	4-硝基联苯	202-204-7	92-93-3
15	4-氨基联苯及其盐类	202-177-1	92-67-1
16	铅的碳酸盐： 　(a)中性无水碳酸铅 　(b)碱式碳酸铅	209-943-4 215-290-6	598-63-0 1319-46-6

续表

序号	物质或物质组名称	EC No.	CAS No.
17	铅的硫酸盐： （a）PbSO₄ （b）PbxSO₄	231-198-9 239-831-0	7446-14-2 15739-80-7
18	汞化合物	—	—
18a	汞	231-106-7	7439-97-6
19	砷化合物		
20	有机锡化合物	—	—
21	二-μ-氧-正丁基锡羟基硼烷/二丁基锡氢硼烷（DBB）	401-040-5	75113-37-0
22	五氯苯酚及其盐类和酯类		
23	镉及其化合物		
24	单甲基四氯二苯基甲烷（Ugilec 141）	278-404-3	76253-60-6
25	单甲基二氯二苯基甲烷（Ugilec 21）		
26	单甲基二溴二苯基甲烷（异构体混合物）（DBBT）	—	99688-47-8
27	镍 镍的化合物	231-111-4	7440-02-0
28	在欧盟 1272/2008/EC 号法规的附录Ⅵ的第三部分中出现的那些 1A 类或 1B 类/1 类或 2 类的致癌物质	—	—
29	在欧盟 1272/2008/EC 号法规的附录Ⅵ的第三部分中出现的那些分类为 1A 类或 1B 类/1 类或 2 类的致畸（诱导有机体突变物质）物质	—	—
30	在欧盟 1272/2008/EC 号法规的附录Ⅵ的第三部分中出现的那些分类为 1A 类或 1B 类/1 类或 2 类的生殖毒性物质	—	—
31	（a）杂酚油；清洗用油 （b）杂酚油；清洗用油 （c）干馏油（煤焦油），萘油；萘油 （d）杂酚油，蒽的馏分；清洗用油 （e）蒸馏物（煤焦油），上层馏分；重蒽油 （f）蒽油 （g）焦油酸，煤，原油；粗苯酚 （h）木榴油，木材防腐油 （i）碱性的低温焦油；煤提取物中的碱性低温焦油	232-287-5 263-047-8 283-484-8 292-605-3 266-026-1 292-602-7 266-019-3 232-419-1 310-191-5	8001-58-9 61789-28-4 84650-04-4 90640-84-9 65996-91-0 90640-80-5 65996-85-2 8021-39-4 122384-78-5
32	氯仿	200-663-8	67-66-3
33	四氯化碳（已删除）	—	56-23-5
34	1,1,2-三氯乙烷	201-166-9	79-00-5
35	1,1,2,2-四氯乙烷	201-197-8	79-34-5

序号	物质或物质组名称	EC No.	CAS No.
36	1,1,1,2-四氯乙烷	—	630-20-6
37	五氯乙烷	200-925-1	76-01-7
38	1,1-二氯乙烯	200-864-0	75-35-4
39	1,1,1-三氯乙烷（已删除）	—	71-55-6
40	符合指令 67/548/EEC 易燃性准则的物质，被划分为可燃、易燃和极易燃三类，无论其是否出现在法规 No. 1272/2008/EC（CLP 法规）附件Ⅵ的第三部分中	—	
41	六氯乙烷	200-666-4	67-72-1
42	短链氯化石蜡（SCCP）（已删除）	—	—
43	偶氮着色剂和偶氮染料	—	—
44	多溴联苯醚（已删除）	—	—
45	八溴联苯醚（$C_{12}H_2Br_8O$）	—	—
46	（a）壬基酚 （b）壬基酚聚氧乙烯醚	246-672-0	25154-52-3
46a	壬基酚聚氧乙烯醚： （a）壬基酚聚氧乙烯醚 （b）4-壬基酚聚氧乙烯醚 （c）异壬基酚聚氧乙烯醚 （d）4-壬基酚（支链）聚氧乙烯醚 （e）壬基酚（支链）聚氧乙烯醚	500-024-6 500-045-0 609-346-2 500-315-8 500-209-1	9016-45-9 26027-38-3 37205-87-1 127087-87-0 68412-54-4 37205-87-1
47	六价铬化合物	—	—
48	甲苯	203-625-9	108-88-3
49	三氯苯	204-428-0	120-82-1
50	多环芳烃（PAHs）： （a）苯并[a]芘（BaP） （b）苯并[e]芘（BeP） （c）苯并[a]蒽（BaA） （d）屈（CHR） （e）苯并[b]荧蒽（BbFA） （f）苯并[j]荧蒽（BjFA） （g）苯并[k]荧蒽（BkFA） （h）二苯并[a,h]蒽（DBahA）	200-028-5 205-892-7 200-280-6 205-923-4 205-911-9 205-910-3 205-916-6 200-181-8	50-32-8 192-97-2 56-55-3 218-01-9 205-99-2 205-82-3 207-08-9 53-70-3

序号	物质或物质组名称	EC No.	CAS No.
51	邻苯二甲酸酯： 　（a）邻苯二甲酸(2-乙基己基酯)（DEHP） 　（b）邻苯二甲酸二丁酯（DBP） 　（c）邻苯二甲酸丁苄酯（BBP） 　（d）邻苯二甲酸二异丁酯（DIBP）	204-211-0 201-557-4 201-622-7 201-553-2	117-81-7 84-74-2 93952-11-5 85-68-7 84-69-5
52	邻苯二甲酸酯： 　（a）邻苯二甲酸二异壬酯（DINP） 　（b）1,2-苯二甲酸，二-$C_8 \sim C_{10}$ 支链烷基酯，（C9 富集） 　（c）邻苯二甲酸二异癸酯（DIDP） 　（d）邻苯二甲酸二正辛酯（DNOP） 　（e）1,2-苯二甲酸-二-（$C_9 \sim C_{11}$）支链烷基酯，（C10 富集）	249-079-5 271-090-9 247-977-1 204-214-7 271-091-4	28553-12-0 68515-48-0 26761-40-0 117-84-0 68515-49-1
53	全氟辛烷磺酰基化合物（PFOS）（已删除）	—	—
54	二乙二醇单甲醚（DEGME）	203-906-6	111-77-3
55	二乙二醇单丁醚（DEGBE）	203-961-6	112-34-5
56	二苯甲烷二异氰酸酯（MDI），包括以下同分异构体： 　（a）二苯甲烷二异氰酸酯（MDI） 　（b）4,4′-二苯甲烷二异氰酸酯 　（c）2,4′-二苯甲烷二异氰酸酯 　（d）2,2′-二苯甲烷二异氰酸酯	 247-714-0 202-966-0 227-534-9 219-799-4	 26447-40-5 101-68-8 5873-54-1 2536-05-2
57	环己烷	203-806-2	110-82-7
58	硝酸铵（AN）	229-347-8	6484-52-2
59	二氯甲烷	200-838-9	75-09-2
60	丙烯酰胺	201-173-7	79-06-1
61	富马酸二甲酯（DMF）	210-849-0	624-49-7
62	（a）乙酸苯汞 　（b）丙酸苯汞 　（c）异辛酸苯汞 　（d）辛酸苯汞 　（e）新癸酸苯汞	200-532-5 203-094-3 236-326-7 — 247-783-7	62-38-4 103-27-5 13302-00-6 13864-38-5 26545-49-3
63	铅 铅的化合物	231-100-4 —	7439-92-1 —
64	1,4-二氯苯	203-400-5	106-46-7
65	无机铵盐	—	—

序号	物质或物质组名称	EC No.	CAS No.
66	双酚A（BPA）	201-245-8	80-05-7
67	双（五溴苯基）醚（十溴联苯醚DecaBDE）	214-604-9	1163-19-5
68	全氟辛酸（PFOA）及其盐类	—	—
69	甲醇	200-659-6	67-56-1
70	八甲基环四硅氧烷（D4） 十甲基环五硅氧烷（D5）	209-136-7 208-764-9	556-67-2 541-02-6
71	1-甲基-2-吡咯烷酮	212-828-1	872-50-4
72	致癌、致突变或对生殖有毒害的物质,属1A或1B类物质(详见标准的附录12)	—	—

在附件ⅩⅦ限制物质清单中,要特别提醒注意的是第72项即附录12。2018年10月10日,欧盟委员会发布法规(EU) 2018/1513,对《化学品注册、评估、许可和限制》,REACH 法规 EC No. 1907/2006 附件ⅩⅦ关于被归类为致癌、致基因突变、致生殖毒性(CMR)1A 类和1B 类的某些物质的部分进行了修订。该法规在附件ⅩⅦ限制物质清单上添加第72项,限制33种 CMR 在服装及相关配饰、其他纺织品和鞋类产品中的使用,所限物质列于新增的附录12中。该法规规定:

(1)2020年11月1日后,含有附录12中的物质且含量等于或超过附录12中限值的以下产品,将不得投放市场:服装或相关配饰;在正常或合理预见的使用条件下,与人体皮肤接触程度与衣服相似的除衣物以外的纺织品;鞋类。

(2)对于夹克、外套和衬垫中的甲醛,由于目前缺少替代品的相关信息,在2020年11月1日至2023年11月1日期间限值为300mg/kg,其后将按照附录12中的限值75mg/kg进行限制。

(3)该限制规定不适用于以下产品:

①完全由天然皮革、毛皮或皮革制成的服装,相关配件及鞋类,或服装、相关配件及鞋类部件;

②非纺织紧固件和非纺织装饰附件;

③二手的服装、相关配件,及除服装和鞋类以外的纺织品;

④用于室内使用的地毯和长条地毯,能覆盖全部地板的地毯及纺织品地板覆盖物;

⑤(EU)2016/425 管控范围内的个人防护服,相关配件,除服装或鞋类以外的纺织品;

⑥(EU)2017/745 管控范围内被归类为医疗器械的服装、相关附件,除服装或鞋类以外的纺织品;

⑦一次性纺织品(设计仅单次使用或在有限时间内使用,且后续不可作相同或相似用途使用)。

附件ⅩⅦ的附录12列出的受限物质及其限制浓度见表1-3。

表 1-3　附件 XVII 的附录 12 列出的受限物质及其限制浓度(以均质材料重量浓度计)

序号	物质名称	CAS No.	EC No.	限量要求(mg/kg)
1	C. I. 碱性紫 3	548-62-9	208-953-6	<50
2	C. I. 分散蓝 1	2475-45-8	219-603-7	<50
3	C. I. 碱性红 9	569-61-9	209-321-2	<50
4	4-氯-邻甲苯胺盐酸盐	3165-93-3	221-627-8	<30
5	2-萘胺(醋酸)盐	553-00-4	209-030-0	<30
6	4-甲氧基-间苯二胺硫酸盐 2,4-二氨基苯甲醚硫酸盐	39156-41-7	254-323-9	<30
7	2,4,5-三甲基苯胺盐酸盐	21436-97-5	—	<30
8	苯	71-43-2	200-753-7	<5
9	苯并[a]蒽	56-55-3	200-280-6	<1
10	苯并[b]荧蒽	205-99-2	205-911-9	<1
11	苯并[a]芘;苯并[def]	50-32-8	200-028-5	<1
12	苯并[e]芘	192-97-2	205-892-7	<1
13	苯并[j]荧蒽	205-82-3	205-910-3	<1
14	苯并[k]荧蒽	207-08-9	205-916-6	<1
15	䓛	218-01-9	205-923-4	<1
16	二苯并[a,h]蒽	53-70-3	200-181-8	<1
17	甲醛	50-00-0	200-001-8	<75
18	喹啉	91-22-5	202-051-6	<50
19	α,α,α,4-四氯甲苯;对氯三氯甲苯	5216-25-1	226-009-1	<1
20	α,α,α-三氯甲苯;三氯化苄	98-07-7	202-634-5	<1
21	α-氯甲苯;氯化苄	100-44-7	202-853-6	<1
22	邻苯二甲酸二(C6~C8 支链)烷基酯,富 C7	71888-89-6	276-158-1	<1000 单独或与本条款中其他邻苯二甲酸酯或附件 XVII 其他条款中被法规(EU)No. 1272/2008 附件 VI 第 3 部分归类为致癌、致基因突变或生殖毒性的 1A 或 1B 类的邻苯二甲酸酯合计
23	邻苯二甲酸二甲氧乙酯	117-82-8	204-212-6	
24	邻苯二甲酸二异戊酯	605-50-5	210-088-4	
25	邻苯二甲酸二己酯(DNHP)	84-75-3	201-559-5	
26	邻苯二甲酸二戊酯(DPP)	131-18-0	205-017-9	
27	N,N-二甲基甲酰胺(DMF)	68-12-2	200-679-5	<3000
28	二甲基乙酰胺(DMAC)	127-19-5	204-826-4	<3000

续表

序号	物质名称	CAS No.	EC No.	限量要求(mg/kg)
29	N-甲基-2-吡咯烷酮； 1-甲基-2-吡咯烷酮(NMP)	872-50-4	212-828-1	<3000
30	镉及其化合物(附件 XVII 第 28~30 条和附件 1~6 中)	—	—	<1 以可萃取镉计
31	六价铬化合物(附件 XVII 第 28~30 条和附件 1~6 中)	—	—	<1 以可萃取六价铬计
32	砷化合物(附件 XVII 第 28~30 条和附件 1~6 中)	—	—	<1 以可萃取砷计
33	铅及其化合物(附件 XVII 第 28~30 条和附件 1~6 中)	—	—	<1 以可萃取铅计

表 1-3 中有些物质与附件 XVII 中原有相关条款中所列的物质有的重叠,但限制范围和限量要求大部分发生了变化,亟待引起纺织行业高度关注。此外,REACH 法规附件 XVII 新增条款的出台,并不意味着原有的其他条款中涉及纺织品、服装和鞋类产品的限制要求失效,而是在原有的基础上又增加了新的要求。

综上所述,对 REACH 法规的解读不必纠缠于浩瀚的法律条文和法规文本中篇幅近半的有害物质清单,而需重点关注 REACH 法规附件 XVII 中限制使用的化学物质和欧洲化学品管理局(ECHA)公布的作为 REACH 法规附件 XIV 备选的 SVHC 清单。因为对这些物质的限制正是近年来在国际贸易中绿色贸易措施的具体体现,也是近年来中国纺织品服装出口所遭受的绿色贸易措施的主要源头。REACH 法规附件 XIV 和附件 XVII 涉及的物质具有紧密的关联性,且有相当部分重叠,只是因风险控制和监管方式和要求不同而分列。在目前的实际操作中,由于被纳入 REACH 法规附件 XVII 的物质都有具体的限制要求,因而在政府和市场监管及国际贸易中,都已被作为普遍实施的绿色贸易监管措施。而对 SVHC 的法律要求,除了与 REACH 法规附件 XVII 有重叠的部分之外,仍以通报为主。虽然不会面临直接的法律后果,但事前的检测和事中的监管也已经开始实施。

REACH 法规是一部将欧盟之前 40 多部有关化学品管理的法规整合在一起的全新的有关化学品注册、评估、授权和限制的法规,与纺织服装业似乎并无直接关联,但实际上,到目前为止,世界各国,特别是欧盟,与纺织品等消费产品的生态安全性能和要求有关的法规或标准,几乎都可以在 REACH 法规中找到出处和依据。

二、美国对某些消费品生态安全性能的法案

(一)美国的《消费品安全改进法案》

美国消费品安全委员会(CPSC)成立于 1972 年,责任是保护广大消费者的利益,通过减少消费品存在的伤害及死亡危险来维护人身及家庭安全。美国《消费产品安全法案》(CPSA)于1972 年颁布,是 CPSC 的保护条例。它建立了代理机构,阐明了它的基本权力,并规定当 CPSC

发现任何与消费品有关的、可能带来伤害过分危险时,制定能够减轻或消除这种危险的标准,允许 CPSC 在其管辖范围内对有缺陷产品发布召回。

2008 年 8 月 14 日,《2008 消费品安全改进法案》(Consumer Product Safety Improvement Act of 2008,简称 CPSIA)进一步授权加强消费品,特别是儿童产品的安全管理,是 CPSC 成立以来最严厉的消费者保护法案。尽管该法案主要趋向于儿童产品,但它的影响也扩展到纺织品和服装。该法案中与纺织产品生态安全性能密切相关的主要有第 101 条和第 108 条。属于儿童用品及儿童保育用品类别的众多产品及纺织品,需进行第 101 条和 108 条要求的检测。

1. 第 101 条:关于含铅和含铅油漆的儿童用品

儿童用品的任何可接触部件均不得含铅,该条款涵盖儿童用品的含铅涂料及基材的含铅量。

(1)含铅油漆的限量值(修改 16 CFR 1303.1):如果儿童用品基材上的涂料可被从表面清除掉,那么就需进行含铅量检测,此项检测要求于 1978 年开始实施,从 2009 年 8 月 14 日起,允许含铅量限量从 600ppm❶ 降低到 90ppm。

(2)基材总铅的限量值:对基材铅含量的限制要求在该法案生效 180 天后降至 600ppm;生效 1 年后降至 300ppm;生效 3 年后降至 100ppm。目前,该限量值为 100ppm。

2. 第 108 条:关于禁止销售某些含特定邻苯二甲酸酯的产品

任何儿童玩具、儿童护理用品,其邻苯二甲酸二(2-乙基)己酯(DEHP)、邻苯二甲酸二丁酯(DBP)或邻苯二甲酸丁基苄基酯(BBP)浓度不得超过 0.1%。任何可能被儿童放入口中的儿童玩具或儿童护理用品,其中所含邻苯二甲酸二异壬酯(DINP)、邻苯二甲酸二异癸酯(DIDP)或邻苯二甲酸二辛酯(DNOP)的浓度不得超过 0.1%。

2017 年 10 月 27 日,CPSC 在联邦公报上发布关于限制玩具和儿童护理用品中特定邻苯二甲酸酯的最终法案(16 CFR 1307),该法案于 2018 年 4 月 25 日生效。新法案删除了邻苯二甲酸二辛酯(DNOP)和邻苯二甲酸二异癸酯(DIDP),新增了邻苯二甲酸二异丁酯（DIBP）、邻苯二甲酸二戊酯（DPENP）、邻苯二甲酸二己酯(DHEXP)和邻苯二甲酸二环己酯(DCHP)。至此,新法案管控的邻苯二甲酸酯达到 8 种,限值均为 0.1%。该法案的测试范围是针对所有玩具可接触的部分。即邻苯二甲酸二(2-乙基)己酯(DEHP)、邻苯二甲酸二丁酯(DBP)、邻苯二甲酸丁苄酯(BBP)、邻苯二甲酸二异壬酯(DINP)、邻苯二甲酸二异丁酯(DIBP)、邻苯二甲酸二戊酯(DPENP)、邻苯二甲酸二己酯(DHEXP)、邻苯二甲酸二环己酯(DCHP)。

(二)美国对阻燃剂的立法

有研究表明,许多化学阻燃剂都可能会影响人类健康,尤其影响儿童健康,某些阻燃剂有致癌和引发神经发育迟缓的风险。鉴于公众对化学阻燃剂潜在威胁的日益关注,美国部分州政府已相继将阻燃剂的限令列入立案程序,对一系列的产品进行管控。截至 2019 年 3 月,美国的部分州已经通过立法,批准禁止销售和分销含有某些阻燃剂的软体家具和儿童用品。通过法案的美国各州包括阿拉斯加州、加利福尼亚州、加州旧金山市、缅因州、华盛顿市、明尼苏达州、佛蒙特州等。禁止使用的阻燃剂见表 1-4。儿童产品和软垫家具(换尿布垫、便携式婴儿床床垫、睡衣、午睡垫、护儿枕等)的任何部分都不能含有超过 1000ppm 的阻燃剂(表 1-4 中的任一阻燃剂)。

---

❶ 1ppm = 1mg/kg。

表 1-4　禁用阻燃剂

阻燃剂名称	CAS No.
磷酸三(1,3-二氯-2-丙基)酯 (TDCPP)	13674-87-8
三(2-氯乙基)磷酸酯 (TCEP)	115-96-8
四溴双酚 A	79-94-7
十溴联苯醚 (DecaBDE)	1163-19-5
三氧化二锑	1309-64-4
六溴环十二烷 (HBCDD)	25637-99-4
3,4,5,6-四溴-苯二羧酸双(2-乙基己基)酯	26040-51-7
2-乙基己基-2,3,4,5-四溴苯甲酸	183658-27-7
氯化石蜡	85535-84-8
磷酸三(1-氯-2-丙基)酯	13674-84-5

三、中国国家强制性标准

(一) GB 18401—2010《国家纺织产品基本安全技术规范》

GB 18401—2010 是我国现行的国家强制性标准,是纺织产品进入市场的必要条件,是为了保证纺织产品对人体健康无害而提出的最基本的安全技术要求,对我国在纺织产品生产销售以及日常监督检验等工作中都有非常重要的作用。

GB 18401—2010 于 2011 年 1 月 14 日发布,2012 年 8 月 1 日正式实施,是对 GB 18401—2003 版本的修订。相比于 2003 版,2010 版在技术要求上最主要的变化是:

①致癌芳香胺增加了"4-氨基偶氮苯",致癌芳香胺的种类由 23 种增加到了 24 种,致癌芳香胺的限量值规定为≤20mg/kg。

②pH 要求的变化,将 B 类产品的 pH 由 4.0~7.5 放宽至 4.0~8.5。新旧两个版本的对照见表 1-5。

表 1-5　2010 版和 2003 版的纺织产品基本安全技术要求对照表

项目			2010 版标准			2003 版标准		
			A 类	B 类	C 类	A 类	B 类	C 类
甲醛含量(mg/kg)≤			20	75	300	20	75	300
pH			4.0~7.5	4.0~8.5	4.0~9.0	4.0~7.5	4.0~7.5	4.0~9.0
染色牢度级	耐水(变色,沾色)		3~4	3	3	3~4	3	3
	耐酸汗渍(变色,沾色)		3~4	3	3	3~4	3	3
	耐碱汗渍(变色,沾色)		3~4	3	3	3~4	3	3
	耐干摩擦		4	3	3	4	3	3
	耐唾液(变色,沾色)		4	—	—	4	—	—
异味			无			无		
可分解致癌芳香胺染料			禁用(限量值≤20mg/kg)			禁用		

GB 18401 的制订是在参考 2002 版 OEKO-TEX 标准 100 的基础上,结合当时中国纺织业的发展现状和技术经济发展水平,有选择性地确定了 5 个大类,9 个小项作为先行一步的纺织产品生态安全性能管控目标,以必须强制执行的法规形式推出,这在当时,不仅针对性强,而且具有很强的可操作性。GB 18401—2003 自 2005 年 1 月 1 日正式实施以来,为我国纺织产品的生产、销售、使用和监督提供了统一的技术依据,为中国市场上纺织产品有害物质的控制、保障消费者的健康与安全、提升中国纺织产品的质量和生产技术水平、规范市场以及提升国际竞争力等做出了巨大的贡献。

虽然 GB 18401 涉及的监控项目数量远远跟不上近些年来纺织产品生态安全性能管控项目的发展,远不及本章第二节所提到的 Standard 100 by OEKO-TEX ®、AAFA 的 RSL、欧盟的纺织产品 Eco-Label(生态标签)标准和 ZDHC 的 MRSL 所涉及的有害物质管控项目,但其在满足发展需求的同时,兼顾行业技术经济发展水平方面无疑是成功的。抓住关键、突破重点、重在引导、夯实基础、争先创优、循序渐进是 GB 18401 的特征和所追求的效果。事实上,GB 18401 至今仍是世界上唯一一个专门针对纺织产品的生态安全性能提出系列要求的强制性法规。

(二) GB 31701—2015《婴幼儿及儿童纺织产品安全技术规范》

2015 年 5 月 26 日,国家质量技术监督检验检疫总局和国家标准化管理委员会联合发布了强制性国家标准 GB 31701—2015,这是我国第一部专门针对婴幼儿及儿童纺织产品的强制性国家标准。该标准考虑到婴幼儿及儿童特殊群体的特点,在 GB 18401—2010 的基础上,对儿童服装的安全性能进行了全面规范,针对化学安全及纺织品机械安全性能提出了更严格的要求。该标准已于 2016 年 6 月 1 日正式实施。

GB 31701—2015 适用范围为:在我国境内销售的婴幼儿及儿童纺织产品,但布艺毛绒类玩具、布艺工艺品、一次性使用卫生用品、箱包、背提包、伞、毛毯、专业运动服等不属于该标准的范围。该标准规定了婴幼儿及儿童纺织产品的安全技术要求、试验方法、检验规则。相比较 GB 18401—2010 仅对婴幼儿纺织产品进行了说明,GB 31701—2015 对婴幼儿及儿童纺织产品的划分更加细致,该标准根据婴幼儿及儿童的特点,按照年龄和身高对其产品进行分类,如表 1-6 所示。GB 31701—2015 的安全技术类别与 GB 18401—2010 的安全技术类别一一对应,分为 A 类、B 类和 C 类。婴幼儿纺织产品应符合 A 类要求;直接接触皮肤的儿童纺织产品至少应符合 B 类要求;非直接接触皮肤的儿童纺织产品至少应符合 C 类要求。同时标准还提出应在童装上标明安全类别,婴幼儿纺织产品还应加注"婴幼儿用品",加注以上标签的纺织品可以不必再添加 GB 18401 的安全类别标识。

表 1-6　GB 31701 产品分类

产品类别	年龄	适用身高
婴幼儿纺织产品	36 个月及以下	≤100cm
儿童纺织产品	3 岁<年龄≤7 岁	100cm<身高≤130cm
	7 岁<年龄≤14 岁	130cm<男童身高≤160cm
		130cm<女童身高≤155cm

GB 31701—2015 要求婴幼儿及儿童纺织产品应符合 GB 18401—2010 的安全技术要求,即甲醛含量、pH、异味、可分解致癌芳香胺染料和染色牢度的技术指标。同时最终产品还应符合该标准新增的四个安全技术要求,具体如表 1-7 所示。

GB 31701—2015 对填充物的要求,婴幼儿及儿童纺织产品所用纤维类和羽毛填充物应符合 GB 18401—2010 中对应安全技术类别的要求,羽绒羽毛填充物应符合 GB/T 17685—2016 中微生物技术指标的要求。另外,GB 31701—2015 对附件的要求,规定婴幼儿产品各类附件抗拉强力要求、锐利尖端和锐利边缘要求及绳带要求等。由于这部分不涉及化学检测,具体要求不在这展开。

表 1-7　GB 31701—2015 的安全技术要求

项目		A 类	B 类	C 类
耐湿摩擦色牢度[a](级)		3(深色 2~3)	2~3	—
重金属 (mg/kg)[b] ≤	铅	90	—	—
	镉	100	—	—
邻苯二甲酸[c] (%)≤	邻苯二甲酸二(2-乙基)己酯(DEHP)、邻苯二甲酸二丁酯(DBP)和邻苯二甲酸丁基苄基酯(BBP)	0.1	—	—
	邻苯二甲酸二异壬酯(DINP)、邻苯二甲酸二异葵酯(DIDP)和邻苯二甲酸二辛酯(DNOP)	0.1	—	—
燃烧性能[d]		1 级(正常可燃性)		

注:婴幼儿纺织产品不建议阻燃处理。如果阻燃处理,需符合国家相关法规和强制性标准的要求。

[a] 本色及漂白产品不要求;按 GB/T 4841.3 规定,颜色大于 1/12 染料染色标准深度色卡为深色。

[b] 仅考核含有涂层和涂料印染的织物,指标为铅、镉总量占涂料质量的比值。

[c] 仅考核含有涂层和涂料印染的织物。

[d] 仅考核产品的外层面料;羊毛、腈纶、改性腈纶、锦纶和聚酯纤维的纯纺织物,以及由这些纤维混纺的织物不考核;单位面积质量大于 90g/m² 的织物不考核。

作为一项重要的强制性国家标准,GB 31701—2015 的发布实施对整个婴幼儿和儿童纺织服装市场产生了重大影响,有助于引导生产企业提高儿童服装的安全与质量,保护婴幼儿及儿童的健康安全。

(三)团体标准 T/CNTAC 8—2018《纺织产品限用物质清单》

2018 年 1 月,中国首个纺织产品限用物质清单团体标准 T/CNTAC 8—2018 正式发布并开始实施。这一标准是国际上第一个以团体标准形式推出的有关纺织产品限用物质清单的技术性文件。

1. 标准制定背景

2016 年,中国纺织工业联合会标准化技术委员会制定了首批团体标准制定计划,《纺织产品限用物质清单》标准的制定参考了国际上主流的法规标准,尤其是将 REACH 法规的最新发展也纳入考虑范围,具有很高的权威性和先进性。同时也充分考虑了中国纺织行业现有的技术和工艺发展水平,摒除了一些在国际法规中存在的脱离实际和缺乏普遍意义的内容,力求做到同时满足国际和国内两个市场的需求,做到先进性和适用性的和谐统一。

《纺织品服装限用物质清单》团体标准在编制过程中,以美国服饰和鞋类协会(AAFA)的限用物质清单(RSL)为主要参考依据,同时研究了欧盟的 REACH 法规及其最新进展(包括附件XVII 和附件XIV 的更新)、欧盟化学品管理局(ECHA)的高度关注物质清单(SVHC)、欧盟生态标签(ECO-Lable)有关生态纺织品的认证标准、Standard 100 by OEKO-TEX ®、国际零排放组织(ZDHC)的限制物质清单(MRSL)和 2010 年以来欧美市场的召回统计和案例等,对现有的有代表性的技术文件进行了全面和深入的比较,将那些已经有明确的法规要求,对人体健康和环境安全构成威胁,国际关注度比较高,结合我国纺织服装业的生产技术和工艺实际,存在使用、误用或滥用风险,且难以通过适当的技术手段来消除或减轻这些风险的有害物质纳入限用范围,并按相关法规和风险管理要求给出一个限量值,同时提供科学有效的检测手段。

该团体标准的起草制定遵循以下原则:

①适用范围将划定为以纺织材料为主,经纺、织、染、后整理或缝制加工的纺织产品,包括纺织品和服装,与 GB 18401—2010 的适用范围相同,不涉及产业用纺织品、鞋类及皮革产品(应由相关行业自行规范);

②所有被列入的限用物质及其限量要求均应有相应的法律、法规、标准或公认的科学依据,未经确认的物质不宜列入;

③限用物质的确定应结合我国纺织服装业的产品和工艺技术实践,不盲目扩大范围;

④所有的限用物质和限量要求都应有配套的检测方法标准,可以是国内标准,也可以是国际或国外先进标准,选用的原则是科学、可靠,准确度和精密度(重现性)能够满足限量的要求;

⑤考虑到本标准的作用和意义,当本标准中引用的国内和国际的法规和标准在技术条件上存在差异的,在确保技术可行的前提下以国际通行的法规和标准为准,以提升与国际接轨的水平;

⑥本标准建议为推荐性标准,同时也可探索将本标准转化成自愿性产品认证标准,以适应市场的多样化需求。

2. 限用物质清单

团体标准 T/CNTAC 8—2018 按标准编写的有关规定,对范围、规范性引用文件、术语和定义、技术要求、试验方法等内容逐项作了规定,对各种限用物质清单以规范性附录的方式构成标准的一部分。本标准给出了纺织产品限用物质的名称、化学文摘编号、限制要求和试验方法,适用于家用、装饰用和服装用纺织产品。在规范性引用文件和试验方法中,该标准引用了现有的中国国家标准和行业标准,每个项目都对应有相应的检测标准。表 1-8 列出了纺织产品限用物质及限制要求。表 1-9~表 1-16 列出了各限制物质清单。

表 1-8　纺织产品限用物质及限值要求

项　　目		限制要求
染料(mg/kg)≤	可分解出致癌芳香胺的偶氮着色剂[a]	禁用
	致癌染料[b]	30
	致敏性分散染料[c]	50

续表

项　目			限制要求
游离和水解的甲醛 （mg/kg）≤	婴幼儿用纺织产品		20
	直接接触皮肤的纺织产品		75
	非直接接触皮肤的纺织产品		300
重金属总量^d （mg/kg）≤	铅（Pb）		90
	镉（Cd）		100
邻苯二甲酸酯^e （mg/kg）≤	邻苯二甲酸二丁酯（DBP）＋邻苯二甲酸苄丁酯（BBP）＋邻苯二甲酸二乙基己酯（DEHP）		1000
	邻苯二甲酸二异壬酯（DINP）＋邻苯二甲酸二辛酯（DNOP）＋邻苯二甲酸二异癸酯（DIDP）		1000
有害阻燃剂^f（mg/kg），≤			50
壬基酚聚氧乙烯醚（NPEO）（mg/kg），≤			100
全氟辛烷类化合物^g （μg/m²）≤	全氟辛烷磺酰基化合物（PFOS）		1
	全氟辛酸（PFOA）及其盐类		1
多环芳烃（PAHs）^h（mg/kg）≤	萘		2
	其他单一多环芳烃（PAH）	婴幼儿用纺织产品	0.5
		其他产品	1
	多环芳烃总量（PAHs）	婴幼儿用纺织产品	5
		其他产品	10
有机锡化合物ⁱ （mg/kg）≤	二丁基锡＋二苯基锡		1000
	三丁基锡＋三苯基锡		1000
含氯苯酚（mg/kg）≤	五氯苯酚（PCP）		5
	四氯苯酚总量^j（TeCP）		5
富马酸二甲酯（DMFu）（mg/kg）≤			0.1

^a 致癌芳香胺清单见表 1-9，限制要求为≤20mg/kg。

^b 致癌染料清单见表 1-10。

^c 致敏性分散染料清单见表 1-11，一般用于含聚酯、聚酰胺或醋酯纤维的产品。

^d 重金属铅和镉可能存在于涂层或涂料印花产品中。在样品上涂层或涂料能被有效分离的情况下，其总量应以涂层或涂料的质量为基数；若不能有效分离，则按试样总量计。

^e 邻苯二甲酸酯可能存在于涂层或涂料印花产品中。在样品上涂层或涂料能被有效分离的情况下，应以涂层或涂料的质量为基数；若不能有效分离，则按试样总量计。邻苯二甲酸酯清单见表 1-12。

^f 有害阻燃剂清单见表 1-13，仅考核经阻燃整理的产品。

^g 全氟辛烷类化合物可用于产品的防水、防油和防污整理。

^h 多环芳烃清单见表 1-14。

ⁱ 有机锡化合物可能用于纺织产品的抗菌、防霉和防臭整理，限制要求按锡的质量计。

^j 四氯苯酚清单见表 1-15。

表1-9　致癌芳香胺

序号	中文名称	英文名称	CAS No.
1	4-氨基联苯	4-Aminobiphenyl	92-67-1
2	联苯胺	Benzidine	92-87-5
3	4-氯邻甲苯胺	4-Chloro-o-toluidine	95-69-2
4	2-萘胺	2-Naphthylamine	91-59-8
5	邻氨基偶氮甲苯	o-Aminoazotoluene	97-56-3
6	5-硝基-邻甲苯胺	2-Amino-4-nitrotoluene	99-55-8
7	对氯苯胺	p-Chloroaniline	106-47-8
8	2,4-二氨基苯甲醚	2,4-Diaminoanisole	615-05-4
9	4,4′-二氨基二苯甲烷	4,4′-Diaminobiphenyl methane	101-77-9
10	3,3′-二氯联苯胺	3,3′-Dichlorobenzidine	91-94-1
11	3,3′-二甲氧基联苯胺	3,3′-Dimethoxybenzidine	119-90-4
12	3,3′-二甲基联苯胺	3,3′-Dimethylbenzidine	119-93-7
13	3,3′-二甲基-4,4′-二氨基二苯甲烷	3,3′-Dimethyl-4,4′-diaminobiphenylmethane	838-88-0
14	2-甲氧基-5-甲基苯胺	p-Cresidine	120-71-8
15	4,4′-亚甲基-二-(2-氯苯胺)	4,4′-Methylene-bis-(2-chloroaniline)	101-14-4
16	4,4′-二氨基联苯醚	4,4′-Oxydianiline	101-80-4
17	4,4′-二氨基二苯硫醚	4,4′-Thiodianiline	139-65-1
18	邻甲苯胺	o-Toluidine	95-53-4
19	2,4-二氨基甲苯	2,4-Toluylendiamine	95-80-7
20	2,4,5-三甲基苯胺	2,4,5-Trimethylaniline	137-17-7
21	邻氨基苯甲醚	o-Anisidine	90-04-0
22	4-氨基偶氮苯	4-Aminoazobenzene	60-09-3
23	2,4-二甲基苯胺	2,4-Xylidine	95-68-1
24	2,6-二甲基苯胺	2,6-Xylidine	87-62-7

表1-10　致癌染料

序号	名称	英文名称	CAS No.
1	C. I. 酸性红 26	C. I. Acid Red 26	3761-53-3
2	C. I. 碱性红 9	C. I. Basic Red 9	569-61-9
3	C. I. 碱性紫 14	C. I. Basic Violet 14	632-99-5
4	C. I. 直接蓝 6	C. I. Direct Blue 6	2602-46-2
5	C. I. 直接黑 38	C. I. Direct Black 38	1937-37-7
6	C. I. 直接红 28	C. I. Direct Red 28	573-58-0
7	C. I. 分散蓝 1	C. I. Disperse Blue 1	2475-45-8

序号	名称	英文名称	CAS No.
8	C. I. 分散橙 11	C. I. Disperse Orange 11	82-28-0
9	C. I. 分散黄 3	C. I. Disperse Yellow 3	2832-40-8
10	C. I. 碱性紫 3(米氏酮≥0.1%)	C. I. Basic Violet 3	548-62-9
11	C. I. 直接棕 95	C. I. Direct Brown 95	16071-86-6
12	C. I. 分散橙 149	C. I. Disperse Orange 149	85136-74-9

表1-11　致敏性分散染料

序号	名称	英文名称	CAS No.
1	C. I. 分散蓝 1	C. I. Disperse Blue 1	2475-45-8
2	C. I. 分散蓝 3	C. I. Disperse Blue 3	2475-46-9
3	C. I. 分散蓝 7	C. I. Disperse Blue 7	3179-90-6
4	C. I. 分散蓝 26	C. I. Disperse Blue 26	3860-63-7
5	C. I. 分散蓝 35	C. I. Disperse Blue 35	12222-75-2
6	C. I. 分散蓝 102	C. I. Disperse Blue 102	12222-97-8
7	C. I. 分散蓝 106	C. I. Disperse Blue 106	12223-0107
8	C. I. 分散蓝 124	C. I. Disperse Blue 124	61951-51-7
9	C. I. 分散棕 1	C. I. Disperse Brown 1	23355-64-8
10	C. I. 分散橙 1	C. I. Disperse Orange 1	2581-69-3
11	C. I. 分散橙 3	C. I. Disperse Orange 3	730-40-5
12	C. I. 分散橙 37/59/76	C. I. DisperseOrange37/59/76	13301-61-6
13	C. I. 分散红 1	C. I. Disperse Red 1	2872-52-8
14	C. I. 分散红 11	C. I. Disperse Red 11	2872-48-2
15	C. I. 分散红 17	C. I. Disperse Red 17	3179-89-3
16	C. I. 分散黄 1	C. I. Disperse Yellow 1	119-15-3
17	C. I. 分散黄 3	C. I. Disperse Yellow 3	2832-40-8
18	C. I. 分散黄 9	C. I. Disperse Yellow 9	6373-73-5
19	C. I. 分散黄 39	C. I. Disperse Yellow 39	12236-29-2
20	C. I. 分散黄 49	C. I. Disperse Yellow 49	54824-37-2

表1-12　邻苯二甲酸酯

序号	中文名称	英文名称	CAS No.
1	邻苯二甲酸二丁酯	Dibutylphthalate	84-74-2
2	邻苯二甲酸苄丁酯	Butylbenzylphthalate	85-68-7
3	邻苯二甲酸二乙基己酯	Di-(2-ethylhexyl)-phthalate	117-81-7
4	邻苯二甲酸二异壬酯	Di-iso-nonylphthalate	28553-12-0
5	邻苯二甲酸二辛酯	Di-n-octylphthalate	117-84-0
6	邻苯二甲酸二异癸酯	Di-isodecylphthalate	26761-40-0

表 1-13 有害阻燃剂

序号	名称	英文名称	CAS No.
1	双-(2,3-二溴丙基)磷酸酯	Bis(2,3-dibromopropyl) phosphate	5412-25-9
2	五溴联苯醚	Pentabromodiphenyl ether	32534-81-9
3	八溴联苯醚	Octabromobiphenyl ether	32536-52-0
4	十溴联苯醚	Decabromodiphenyl oxide	1163-19-5
5	多溴联苯	Polybrominated biphenyls	59536-65-1
6	短链氯化石蜡($C_{10} \sim C_{13}$)	Chlorinated paraffin (C10-13)	85535-84-8
7	三-(2,3-二溴丙基)磷酸酯	Tris(2,3-dibromopropyl) phosphate	126-72-7
8	三-(2-氯乙基)磷酸酯	Tris(2-chloroethyl) phosphate	115-96-8
9	三-(1,3-二氯-2-丙基)磷酸酯	Tris(1,3-dichloro-2-propyl) phosphate	13674-87-8
10	三(吖丙啶基)氧化膦	Tris(1-aziridinyl) phosphine oxide	545-55-1

表 1-14 多环芳烃

序号	中文名称	英文名称	CAS No.
1	苯并(a)芘	Benzo(a)prene	50-32-8
2	苯并(e)芘	Benzo(e)prene	192-97-2
3	苯并(a)蒽	Benzo(a)anthracene	56-55-3
4	屈	Chrsene	218-01-9
5	苯并(b)荧蒽	Benzosd(b)fluoranthene	205-99-2
6	苯并(j)荧蒽	Benzosd(j)fluoranthene	205-82-3
7	苯并(k)荧蒽	Benzosd(k)fluoranthene	207-08-9
8	二苯并(a,h)蒽	Dibenzo(a,h)anthrancene	53-70-3
9	萘	Naphthalene	91-20-3
10	苊	Acenaphthene	83-32-9
11	苊烯	Acenaphthylene	208-96-8
12	芴	Fluorene	86-73-7
13	菲	Phenanthrene	85-01-8
14	蒽	Anthracene	120-12-7
15	荧蒽	Fluoranthene	206-44-0
16	芘	Pyrene	129-00-0
17	茚并(1,2,3-cd)芘	Indeno(1,2,3-cd)pyrnee	193-39-5
18	苯并(g,h,i)芘	Benzo(g,h,i)perylene	191-24-2

表 1-15 有机锡化合物

序号	中文名称	英文名称	CAS No.
1	二丁基锡	Dibutyltin	—
2	二苯基锡	Diphenyltin	—
3	三丁基锡	Tributyltin	—
4	三苯基锡	Triphenyltin	—

表 1-16　其他化学物质

序号	中文名称	英文名称	CAS No.
1	甲醛	Formaldehyde	50-00-0
2	铅	Lead	7439-92-1
3	镉	Cadmium	7440-43-9
4	壬基酚聚氧乙烯醚	Nonylphenol ethoxylates	—
5	全氟辛烷磺酰基化合物	Perfluorooctane sulphonate	—
6	全氟辛酸	Perfluorooctanoic Acid	335-67-1
7	五氯苯酚	Pentachlorophenol	87-86-5
8	2,3,5,6-四氯苯酚	2,3,5,6-Tetrachlorphenol	935-95-5
9	2,3,4,6-四氯苯酚	2,3,4,6-Tetrachlorphenol	58-90-2
10	2,3,4,5-四氯苯酚	2,3,4,5-Tetrachlorphenol	4901-51-3
11	富马酸二甲酯	Dimethyl fumarate	624-49-7

第二节　国内外重要的纺织产品生态安全认证标准

一、欧盟生态产品标志(Eco-Label)——生态纺织品认证标准
(一)欧盟生态产品标志 Eco-Label 的发展

欧盟生态产品标志(Eco-Label)始于 1992 年,由欧洲议会的理事会根据欧洲议会第 880/92/EC 号法令设立,欧盟委员会与其成员国和其他利益相关方的机构一起管理和执行。欧盟生态产品标志 Eco-Label 是一种卓越环保的标志,倡导全生态的概念,其评价标准涵盖了产品的整个生命周期,从原料提取,到生产、分销和废弃处理的整个生命过程中,可能对环境、生态和人类健康的危害。其宗旨在于推广对环境影响较小的产品和服务,帮助欧洲消费者区分更环保的产品。因此,从可持续发展战略角度看,Eco-Label 是一种极具发展潜力的、更理想的生态标准,并将逐渐成为市场的主导。此外,欧盟的"Eco-Label"虽然是一个自愿计划,生产商、进口商和零售商可以自愿选择他们产品的标签,但是由欧盟委员会以法律的形式推出,在全欧盟范围内的法律地位是不容置疑的,其影响力也会进一步扩大。

最早的纺织产品 Eco-Label 生态标准,是根据 1999 年 2 月 17 日欧盟委员会发布的第 1999/178/EC 号指令,关于建立生态标准,以授予某些符合要求的纺织产品,即欧盟生态标签而建立的。2000 年 7 月 17 日,欧洲议会和欧洲共同体委员会发布了 1980/2000/EC,关于修改授权使用 Eco-Label 计划的决定,该法令强调了 Eco-Label 可被授予在改善环境方面做出突出贡献的产品,该法令同时规定必须按不同的产品类别建立相应的 Eco-Label 标准。同时欧盟委员会把标准的有效期定为 5 年。2002 年欧盟委员会又通过了 2002/371/EC 决议,对原有的授予某些符合要求的纺织品生态标签的生态纺织品标准进行了修订,并发布了新的纺织品"Eco-Label"标准。该标准根据纺织产品大致的生命周期分为纺织纤维标签、纺织加工和化学品标

准、使用标准的适用性三个主要部分,对禁用和限制使用的纺织化学品,即纺织染料和纺织助剂做出了明确的规定。随后几年对该生态标准进行不断地修订,该标准平均每四年修订一次,以反映技术创新、材料的演变、生产过程、减排以及市场的变化。

2017年7月25日,欧盟官方公报发布了委员会决议(EU)2017/1392,对现行实施的欧盟纺织品生态标签标准2014/350/EU进行修订。此次修订,对2014/350/EU号决议及其附件有多项修订,其中最重要的是延长纺织品生态标签认证规定的有效期,从2018年6月延长至采纳决议当日起计算的78个月内,即2024年1月。另外,修订内容还包括:修订决议适用的各种纺织纤维的定义,半制成纺织品也有机会获得生态标签认证;修改附件第14(b)(iv)项有关限制使用防水、防尘及防污渍处理,使之与针对鞋履及家具产品的类似规定一致;清洁剂加入附录1欧盟生态纺织品限制物质的清单内;修订纺织品染色牢度的标准等。

(二)欧盟纺织品生态标准2014/350/EU的主要内容

现行实施的是欧盟纺织品生态标准2014/350/EU,该标准重申,根据欧盟法规EC No. 66/2010,欧盟的Eco-Label应授予在整个生命周期内具有减少对环境影响的产品。标准的主要目的是确定产品在整个生命周期内对环境的影响较低,并不断改进,使得产品来自更可持续发展形式的农业和林业,更有效地利用资源和能源生产,减少污染过程,更洁净地生产,设计和制定高质量和耐久性物质,减少有害物质的产生。考虑到产品的创新周期,本标准以及相关的评估和验证要求的有效期为四年。与之前版本标准不同的是,2014/350/EU将评审要求分成六个部分28个条款:

第一部分　纺织纤维

(1)棉及其他天然纤维素种子纤维;(2)亚麻及其他韧皮纤维;(3)羊毛和其他动物蛋白纤维;(4)腈纶;(5)弹性纤维;(6)聚酰胺;(7)聚酯;(8)聚丙烯;(9)人造纤维素纤维(莱氏纤维、莫代尔纤维和黏胶纤维)。

第二部分　组分和辅料

(10)填充物;(11)涂层,层压制品和薄膜;(12)辅料。

第三部分　化学品和加工流程

(13)限用物质清单(RSL);(14)染整、印染及后整理中有害物质的替代;(15)洗涤、干燥和定型中的能效;(16)向大气和水系的排放处理。

第四部分　使用性能

(17)洗涤和干燥过程中尺寸的变化;(18)耐水洗色牢度;(19)耐汗渍色牢度(酸性、碱性);(20)耐湿摩擦色牢度;(21)耐干摩擦色牢度;(22)耐光色牢度;(23)清洁产品耐洗性;(24)织物抗起毛球和耐磨性;(25)功能耐久性。

第五部分　企业社会责任

(26)工作中的基本原则和权利;(27)对牛仔布喷砂的限制。

第六部分　辅助信息

(28)Eco-Label上应显示的信息。

该标准在附录1增加了条款13中提到的限用物质清单(RSL)。这份清单列出了可能用于生产纺织产品,和(或)可能包含在最终产品中的有害物质的限制。

该标准对每一项条款都列出了详细的评审要求,评判和确认的具体方法,要求申请人编写与产品及其供应链相关的声明、文档、分析、测试报告和其他证据。纵观整个标准,在纺织纤维部分,其原料部分突出了对天然纤维的来源、农药的限制使用、有机棉的使用等相关要求,对合成或人造纤维则更多地关注了生产过程中的废气、废水排放的限制要求。在化学品和加工流程部分,以附录的形式给出了一份全新的限用物质清单(RSL),要求在所有的最终产品或用于最终产品生产的工序中,不得含有或使用被列入该份清单且含量超过限量值要求的化学物质。同时,在这部分还重点列出了 REACH 法规候选物质清单中的高度关注物质,要求在某个纺织产品或某个复杂的纺织产品的任一均质部件,所含的高度关注物质的含量不得超过0.10%(以重量计),每一生产阶段所使用的物质和配方,应与欧洲化学品管理局公布的最新版本候选名单进行对照筛选。另外,该标准增加了企业社会责任部分,强调申请人应确保生产过程中的每个生产场所,应遵守国际劳工组织的核心劳工标准,确保工作中的基本原则和权力。

(三)2014/350/EU 附录 1 限用物质清单(RSL)

在这份清单中,按纺织产品生产加工的工艺流程,分为纤维和纺纱、漂白和前处理、染色、印花、后整理加工、所有工序、最终产品七个阶段,对每一阶段,清单中列出了具体的限用物质,并指出这些限用物质同样适用于最终产品。

(1)纤维和纺纱部分。该标准规定,所有被使用的浆料和助剂(包括油剂、润滑剂等),其绝大部分的组分(分别95%和90%以上)都应是非常容易生物降解的,或经污水处理厂处理可以被降解的。

(2)漂白。明确规定在任何情况下都不得使用氯漂工艺。

(3)染色。首先,明确在聚酯、聚酯/羊毛混纺、腈纶和聚酰胺的分散染料染色中,不得使用卤化载体进行载体染色。其次,对24种可还原出致癌芳香胺的偶氮染料、8种分散染料、7种碱性染料、39种酸性染料、88种直接染料也提出了禁用。其他被禁止使用的还包括已被列为CMR(Carcinogenic 致癌、Mutagenic 致突变和 Toxic to Reproduction 具有生殖毒性)物质的9种染料,以及在由聚酯、腈纶或聚酰胺制成的与皮肤直接接触的弹力或紧身服装或内衣上,不得使用21种具有潜在致敏性的分散染料。另外,在羊毛或聚酰胺的染色中禁止使用铬媒介染料,在羊毛、聚酰胺及其与人造纤维素纤维混纺的产品中也不得使用金属络合染料。

(4)印花工序。用于印花的染料或颜料均需满足上述要求。对于印花色浆,可挥发有机物(VOCs)质量分数不得超过5%,这些有机物包括 C_{10}~C_{20} 的脂肪族烷烃、丙烯酸单体、醋酸乙烯单体、苯乙烯单体、丙烯腈单体、丙烯酰胺单体、丁二烯单体、醇、酯、多元醇、甲醛、磷酸酯和烷烃中以杂质存在的苯和氨。在印花黏合剂中不得使用含 PVC 和限制使用的邻苯二甲酸酯类的塑料添加剂。

(5)后整理阶段。对于功能性整理,该标准规定,不得在纤维、织物或最终产品上加载抗菌剂以赋予产品抗菌功能,这些抗菌剂包括三氯生、纳米银、有机锌化合物、有机锡化合物、二氯苯(酯)化合物、苯并二唑衍生物和异噻唑啉酮。在防毡缩整理中,卤化物或制剂只能用于毛条和散毛(净毛)。在防水、防污和防油的"三防"功能性整理中,不得使用含氟整理剂,包括全氟或多氟的整理剂。使用无氟整理剂则应是在水环境,包括水沉积物中易于生物降解的和非生物积累的。在阻燃增效处理中,不得使用 HBCDD、PeBDE、OcBDE、DecaBDE、PBBs、TEPA、TRIS、TCEP 和短链氯化石蜡 SCCP(C_{10}~C_{13})。

(6)所有的生产工序。该标准规定,为了赋予最终产品某种功能,在加工配方中不得使用按 REACH 法规规定需授权使用的化学物质和已被列入其候选清单的高度关注物质(SVHC),其限量要求为单一纺织产品或复合纺织产品中材质相同的组分的0.1%以下。在湿处理中使用的表面活性剂、柔软剂和络合剂,必须确保在有氧条件下95%以上的物质是易于生物降解的。对非离子表面活性剂和阳离子表面活性剂,则要求能在厌氧条件下很容易生物降解。对于助剂配制或工艺配方,不得使用壬基酚、辛基酚、烷基酚聚氧乙烯醚(APEOs)、壬基酚聚氧乙烯醚、辛基酚聚氧乙烯醚及其衍生物,其限量要求为总量不得超过 25mg/kg。被禁止使用的还包括 DTDMAC、DSDMAC、DHTDMAC、EDTA、DAPT、4-(1,1′,3,3′-四甲基丁基)苯酚、1-甲基-2-吡咯烷酮和次氮基三乙酸(NTA)。

(7)对于最终产品,该标准列出了六个方面的要求:①三岁及三岁以下的婴幼儿产品,N,N-二甲基乙酰胺在弹性纤维或丙烯腈纤维中的质量分数,不得超过 0.001%;直接接触皮肤的产品以及部分与皮肤接触的服装、内衣,N,N-二甲基乙酰胺的质量分数不得超过 0.005%。②关于甲醛残留,要求三岁及三岁以下婴幼儿用品,以及直接接触皮肤的产品,均不得大于16ppm;部分接触皮肤的服装以及内衣,应控制在 75ppm 以内。③针对在运输或储存中使用的防霉剂,只有经欧盟相关法规批准的才能使用,其他的不得使用,如含氯酚及其盐和酯、多氯联苯、有机锡化合物(TBT、TPhT、DBT、DOT)和富马酸二甲酯。④可萃取重金属,涉及 Sb、As、Cd、Cr、Co、Cu、Pb、Ni、Hg 9 种,对婴幼儿用品的要求更严。⑤针对涂层、层压制品和薄膜,要求不得含有 8 种邻苯二甲酸酯增塑剂,它们是 DEHP、BBP、DBP、DMEP、DIBP、DIHP、DHNUP 和 DHP,它们的总量不得超过 0.10%。另外,用于户外或特种需求的含氟聚合物层压制品或薄膜,不得采用 PFOA 或具有更长碳链的同系物为原料。⑥针对纽扣、铆钉和拉链之类的辅料,分别对镍释放量、重金属铅和镉、六价铬、汞和邻苯二甲酸酯增塑剂的含量提出了限制要求。

从以上对标准的分析可以看出,欧盟纺织产品 Eco-Label 标准是至今为止最严格的纺织品生态标准。作为"全生态"概念的典型代表,Eco-Label 关注的是产品的整个生命周期对环境的影响。显然,单纯从关注产品本身的生态安全问题,到关注产品从生产到废弃的整个生命周期的生态和环境问题,体现了可持续发展和倡导"清洁生产"的理念,这种理念正在向国际纺织贸易领域延伸。

今天的消费者对环境保护更加敏感,80%的欧洲消费者希望购买到由独立机构认证的环保产品。带有"Eco-Label"生态标志的产品投入市场,更容易受到消费者的认可。欧盟 Eco-Label 涵盖的范围广泛,从清洁产品到清洁服务,从家居、花园到服装、纸质产品,涉及 27 个不同的产业类型。截至 2018 年 3 月,对市场上 69593 种产品和服务颁发了 1976 张证书,其中纺织鞋类产品 63 张。

二、Standard 100 by OEKO-TEX ®

Standard 100 by OEKO-TEX ®是由国际纺织与皮革生态研究与测试协会(一个国际民间组织)制定的,属于第三方自愿认证的生态纺织品符合性(合格性)评定的程序标准,是目前在纺织品及纺织品有害物质检测行业使用较为广泛、影响力较大的纺织品生态标签之一。

国际纺织与皮革生态研究与测试协会(The International Association for Research and Testing in the Field of Textile and Leather Ecology,简称 OEKO-TEX ® Association)是由奥地利纺织研究院和德国 Hohenstein 纺织研究院于 1990 年创立的,目前由欧洲和日本等十多家独立的纺织研究与测试机构及其全球代表处组成。1992 年,该协会制定了一套专门测试纺织品中有害物质的化学检验方法和标准,即首版 Standard 100 by OEKO-TEX ®,该标准对生态纺织品的评价标准是,产品使用时不会对人体健康造成危害,并且根据现阶段经济和科学技术的发展水平,对纺织品的有害物质进行限定并建立相应的质量监控体系。

此后,OEKO-TEX ®协会每年都会根据国际相关法规的最新变化和研究成果,对 Standard 100 by OEKO-TEX ®进行及时修订。在修订标准时吸纳和考虑关于有害物质的法律法规要求,尤其是欧盟的 REACH 法规及美国的消费品安全改进法案(CPSIA),同时也考虑到某些法律尚未规定,但仍然存在潜在健康危害的化学品,以及数量众多且与环境相关的物质,检验标准和限量值要求明显严于现有的国家和国际标准,体现了对标准科学性和适用性全面考虑,既具有很强的现实性又具有较好的前瞻性。

Standard 100 by OEKO-TEX ®适用于各级生产阶段的纺织布料和纺织产品,包括纺织和非织造辅料,也适用于床垫、羽毛和羽绒、泡棉、室内装饰材料及其他具有相似性质的材料。该标准不适用于皮革制品、皮和毛皮,以及化学品、助剂和染料。皮革制品、皮或毛皮成分可根据 Leather Standard By OEKO-TEX ®进行检测和认证。化学品、助剂和染料可根据 ECO-Passport by OEKO-TEX ®进行检测和认证。

Standard 100 by OEKO-TEX ®有害物质检测是基于纺织品和原材料的用途,其原则为产品与皮肤接触越紧密,皮肤越敏感,就必须遵守越严格的人类生态学要求。该标准将产品分为四个产品级别:一类产品,三周岁以下的婴幼儿用的纺织品和纺织品玩具,如内衣、连衫裤、床单被套、被褥、毛绒动物玩具等;二类产品,在使用时,表面的大部分和人体皮肤直接接触的纺织品,如内衣、床单被套、毛圈织物、男女衬衣等;三类产品,在正常使用的情况下,表面不和人体皮肤接触或只有很少部分和人体皮肤接触的纺织品,如上衣、大衣和衬垫材料等;四类产品,主要用作装饰用的纺织品如桌布餐巾、窗帘、纺织品壁毯和地毯等。

Standard 100 by OEKO-TEX ®涉及的有害物质,是指可能存在于纺织产品或配件中,在正常和特定的使用条件下释放超出规定的最高限量,并且根据现有的科学知识,相关的有害物质很可能对人体健康造成某种影响。该标准的附录 4 列出了 OEKO-TEX ®协会考察的检测项目(物质)和按四个产品级别分别给出的限量值要求。

2019 年 1 月 2 日,OEKO-TEX ®国际环保纺织协会按照惯例,更新了 Standard 100 by OEKO-TEX ®的测试标准和限量值要求。新标准在为期 3 个月的过渡期后,于 2019 年 4 月 1 日开始对所有认证产品生效。2019 年版 Standard 100 by OEKO-TEX ®的附录 4 列出的检测项目有 26 大类,分别为:pH、游离的和可部分释放的甲醛、可萃取的重金属、被消解样品中的重金属、杀虫剂、氯化苯酚、邻苯二甲酸酯、有机锡化合物、其他化学残余、染料(可裂解出致癌芳香胺、可裂解的苯胺、致癌染料、致敏染料、其他染料和海军蓝染料)、氯化苯、氯化甲苯、多环芳烃、生物活性产品、阻燃产品、溶剂残余、残余表面活性剂/润湿剂、全氟及多氟类化合物、紫外线稳定剂、氯化石蜡(SCCP/MCCP)、硅氧烷、亚硝胺/亚硝基化合物、色牢度、可挥发物释放量、有机棉纤维、原料、气味测定、禁用纤维(石棉)。该标准的附录 5 列出了附录 4 检测项目的受控物质清单,受控的化学物质超过 300 个。

三、美国 AAFA 的限用物质清单

2019 年 2 月,美国服饰和鞋类协会(AAFA)发布了第 20 版《限用物质清单》(RSL)。该清单囊括了各国以法律或法规的形式限制的化学品,以及在纺织服装、鞋类产品中包含的有毒有害物质的限量,涉及的化学物质包括致癌芳香胺、石棉、二噁英和呋喃、分散染料/致癌染料、阻燃剂、氟化温室气体、金属、其他混合物、有机锡化合物、农药、邻苯二甲酸盐和溶剂 12 个类别,约 250 种化学物质,应用涵盖的最终产品,主要有家用纺织品、服装和鞋类等,堪称目前全球服装和鞋类产品领域最全的禁用物质清单。

AAFA 是由美国服饰生产商协会(American Apparel Manufacture Association)与美国鞋类工业协会(American Footwear Industry Association)和流行协会于 2000 年合并成立,是目前美国最大和最具竞争性、代表性的服装、鞋类和其他缝制产品生产商及其供应商的全国贸易行业协会之一。

《限用物质清单》是由美国 AAFA 环境任务组的一个特别工作组制定的。自 2007 年 6 月推出第 1 版《限用物质清单》以来,AAFA 跟踪所有进入服装和鞋类产品的受管制化学品,根据世界各国和地区在家用纺织品、服装和鞋类等最终产品上,限制或禁用某些化学品和物质使用的相关最新法规和法律信息,几乎每隔约 6 个月或 1 年,对 RSL 进行更新和补充,到 2019 年 2 月已更新到第 20 版。《限用物质清单》具有资料信息汇总的属性,逐渐被定位为信息资料的技术指南。

《限用物质清单》收录的内容,仅包含法律或法规禁止或限制在家纺、服饰和鞋类成品中使用的材料、化学品和物质,分别列出了禁止或限制使用某些材料、化学品和物质的最严格法规。但 RSL 不包括在生产过程中或在工厂中限制使用的物质的规定,其关注的重点在于在家纺、服饰和鞋类的成品中能否找到这些禁止或限制使用的物质及其含量。RSL 不覆盖玩具、车用纺织品或其他产业用纺织品,也不覆盖在产品包装或相关材料中使用某些物质的限制。

对于每种被列入的物质,RSL 的主要表述包括:CAS 登记号、化学品名称/颜色索引名称、对成品或已测试部件的限制或最大限值、限用的国家或地区、相应的法规、测试方法[如果法规中没有规定测试方法,则提供 GAFTI(Global Apparel, Footwear and Textile Initiative,全球成衣、鞋类及纺织品倡议)组织推荐的方法]、对该物质也设限的其他国家及附注等内容。其收集的法规和标准来自世界各地,包括欧盟、德国、瑞士、美国、日本、韩国、越南、埃及、土耳其和中国等,

特别是欧盟的 REACH 法规要求,并汇集了各国现有的测试方法。可在 AAFA 网站查询最新版《限用物质清单》。

AAFA 的《限用物质清单》只是行业组织推出的一份信息汇总,并非美国法规,但在规范美国家用纺织品、服饰和鞋类等最终产品的生产、提倡清洁生产、引导绿色消费、推动生态纺织品在美国市场的发展,无疑起到非常积极的作用。

四、中国国家标准 GB/T 18885《生态纺织品技术要求》

2002 年,中国国家质量监督检验检疫总局正式颁布国家推荐性标准 GB/T 18885—2002《生态纺织品技术要求》,该标准参照 2002 年版 Standard 100 by OEKO-TEX ®,是中国第一个以国家标准形式出现的(推荐性)生态纺织品标准,意义重大。2009 年,在参照 2008 年版 Standard 100 by OEKO-TEX ®的基础上,对 GB/T 18885 进行了修订,颁布了新版 GB/T 18885—2009,取代 GB/T 18885—2002。

GB/T 18885—2009 的产品分类和技术要求技术要求有:pH、甲醛、可萃取的重金属、杀虫剂、苯酚化合物、氯苯和氯化甲苯、邻苯二甲酸酯、有机锡化合物、有害染料(可分解芳香胺染料、致癌染料、致敏染料和其他染料)、抗菌整理剂、阻燃整理剂、色牢度、挥发性物质、异常气味、石棉纤维 15 个技术指标。GB/T 18885—2009 按标准编写的有关规定,对范围、规范性引用文件、术语和定义、产品分类、要求、试验方法、取样和判定规则等内容逐项作了规定,对各种有害物质清单以规范性附录的方式构成标准的一部分。在规范性引用文件和试验方法中,该标准引用的是现有的各项检测方法的中国国家标准,每个项目都对应有国家标准进行检测,这反映出我国在生态纺织品相关的检测标准化方面取得了重大的进展,相关的检测方法已经形成体系。

GB/T 18885《生态纺织品技术要求》自发布以来,其实际影响力远不如国家强制性标准 GB 18401—2010,而作为 GB/T 18885 主要技术依据的 Standard 100 by OEKO-TEX ®几乎每年更新一次,现在已更新到 2019 年版,增加了许多新的有害物质的法律法规要求。而 GB/T 18885—2009 依然参考 2008 年的 Standard 100 by OEKO-TEX ®,远远落后于现今各国对生态纺织产品的要求,已跟不上各国法律法规的发展,亟待修订更新。

第三节 有害化学物质的零排放计划

一、有害化学物质的零排放计划概述

2011 年 11 月,由阿迪达斯等六家品牌商发起,组成了旨在促进在整个产品生命周期中,减少化学品排放的有害物质零排放(Zero Discharge of Hazardous Chemicals,简称 ZDHC)联盟,该联盟承诺逐步从它们的供应链的产品中消灭有害化学品,并进一步许诺到 2020 年实现有害化学物质的零排放。作为承诺的一部分及朝着有害化学物质零排放迈出的第一步,2011 年 11 月 23 日 ZDHC 联盟公布了第一版有害物质零排放项目联合路线图(ZDHC Joint Roadmap, Version 1)。这份文件展示了品牌团体的通力协作,引领服装和鞋类行业到 2020 年在所有产品供应链中的所有排放途径达到有害化学物质零排放。联合路线图是一项宏伟的计划,为全球服装及鞋类行

业设立了全新的环境绩效标准。该文件确定了这些品牌将关注的化学物质和初步工作计划,为实现 2020 年零排放的挑战确定了基本走向。2013 年 6 月,ZDHC 联盟推出了第二版联合路线图,设计了一套新的计划,定义了七个工作流程和任务,进一步阐明全球服装及鞋类行业实现环保新标准的主要路线,展示了 ZDHC 的长期愿景、过渡期 2015 年的阶段性目标、2020 年的最终成果和各方的责任。

与此同时,根据 ZDHC 联合路线图第二版的承诺,ZDHC 联盟在 2014 年 6 月推出了《生产限用物质清单》(MRSL)。该清单是在最初确定的 11 类优先控制化学物质的基础上,经过该联盟技术资讯委员会和联盟成员之间研究协商后共同确定的。清单列出了服装和鞋类行业在生产和相关工艺过程中可能使用并排放到环境中的有害物质。与现有的许多品牌或行业组织针对最终产品的限用物质清单(RSL)最大不同在于,在禁止有意使用清单所列化学物质的原则的基础上,同时规定了生产企业所用化学品制剂中限用物质可接受的浓度限量,从而确保在最终产品中这些物质的残留量能满足相关法规或品牌商自身的限用物质清单(RSL)的要求。虽然有些品牌商(如 Nike、H&M 等)已有生产限用物质清单(MRSL),但与 ZDHC 联盟发布的 MRSL 相比,后者涉及的物质更多、限量要求更高、适用范围更广,对全面实现 ZDHC 联盟郑重承诺的到 2020 年有害化学物质零排放的目标起着积极的推动作用。

ZDHC 联盟在第一版的基础上,将皮革加工纳入管控范围,在 2015 年 12 月 9 日推出了《ZDHC 生产限用物质清单》(ZDHC MRSL)1.1 版。

二、生产限用物质清单(ZDHC MRSL)

《ZDHC 生产限用物质清单》(ZDHC MRSL)1.1 版是一份在纺织、服装和鞋类行业生产纺织材料、皮革和饰件的工厂中禁止有意使用的化学物质清单。通过使用符合 ZDHC MRSL 的化学制剂,供应商(湿加工工厂)可以确认并向其客户证明其在生产过程中未曾有意使用受限化学物质。

ZDHC MRSL1.1 版分为两章,第一章是纺织品和合成革加工 MRSL,适用于纺织纤维制造和湿处理加工过程以及合成革制造和加工过程所用的化学制剂和物质。第二章是天然皮革加工 MRSL,适用于天然皮革整个加工过程(从生皮到成品皮革)所用的化学制剂和物质。这两章的清单涵盖限用有害物质 16 类,大约 170 种化学物质,所列的限用化学物质基本一致。第一章 16 类物质详见表 1-17,该表将 MRSL1.1 版的两个清单整合成一个生产限用物质清单,在表中标注出天然皮革加工不同的限量要求。

在 ZDHC 联盟的 MRSL1.1 版中,具体的限量要求被分为两组。一组是针对原材料和产品供应商的,规定对被列入清单的化学物质都一律不得有意使用。所谓有意使用是指为了达到某种功能或效果而有意添加的。另一组是专门针对从化学品供应商那里购入的商品化的化学制剂,如各种助剂。这些化学制剂在合成或生产加工过程中可能会有微量的被限用物质以杂质的形式被带入并残留在制剂(助剂)成品中。为此,MRSL 特意给这些可能存在的杂质定了相应的限量要求,以确保在满足这些限量要求的前提下,使用这些化学制剂的最终产品上有害物质的残留量不会超过法规或品牌的要求,因为相对于这些最终产品,化学制剂的使用量通常都很小,经稀释后在最终产品上的残留量也就更小。

表1-17 MRSL1.1生产限用物质清单
（包括纺织品和合成革、天然皮革制造和加工过程）

CAS No.	物质名称	A组:原材料和成品供应商要求	B组:化学品供应商商业制剂限量(mg/kg)	潜在应用	分析的一般技术
1. 烷基酚(AP)和 烷基酚聚氧乙烯醚（APEOs),包括所有同分异构体					
104-40-5 11066-49-2 25154-52-3 84852-15-3	壬基苯酚(NP),混合同分异构体	不得有意使用	250	可能用作或存在于:染料和印花的清洗剂、渗透剂、精练剂、纺纱油剂、湿润剂、柔软剂、乳化剂、分散剂等;以及丝绸生产、染料和颜料制备、涤丝纺和羽绒填充物的浸渍剂和脱胶剂等 在皮革加工中,鞣革前准备中所用的去脂剂和毛皮洗涤剂、脂液和油液、水性扩散剂和乳化剂,以及整理剂	液相色谱质谱联用法 LC-MS,气相色谱质谱联用法 GC-MS EN ISO 18218-1 EN ISO 18218-2
140-66-9 1806-26-4 27193-28-8	辛基苯酚(OP),混合同分异构体		250		
9002-93-1 9036-19-5 68987-90-6	辛基酚聚氧乙烯醚（OPEO)		500		
9016-45-9 26027-38-3 37205-87-1 68412-54-4 127087-87-0	壬基酚聚氧乙烯醚（NPEO)		500		
2. 氯苯和氯甲苯					
95-50-1	1,2-二氯苯	不得有意使用	1000	可用作涤纶或涤纶/羊毛纤维染色工艺中的载体;也可用作溶剂;也可用于羊皮和猪皮的去脂	气相色谱质谱联用法 GC-MS
其他一氯苯、二氯苯、三氯苯、四氯苯、五氯苯和六氯苯同分异构体以及一氯甲苯、二氯甲苯、三氯甲苯、四氯甲苯和五氯甲苯同分异构体			总计=200		
3. 氯代苯酚					
25167-83-3	四氯苯酚（TeCP)	不得有意使用	总计=20	氯代苯酚是用作防腐剂或杀虫剂的多氯化合物 五氯苯酚和四氯苯酚以往在原皮和皮革储存/运输中用于防霉,现在得到控制,禁止使用	气相色谱质谱联用法 GC-MS EN ISO 17070
87-86-5	五氯苯酚（PCP)				
4901-51-3	2,3,4,5-四氯苯酚				
58-90-2	2,3,4,6-四氯苯酚		总计=50		
935-95-5	2,3,5,6-四氯苯酚				
95-57-8	2-氯苯酚				
120-83-2	2,4-二氯苯酚				
583-78-8	2,5-二氯苯酚				

续表

CAS No.	物质名称	A组:原材料和成品供应商要求	B组:化学品供应商商业制剂限量(mg/kg)	潜在应用	分析的一般技术
87-65-0	2,6-二氯苯酚	不得有意使用	总计=50	氯代苯酚是用作防腐剂或杀虫剂的多氯化合物　五氯苯酚和四氯苯酚以往在原皮和皮革储存/运输中用于防霉,现在得到控制,禁止使用	气相色谱质谱联用法 GC-MS EN ISO 17070
95-95-4	2,4,5-三氯苯酚				
88-06-2	2,4,6-三氯苯酚				
591-35-5	3,5-二氯苯酚				
576-24-9	2,3-二氯苯酚				
95-77-2	3,4-二氯苯酚				
108-43-0	3-氯苯酚				
106-48-9	4-氯苯酚				
15950-66-0	2,3,4-三氯苯酚				
933-78-8	2,3,5-三氯苯酚				
609-19-8	3,4,5-三氯苯酚				

4. 染料——禁用偶氮染料(以可分解出的致癌芳香胺计)

CAS No.	物质名称	A组:原材料和成品供应商要求	B组:化学品供应商商业制剂限量(mg/kg)	潜在应用	分析的一般技术
101-14-4	4,4'-亚甲基-二-(2-氯苯胺)	不得有意使用	150	偶氮染料和颜料是包含一种或几种芳香族化合物偶氮基(—N＝N—)的染色剂。偶氮染料有几千种,但是只有会降解形成列出的可分解胺的偶氮染料受限。释放出这些胺的偶氮染料受到监管,不得再用于纺织品和皮革的染色	液相色谱法 LC 气相色谱法 GC
101-77-9	4,4'-二氨基二苯甲烷		150		
101-80-4	4,4'-二氨基二苯醚		150		
106-47-8	对氯苯胺		150		
119-90-4	3,3'-二甲氧基联苯胺		150		
119-93-7	3,3'-二甲基联苯胺		150		
120-71-8	2-甲氧基-5-甲基苯胺		150		
137-17-7	2,4,5-三甲基苯胺		150		
139-65-1	4,4'-二氨基二苯硫醚		150		
60-09-3	对氨基偶氮苯		150		
615-05-4	2,4-二氨基苯甲醚		150		
838-88-0	3,3'-二甲基-4,4'-二氨基二苯甲烷		150		
87-62-7	2,6-二甲基苯胺		150		
90-04-0	邻氨基苯甲醚		150		
91-59-8	2-萘胺		150		
91-94-1	3,3'-二氯联苯胺		150		
92-67-1	4-氨基联苯		150		
92-87-5	联苯胺		150		

CAS No.	物质名称	A组:原材料和成品供应商要求	B组:化学品供应商商业制剂限量(mg/kg)	潜在应用	分析的一般技术
95-53-4	邻甲苯胺		150	偶氮染料和颜料是包含一种或几种芳香族化合物偶氮基(—N═N—)的染色剂。偶氮染料有几千种,但是只有会降解形成列出的可分解胺的偶氮染料受限。释放出这些胺的偶氮染料受到监管,不得再用于纺织品和皮革的染色	液相色谱法 LC 气相色谱法 GC
95-68-1	2,4-二甲基苯胺		150		
95-69-2	4-氯邻甲苯胺	不得有意使用	150		
95-80-7	2,4-二氨基甲苯		150		
97-56-3	邻氨基偶氮甲苯		150		
99-55-8	5-硝基邻甲苯胺		150		

5. 染料——海军蓝染色剂

CAS No.	物质名称	A组	B组	潜在应用	分析的一般技术
118685-33-9	成分1: $C_{39}H_{23}ClCrN_7O_{12}S \cdot 2Na$	不得有意使用	250	海军蓝染色剂受到监管,不得再用于纺织品和皮革的染色	液相色谱法 LC
—	成分2: $C_{46}H_{30}CrN_{10}O_{20}S_2 \cdot 3Na$				

6. 染料——致癌性或等效属性

CAS No.	物质名称	A组	B组	潜在应用	分析的一般技术
1937-37-7	C. I. 直接黑 38		250	这些物质中的大多数受到监管,不得再用于纺织品和皮革的染色中	液相色谱法 LC
2602-46-2	C. I. 直接蓝 6		250		
3761-53-3	C. I. 酸性红 26		250		
569-61-9	C. I. 碱性红 9		250		
573-58-0	C. I. 直接红 28		250		
632-99-5	C. I. 碱性紫 14		250		
2475-45-8	C. I. 分散蓝 1		250		
2475-46-9	C. I. 分散蓝 3	不得有意使用	250		
2580-56-5	C. I. 碱性蓝 26(含米氏酮 > 0.1%)		250		
569-64-2	C. I. 碱性绿 4(孔雀石绿氯化物)		250		
2437-29-8	C. I. 碱性绿 4(孔雀石绿草酸盐)		250		
10309-95-2	C. I. 碱性绿 4(孔雀石绿)		250		
82-28-0	分散橙 11		250		

续表

CAS No.	物质名称	A组:原材料和成品供应商要求	B组:化学品供应商商业制剂限量(mg/kg)	潜在应用	分析的一般技术
7. 染料——致敏性分散染料 (不适用于皮革加工)					
119-15-3	分散黄 1	不得有意使用	250	分散染料是一类不溶于水的染料,可渗透合成或制造纤维的纤维系统,通过物理力量固色,不形成化学键。分散染料用于合成纤维(如涤纶、醋酯纤维、锦纶)的染色。受限分散染料被疑可能导致过敏反应,不得再用于纺织品的染色。分散染料不适用于皮革加工	液相色谱法 LC
12222-97-8	分散蓝 102		250		
12223-01-7	分散蓝 106		250		
12236-29-2	分散黄 39		250		
13301-61-6	分散橙 37/59/76		250		
23355-64-8	分散棕 1		250		
2581-69-3	分散橙 1		250		
2832-40-8	分散黄 3		250		
2872-48-2	分散红 11		250		
2872-52-8	分散红 1		250		
3179-89-3	分散红 17		250		
3179-90-6	分散蓝 7		250		
3860-63-7	分散蓝 26		250		
54824-37-2	分散黄 49		250		
12222-75-2	分散蓝 35		250		
61951-51-7	分散蓝 124		250		
6373-73-5	分散黄 9		250		
730-40-5	分散橙 3		250		
56524-77-7	分散蓝 35		250		
8. 阻燃剂 (在皮革加工中,短链氯化石蜡作为脂肪液化剂类列出)					
115-96-8	三 (2 - 氯乙基) 磷酸酯 (TCEP)	不得有意使用	250	阻燃剂化学品极少用于满足儿童服装和成对产品的可燃性要求。它们不得用于服装和鞋类产品。阻燃剂可能用于加工技术/工业用途的皮革(例如,传动带)以及火车和飞机上的家具皮革。在皮革加工中,短链氯化石蜡单独作为脂肪液化剂列出。短链氯化石蜡可能作为污染物存在于	气相色谱质谱联用法 GC-MS
1163-19-5	十溴联苯醚(DecaBDE)		250		
126-72-7	磷酸三(2,3-二溴丙基)酯 (TRIS)		250		
32534-81-9	五溴联苯醚(PentaBDE)		250		
32536-52-0	八溴联苯醚(OctaBDE)		250		
5412-25-9	双(2,3-溴丙基)磷酸盐 (BIS)		250		
545-55-1	三 (1 - 吖丙啶基) 氧化膦 (TEPA)		250		

CAS No.	物质名称	A组:原材料和成品供应商要求	B组:化学品供应商商业制剂限量(mg/kg)	潜在应用	分析的一般技术
59536-65-1	多溴联苯(PBB)		250	用作脂肪液化剂的长链氯化石蜡和磺基氯化石蜡中	气相色谱质谱联用法 GC-MS
79-94-7	四溴双酚 A(TBBPA)		250		
3194-55-6	六溴环十二烷(HBCDD)		250		
3296-90-0	2,2-二(溴甲基)-1,3-丙二醇(BBMP)	不得有意使用	250		
13674-87-8	磷酸三(1,3-二氯异丙基)酯(TDCP)		250		
85535-84-8	短链氯化石蜡 (SCCP)($C_{10} \sim C_{13}$)		50(皮革加工 250)		
9. 乙二醇					
111-96-6	二甘醇二甲醚		50	乙二醇广泛用于服装和鞋中,包括作为整理剂、清洗剂、印花色浆溶剂、溶解和稀释脂肪、油和黏合剂(如在除油或清洁操作中)。一些极性溶剂(乙二醇醚)需要用于水基皮革表面处理系统	高性能液相色谱法 HPLC,液相色谱质谱联用法 LC-MS
110-80-5	乙二醇单乙醚		50		
111-15-9	乙二醇乙醚乙酸酯		50		
110-71-4	乙二醇二甲醚	不得有意使用	50		
109-86-4	乙二醇甲醚		50		
110-49-6	乙二醇甲醚乙酸酯		50(皮革加工 1000)		
70657-70-4	2-甲氧基-1-丙醇醋酸酯		50		
112-49-2	三甘醇二甲醚				
10. 卤化溶剂					
107-06-2	1,2-二氯乙烷		5	服装和制鞋业,用作整理剂、清洗剂、印花色浆溶剂、溶解和稀释脂肪、油和黏合剂(如在除油或清洁操作中)	气相色谱质谱联用法 GC-MS
75-09-2	二氯甲烷	不得有意使用	5		
79-01-6	三氯乙烯		40		
127-18-4	四氯乙烯		5		
11. 有机锡					
多种	二丁基锡	不得有意使用	20(* 对 <20% 加载时所用的聚氨酯增稠剂,则为 100ppm)	有机锡是锡与丁基和苯基等有机结合的一类化学品。环境中的有机锡主要用作船用漆的防污剂;也可用作杀菌剂、塑料和胶水生产中的催化剂及塑料/橡胶中的热稳定剂;	气相色谱质谱联用法 GC-MS 低分辨率质谱 LRMS
多种	单、双和三甲基锡衍生物		5		

续表

CAS No.	物质名称	A组:原材料和成品供应商要求	B组:化学品供应商商业制剂限量(mg/kg)	潜在应用	分析的一般技术
多种	单、双和三苯基锡衍生物		5	在纺织和服装业中,用于塑料/橡胶、油墨、金属亮片、聚氨酯制品和传热材料。聚氨酯增稠剂可能包含微量 DBT,通常用于皮革化学制剂的黏性调整	气相色谱质谱联用法 GC-MS 低分辨率质谱 LRMS
多种	单、双和三苯基锡衍生物	不得有意使用	5		
多种	单、双和三辛基锡衍生物		5		

12. 多环芳烃（PAHs）

CAS No.	物质名称	A组:原材料和成品供应商要求	B组:化学品供应商商业制剂限量(mg/kg)	潜在应用	分析的一般技术
50-32-8	苯[a]并芘		20	多环芳烃(PAH)是原油的天然成分,是炼油的常见残余物。多环芳烃有类似汽车轮胎或沥青的特殊气味。含有多环芳烃的残油常被作为软化剂或填充剂添加到橡胶和塑料中,可见于橡胶、塑料、清漆和涂料中;多环芳烃常见于鞋的外底及丝印的印花色浆中;作为杂质存在于碳黑中;也可能形成于循环使用的材料再处理中的热分解 萘:纺织品染料的分散剂中可能含有高浓度的残余萘,这是由于使用了劣质的萘衍生物(例如劣质的萘磺酸甲醛浓缩产品)。在皮革化工行业中,萘用作原材料,以生产合成鞣剂以及生产在皮革加工期间所用的分散剂中的活性物质	气相色谱质谱联用法 GC-MS
120-12-7	蒽				
129-00-0	芘				
191-24-2	苯[ghi]并芘				
192-97-2	苯[e]并芘				
193-39-5	茚并[1,2,3-cd]芘				
205-82-3	苯并[j]荧蒽				
205-99-2	苯并[b]荧蒽	不得有意使用	总计＝200(皮革加工,萘300)		
206-44-0	荧蒽				
207-08-9	苯并[k]荧蒽				
208-96-8	苊烯				
218-01-9	䓛				
53-70-3	二苯[a,h]并蒽				
56-55-3	苯并[a]蒽				
83-32-9	苊				
85-01-8	菲				
86-73-7	芴				
91-20-3	萘				

13. 全氟和多氟化学品（PFCs）

　　禁止有意使用基于长链技术的持久防水、防油和防污的表面处理材料(氟化高聚物)。经济合作与发展组织(OECD)定义的长链化合物基于长链全氟羧酸（C_8 及更高)和长链全氟磺酸盐(C_6 及更高)。该技术的主要污染物包括:

- 碳链长为 C_6 及更高的全氟磺酸盐(PFSAs),如 PFOS,全氟辛烷磺酸
- 碳链长为 C_8 及更高的全氟羧酸,如 PFOA,全氟辛酸

CAS No.	物质名称	A组:原材料和成品供应商要求	B组:化学品供应商商业制剂限量(mg/kg)	潜在应用	分析的一般技术
多种	全氟辛烷磺酸(PFOS)和相关物质	不得有意使用	总计=2	可作副产物存在长链商业防水、防油、防污剂中;PFOA用于聚四氟乙烯(PTFE)等聚合物	液相色谱质谱联用法 LC-MS
多种	全氟辛酸(PFOA)和相关物质		总计=2		
14. 邻苯二甲酸酯,包括邻苯二甲酸的其他酯类					
117-81-7	邻苯二甲酸二辛酯(DEHP)	不得有意使用	所有邻苯二甲酸酯总计=250	邻苯二甲酸酯是一类有机化合物,常添加到塑料中增加弹性;有时用在塑料铸模中以降低塑料的熔解温度 邻苯二甲酸酯可见于:柔性塑料部件(如PVC)、印花色浆、黏合剂、塑料纽扣、塑料套管、聚合物涂层。 用于皮革表面处理的聚合物涂层、着色剂中的去尘剂、脂液和油液均可能为皮革加工制剂中邻苯二甲酸盐的来源	气相色谱质谱联用法 GC-MS
117-82-8	邻苯二甲酸二甲氧基乙酯(DMEP)				
117-84-0	邻苯二甲酸二正辛酯(DNOP)				
26761-40-0	邻苯二甲酸二异癸酯(DIDP)				
28553-12-0	邻苯二甲酸二异壬酯(DINP)				
84-75-3	邻苯二甲酸二己酯(DnHP)				
84-74-2	邻苯二甲酸二丁酯(DBP)				
85-68-7	邻苯二甲酸丁苄酯(BBP)				
84-76-4	邻苯二甲酸二壬酯(DNP)				
84-66-2	邻苯二甲酸二乙酯(DEP)				
131-16-8	邻苯二甲酸二正丙酯(DPRP)				
84-69-5	邻苯二甲酸二异丁酯(DIBP)				
84-61-7	邻苯二甲酸二环己酯(DCHP)				
27554-26-3	邻苯二甲酸二异辛酯(DIOP)				
68515-42-4	1,2-苯二羧酸,邻苯二甲酸二($C_7 \sim C_{11}$ 支链与直链)烷基酯(DHNUP)				
71888-89-6	1,2-苯二羧酸,邻苯二甲酸二($C_6 \sim C_8$ 支链)烷基酯(DIHP)				

续表

CAS No.	物质名称	A组:原材料和成品供应商要求	B组:化学品供应商商业制剂限量(mg/kg)	潜在应用	分析的一般技术
15. 重金属总量					
列出的金属禁止在纺织品制造/整理加工中有意使用。另外,着色剂中锑、锌、铜、镍、锡、钡、钴、铁、锰、硒和银的残留应符合染料与有机颜料制造商生态与毒理学协会(ETAD)的浓度限制要求					
7440-38-2	砷(As)	不得有意使用	50	棉花的防腐剂、杀虫剂和脱叶剂中;合成纤维、涂料、油墨、边饰和塑料中	电感耦合等离子体发射光谱法 ICP-OES,原子吸收光谱测试法 AAS可用 Cr(Ⅵ)对Cr(Ⅲ)鞣革剂进行监管EN ISO 17075(当前版本)ISO/DIS 19071(草案)
7440-43-9	镉(Cd)		20(颜料中为50)	颜料(特别是红色、橙色、黄色和绿色);PVC的稳定剂;肥料、抗菌剂、拉链和纽扣的表面涂料	
7439-97-6	汞(Hg)		4(颜料中为25)	杀虫剂和苛性钠的污染物中;拉链和纽扣的表面涂料	
7439-92-1	铅(Pb)		100	塑料、涂料、油墨、颜料和表面涂层中	
18540-29-9	六价铬[Cr(Ⅵ)]		10	皮革鞣制加工,羊毛染色。使用重铬酸钾进行鞣革的"二浴法"不再用于皮革产业。禁止使用重铬酸钾和其他铬(Ⅵ)化合物,限制在铬(Ⅲ)鞣革剂中使用铬(Ⅵ)残余物	
16. 挥发性有机化合物 (VOC)					
71-43-2	苯	不得有意使用	50	这些挥发物有机化合物不得用于纺织助剂的化学制备。它们与基于溶剂的工艺相关,如溶剂型聚氨酯涂料和胶水/黏合剂。它们不应用于任何类型的清洁或污渍清洗设备	气相色谱质谱联用法 GC/MS
1330-20-7	二甲苯(皮革加工 MRSL 中无要求)		500		
95-48-7	邻甲酚		500		
106-44-5	对甲酚		500		
108-39-4	间甲酚		500		

参考文献

[1]王建平,陈荣圻.REACH法规与生态纺织品[M].北京:中国纺织出版社,2009.

[2]王建平,吴岚,陆雅芳,郑娟,REACH法规的最新进展及其对中国纺织品服装出口的影响[J].纺织导报,2015(7):22-28.

[3]陈荣圻.近期有关纺织化学品重要限用法规评述[J].染料与染色,2014,51(4):12-22.

[4]章杰.禁限用纺织化学品新动态(一)[J].印染,2016(9):51-53.

[5]章杰.禁限用纺织化学品新动态(二)[J].印染,2016(10):47-52.

[6]章杰.禁限用纺织化学品新动态(四)[J].印染,2016(12):46-48.

[7]http://ec.europa.eu/environment/ecolabel/index_en.htm.

[8]https://echa.europa.eu/regulations/reach/understanding-reach.

[9]王建平.针对服饰和鞋类产品的REACH法规附件ⅩⅦ修订条款的解读[J].纺织导报,2018(12):13-16.

[10]Ben DeVito.适用于服装与纺织品企业的《消费品安全改进法案》(CPSIA)[J].中国纤检,2010(4):44-46.

[11]杨闯.GB 18401—2010《国家纺织品基本安全技术规范》解读[J].中国纤检,2011(7):48-51.

[12]刘定平,赵丽莎.GB 18401—2010《国家纺织品基本安全技术规范》浅析[J].中国纤检,2011,05(下):44-46.

[13]王建平,吴岚,司芳,等.对设立我国纺织品服装限用物质清单团体标准的设想(待续)[J].染整技术,2017(1):64-68.

[14]王建平,吴岚,司芳,等.对设立我国纺织品服装限用物质清单团体标准的设想(续完)[J].染整技术,2017(2):82-87.

[15]欧洲化学品管理局(ECHA)官网.http://echa.europa.eu/.

[16]麦裔强,黄明华,何舒敏,等.国内外纺织品印花生态安全要求[J].丝网印刷,2018(2):37-43.

[17]https://www.oeko-tex.com/en/consumer/what_is_standard100.

[18]张澜君,张洪卫.浅谈生态纺织品国际标准Oeko-Tex Standard 100[J].轻纺工业与技术,2011(6):51-53.

[19]欧盟非食品类消费品快速通报系统(RAPEX)官网.http://ec.europa.eu/consumers/safety/rapex.

[20]陈荣圻.高度关注物质(SVHCs)对纺织化学品的影响(一)[J].印染,2013,39(18):51-56.

[21]陈荣圻.高度关注物质(SVHCs)对纺织化学品的影响(二)[J].印染,2013,39(19):49-53.

[22]陈荣圻.高度关注物质(SVHCs)对纺织化学品的影响(三)[J].印染,2013,39(20):49-51.

[23]陈荣圻.高度关注物质(SVHCs)对纺织化学品的影响(四)[J].印染,2013,39(21):50-53.

[24]王建平.对绿色和平组织"时尚之毒"报告的思考[J].印染,2011,37(20):36-42.

[25]https://www.roadmaptozero.com/cn/.

第二章 纺织产品生态安全性能检测项目与检测标准

第一节 纺织产品生态安全性能检测项目

近年来,针对纺织产品生态安全性能的法规和标准,世界各地发展迅猛,涉及的有害化学物质的种类不断增多,限值要求也越来越严格。在国际纺织品贸易中,有关纺织产品生态安全性能的检测项目,主要来源于 REACH 法规、Eco-Label、Standard 100 by OEKO-TEX ® 和美国 AAFA 的 RSL,以及我国的国标 GB 18401—2010,GB/T 18885—2009 和团体标准 T/CNTAC 8—2018 等国内外相关的法规标准所限用或禁用的有害物质。

表 2-1 是对 Eco-Label、Standard 100 by OEKO-TEX ®、REACH 法规附录 XVII、美国的行业规范 AFAA 的 RSL 和我国的国标、生态纺织品标准,以及团体标准 T/CNTAC-8:2018 中所列出的主要限用和禁用物质进行的比较。

表 2-1 国内外主要纺织品法规或标准中的限用物质选择的比较

检测项目	Eco-Label	OEKO-TEX ®	AFAA RSL	REACH 附件 XVII	GB 18401 —2010	GB/T 18885 —2009	团体标准 T/CNTAC 8—2018
pH	−	+	−	−	+	+	−
甲醛	+	+	+	+	+	+	+
可萃取重金属	+	+	+	+	−	+	+
重金属(Pb/Cd)	+	+	+	+	−	+	+
镍释放	+	+	+	+	−	+	+
杀虫剂	+	+	+	+	−	+	−
含氯苯酚	+	+	+	+	−	+	+
邻苯二甲酸酯	+	+	+	+	−	+	+
有机锡化合物	+	+	+	+	−	+	+
邻苯基苯酚	−	+	−	−	−	+	−
苯胺	−	+	−	−	−	−	−
短链氯化石蜡	+	+	−	−	−	−	+

续表

检测项目	Eco-Label	OEKO-TEX ®	AFAA RSL	REACH 附件XVII	GB 18401—2010	GB/T 18885—2009	团体标准 T/CNTAC 8—2018
三(2-氯乙基)磷酸酯	+	+	+	+	-	-	+
双酚 A	-	+	+	+	-	-	-
富马酸二甲酯	+	+	+	+	-	-	+
可分解出致癌芳香胺的偶氮染料	+	+	+	+	+	+	+
致癌染料	+	+	+	+	-	+	+
致敏染料	+	+	+	+	-	+	+
蓝色素	+	+	+	+	-	-	-
氯化苯/氯化甲苯	+	+	+	+	-	-	+
多环芳烃	-	+	+	+	-	-	+
阻燃剂	+	+	+	+	-	+	+
残余溶剂	-	+	+	+	-	-	-
烷基酚/烷基酚聚氧乙烯醚	+	+	+	+	-	-	+
全氟辛烷类化合物	+	+	+	+	-	-	+
含氟温室气体	-	-	-	-	-	-	-
紫外线稳定剂	-	+	-	-	-	-	-
生物活性物质	+	+	-	-	-	-	-
有机挥发物	+	+	+	+	-	+	-
气味测定	-	-	-	-	+	-	-
石棉纤维	-	+	+	+	-	+	-
二噁英和呋喃	-	-	+	-	-	-	-
亚硝胺	+	-	+	+	-	-	-
N,N-二甲基乙酰胺	+	+	+	+	-	-	-

注 表中"+"代表有要求、"-"代表无要求

第二节 国际上纺织产品生态安全性能的检测标准

在纺织品生态安全性能的检测项目中,pH、甲醛、偶氮染料已建立比较完善的检测标准,并在不断更新。新纳入的检测项目,如邻苯二甲酸酯、烷基酚及烷基酚聚氧乙烯醚(AP/APEO)、全氟辛烷磺酰基化合物/全氟辛酸(PFOS/PFOA)、有机锡化合物、多环芳烃、阻燃剂、短链氯化

石蜡等,各国也加快了检测方法的研发和标准化,陆续推出了一些检测项目的测试方法和检测标准。相对于法规要求,与检测项目配套的检测标准并不多,部分检测项目仍无统一的国际标准,检测方法主要参照采用了欧盟标准、德国标准、英国标准或其他相关产品的类似测试方法,有的项目因没有可以参照的测试标准,各检测机构采用了内部研发的测试方法。

表2-2中列出了国际上有关纺织品生态安全性能的检测标准(截至2019年10月)。

表2-2　国际上有关纺织品生态安全性能的检测标准

序号	检测项目	标准号/年份	标准名称(英文)	标准名称(中文)
1	偶氮染料	EN 14362-1:2012 EN ISO 14362-1:2017 ISO 24362-1:2014	Textiles-Methods for determination of certain aromatic amines derived from azo colorants Part1:Detection of the use of certain azo colorants accessible with and without extracting the fibres	纺织品　偶氮染料中可分解出的某些芳族胺的测定方法　第一部分:不经抽提或经抽提的偶氮染料的测定
		EN 14362-3:2012 EN ISO 14362-3:2017 ISO 24362-3:2014	Textiles-Methods for determination of certain aromatic amines derived from azo colorants-Part 3:Detection of the use of certain azo colorants, which may release 4-aminoazobenzene	纺织品　偶氮染料中可分解出的某些芳族胺的测定方法　第三部分:可分解出4-氨基偶氮苯的某些偶氮染料的测定
		ISO 17234-1:2015(E)	Leather-Chemical tests for the determination of certain azo colorants in dyed leathers-Part 1:Determination of certain aromatic amines derived from azo colorants	皮革　测定染色皮革中某些偶氮染料的化学测试　第1部分:偶氮染料中可分解出某些芳香胺的测定
		ISO 17234-2:2011(E)	Leather-Chemical tests for the determination of certain azo colorants in dyed leathers Part 2:Determination of 4-aminoazobenzene	皮革　测定染色皮革中某些偶氮染料的化学测试　第2部分:对氨基偶氮苯的测定
2	致癌染料	ISO 16373-2:2014	Textiles-Dyestuffs Part 2:General method for the determination of extractable dyestuffs including allergenic and carcinogenic dyestuffs(Method using pyridine-water)	纺织品　染料　第二部分:可萃取染料包括致敏染料和致癌染料的一般测定方法(吡啶/水萃取法)
		ISO 16373-3:2014	Textiles-Dyestuffs Part 3:Method for determination of certain carcinogenic dyestuffs(Method using triethylamine /methanol)	纺织品　染料　第三部分:测定某些致癌染料的方法(三乙胺/甲醇萃取法)

序号	检测项目	标准号/年份	标准名称（英文）	标准名称（中文）
3	致敏染料	DIN 54231:2005	Textiles–Detection of disperse dyestuffs	纺织品 分散染料的测定
4	pH	ISO 3071:2005	Textiles–Determination of pH of aqueous extract	纺织品 水萃取液 pH 的测定
		ISO 4045:2018	Leather – Chemical tests – Determination of pH and difference figure	皮革 化学试验 pH 和差异指数的测定
		AATCC Test Method 81:2016	pH of the water–extract from wet processed textiles	湿式加工纺织品水萃取物的 pH
		AS 2001.3.1:1998	Methods of test for textiles Method 3.1: Chemical tests – Determination of pH of aqueous extract	纺织品测试方法 方法3.1：化学测试 水萃取液 pH 的测定
		ASTM D 2810:2018	Standard test method for pH of leather	皮革 pH 的测定
		JIS L1096:2010	Testing methods for woven and knitted fabrics(8.37 pH of extract)	机织物和针织物的测试方法（第8.37条 水萃取液 pH 的测定）
5	甲醛	JIS L1041—2011	JIS L1041—2011（8.1.4 method B）Test methods for resin finished textiles	JIS L1041—2011（第8.1.4条 方法 B）树脂加工纺织品测试方法
		JIS L1096:2010	Testing methods for woven and knitted fabrics	机织物和针织物的测试方法
		BS 6806:2002（R2015）	Textiles – Determination of formaldehyde – Method for the determination of total and free（water extraction method）formaldehyde using chromotropic acid	纺织品 甲醛的测定 使用铬变酸法测定甲醛的总含量和游离部分（水萃取法）的含量
		ISO 14184–1:2011	Textiles – Determination of formaldehyde – Part 1：Free and hydrolized formaldehyde（water extraction method）	纺织品 甲醛的测定 第1部分：游离和水解的甲醛（水萃取法）
		ISO 14184–2:2011	Textiles – Determination of formaldehyde – Part 2：Released formaldehyde（vapor absorption method）	纺织品 甲醛的测定 第2部分：释放的甲醛（蒸汽吸收法）
		AATCC 112:2014	Formaldehyde Release from Fabric, Determination of:Sealed Jar Method	纺织品中甲醛释放量的测定 密闭容器法

续表

序号	检测项目	标准号/年份	标准名称（英文）	标准名称（中文）
5	甲醛	ISO 17226-1:2018	Leather-Chemical determination of formaldehyde content-Part 1:Method using high performance liquid chromatography	皮革　甲醛含量的化学测定　第1部分:高效液相色谱法
		ISO 17226-2:2018	Leather-Chemical determination of formaldehyde content-Part 2:Method using colorimetric analysis	皮革　甲醛含量的化学测定　第2部分:比色分析法
6	烷基酚及烷基酚聚氧乙烯醚 AP/APEO	ISO 18254-1:2016	Textiles-Method for the detection and determination of alkylphenol ethoxylates（APEO）Part 1:Method using HPLC-MS	纺织品　烷基酚氧乙烯醚的测定方法　第1部分:高效液相色谱质谱法
		ISO 18254-2:2018	Textiles-Method for the detection and determination of alkylphenol ethoxylates（APEO）-Part 2:Method using NPLC	纺织品　烷基酚氧乙烯醚（APEO）的检测与测定方法　第2部分:用正相液相色谱法
		ISO 21084:2019	Textiles-Method for determination of alkylphenols（AP）	纺织品　烷基酚（AP）的测定方法
		ISO 18218-1:2015	Leather-Determination of ethoxylated alkylphenols-Part 1:Direct method	皮革　烷基酚聚氧乙烯醚的测定　第1部分:直接法
		ISO 18218-2:2015	Leather-Determination of ethoxylated alkylphenols-Part 2:Indirect method	皮革　烷基酚聚氧乙烯醚的测定　第2部分:间接法
7	含氯苯酚	ISO 17070:2019	Leather-Chemical tests-Determination of tetrachloro-phenol-,trichlorophenol-,dichloro-phenol-,monochloro-phenol-isomers and Pentachlorophenol（PCP）content	皮革　化学测试　四氯苯酚,三氯苯酚,二氯苯酚,一氯苯酚及异构体和五氯苯酚含量的测定
8	全氟辛烷磺酰基化合物/全氟辛酸 PFOS/PFOA	CEN/TS 15968:2010	Determination of extractable perfluorooctane sulfonate（PFOS）in coated and impregnated solid articles,liquids and fire extinguishing foams. method for sampling,extraction and analysis by LCqMS or LC-tandem/MS	涂层材料、浸染材料、液体及防火海绵中可萃取的全氟辛烷磺酸（PFOS）的测定,样品处理、萃取方法、用 LCqMS 或 LC-tandem/MS 分析
9	杀虫剂/农药	Testing Methods:Standard 100 by OEKO-TEX ® 2018	Testing Methods:Standard100 by OEKO-TEX 2018）General remarks 4:Determination of the content of pesticides	Standard 100 by OEKO-TEX ® 2018 条款4:杀虫剂含量的测定

续表

序号	检测项目	标准号/年份	标准名称（英文）	标准名称（中文）
10	短链氯化石蜡 SCCP	ISO 18219-2015	Leather-Determination of chlorinated hydrocarbons in leather-Chromatographic method for short-chain chlorinated paraffins（SCCP）	皮革 皮革中氯化烃的测定 用色谱法测定短链氯化石蜡（SCCP）
11	邻苯二甲酸酯	CPSC-CH-C1001-09.4 2018	Standard Operating Procedure for Determination of Phthalates	邻苯二甲酸酯测定的标准操作程序
		EN 14372:2004	Child use and care articles-Cutlery and feeding utensils - Safety requirements and tests. Clause 6.3.2: Determination of phthalates content.	儿童护理用品 餐具和喂养用具 安全要求和测试 第6.3.2条:邻苯二甲酸酯含量的测定
		ABNT NBR 16040:2018	Determination of phthalates plasticizers by gas chromatogramphy	气相色谱法测定邻苯二甲酸酯增塑剂
		Canada Method C34 2018	Determination of Phthalates in Polyvinyl Chloride Consumer Products by GC/CI-MS	GC/CI-MS 法测定聚氯乙烯消费品中的邻苯二甲酸酯
		Canada Method C34.1 2018	Determination of phthalates in cosmetic products	化妆品中邻苯二甲酸酯的测定
		Canada Method C34.2 2018	Determination of a series of 34 phthalates in consumer products by gas chromatography mass spectrometry	气相色谱-质谱法测定消费品中34种邻苯二甲酸酯
		Canada Method C34.3 2018	Determination of Phthalates in Polyvinyl Chloride Consumer Products by GC/EI-MS	GC/EI-MS 法测定聚氯乙烯消费品中的邻苯二甲酸酯
		Japan Toy Safety Standard 2016, Part 3	Japan Toy Safety Standard 2016, Part 3: Determination of phthalates plasticizers content in toys of polyvinyl chloride, polyurethane and rubber materials	日本玩具安全标准2016,第3部分 玩具材料聚氯乙烯、聚氨酯及橡胶中邻苯二甲酸酯增塑剂含量的测定
		ISO 14389:2014	Textiles-Determination of the phthalate content-Tetrahydro-furan method	纺织品 邻苯二甲酸酯含量的测定 四氢呋喃法
		ISO 8124-6:2018	Safety of toys-Part 6:Certain phthalate esters in toys and children's products	玩具安全 第6部分:玩具和儿童用品中特定邻苯二甲酸酯含量的测定
12	有机锡化合物	ISO 17353—2004	Water quality-Determination of selected organotin compounds - Gas chromatographic method.	水质分析 气相色谱质谱法测定有机锡化合物
		ISO/TS 16179:2012	Footwear - Critical substances potentially present in footwear and footwear components-Determination of organotin compounds in footwear materials	鞋类 可能存在于鞋和鞋类部件的关键物质 鞋类材料中有机锡化合物的测定

续表

序号	检测项目	标准号/年份	标准名称（英文）	标准名称（中文）
13	氯化苯/氯化甲苯/多氯联苯	EN 13137:2018	Textiles – Determination of the content of compounds based on chlorobenzene and chlorotoluene	纺织品 氯苯和氯甲苯载体含量测定
14	阻燃剂	IEC 62321-6:2015	Electro-technical products-determination of levels of six regulated substances (lead, mercury, cadmium, hexavalent chromium, polybrominated biphenyls, polybrominated diphenyl ethers) Annex A-Determination of PBB and PBDE in Polymers by GC-MS.	电子电气产品中限用的六种物质（铅、镉、汞、六价铬、多溴联苯、多溴二苯醚）浓度的测定程序附录A-用GC-MS测定聚合物中的PBB和PBDE
		ISO 17881-1:2016	Textiles–Determination of certain flame retardants–Part 1:Brominated flame retardants	纺织品 某些阻燃剂的测定 第1部分:溴系阻燃剂
		ISO 17881-2:2016	Textiles–Determination of certain flame retardants–Part 2: Phosphorus flame retardants	纺织品 某些阻燃剂的测定 第2部分:磷系阻燃剂
		EN 71-10:2005	Safety of toys – Part10: Organic chemical compounds–Sample preparation and extraction clause 8.1.1 flame retardants	玩具安全 第10部分 有机化合物-样品制备和萃取 第8.1.1条 阻燃剂
		EN 71-11:2005	Safety of toys – Part11: Organic chemical compounds–Methods of analysis clause 5.2 flame retardants	玩具安全 第11部分 有机化合物-分析方法 第5.2条 阻燃剂
15	多环芳烃 PAHs	AfPS GS 2019:01PAK (PAH)	Testing and Asssessment of Polycyclic Aromatic Hydrocarbons (PAHs) in the course of awarding the GS-Mark	授予GS标志过程中的多环芳烃的测试和评估
16	有机挥发物 VOC	Testing Methods：Standard 100 by OEKO-TEX ® (Edition 01/2018)	22. Determination of emission 22.1 Quantitative determination of formaldehyde emitting into the air 22.2 Determination of the emission of volatile and odorous compounds by gas chromatography	Standard 100 by OEKO-TEX ® 第22条 释放量测定;第22.1条 空气中甲醛释放量的测定;第22.2条 气相色谱法挥发性和有气味化合物释放量的测定
17	富马酸二甲酯 DMFu	ISO/TS 16186-2012	Footwear – Critical substances potentially present in footwear and footwear components–Test method to quantitatively determine dimethyl fumarate (DMFU) in footwear materials	鞋类 可能存在于鞋类和鞋类部件的关键物质 鞋类材料中富马酸二甲酯的测定

序号	检测项目	标准号/年份	标准名称（英文）	标准名称（中文）
18	异味	SNV 195651：1968	Sensory Verification of Smell	气味验证测试
19	重金属	CPSC－CH－E1001－08.3—2012	Standard Operating Procedure for Determining Total Lead（Pb）in Children's Metal Products（Including Children's Metal Jewelry）	测定儿童金属产品（包括金属首饰）中总铅（Pb）含量的标准作业程序
		CPSC－CH－E1002－08.3—2012	Standard Operating Procedure for Determining Total Lead（Pb）in Non－Metal Children's Products	测定儿童非金属产品中总铅（Pb）含量的标准作业程序
		CPSC－CH－E1003－09.1—2011	Standard Operating Procedure for Determining Total Lead（Pb）in Paint	测定油漆和其他类似表面涂层中铅（Pb）的标准作业程序
		EN 1122：2001	Determination of Cadmium in plastics with the method of the wet decomposition	湿法消解测定塑料中的镉含量
		EN71-3：2019		
		ISO 8124－3：2010／Amdt2：2018	Safety of Toys－Part 3：Migration of certain elements	玩具安全　第3部分：特定元素的迁移
		EN71-7：2014＋A2：2018 Clause 4.4	Safety of Toys－Part 7：Finger paints－Requirements and test methods Clause 4.4 Migration of certain elements	玩具安全　第7部分：指画颜料　要求和测试方法　第4.4条　特定元素的迁移
		ASTM F963-17	Standard Consumer Safety Specification for Toy Safety	玩具安全标准　消费者安全规范
		CPSC-CH-E1004-11	Standard Operating Procedure for Determining Cadmium Extractability from Children's Metal Jewelry	测定儿童金属首饰中可萃取镉的标准作业程序
		Canada Method C03（2018）	Determination of Leachable Arsenic（As），Selenium（Se），Cadmium（Cd），Antimony（Sb），and Barium（Ba）in Applied Coatings	应用涂料中可萃取砷（As）、硒（Se）、镉（Cd）、锑（Sb）、钡（Ba）的测定
		Canada Method C02.2（2017）	Determination of Total Lead in Surface Coating Materials in Consumer Products by Flame Atomic Absorption Spectrometer	火焰原子吸收分光光度法测定消费品表面涂层材料中的总铅
		Canada Method C02.2.1（2018）	Determination of Total Lead in Surface Coating Materials in Consumer using the Agilent 7700x ICP-MS	ICP-MS测定消费品表面涂层材料中的总铅
		EN16711-1：2015	Textiles－Determination of metal content－Part 1：Determination of metals using microwave digestion	纺织品　金属含量的测定　第1部分：微波消解法测定金属含量

续表

序号	检测项目	标准号/年份	标准名称（英文）	标准名称（中文）
19	重金属	EN 16711-2:2015	Textiles - Determination of metal content - Part 2:Determination of metals extracted by acidic artificial perspiration solution	纺织品 金属含量的测定 第2部分:酸性人工汗液萃取重金属测定法
20	镍释放	EN 1811:2011 +A1:2015	Reference test method for release of nickel from all post assemblies which are inserted into pierced parts of the human body and articles intended to come into direct and prolonged contact with the skin	人体穿刺部件以及直接和长期接触人体皮肤的制品中镍释放量的测试参考方法
		EN 12472:2005 +A1:2009	Method for the simulation of wear and corrosion for the detection of nickel release from coated items	涂层覆盖材料镍释放量测定的磨损和腐蚀模拟方法
		PD CR 12471:2002	Screening tests for nickel release from alloys and coatings in items that come into direct and prolonged contact with the skin	与皮肤直接和长期接触的物品中对合金和涂层的镍释放进行筛选试验
21	Cr(Ⅵ)	ISO 17075-1:2017	Leather-Chemical determination of chromium(Ⅵ) content in leather-Part 1:Colorimetric method	皮革 化学测试 六价铬[Cr(Ⅵ)]的测定 第1部分:比色法
		ISO 17075-2:2017	Leather-Chemical determination of chromium(Ⅵ) content in leather-Part 2:Chromatographic method	皮革 化学测试 六价铬[Cr(Ⅵ)]的测定 第2部分:色谱法

第三节 中国纺织产品生态安全性能检测的标准化

中国是全球最大的纺织品出口国,对纺织品生态安全性能的检测需求很大。

目前,我国已经形成涵盖整个纺织服装供应链有害物质检测方法的标准体系,并且还在不断更新和完善中。表2-3所示为我国涉及纺织产品和皮革制品中有害物质的检测标准。

表2-3 中国纺织产品和皮革制品中有害物质检测标准一览表

序号	项目	标准号/年份	标准名称
1	禁用偶氮染料	GB/T 17592—2011	纺织品 禁用偶氮染料的测定
		GB/T 19942—2005	皮革和毛皮化学试验禁用偶氮染料的测定
		SN/T 1045.1—2010	进出口染色纺织品和皮革制品中禁用偶氮染料的测定 第1部分:液相色谱法

续表

序号	项目	标准号/年份	标准名称
1	禁用偶氮染料	SN/T 1045.2—2010	进出口染色纺织品和皮革制品中禁用偶氮染料的测定 第2部分:气相色谱质谱法
		SN/T 1045.3—2010	进出口染色纺织品和皮革制品中禁用偶氮染料的测定 第3部分:气相色谱法
		SN/T 3786.1—2014	进出口纺织品中禁用偶氮染料快速筛选方法 第1部分:气相色谱质谱法
		GB/T 33392—2016	皮革和毛皮 化学试验 禁用偶氮染料中4-氨基偶氮苯的测定
		GB/T 23344—2009	纺织品 4-氨基偶氮苯的测定
2	致癌染料	GB/T 20382—2006	纺织品 致癌染料的测定
		GB/T 30399—2013	皮革和毛皮 化学试验 致癌染料的测定
		SN/T 3227-2012	进出口纺织品中9种致癌染料的测定 液相色谱—串联质谱法
3	致敏染料	GB/T 20383—2006	纺织品 致敏性分散染料的测定
		GB/T 30398—2013	皮革和毛皮 化学试验 致敏性分散染料的测定
		GB/T 23345—2009	纺织品 分散黄23和分散橙149染料的测定
4	pH	GB/T 7573—2009	纺织品 水萃取液pH值的测定
		SN/T 1523—2005	纺织品 表面pH的测定
		QB/T 1277—2012	毛皮 化学试验 pH的测定
		QB/T 2724—2018	皮革 化学试验 pH的测定
5	甲醛	GB/T 2912.1—2009	纺织品 甲醛的测定 第1部分 游离和水解的甲醛(水萃取法)
		GB/T 2912.2—2009	纺织品 甲醛的测定 第2部分 释放的甲醛(蒸汽吸收法)
		GB/T 2912.3—2009	纺织品 甲醛的测定 第3部分:高效液相色谱法
		GB/T 19941—2005	皮革和毛皮 化学试验 甲醛含量的测定
		SN/T 2195—2008	纺织品中释放甲醛的测定 无破损法
		SN/T 3310—2012	进出口纺织品 甲醛的测定 气相色谱法
		QB/T 4201—2011	皮革化学品 树脂中甲醛含量的测定
6	烷基酚及烷基酚聚氧乙烯醚AP/APEO	GB/T 23322—2018	纺织品 表面活性剂的测定 烷基酚聚氧乙烯醚
		GB/T 35532—2017	胶鞋 烷基酚含量试验方法
		SN/T 2583—2010	进出口纺织品及皮革制品中烷基酚类化合物残留量的测定 气相色谱质谱法

续表

序号	项目	标准号/年份	标准名称
6	烷基酚及烷基酚聚氧乙烯醚 AP/APEO	SN/T 1850.1—2006	纺织品中烷基苯酚类和烷基苯酚聚氧乙烯醚类的测定　第1部分:高效液相色谱法
		SN/T 1850.2—2006	纺织品中烷基苯酚类及烷基苯酚聚氧乙烯醚类的测定　第2部分:高效液相色谱串联质谱法
		SN/T1850.3—2010	纺织品中烷基苯酚类及烷基苯酚聚氧乙烯醚的测定　第3部分:正相高效液相色谱法和液相色谱串联质谱法
		SN/T 3255—2012	水洗绒羽绒毛中烷基苯酚类及烷基苯酚聚氧乙烯醚化合物的测定
7	含氯苯酚	GB/T 18414.1—2006	纺织品　含氯苯酚的测定　第1部分:气相色谱—质谱法
		GB/T18414.2—2006	纺织品　含氯苯酚的测定　第2部分:气相色谱法
		GB/T 22808—2008	皮革和毛皮　化学试验　五氯苯酚含量的测定
8	全氟辛烷磺酰基化合物/全氟辛酸 PFOS/PFOA	GB/T 31126—2014	纺织品　全氟辛烷磺酰基化合物和全氟羧酸的测定
		GB/T 36929—2018	皮革和毛皮　化学试验全氟辛烷磺酰基化合物和全氟辛酸类物质的测定
		SN/T 3694.9—2013	进出口工业品中全氟烷基化合物测定　第9部分:纺织品　液相色谱串联质谱法
9	重金属	GB/T 17593.1—2006	纺织品　重金属的测定　第1部分:原子吸收分光光度法
		GB/T 17593.2—2007	纺织品　重金属的测定　第2部分:电感耦合等离子体原子发射光谱法
		GB/T 17593.4—2006	纺织品　重金属的测定　第4部分:砷、汞原子荧光分光光度法
		GB/T 30157—2013	纺织品　总铅和总镉含量的测定
		GB 21550—2008	聚氯乙烯人造革有害物质限量　第5.4节　可溶性重金属含量的测定
		GB/T 22930—2008	皮革和毛皮　化学试验　重金属含量的测定
	重金属	SN/T 3339—2012	进出口纺织品中重金属总量的测定　电感耦合等离子体发射光谱法
		SN/T 4022—2014	进出口纺织品　可萃取痕量铅的测定　纳米二氧化钛富集—电感耦合等离子体发射光谱法
	氧化铬	QB/T 1275—2012	毛皮　化学试验　氧化铬(Cr_2O_3)的测定
	六价铬	GB/T 17593.3—2006	纺织品　重金属的测定　第3部分:六价铬　分光光度法
		GB/T 22807—2008	皮革和毛皮　化学试验　六价铬含量的测定
10	镍释放	GB/T 30158—2013	纺织制品附件镍释放量的测定
		GB/T 30156—2013	纺织制品涂层附件腐蚀和磨损的方法
		SN/T 3340—2012	与皮肤接触服装配件镍释放检测方法

续表

序号	项目	标准号/年份	标准名称
11	杀虫剂/农药	GB/T 18412.1—2006	纺织品 农药残留量的测定 第1部分:77种农药
		GB/T 18412.2—2006	纺织品 农药残留量的测定 第2部分:有机氯农药
		GB/T 18412.3—2006	纺织品 农药残留量的测定 第3部分:有机磷农药
		GB/T 18412.4—2006	纺织品 农药残留量的测定 第4部分:拟除虫菊酯农药
		GB/T 18412.5—2008	纺织品 农药残留量的测定 第5部分:有机氮农药
		GB/T 18412.6—2006	纺织品 农药残留量的测定 第6部分:苯氧羧酸类农药
		GB/T 18412.7—2006	纺织品 农药残留量的测定 第7部分:毒杀芬
		SN/T 2461—2010	纺织品中苯氧羧酸类农药残留量的测定 液相色谱—串联质谱法
		SN/T 1837—2006	进出口纺织品 硫丹、丙溴磷残留量的测定 气相色谱—串联质谱法
		SN/T 3788—2014	进出口纺织品中4种有机氯农药的测定 气相色谱
		SN/T 3906—2014	进出口纺织品中kelevan的检测方法 液相色谱—串联质谱法
		SN/T1766.1—2006	含脂羊毛中农药残留量的测定 第1部分:有机磷农药的测定 气相色谱法
		SN/T 1766.2—2006	含脂羊毛中农药残留量的测定 第2部分:有机氯和拟合成除虫菊酯农药的测定 气相色谱法
		SN/T1766.3—2006	含脂羊毛中农药残留量的测定 第3部分:除虫脲和杀铃脲的测定 高效液相色谱法
12	短链氯化石蜡	SN/T 4083—2014	进出口纺织品 短链氯化石蜡的测定
		SN/T 2570—2010	皮革中短链氯化石蜡残留量检测方法 气相色谱法
13	邻苯二甲酸酯	GB/T 22048—2015	玩具及儿童用品中特定邻苯二甲酸酯增塑剂的测定
		GB/T 20388—2016	纺织品 邻苯二甲酸酯的测定
		GB/T 32440—2015	鞋类和鞋类部件中存在的限量物质 邻苯二甲酸酯的测定
		GB/T 22931—2008	皮革和毛皮 化学试验 增塑剂的测定
		SN/T 3995—2014	进出口纺织品邻苯二甲酸酯的定量分析方法
		SN/T 4006—2013	皮革制品中邻苯二甲酸酯的测定方法
14	有机锡化合物	GB/T 20385—2006	纺织品 有机锡化合物的测定
		GB/T 22932—2008	皮革和毛皮 化学试验 有机锡化合物的测定
		SN/T 3706—2013	进出口纺织品中有机锡化合物的测定方法 气相色谱质谱法
15	氯化苯/氯化甲苯/多氯联苯	GB/T 20384—2006	纺织品 氯化苯和氯化甲苯残留量的测定
		GB/T 20387—2006	纺织品 多氯联苯的测定
		SN/T 2463—2010	纺织品中多氯联苯的测定方法 气相色谱法

续表

序号	项目	标准号/年份	标准名称
16	阻燃剂	GB/T 24279.1—2018	纺织品　某些阻燃剂的测定　第1部分:溴系阻燃剂
		SN/T 1851—2006	纺织品中阻燃整理剂的检测方法　气相色谱质谱法
		SN/T 3787—2014	进出口纺织品中三-(1-氮杂环丙基)氧化膦和5种磷酸酯类阻燃剂的测定　液相色谱串联质谱法
		SN/T 3508-2013	纺织品中六溴环十二烷的测定　液相色谱质谱/质谱法
		SN/T 3228—2012	进出口纺织品中禁用有机磷阻燃剂的检测方法
17	有机挥发物 VOC	GB/T 24281—2009	纺织品　有机挥发物的测定　气相色谱质谱法
		GB 21550—2008	聚氯乙烯人造革有害物质限量　第5.5节　其他挥发物含量的测定
		GB 18587—2001	室内装饰装修材料、地毯、地毯衬垫及地毯胶黏剂有害物质限量
		SN/T 3778—2014	纺织品　挥发性有机化合物释放量试验方法　小型释放舱法
18	多环芳烃 PAHs	GB/T 28189—2011	纺织品　多环芳烃的测定
		GB/T 33427—2016	胶鞋　多环芳烃含量实验方法
		GB/T33391—2016	鞋类　鞋类和鞋类部件中存在的限量物质　多环芳烃(PAH)的测定
		GB/T36946—2018	皮革　化学试验　多环芳烃的测定　气相色谱质谱法
		SN/T 2926—2011	鞋材中多环芳烃的测定　气相色谱质谱法
		SN/T 3338—2012	进出口纺织品中多环芳烃残留量检测方法
19	富马酸二甲酯 DMFu	GB/T 28190—2011	纺织品　富马酸二甲酯的测定
		GB/T 26713—2011	鞋类　化学试验方法　富马酸二甲酯的测定
		GB/T 26702—2011	皮革和毛皮　化学试验　富马酸二甲酯含量的测定
20	色牢度	GB/T 5713—2013	纺织品　色牢度试验　耐水色牢度
		GB/T 22885—2008	皮革　色牢度试验　耐水色牢度
		GB/T 3922—2013	纺织品　耐汗渍色牢度试验方法
		QB/T 2464.23—1999	皮革　颜色耐汗牢度试验方法
		GB/T 3920—2008	纺织品　色牢度试验　耐摩擦色牢度
		QB/T 2537—2001	皮革　色牢度试验　往复式摩擦色牢度
		GB/T 18886—2019	纺织品　色牢度试验　耐唾液色牢度
21	异味	GB 18401—2010	国家纺织产品基本安全技术规范　第6.7节　异味测试
		QB/T 2725—2005	皮革　气味的测定
22	其他物质	SN/T 3333—2012	进出口纺织品中"蓝色素"的测定　高效液相色谱法
		GB/T 20386—2006	纺织品　邻苯基苯酚的测定
		SN/T 3785—2014	进出口纺织品中4,4'-二氨基二苯甲烷的测定
		SN/T 3784-2014	进出口纺织品中2,4-二硝基甲苯的测定　气相色谱质谱法
		SN/T 2844—2011	纺织品　丙烯酰胺检测方法
		SN/T 3332—2012	进出口纺织服装中聚氯乙烯的定性鉴别方法

续表

序号	项目	标准号/年份	标准名称
22	其他物质	GB/T 35446—2017	纺织品 某些溶剂的测定
		SN/T 3587—2016	进出口纺织品 酰胺类有机溶剂残留量的测定 气相色谱质谱法
		SN/T 3225.1—2012	纺织品 三氯生的测定 第1部分:高效液相色谱法
		SN/T 3225.2—2012	纺织品 三氯生的测定 第2部分:气相色谱法
		SN/T 3225.3—2012	纺织品 三氯生的测定 第3部分:气相色谱质谱法
		SN/T 3225.4—2012	纺织品 三氯生的测定 第4部分:气相色谱串联质谱法
		SN/T 3781—2014	进出口纺织品 α-溴代肉桂醛测定 气相色谱质谱法
		GB/T 4615—2013	聚氯乙烯 残留氯乙烯单体的测定 气相色谱法

参考文献

[1]王建平,陈荣析.REACH法规与生态纺织品[M].北京:中国纺织出版社,2009.

[2]王建平,吴岚,司芳,等.对设立我国纺织品服装限用物质清单团体标准的设想(待续)[J].染整技术,2017(1):64-68.

[3]王建平,吴岚,司芳,等.对设立我国纺织品服装限用物质清单团体标准的设想(续完)[J].染整技术,2017(2):82-87.

[4]王建平.中国纺织服装绿色供应链中的生态安全检测技术标准化[J].印染,2015(11):46-51.

第三章 禁用有害染料的检测技术与检测标准

第一节 禁用偶氮染料的检测技术与检测标准

一、禁用偶氮染料的定义和种类

在染料分子结构中,凡是含有偶氮基(—N＝N—)的统称为偶氮染料(azo dyes),其中偶氮基常与芳香环(苯环、萘环及杂环)系统相连构成一个共轭体系而作为染料的发色体。根据在染料分子结构中所含偶氮基多少,可分为单偶氮、双偶氮和多偶氮染料。

单偶氮染料 Ar_1—N＝N—Ar_2

双偶氮染料 Ar_1—N＝N—Ar_2—N＝N—Ar_3

三偶氮染料 Ar_1—N＝N—Ar_2—N＝N—Ar_3—N＝N—Ar_4

式中:Ar为芳基。随着偶氮基数目的增加,染料的颜色加深。通常,直接染料和弱酸性染料以双偶氮和三偶氮为主,强酸性染料以单偶氮为主,阳离子及分散染料以简单的单偶氮为主,而活性染料常以强酸性和直接染料作为母体再接上一些活性基团,因此,多数亦为单偶氮以及双偶氮结构。

偶氮染料从其化学结构上讲是目前商品化染料产品中数量最大的一类染料,涉及直接、酸性、分散、活性、碱性、媒染和溶剂染料及有机颜料和部分色基,总数达1300多种,约占商品化染料总数的2/3。除极个别的偶氮染料已被证明具有致癌性之外,绝大部分的偶氮染料并无直接的致癌性。禁用偶氮染料是指在特定的还原条件下,某些可还原裂解出一种或多种具有致癌性芳香胺的偶氮染料。目前被列为致癌性芳香胺的有24种,见表3-1。只有当某一偶氮染料在特定的条件下还原裂解出这24种芳香胺中的任何一种或多种时,才被认定为禁用偶氮染料。

目前已经确认,在一定的条件下可能还原裂解出致癌芳香胺的偶氮染料约有380种,相对于1300多种市售可得的偶氮染料总量而言,仅占30%左右。也就是说并非所有的偶氮染料都可能裂解出致癌芳香胺,为了加以区别,以"禁用偶氮染料"来特指可能还原裂解出致癌芳香胺的偶氮染料(包括颜料)。

表3-1 禁用致癌芳香胺

序号	化合物名称	英文名	CAS No.	分子式	化学结构式
1	4-氨基联苯	4-Amino-diphenyl	92-67-1	$C_{12}H_{11}N$	
2	联苯胺	Benzidine	92-87-5	$C_{12}H_{12}N_2$	
3	4-氯邻甲苯胺	4-Chloro-o-toludine	95-69-2	C_7H_8ClN	
4	2-萘胺	2-Naphthylamine	91-59-8	$C_{10}H_9N$	
5	邻氨基偶氮甲苯	o-Aminoazotoluene	97-56-3	$C_{14}H_{15}N_3$	
6	2-氨基-4-硝基甲苯	2-Amino-4-nitrotoluene	99-55-8	$C_7H_8N_2O_2$	
7	对氯苯胺	p-Chloroaniline	106-47-8	C_6H_6ClN	
8	2,4-二氨基苯甲醚	2,4-Diaminoanisole	615-05-4	$C_7H_{10}N_2O$	
9	4,4'-二氨基二苯甲烷	4,4'-Diamino-biphenyl-methane	101-77-9	$C_{13}H_{14}N_2$	
10	3,3'-二氯联苯胺	3,3'-Dichlorobenzidine	91-94-1	$C_{12}H_{10}Cl_2N_2$	
11	3,3'-二甲氧基联苯胺	3,3'-Dimethoxybenzidine	119-90-4	$C_{14}H_{16}N_2O_2$	
12	3,3'-二甲基联苯胺	3,3'-Dimethylbenzidine	119-93-7	$C_{14}H_{16}N_2$	
13	3,3'-二甲基-4,4'-二氨基二苯甲烷	3,3'-Dimethyl-4,4'-Diaminodiphenylmethane	838-88-0	$C_{15}H_{18}N_2$	
14	2-甲氧基-5-甲基苯胺	p-Cresidine	120-71-8	$C_8H_{11}NO$	

序号	化合物名称	英文名	CAS No.	分子式	化学结构式
15	4,4′-亚甲基-二-(2-氯苯胺)	4,4′-Methylene-bis-(2-chloroaniline)	101-14-4	$C_{13}H_{12}Cl_2N_2$	
16	4,4′-二氨基二苯醚	4,4′-Oxydianiline	101-80-4	$C_{12}H_{12}N_2O$	
17	4,4′-二氨基二苯硫醚	4,4′-Thiodianiline	139-65-1	$C_{12}H_{12}N_2S$	
18	邻甲苯胺	o-Toluidine	95-53-4	C_7H_9N	
19	2,4-二氨基甲苯	2,4-Toluylenediamine	95-80-7	$C_7H_{10}N_2$	
20	2,4,5-三甲基苯胺	2,4,5-Trimethylaniline	137-17-7	$C_9H_{13}N$	
21	邻氨基苯甲醚	o-Anisidine/2-Methoxyaniline	90-04-0	C_7H_9NO	
22	4-氨基偶氮苯	4-Aminoazobenzene	60-09-3	$C_{12}H_{11}N_3$	
23	2,4-二甲基苯胺	2,4-Xylidine	95-68-1	$C_8H_{11}N$	
24	2,6-二甲基苯胺	2,6-Xylidine	87-62-7	$C_8H_{11}N$	

二、禁用偶氮染料的主要限制法规

(一) 德国关于禁用偶氮染料的法令

对于禁用偶氮染料的限制,最早源自德国联邦政府于 1992 年 4 月 10 号颁布的《食品及日用消费品法》,在其第 30 节中明确指出,禁止生产因含有有毒或受污染物质而使消费者在使用时威胁健康的消费品,禁止销售因含有有毒或受污染物质而使消费者在使用时威胁健康的消费品。这是世界上第一部有关消费品安全的法规,它规定禁止使用可以分解释放出某些致癌芳香胺的偶氮染料。1994 年 7 月 15 日德国政府颁布了《食品及日用消费品法》第二修正案,禁止使用可以通过一个或多个偶氮基分解而释放出致癌芳香胺 20 种(见表 3-1 中序号 1~20)。此后,德国政府分别于 1994 年 12 月 16 日发布了第三修正案,1995 年 7 月 14 日颁布第四修正案,

1996 年 7 月 23 日颁布了第五修正案。并于 1997 年 12 月 23 日对该法令做了补充和完善,规定染色纺织品和服装限定的致癌芳香胺的最大限定值为 30mg/kg,染料的最大限定值为 150mg/kg。1999 年 8 月 4 日确认欧盟所提出的两个致癌芳香胺(见表 3-1 中序号 21,22),共计 22 个致癌芳香胺,从而构成德国政府禁止偶氮染料法令的全部内容。

(二)欧盟关于禁用偶氮染料的法规

欧盟于 1997 年通过 97/548/EC 号指令,发布了欧盟第一个禁止在纺织品和皮革制品中使用可裂解并释放出某些致癌芳香胺的偶氮染料的法令草案,与当时德国法规不同的是增加了邻氨基苯甲醚和 4-氨基偶氮苯,共有 22 种致癌芳香胺(见表 3-1 中序号 1~22)。2001 年 3 月欧盟发布指令 2001/C96E/18,进一步明确规定列入控制范围的纺织产品,规定了三个禁用染料的检测方法,致癌芳香胺的检出量不得超过 30mg/kg。该指令列入的致癌芳香胺清单中删去了 4-氨基偶氮苯,只有 21 种。2002 年 7 月欧盟发布指令 2002/62/EC《对欧盟委员会关于限制某些危险物质和制剂(偶氮染料)的销售和使用的指令 76/769/EEC 的 19 次修改令》。该指令禁止纺织品和皮革上使用经还原可裂解出一种或多种致癌芳香胺(22 种)的偶氮染料,具体规定如下:与人类皮肤或者口腔黏膜直接和长期接触的纺织品或皮革制品的成品或者其染色部件不得释放通过一个或多个偶氮基团还原裂解出的一种或多种禁用芳香胺(22 种)(见表 3-1 中序号 1~22),且根据该指令 Article 2a 所列出的检测方法,当检出的一种或者多种芳香胺的浓度大于 30ppm 即为检出。涉及的产品包括:服装、床上用品、毛巾、假毛发、头套、帽子、尿布及卫生用品、睡袋;鞋靴、手套、手表表带、手提包、钱夹、公文包、椅套、可挂在颈部的挂包;布或皮革制玩具及以布或皮革作服装的玩具;面向最终消费者的纱线和其他纤维制品。

该法令自公布之日起生效,2003 年 9 月在欧盟所有成员国实施。

随着 REACH 法规的出台,2007 年 6 月欧盟指令正式并入 REACH 法规,对偶氮着色剂和偶氮染料的限制也相应被纳入 REACH 法规附件 XVII 第 43 项,并在附录 8 列出 22 种芳香胺(见表 3-1 中序号 1~22 的芳香胺),附录 10 列出检测偶氮染料的四个协调标准清单。

(三)我国对禁用偶氮染料的限制

我国最早将禁用偶氮染料列入法规限制的,是 2003 年 11 月由国家质量监督检验检疫总局正式发布了国家强制标准 GB 18401—2003《国家纺织产品基本安全技术规范》。该标准要求所有类别的纺织产品不能使用可分解出禁用芳香胺的偶氮染料,禁用芳香胺的种类为 23 种,相对德国和欧盟的 22 种芳香胺,删除了 4-氨基偶氮苯,增加了 2,4-二甲基苯胺和 2,6-二甲基苯胺。规定禁用偶氮染料的测试方法为 GB/T 17592.1—1998,检出限为 20mg/kg。此后,2011 年 1 月 14 日国家质量监督检验检疫总局发布了 GB 18401—2010 替代了 GB 18401—2003。GB 18401—2010 将 4-氨基偶氮苯列入禁用芳香胺清单,总计 24 种(表 3-1)。规定禁用偶氮染料的检测方法为 GB/T 17592—2011 和 GB/T 23344—2009(先按 GB/T 17592 检测,当检出苯胺或 1,4-苯二胺时,再按 GB/T 23344 检测)。

此外,其他国家或地区如日本、韩国、埃及等均先后对能释放出禁用芳香胺的偶氮染料进行了限制,其具体内容和欧盟基本相同。

同时,Eco-Label、Standard 100 by OEKO-TEX ®、美国 AAFA 的限用物质清单、我国的生态纺织品技术要求、团体标准的限用物质清单以及有害化学物质零排放等有关纺织产品的技术要求,都将禁用偶氮染料列入重要的检测指标之一。

三、禁用偶氮染料的检测标准和检测技术

经过 20 多年的发展,目前针对禁用偶氮染料的检测技术和标准化已相当成熟和完善,对禁用偶氮染料的监控已成为在纺织品服装国际贸易中一个最普遍和检测频率最高的有害物质监控项目。

(一)禁用偶氮染料检测标准的发展历程

德国政府于 1996 年推出,由德国联邦消费者保护和兽医药研究院起草的《染色纺织品上禁用偶氮染料检测的暂行办法》作为临时的检测方法标准。该方法采用在柠檬酸盐缓冲溶液条件下,用连二亚硫酸钠水溶液对纺织品上偶氮染料进行还原裂解,规定了还原裂解反应后产生的致癌芳香胺的分离和检测方法,即薄层层析法(TLC)、气相色谱质谱检测法(GC—MS)、液相色谱法(HPLC)和毛细电泳(CE)法。经过研究和改进,1997 年 4 月德国政府颁布《食品及日用消费品法》(第五修正案)的同时,正式发布编号为 §35 LMBG B82.02-2 的官方方法,名称为《日用品分析 染色纺织品上使用某些禁用偶氮染料的检测方法》。1998 年 4 月,德国政府又以官方文件汇编的方式推出修改的方法,编号仍为 §35 LMBG B82.02-2,名称改为《日用品测试 纺织日用品上使用某些禁用偶氮染料的检测方法》,正式取代 1997 年的方法,并一直沿用至 2004 年。由于 §35 LMBG B82.02-2 方法并不适用于除纤维素纤维和蛋白质纤维之外的其他纤维材料,特别是采用分散染料染色的聚酯纤维。1998 年德国政府首次公布了适用于聚酯纤维材料的《日用品测试 聚酯纤维上使用某些偶氮染料的检测方法》,编号为 §35 LMBG B82.02-4。该方法与 §35 LMBG B82.02-2 的不同之处在于样品的预处理程序,即对于聚酯纤维材料先用有机溶剂将染料从聚酯纤维上萃取下来,然后进行连二亚硫酸钠的还原。对于皮革样品,德国标准局在实行的德国标准草案 NMP 552 No.23-96 的基础上,于 1997 年发布了德国标准 DIN 53316:1997《皮革检验 皮革中某些偶氮染料的测定》,并在 1998 年 4 月编入德国政府的官方文件汇编,编号为 §35 LMBG B82.02-3。至此,经过四次修订和补充,有关纺织品及日用消费品(含皮革制品)上某些禁用偶氮染料的检测方法已相当严密和完善,这三个方法随即成为全球各第三方公证检测机构普遍采用的统一的检测方法。

2003 年 9 月,欧盟公布由欧盟标准化委员会(CEN)通过的与欧盟指令 2002/62/EC《对欧盟委员会关于限制某些危险物质和制剂(偶氮染料)的销售和使用的指令 76/769/EEC 的 19 次修改令》配套的三种标准测试方法:CEN/TS 17234:2003《皮革 化学试验 染色皮革上某些偶氮着色剂的测定》;EN 14362-1:2003《纺织品 源于偶氮着色剂的某些芳香胺的测定方法 第 1 部分:使用某些不经萃取即易分析的偶氮着色剂的检测》;EN 14362-2:2003《纺织品 源于偶氮着色剂的某些芳香胺的测定方法 第 2 部分:使用某些需经萃取纤维才能分析的偶氮着色剂的检测》。这三个欧盟方法是在三个德国官方方法的基础上发展而来的,其主要技术内容与三个德国官方方法基本一致。

2004 年,为与欧盟方法标准衔接,德国政府发布了 2004 年版的德国官方方法标准,即 §35 LMBG B82.02-2:2004《日用品分析 纺织日用品上使用某些偶氮着色剂的检测》; §35 LMBG B82.02-4:2004《日用品分析 聚酯纤维上使用某些偶氮着色剂的检测》; §35 LMBG B82.02-3(V):2004《日用品分析 皮革上使用某些偶氮着色剂的检测》。

(二) 关于 4-氨基偶氮苯的检测标准

纵观上述标准,均未包括被相关法规列入致癌芳香胺清单的 4-氨基偶氮苯的检测。在上述所有相关标准的还原条件下,如果在染料的合成中使用了 4-氨基偶氮苯作为重氮组分,在其被还原出来后,由于本身仍含有偶氮基,还会被继续还原成苯胺和 1,4-苯二胺,而无法以 4-氨基偶氮苯的形式被检出。由于 4-氨基偶氮苯不是苯胺和 1,4-苯二胺的唯一来源,因而无法通过对苯胺和 1,4-苯二胺的检测来推定 4-氨基偶氮苯的存在。这种检测方法标准的缺陷,给相关法规的实施带来了很多麻烦。2004 年 7 月,德国政府发布了一个专门针对 4-氨基偶氮苯的检测方法草案 §35 LMBG B82.02-Z,经过近两年的试用,于 2006 年 9 月转化成正式的德国官方方法 §64 LFGB 82.02—9:2006《消费品检测 可裂解出 4-氨基偶氮苯的偶氮染料的检测与测定》。与当时的方法相比,该方法主要在还原条件上做了修改,通过减弱还原条件,降低还原程度,以使大部分可能被还原出的 4-氨基偶氮苯,不再继续被还原成苯胺和 1,4-苯二胺,从而保证其可被检出。

由于欧盟在这段时间内没有发布相应的 4-氨基偶氮苯的测试方法,这导致出口欧盟的纺织品和皮革样品在当时的方法下检测出苯胺和 1,4-苯二胺时,不能确定是否有 4-氨基偶氮苯存在,造成了一些出口欧盟的纺织品和皮革样品不得不采用德国 §64 LFGB 82.02-9:2006 方法,来确定样品经还原反应后是否释放出致癌的 4-氨基偶氮苯的尴尬局面。直到 2012 年 5 月 24 日,欧洲标准化委员会(CEN)批准发布了 EN 14362-3:2012《纺织品 某些源于偶氮着色剂的芳香胺的测定方法 第 3 部分:可能释放出 4-氨基偶氮苯的某些禁用偶氮染料的测定》,该标准的发布解决了之前版本的欧盟标准无法进一步测定 4-氨基偶氮苯的问题。

(三) 欧盟标准 EN 14362-1 和 EN 14362-3 的更新

2011 年 12 月,欧洲标准化委员会(CEN)正式批准由英国标准协会(BSI)牵头的 CEN/TC 248 纺织和纺织产品技术委员会提出的新版欧盟标准 EN 14362-1:2012《纺织品 某些源于偶氮着色剂的芳香胺的测定方法 第 1 部分:经或不经萃取纤维测定某些偶氮着色剂的方法》。该新标准替代了之前老版本的标准 EN 14362-1:2003 和 EN 14362-2:2003,将对不同纤维的某些禁用偶氮染料的测定合并为一个标准。

欧盟颁布的 EN 14362-1:2012 和 EN 14362-3:2012 的检测标准在实施过程中发现存在一些问题,国际标准化组织于 2017 年 2 月颁布,由欧盟 CEN/TC 248 纺织和纺织产品技术委员会和 ISO/TC 38 纺织技术委员会共同起草的 ISO 14362-1:2017《纺织品 某些源于偶氮着色剂的芳香胺的测定方法 第 1 部分:经或不经萃取纤维测定某些偶氮着色剂的方法》和 ISO 14362-3:2017《纺织品 某些源于偶氮着色剂的芳香胺的测定方法 第 3 部分:可能释放出 4-氨基偶氮苯的某些禁用偶氮染料的测定》。欧盟随即采用了该 ISO 标准,颁布了 EN ISO 14362-1:2017 和 EN ISO 14362-3:2017,并要求各成员国不得晚于 2017 年 8 月将该标准转化为本国标准,与之冲突的各国标准随之废止。

但是,截止到本书出版日期,在 REACH 法规框架下,EN ISO 14362-1:2017 和 ISO 14362-3:2017 还没有正式列入 REACH 附件 XVII 附录 10 禁用偶氮染料检测的协调标准清单中,在 REACH 法规层面,2012 版的检测标准依然有效。REACH 法规附件 XVII 附录 10 列出检测偶氮染料的 4 个协调标准清单见表 3-2。

表 3-2　测试方法清单（REACH 法规附件 XVII 附录 10）

欧洲标准化组织	协调标准	替代标准
CEN	EN ISO 17234-1:2010 Leather-Chemical tests for the determination of certain azo colorants in dyed leathers-Part 1:Determination of certain aromatic amines derived from azo colorants	CEN ISO/TS 17234:2003
CEN	EN ISO 17234-2:2011 Leather-Chemical tests for the determination of certain azo colorants in dyed leathers-Part 2:Determination of 4-aminoazobenzene	CEN ISO/TS 17234:2003
CEN	EN 14362-1:2012 Textiles-Methods for determination of certain aromatic amines derived from azo colorants-Part 1:Detection of the use of certain azo colorants accessible with and without extracting the fibres	EN 14362-1:2003 EN 14362-2:2003
CEN	EN 14362-3:2012 Textiles-Methods for determination of certain aromatic amines derived from azo colorants-Part 3:Detection of the use of certain azo colorants, which may release 4-aminoazobenzene	—

2017 版的检测标准相比较 2012 版，其主要区别如下：

（1）着色剂的萃取溶剂从氯苯变更到二甲苯（针对经萃取纤维的测定方法）。2012 版本的检测标准，对于需经萃取纤维的测定方法中着色剂的萃取条件为 25mL 沸腾的氯苯萃取 30min；2017 版本的检测标准规定萃取条件为 25mL 沸腾的二甲苯萃取 40min 或者直至冷凝后经纺织品回滴的溶剂为无色。这一改变主要是从保护实验操作员身体健康及保护环境的角度，选择了毒性相对更低的二甲苯替代氯苯。

（2）经二甲苯萃取的测试样本不能完全褪色时，2017 版本的检测标准规定需要准备一个新的测试样本采用不经萃取纤维的方法进行测试，从而有两个分析测试结果。而 2012 版本的检测标准只需采用合适的溶剂（例如：正戊烷或者叔丁基甲醚）将回流后未褪色的测试样品的溶剂去除后与萃取的染料合并在一起进行测试，最终只有一个测试结果。

（3）2012 版本检测标准规定，对于采用颜料进行染色或者印花的材料需要采用不经萃取纤维的方法进行测试，2017 版本的检测标准在此基础上进一步指明，当不确定是否使用了颜料进行印花或者染色时也需要采用不经萃取纤维的方法进行测试。

（4）当通过检测标准的第一部分检出苯胺时，需采用检测标准的第三部分进行 4-氨基偶氮苯的确认测试。2012 版本的标准没有具体指明检出苯胺结果为多少时进行确认测试，2017 版本明确规定当苯胺检出并且值大于 5mg/kg 时进行确认测试。

（5）2017 版本检测标准阐明了检测标准第一部分连二亚硫酸钠新鲜制备指在 1h 内使用。

（6）2017 版本检测标准规定了 GC-MS 分析时，联苯胺-d8 用作监控后半段出峰的化合物的基质效应，当采用 GC-MS 分析联苯胺-d8 的回收率低于理论值 30% 时，应采用 HPLC 分析对样品进行重新测定。

（7）2017 版本检测标准规定测试样品中还原裂解产生的芳香胺应使用乙腈或者叔丁基甲醚作为溶剂，并指出当使用甲醇作为溶剂时，部分芳香胺可能表现出很差的稳定性。

（8）2017 版本检测标准的附录 C 分析了假阳性或者假阴性结果产生的原因，并规定了使用不加还原剂的测试程序进行部分芳香胺的确认，从而验证所测得的芳香胺[2,4-二氨基甲苯、4,4′-二氨基二苯甲烷、4,4′-亚甲基-二-(2-氯苯胺)和4,4′-二氨基二苯醚]是否源自材料本身(不是偶氮着色剂还原裂解产生的芳香胺)。

（9）2017 版本检测标准的第三部分较 2012 版本标准更详细规定了 4-氨基偶氮苯测试中连二亚硫酸钠的溶液的储存和使用。

（四）我国禁用偶氮染料检测标准的发展

早在 1995 年德国政府推出《染色纺织品上禁用偶氮染料检测的暂行办法》之前，我国原质量技术监督局就开始立项研究纺织品上禁用偶氮染料检测方法，并于 1998 年 11 月发布了由上海市纺织科学研究院起草的推荐性国家标准 GB/T 17592—1998《纺织品　禁用偶氮染料检测方法》。该标准包括三个部分：GB/T 17592.1—1998《纺织品　禁用偶氮染料检测方法　气相色谱/质谱法》；GB/T 17592.2—1998《纺织品　禁用偶氮染料检测方法　高效液相色谱法》；GB/T 17592.3—1998《纺织品　禁用偶氮染料检测方法　薄层层析法》。该系列标准参照采用了德国标准 DIN 53316:1997《皮革检验　皮革中某些偶氮染料的测定》，在技术条件上，该系列标准与 1997 年以前的德国方法基本相同，但在德国政府对原有方法多次修改的情况下，该系列标准并未被及时修订，从而导致与当时国际通行的三个德国官方方法及此后推出的欧盟标准相比，在技术内容和技术条件上存在一定的差异。

2006 年，全国纺织品标准化技术委员会对原纺织品上禁用偶氮染料的三个检测方法国家标准做出重大修改，使之在技术条件上与欧盟的三个新的标准接轨。修订后的标准由三个合并为一个，标准编号和名称为 GB/T 17592—2006《纺织品　禁用偶氮染料的测定》。另外，2004年 11 月，中国国家质量监督检验检疫总局和国家标准化管理委员会正式发布国家强制标准 GB 19601—2004《染料产品中 23 种有害芳香胺的限量及测定》。2005 年 11 月，发布由全国皮革工业标准化技术委员会牵头起草的推荐性国家标准 GB/T 19942—2005《皮革和毛皮　化学试验　禁用偶氮染料的测定》，其涉及的致癌芳香胺有 23 种。至此，新制定和修订的三个中国国家标准基本形成了涵盖从染料、纺织品到皮革制品的完整的禁用偶氮染料检测方法标准体系。

同样，上述的三个禁用偶氮染料检测方法都没有包括 4-氨基偶氮苯的测定。2009 年 3 月，在参考当时德国的官方标准方法基础上，中国国家质检总局发布推荐性国家标准 GB/T 23344—2009《纺织品　4-氨基偶氮苯的测定》，该标准的技术内容与德国官方方法基本一致。

随着德国和欧盟对禁用偶氮染料检测方法的不断修订和完善，我国也在不断地完善禁用偶氮染料的检测方法。2011 年 12 月发布 GB/T 17592—2011《纺织品　禁用偶氮染料的测定》，并于 2012 年 9 月 1 日开始实施。该标准将聚酯纤维的预处理方法放入附录 B 中作为可选方法，这与当时的欧盟以及德国方法均有不同。此标准与 GB/T 23344—2009《纺织品　4-氨基偶氮苯的测定》共同构成我国目前现行的纺织品测定禁用偶氮染料的检测方法。2016 年 12 月我国发布 GB/T 33392—2016《皮革和毛皮　化学试验　禁用偶氮染料中 4-氨基偶氮苯的测定》，标准修改采用 ISO 17234—2:2011 标准。该标准的公布提供了皮革样品中检测出苯胺和 1,4-苯二胺时确认 4-氨基偶氮苯含量的方法。需要指出的是，国家强制标准 GB 20400—2006《皮革和毛皮　有害物质限量》仅规定了除 4-氨基偶氮苯以外的 23 种禁用芳香胺。

(五)禁用偶氮染料检测技术的研究和发展

目前,纺织品/皮革中禁用偶氮染料的检测原理是基于检测样品经还原分解后是否存在致癌芳香胺,继而反推样品是否使用了禁用的偶氮染料。禁用偶氮染料的检测通常分以下四步:样品预处理;还原分解,偶氮染料与还原剂发生反应;萃取和浓缩,即将还原生成的芳香胺萃取到有机溶剂中,浓缩后定容;分析仪器进行检测。常用的有气相色谱质谱联用法(GC-MS)和液相色谱法(HPLC)。气相色谱质谱联用法是目前大部分实验室用于检测可分解芳香胺的首选方法。

纺织品中可分解致癌芳香胺的偶氮染料检测方法的改进和研究,主要集中在引入或应用一些新型萃取技术,如固相萃取技术、液液微萃取技术、超临界流体萃取技术、微波萃取技术、一步萃取快速筛选法等,以提高萃取效率或减少人工操作步骤。在仪器分析方法的研究发展,有文献报道采用串联质谱技术、表面解吸电喷雾或化学电离质谱法等。

纺织品及皮革中可分解芳香胺的检测预处理过程十分关键。传统的液液萃取方法操作烦琐、耗费时间长,且有机溶剂耗量大、成本高。这些新的预处理方法,如固相微萃取、超临界流体萃取、液液微萃取等技术的应用,在简化样品预处理过程,提高检测效率方面作了积极的探索,但尚未有一种技术可以在萃取效率、方法精密度及成本消耗等方面全面优于传统的液液萃取。一步萃取快速筛选法可作为日常检测中的定性初筛,当需要定量时,还需要采用标准方法。串联质谱法检测灵敏度更高,定性定量更准确,分析时间更短,技术优势明显,但仪器相对昂贵,目前尚不能作为标准方法推广普及。

四、禁用偶氮染料的主要检测标准介绍

目前现行的国际和国内纺织品/皮革中禁用偶氮染料的检测标准主要有:

EN ISO 14362-1:2017《纺织品　某些源于偶氮着色剂的芳香胺的测定方法　第1部分:经或不经萃取纤维测定某些偶氮着色剂的方法》、EN ISO 14362-3:2017《纺织品　某些源于偶氮着色剂的芳香胺的测定方法　第3部分:可能释放出4-氨基偶氮苯的某些禁用偶氮染料的测定》、EN 14362-1:2012《纺织品　某些源于偶氮着色剂的芳香胺的测定方法　第1部分:经或不经萃取纤维测定某些偶氮着色剂的方法》、EN 14362-3:2012《纺织品　某些源于偶氮着色剂的芳香胺的测定方法　第3部分:可能释放出4-氨基偶氮苯的某些禁用偶氮染料的测定》、EN ISO 17234-1:2015《皮革　测定染色皮革中某些偶氮着色剂的化学试验　第1部分:染色皮革中偶氮染料的测定》、EN ISO 17234-2:2011《皮革　测定染色皮革中某些偶氮着色剂的化学试验　第2部分:4-氨基偶氮苯的测定》、GB/T 17592—2011《纺织品　禁用偶氮染料的测定》、GB/T 23344—2009《纺织品　4-氨基偶氮苯的测定》、GB/T 19942—2005《皮革和毛皮　化学试验　禁用偶氮染料的测定》、GB/T 33392—2016《皮革和毛皮　化学试验　禁用偶氮染料中4-氨基偶氮苯的测定》。

国际和国内相对应的检测标准的原理基本相同,但由于我国在标准制定时的一些其他非技术性考虑,在测试方法上与欧盟标准或者ISO标准存在一定差异。

下面详细介绍 EN ISO 14362-1:2017、EN ISO 14362-3:2017 以及 GB/T 17592—2011、GB/T 23344—2009。

（一）EN ISO 14362-1:2017《纺织品　某些源于偶氮着色剂的芳香胺的测定方法第1部分:经或不经萃取纤维测定某些偶氮着色剂的方法》

1. 适用范围和方法原理

该方法适用于测试由纺织纤维制成的某些日用品在生产和处理过程中是否使用了某些禁用偶氮着色剂,纺织纤维上的着色剂可通过经萃取或不经萃取两种方式与还原剂反应。着色剂是否需要经过萃取后再与还原剂反应,是由测试样品的纤维性质(由纯纤维还是纤维混纺组成)以及着色处理工艺(染色或印花过程)所决定。

不经过萃取即可与还原剂反应的偶氮着色剂通常包括颜料或者用于下面几类纤维染色的着色剂:纤维素纤维（例如:棉、黏胶纤维）;蛋白质纤维(例如:羊毛、丝绸);合成纤维(例如:聚酰胺纤维、聚丙烯酸纤维)。

须经过萃取才能与还原剂反应的偶氮着色剂主要指用于合成纤维染色的分散染料,使用分散染料染色的合成维包括:聚酯纤维、聚酰胺纤维、醋酯纤维、三醋酯纤维、丙烯酸纤维和氯纶等。

当采用不经过萃取着色剂的直接还原方法进行检测时,将纺织样本置于反应容器中,在70℃的缓冲溶液(pH=6)中与连二亚硫酸钠发生还原反应。而采用需经过着色剂萃取后再与还原剂反应的方法进行检测时,则首先通过二甲苯回流将着色剂从纤维上萃取下来;然后浓缩萃取液并将萃取液用甲醇转移至反应容器,在70℃的缓冲溶液(pH=6)中与连二亚硫酸钠发生还原反应。如果纺织样本经过二甲苯萃取后没有完全褪色,准备一个新的测试样本重新按照不用经过萃取的着色剂的方法来进行处理。

偶氮着色剂经过还原反应后释放出来的芳香胺,采用硅藻土柱液液萃取,转移至叔丁基甲醚中。叔丁基甲醚萃取液被浓缩后,使用合适的溶剂溶解残余物,采用色谱方法进行定性和定量分析。由于某些芳香胺存在异构体以及芳香胺的来源有多种可能,故当采用一种色谱方法检测出芳香胺时,应该采用其他一种或者多种方法进行确认。标准的附录 E 同时提供了不采用硅藻土柱的直接液液萃取法作为可选的筛选方法。

2. 涉及的芳香胺

根据欧盟法规（EC）No 1907/2006,即 REACH 法规附件 XVII 条款 43,涉及的某些偶氮染料还原裂解的禁用芳香胺共 22 种,见表 3-3。

表 3-3　目标芳香胺

序号	CAS No.	C. I. No.	欧盟登记号	芳香胺名称
1	92-67-1	612-072-00-6	202-177-1	4-氨基联苯
2	92-87-5	612-042-00-2	202-199-1	联苯胺
3	95-69-2	612-196-00-0	202-441-6	4-氯邻甲苯胺
4	91-59-8	612-022-00-3	202-080-4	2-萘胺
5[a]	97-56-3	611-006-00-3	202-591-2	邻氨基偶氮甲苯
6[a]	99-55-8	612-210-00-5	202-765-8	2-氨基-4-硝基甲苯
7	106-47-8	612-137-00-9	203-401-0	对氯苯胺

续表

序号	CAS No.	C. I. No.	欧盟登记号	芳香胺名称
8	615-05-4	612-200-00-0	210-406-1	2,4-二氨基苯甲醚
9	101-77-9	612-051-00-1	202-974-4	4,4′-二氨基二苯甲烷
10	91-94-1	612-068-00-4	202-109-0	3,3′-二氯联苯胺
11	119-90-4	612-036-00-X	204-355-4	3,3′-二甲氧基联苯胺
12	119-93-7	612-041-00-7	204-358-0	3,3′-二甲基联苯胺
13	838-88-0	612-085-00-7	212-658-8	3,3′-二甲基-4,4′-二氨基二苯甲烷
14	120-71-8	612-209-00-X	204-419-1	2-甲氧基-5-甲基苯胺
15	101-14-4	612-078-00-9	202-918-9	4,4′-亚甲基-二-(2-氯苯胺)
16	101-80-4	612-199-00-7	202-977-0	4,4′-二氨基二苯醚
17	139-65-1	612-198-00-1	205-370-9	4,4′-二氨基二苯硫醚
18	95-53-4	612-091-00-X	202-429-0	邻甲苯胺
19	95-80-7	612-099-00-3	202-453-1	2,4-二氨基甲苯
20	137-17-7	612-197-00-6	205-282-0	2,4,5-三甲基苯胺
21	90-04-0	612-035-00-4	201-963-1	邻氨基苯甲醚
22[b]	60-09-3	611-008-00-4	200-453-6	4-氨基偶氮苯

[a] CAS登记号97-56-3(No. 5)和99-55-8(No. 6)进一步还原为CAS登记号95-53-4(No. 18)和95-80-7(No. 19)。

[b] 形成4-氨基偶氮苯的偶氮着色剂在该方法条件下生成苯胺(CAS登记号62-53-3)和1,4-苯二胺(CAS登记号106-50-3)。由于检出限的原因,可能仅有苯胺被检测到。当苯胺的检出结果大于5mg/kg时,应该使用ISO 14362-3进一步测试。

3. 样品的预处理

(1)取样和制备。如果纺织产品是半成品,比如纱线、布等,直接从这些半成品上取测试样本。如果纺织产品由不同的部分组成,比如服装,则应测试样品中所有的纺织品,可能包括:主面料、内衬、口袋布、绣线、纺织产品标签、拉绳、束带、纽扣、假毛和缝线等。

每个测试样品量为1g,当一些部件(如标签、缝线、小尺寸刺绣)的重量不足1g时,尽可能收集所有相同的部件凑足1g。如果重量仍然小于0.5g,则该材料定义为小部件。低于0.2g的材料可以不做测试。绣线样品和基布一起称重。

对于需要采用二甲苯进行着色剂萃取的样品,将纺织材料剪成条状;对于不需使用二甲苯进行着色剂萃取的样品则将纺织材料剪成大小合适的碎片。

根据纤维种类来确定纺织品部件是否可能使用了分散染料,从而判定在还原反应前是否需要采用二甲苯进行着色剂萃取。表3-4总结了四种情况,当纺织品为不同种类的纤维混合时,参考表3-5来决定采用何种方法测试。

表3-4　二甲苯抽提方法的应用与纤维种类的对应关系

纤维种类	分散染料是否使用	情况类别	是否需要采用二甲苯抽提
天然纤维	否	A	否
合成纤维	否	B	否
	不能判定	C	是
	是	D	是

表3-5　二甲苯抽提方法的应用与混纺纤维的对应关系

应采用处理方式		混纺纤维的其他组分			
		A	B	C	D
混纺纤维的组分	A	直接还原	直接还原	直接还原和经二甲苯抽提后还原	直接还原和经二甲苯抽提后还原
	B	直接还原	直接还原	直接还原和经二甲苯抽提后还原	直接还原和经二甲苯抽提后还原
	C	直接还原和经二甲苯抽提后还原	直接还原和经二甲苯抽提后还原	直接还原和经二甲苯抽提后还原	直接还原和经二甲苯抽提后还原
	D	直接还原和经二甲苯抽提后还原	直接还原和经二甲苯抽提后还原	直接还原和经二甲苯抽提后还原	经二甲苯抽提后还原

注　A、B、C、D的含义见表3-4。

如果纺织材料是使用颜料印花或者染色的,以及无法确认是否使用了颜料时,应采用不经二甲苯抽提的直接还原的方法进行测试。

所有颜色的染料均需测试。白色和未染色的纤维、缝线或织布不会使用染料,因此不需要测试。浅白色印花材料如果可能使用了偶氮染料,需要测试。

最多三种颜色可以一起测试。三种颜色的收集应遵循下面的规则,并按照下面规则列出的次序进行。①三种颜色取自纺织品的同一部位;②如果三种颜色不能取自纺织品的同一部分,则选择同种纺织纤维的三种颜色;③如果三种颜色不能取自同种纺织纤维,则选择三种同种前处理程序的纺织品颜色。

当三种颜色测试样品一起进行测试时,应称取相近重量的每种颜色的样品,其总量保持为1g。进行合并样品测试时,如果任一禁用芳香胺测试结果在5~30mg/kg,则任一单个颜色的测试结果可能会超出30mg/kg,因此需要拆分颜色进行单独测试。

(2)着色剂的萃取和还原。

①采用二甲苯进行抽提萃取。将需采用二甲苯进行抽提的纺织样品置于图3-1所示的抽提装置中。在25mL沸腾的二甲苯上回流约40min或直至从样品上回滴落下的溶剂是无色的。待二甲苯萃取液冷却至室温后,将样品从抽提装置中取出。如果萃取液是无色的,说明测试样本没有采用分散染料染色,终止此测试程序。

如果萃取液是有颜色的,则在45~75℃温度条件下,将二甲苯萃取液浓缩至干。浓缩后的染料残渣用甲醇分几次定量转移至带密封塞的20~50mL的耐热玻璃反应器中,使用超声波水浴分散染料残渣。如果最终体积大于 2mL,将其浓缩至将近 2mL 再进行进一步的还原裂解。如果测试样品在萃取后未完全褪色,则需要额外准备一个新的样品按照进行不经二甲苯抽提的直接还原法测试。

②用颜料着色或者其他非分散染料染色的纺织品(不经二甲苯抽提直接还原)。如果纺织样品的纤维成分是表 3-5 所列的 A 类或 B 类以及 A 类和 B 类混纺的情况,或者纺织样品是采用颜料着色的,直接将测试样品置于带密封塞的 20~50mL 的耐热玻璃反应器中。

(3)还原裂解。在玻璃反应容器中加入 15mL 提前预热至 70℃ 的柠檬酸缓冲溶液。将反应器盖紧,在(70±2)℃ 条件下反应(30±1)min。随后向反应器中加入 3.0mL 的连二亚硫酸钠,使偶氮基团还原裂解,剧烈振摇后立即放回至(70±2)℃ 的水浴中反应(30±1)min。随后将其在 3min 内迅速冷却至室温(20~25℃)。

图 3-1　抽提装置

(4)芳香胺的分离和浓缩。增加 0.2mL 氢氧化钠溶液至反应溶液中,剧烈振摇。将反应液倒入硅藻土小柱中允许其吸收 15min。同时,向反应器中加入 10mL 叔丁基甲醚,剧烈振摇,待 15min 后将叔丁基甲醚溶液倒入硅藻土柱中(对于不经二甲苯萃取直接还原的样品,连带纺织品一同倾倒至硅藻土柱中),将淋洗液收集至 100mL 圆底烧瓶或和蒸发装置配套的玻璃容器中。

继续用 10mL 的叔丁基甲醚润洗反应器并将洗液转移至硅藻土柱。随后,直接将 60mL 的叔丁基甲醚倒至硅藻土柱中。

将叔丁基甲醚萃取液在不高于 50℃ 的条件下浓缩至 1mL(不要蒸干)用于芳香胺的定性和定量。如果需要更换其他溶剂,小心地用微弱的惰性气流移走剩下的溶剂。

注意移除溶剂的步骤需在受控的条件下进行,否则可能导致芳香胺的损失(如在旋转蒸发仪上浓缩至干)。

萃取液或者残渣立即用乙腈或叔丁基甲醚(甲醇仅可用于毛细管电泳分析)定容至 2.0mL,并立即分析。如果无法在 24h 内完成分析,将萃取液在 -18℃ 的条件下保存。由于基质的原因,部分芳香胺的稳定性可能会很差,特别是当甲醇作为溶剂时,如 2,4-二氨基甲苯和 2,4-二氨基苯甲醚。如果在日常测试工作中分析被延迟,芳香胺可能不能被检出。

4. 芳香胺的定性和定量

芳香胺可使用薄层层析色谱法(TLC)或高效薄层色谱分析法(HPTLC)、高效液相色谱法(HPLC-DAD 或 LC-MS)、气相色谱法(GC-FID 或 GC-MS)和毛细管电泳(CE)等色谱技术进行检测。其他验证过的方法也可以使用。如果任何一种胺被检测到,应该使用至少包含三点的多点校准曲线进行定量分析。

(1)苯胺和 1,4-苯二胺的检测(4-氨基偶氮苯可能被检出的标志物)。生成 4-氨基偶氮苯的偶氮染料在该方法的条件下能进一步生成苯胺和 1,4-苯二胺(例如,分散黄 23)。由于 1,4-苯二胺的检出限和回收率的原因,可能仅仅苯胺被检出。如果苯胺的检出结果大于 5mg/kg,则应该采用 ISO 14362-3:2017/EN ISO 14362-3:2017 的方法来进一步确认 4-氨基偶氮苯是否检出。

(2)定量仪器以及其他假阳性结果的来源。如果使用 GC-MS 进行分析,则应采用在样品萃取液中添加下列内标物质,采用内标法进行分析。内标物质为萘-d8(CAS No. 1146-65-2)、2,4,5-三氯苯胺(CAS No. 636-30-6)和蒽-d10(CAS No. 1719-06-8)。

采用 GC-MS 进行分析时,联苯胺-d8(CAS No. 92890-63-6)被用来作为 GC 分析后半段流出物的干扰指示物质。如果使用 DAD 或者 TLC 来确认联苯胺的结果,则不能使用联苯胺-d8 作为内标,因为此内标不能与非氘代的联苯胺分离。故萃取液在增加内标做 GC-MS 分析前应该被分成两部分。

当使用 GC-MS 进行分析时,联苯胺-d8 的回收率小于期望值的 30% 时(由于基质效应或其他未知原因),意味着芳香胺的检测结果可能为假阴性。此时应采用 HPLC 来分析色谱图上后半段出峰的芳香胺,包括表 3-3 序号为 2,9,10,11,12,13,15,16 和 17 的芳香胺。

使用毛细管电泳法测试时,取 200μL 萃取液,将溶剂置换为甲醇,并立即与 50μL 盐酸(0.01mol/L)混合(部分芳香胺在甲醇中不稳定),然后用 0.2μm 的过滤膜过滤。该溶液用于毛细管电泳分析。

如果任何芳香胺被某一种色谱方法检测到,应该使用一种或多种方法进行确认。只有两种方法都给出阳性的结果,该结果才被认为是确定的。

当发现不同的色谱方法得到的测试结果有差异,这些差异可能来自于不同的原因,如:①假阳性结果可能是由于过高的进样口温度造成或者异构体未完全分离;②假阳性结果可能是由于溶剂置换造成,或者由于使用不当的溶剂,或者基质的干扰作用;③假阳性结果也可能是由于芳香胺来自其来源,如聚氨酯或者交联剂等。

如果检出的芳香胺有异构体,应注意小心验证。

5. 质控程序

向装有 15mL 预热的柠檬酸缓冲溶液的反应器中加入芳香胺储备液,作为质控。每批样品都需有质控。芳香胺的回收率需要达到下面的最低要求:

芳香胺(表 3-3 中序号 1~4,7,9~17,20,21)	70%
芳香胺(表 3-3 中序号 8)	20%
芳香胺(表 3-3 中序号 18,19)	50%
芳香胺(表 3-3 中序号 5,6,22)	见表 3-3 中备注
苯胺	70%

现阶段还没有充分的经验给出未列出的胺的最低回收率。如果芳香胺的回收率不符合上述最小要求,检查测试流程,并重新取样测试。

6. 结果的计算和报告

如果任一种芳香胺检出结果超过 5mg/kg,应该使用至少包含三个校正点的多点校正曲线进行定量。如果经二甲苯萃取的方法和不经二甲苯萃取的直接还原法同时使用,将会得到两个不同的结果,报告出具每个芳香胺的最高值。

(1)样品溶液中芳香胺的浓度计算。

①采用气相色谱定量时,使用内标法校正。

$$\rho_S = \rho_C \times \frac{A_S \times A_{ISC}}{A_C \times A_{ISS}} \times \frac{V_S}{V} \tag{3-1}$$

式中:ρ_S 为样品溶液中胺的浓度(μg/mL);A_S 为样品溶液中胺的峰面积,面积单位;A_C 为校正溶液中胺的峰面积,面积单位;A_{ISS} 为样品溶液中内标的峰面积,面积单位;A_{ISC} 为校正溶液中内标的峰面积,面积单位;V 为样品溶液最后的体积(mL);V_S 为核查程序中的胺溶液的体积

（mL）；ρ_C 为校正溶液中胺的浓度（μg/mL）。

②外标法校正。

$$\rho_S = \rho_C \times \frac{A_S}{A_C} \times \frac{V_S}{V} \tag{3-2}$$

其中：$\rho_S, A_S, A_C, V, V_S, \rho_C$ 同式 3-1。再依据式 3-3 计算样品中芳香胺的浓度 w，用 mg/kg 表示。

（2）样品中芳香胺的浓度计算。

$$w = \frac{\rho_S \times V}{m_E} \tag{3-3}$$

式中：w 为样品中胺的浓度（mg/kg）；ρ_S 为样品溶液中芳香胺的浓度（μg/mL）；V 为样品溶液最后体积（mL）；m_E 为样品的质量（g）。

7. 色谱分析

高效液相色谱法和气相色谱法是实验室常用的分析技术，下面根据该标准附录 A 提供这两个色谱分析的参数供参考。

（1）高效液相色谱（HPLC-DAD 和 LC-MSD）。

①高效液相色谱—二极管阵列检测器（HPLC-DAD）。流动相 1：甲醇；流动相 2：0.68g 磷酸二氢钾溶于 1000mL 水，随后加入 150mL 甲醇；固定相：Zorbax Eclipse XDB C18，3.5μm，150mm×4.6mm；流速：0.6～2.0mL/min；柱温：32℃；进样体积：5μL；检测器：二极管阵列检测器；定量测定波长：240nm，380nm，305nm 和 380nm。梯度见表 3-6。色谱图如图 3-2 所示。

表 3-6 HPLC-DAD 的梯度

时间（min）	洗脱液 1（%）	流速（mL/min）	时间（min）	洗脱液 1（%）	流速（mL/min）
0	10.0	0.6	29.00	100.0	2.0
22.50	55.0	0.6	29.01	10.0	2.0
27.50	100.0	0.6	31.0	10.0	0.6
28.50	100.0	0.95	35.00	10.0	0.6
28.51	100.0	2.0			

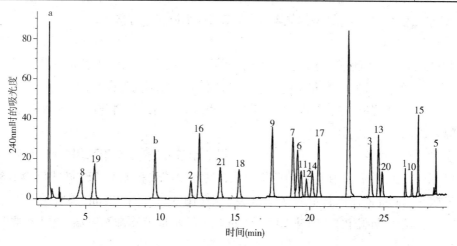

图 3-2 HPLC-DAD 色谱图

a 为 1,4-苯二胺；b 为苯胺；1~21 见表 3-1 序号 1~21 代表的各芳香胺物质名称。

②高效液相色谱仪—质量选择检测器(HPLC-MS)。流动相1:乙腈;流动相2:5mmol 醋酸铵溶于 1000mL 水中,pH=3.0;固定相:Zorbax Eclipse XDB C18,3.5μm,2.1mm×50mm;流速:300μL/min;梯度:流动相1从开始的10%在1.5min内增加到20%,在6min内呈线性增加到90%;柱温:40℃;进样量:2.0μL;检测器:四极杆和/或离子阱质量检测器,扫描模式和(或)MS子离子 MS 检测;雾化器:氮气(瓶装/发生器);离子源:API 电子雾化阳极,离子化器 120V。

(2)气相色谱仪—质量选择检测器(GC-MS)。毛细管柱:DB-35MS,长度 35m,内径0.25mm,薄膜厚度 0.25μm;进样温度:260℃;载气:氮气;升温程序:100℃(2min),15℃/min 升到 310℃(保持 2min);进样体积:1.0μL,分流 1:15;检测器:MS。

(二)EN ISO 14362-3:2017《纺织品　某些源于偶氮着色剂的芳香胺的测定方法　第3部分:可能释放出 4-氨基偶氮苯的某些禁用偶氮染料的测定》

1. 适用范围和方法原理

形成 4-氨基偶氮苯的偶氮着色剂在 ISO 14362-1:2017 方法条件下进一步被还原,生成苯胺和 1,4-苯二胺。如果没有提供额外的信息(如所使用着色剂的化学结构式)或者没有特殊其他确认程序,则无法可靠判断 4-氨基偶氮苯的存在。该测试方法描述了检测可能释放出 4-氨基偶氮苯的某些偶氮染料的特殊程序,是对 ISO 14362-1:2017 的补充。

该部分标准也同样包括经过或不经过着色剂萃取两种情况。不经过萃取即可与还原剂反应的情况,包括用纤维素和蛋白质纤维制成的纺织品,如棉花、黏胶、羊毛、丝绸;经过萃取才能与还原剂反应的情况,如聚酯或人造革。

对于某些纤维混纺,可能需要同时使用(萃取与不萃取)两种方法。

该程序还适用于在消费品中检测还未经过还原反应已经存在的 4-氨基偶氮苯(溶剂黄 1)。

从纺织品中选择染色的测试样本后,参照 EN ISO 14362-1:2017,采用对分散染料的着色剂萃取法和/或对其他着色剂(颜料和/或染料)的直接还原法进行测试。将纺织品样品或经萃取纺织样品得到的着色剂残渣置于带密封塞的 20~50mL 的耐热玻璃反应器中,在 40℃ 的碱性溶液中用连二亚硫酸钠进行处理。在此过程中释放的 4-氨基偶氮苯经液液萃取,转移到叔丁基甲基醚中,此叔丁基甲基醚萃取液使用色谱方法进行 4-氨基偶氮苯的定性和定量分析。如果用一种色谱方法检测出 4-氨基偶氮苯,则应使用一个或多个方法予以确认。

2. 样品的预处理

(1)取样和制备。如测试样品是多色图案的面料,应尽量单独考虑各种颜色。对于由各种纺织品组成的商品,应按照纤维和颜色的不同分别分析各种不同的样品。

剪取总质量为 1g 的样品,采用着色剂萃取法的样本将纺织材料剪成条状,采用直接还原裂解法的样品则将纺织材料剪成碎片。

(2)分散染料的着色剂提取(采用二甲苯抽提的制备方法)。对于采用 ISO 14362-1:2017/EN ISO 14362-1:2017 标准,使用经着色剂萃取方法检出苯胺和 1,4-苯二胺或仅检出苯胺的测试样品,另取一份同样的测试样品置于萃取装置中(图 3-1)。在 25mL 沸腾的二甲苯上回流30~40min 直至经样品回滴的溶剂是无色的。待二甲苯萃取液冷却至室温后,从萃取装置中取出纺织品样本,丢弃。

在 45~75℃ 温度条件下,将二甲苯萃取液浓缩。将浓缩后的染料残渣用 7mL 甲醇定量转移至反应容器,使用超声波水浴分散染料着色剂,然后按照本章节还原裂解条款进行。推荐分多次转移染料残渣,如增加 4mL 甲醇在超声波协助下溶解残渣,然后用移液器定量转移至反应容器中。接下来用 1mL 的甲醇润洗三次,均定量转移至带密封塞的 20~50mL 的耐热玻璃反应器中。

若要直接测试 4-氨基偶氮苯类分散着色剂(如分散黄 23),可通过该甲醇溶液采用 LC-DAD-MS 进行测试。

(3)采用分散染料以外的染料染色的纺织品(不经萃取的制备方法)。对于采用 ISO 14362-1:2017/EN ISO 14362-1:2017 标准,使用经着色剂萃取方法检出苯胺和 1,4-苯二胺或仅检出苯胺的测试样品,另取一份同样的测试样品直接置于带密封塞的 20~50mL 的耐热玻璃反应器中。

(4)还原裂解。将 9mL 2%氢氧化钠溶液加入含有试验试样或着色剂残渣甲醇溶液的玻璃反应容器中。盖上反应器的密封盖,剧烈振摇,然后添加 1.0mL,ρ=200mg/mL 的无水连二亚硫酸钠溶液至反应容器中。盖上反应容器的密封盖,剧烈振摇,并立即保持在(40±2)℃条件下静置 30min,在 1min 内将萃取液冷却至室温 20~25℃。

浓度为 200mg/mL 的连二亚硫酸钠水溶液应新鲜制备,配置好的溶液置于一密闭容器中(55±1)min,然后转移至一个敞开的玻璃烧杯放置 5min 后使用,且此溶液需在 10min 内使用。

(5)芳香胺的分离与浓缩。在反应溶液中加入 5mL 叔丁基甲基醚或 5mL 带内标的叔丁基甲醚溶液。随后加入 7g 氯化钠。盖上反应容器的密封盖,使用摇床剧烈振摇 45min,确保有效的多相混合。冷却和摇动间隔时间一般不大于 5min。静置分层后,混合物离心。

取一定体积的上层清液进行溶剂置换或将萃取液浓缩后转移至其他合适的溶剂。如果在未受控的条件下进行溶剂置换或者将萃取液的浓缩可能导致 4-氨基偶氮苯的损失(比如在旋转蒸发仪上浓缩至干)。

如有必要,可在旋转蒸发仪上(弱真空条件下)将叔丁基甲基醚提取物浓缩到约 1mL(务必不要蒸干),温度不要超过 50℃。然后用微弱的惰性气流非常小心地在非真空情况下移除剩下的溶剂。

如有可能,尽量避免溶剂置换,否则在分析过程中由于基质效应可能导致严重的分析物损失。

由于基体的存在,4-氨基偶氮苯的稳定性可能较差。在日常测试工作时,如果没有及时对样品溶液进行分析,可能造成目标分析物的严重损失。若不能在 24h 内完成分析,则试验溶液应保持在-18℃以下。

(6)校准溶液的制备。

①未经萃取样品的校准溶液的制备。在 100μL 浓度为 500μg/L 的 4-氨基偶氮苯的校准溶液中加入 5mL 叔丁基甲基醚或 5mL 带内标的叔丁基甲醚溶液,用来作为校准溶液。此 4-氨基偶氮苯经过相分配回收率为 95%~100%。如果芳香胺检出超过 5mg/kg,需采用校准曲线进行定量分析。

②经二甲苯萃取样品的校准溶液的制备。在 100μL 浓度为 500μg/L 的 4-氨基偶氮苯的校准溶液中加入 6.9mL 甲醇,9mL 2%的氢氧化钠溶液,1mL 水,7g 氯化钠和 5mL 叔丁基甲醚或者

5mL叔丁基甲醚内标溶液。紧闭反应器,在摇床上振摇45min,确保有效的多相混合。然后,取叔丁基甲醚相,用于仪器分析。由于基质中的甲醇含量高,故回收率可能在一定范围内波动。使用包含基质的甲醇溶液配制至少包含三个不同浓度的标准溶液制作校准曲线。

(7)分析过程的监控和核查。

①未经萃取的样品。100μL浓度为500μg/L的4-氨基偶氮苯的校准溶液按照样品的处理程序进行前处理,以此进行整个分析过程的监控和核查。4-氨基偶氮苯回收率不应小于60%。

②经二甲苯萃取的样品。100μL浓度为500μg/L的4-氨基偶氮苯的校准溶液中加入6.9mL甲醇,按照经二甲苯萃取样品的处理程序进行前处理。4-氨基偶氮苯回收率不应小于60%。

3. 色谱分析

4-氨基偶氮苯的检测可以采用下列各种色谱分析技术:薄层色谱法(TLC)高效薄层色谱法(HPTLC)、高效液相色谱法(HPLC-DAD或LC-MS)、气相色谱法(GC-FID或GC-MS)以及毛细管电泳(CE)等。如果4-氨基偶氮苯经一种色谱方法检测到,则应该选用一种或多种其他色谱方法进行确认。

高效液相色谱法和气相色谱法是实验室常用的分析技术,下面根据该标准附录A提供这两个色谱分析的参数供参考。

(1)高效液相色谱(HPLC)。

①高效液相色谱—二极管阵列检测器(HPLC-DAD)。流动相1:甲醇;流动相2:0.68g磷酸二氢钾溶于1000mL水,随后加入150mL甲醇;固定相:Zorbax Eclipse XDB C18,3.5μm,150mm×4.6mm;流速:0.6~2.0mL/min(梯度如表3-7所示);柱温:32℃;进样体积:5μL;检测器:二极管阵列检测器,光谱仪;定量测定波长:240nm、380nm。色谱图和光谱图分别如图3-3和图3-4所示。

表3-7 HPLC的梯度

时间(min)	洗脱液1(%)	流速(mL/min)
0	10.0	0.6
22.50	55.0	0.6
27.50	100.0	0.6
28.50	100.0	0.95
28.51	100.0	2.0
29.00	100.0	2.0
29.01	10.0	2.0
31.00	10.0	0.6
35.00	10.0	0.6

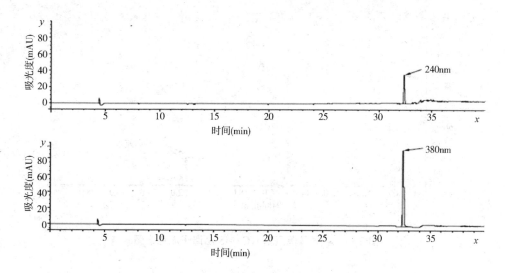

图3-3 4-氨基偶氮苯 HPLC-DAD 色谱图

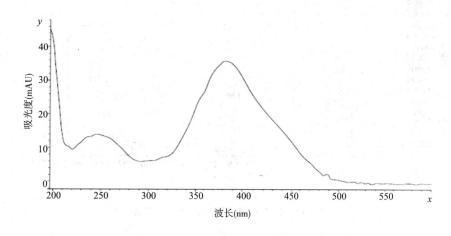

图3-4 4-氨基偶氮苯 HPLC-DAD 光谱图

②高效液相色谱仪—质量选择检测器(HPLC-MS)。流动相1:乙腈;流动相2:5mmol 醋酸铵溶于1000mL 水中,pH=3.0;固定相:Zorbax Eclipse XDB C18,3.5μm,2.1mm×50mm;流速:300μL/min;梯度:流动相1从开始的10%在1.5min 内增加到20%,然后在6min 内呈线性增加到90%;柱温:40℃;进样量:2.0μL;检测器:四极杆和/或离子阱质量检测器,扫描模式和/或MS 子离子 MS 检测;雾化器:氮气(瓶装/发生器);离子源:API 电子雾化阳极,离子化器120V。

(2)毛细管气相色谱法—质量选择检测器(GC-MS)。DB-35MS,35m×0.25mm×0.25μm;进样温度:260℃;载气:氦气;升温程序:100℃ (2min),100℃到310℃ (15℃/min),310℃ (2min);进样体积:1.0μL,分流:1:15;检测器:MS。

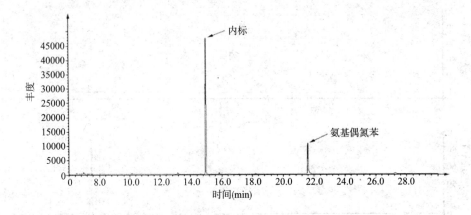

图 3-5 4-氨基偶氮苯 GC-MS 总离子流色谱图

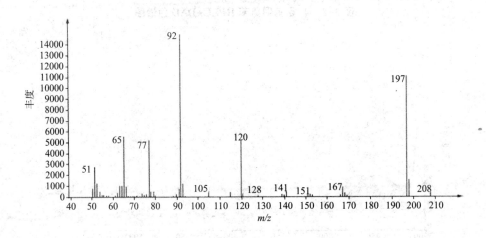

图 3-6 4-氨基偶氮苯 GC-MS 质谱图

4. 结果计算

(1)内标法计算 4-氨基偶氮苯的结果采用式 3-4 计算。

$$w = \rho_C \times \frac{A_S \times A_{ISC}}{A_C \times A_{ISS}} \times \frac{V}{m_E} \qquad (3-4)$$

式中:w 为样品中 4-氨基偶氮苯的质量百分比(%);ρ_C 为校正溶液中 4-氨基偶氮苯的浓度(μg/mL);A_s 为样品溶液中 4-氨基偶氮苯的峰面积;A_C 为校正溶液中 4-氨基偶氮苯的峰面积;A_{ISS} 为样品溶液中内标的峰面积;A_{ISC} 为校正溶液中内标的峰面积;V 为最后样品溶液体积(mL);m_E 为纺织样品的质量(g)。

(2)外标法计算 4-氨基偶氮苯的结果采用式 3-5 计算。

$$w = \rho_C \times \frac{A_S}{A_C} \times \frac{V}{m_E} \qquad (3-5)$$

式中:w,ρ_C,A_S,A_C,V,m_E 同式 3-4。

(三)GB/T 17592—2011《纺织品 禁用偶氮染料的测定》

1. 适用范围和方法原理

GB/T 17592—2011 规定了纺织产品中可分解出致癌芳香胺的禁用偶氮染料的测试方法,标准适用于经印染加工的纺织产品。

纺织样品在柠檬酸缓冲溶液介质中,用连二亚硫酸钠还原分解,以产生可能存在的致癌芳香胺。用硅藻土小柱进行固相萃取提取溶液中的芳香胺,浓缩后,用合适的有机溶剂定容,用配有质量选择检测器的气相色谱仪(GC-MS)进行测定。必要时,选用另外一种或多种方法对异构体进行确认。用配有二极管阵列检测器的高效液相色谱仪(HPLC-DAD)或气相色谱/质谱仪进行定量。

2. 样品的预处理

(1)试样的制备和处理。取有代表性试样,剪成约 5mm×5mm 的小片,混合。从混合样中称取 1.0g(精确到 0.01g),置于具密封盖约 60mL 的耐热玻璃反应器中,加入 17mL 预热到(70±2)℃的柠檬酸缓冲溶液,将反应器密闭,用力振摇,使所有试样浸入液体中,置于已恒温至(70±2)℃的水浴中处理约 30min,使所有的试样充分润湿。然后,打开反应器加入 3.0mL,200mg/mL 新鲜配制的连二亚硫酸钠溶液,并立即混合剧烈摇振,以还原裂解偶氮染料,在(70±2)℃水浴中保温 30min,取出后 2min 内冷却到室温。

不同的试样前处理方法其试验结果没有可比性。GB/T 17592:2011 附录 B 提供了先经萃取,然后再还原处理的方法供选择。如果选择 GB/T 17592:2011 附录 B 的方法,应在试验报告中说明。

(2)萃取和浓缩。

①萃取。用玻璃棒挤压反应器中试样,将反应液全部倒入提取柱内,任其吸附 15min,用 4×20mL 乙醚分四次,洗提反应器中的试样,每次需混合乙醚和试样,然后将乙醚洗液倒入提取柱中,控制流速,收集乙醚提取液于圆底烧瓶中。

注:根据需要,乙醚使用前按照下面的步骤进行去除过氧化物的处理。取 500mL 乙醚,加入 100mL 硫酸亚铁溶液(5%水溶液)剧烈振摇,弃去水层,置于全玻璃装置中蒸馏,收集 33.5~34.5℃馏分。

②浓缩。将上述收集的盛有乙醚提取液的圆底烧瓶置于真空旋转蒸发器上,于 35℃左右的温度低真空下浓缩至近 1mL,再用缓氮气流驱除乙醚溶液,使其浓缩至近干。

3. 气相色谱/质谱定性分析

(1)分析条件。毛细管色谱柱:DB-5MS 30m×0.25mm×0.25um 或相当;进口温度:250℃;柱温:60℃(1min),以 12℃/min 的速度升至 210℃,再以 15℃/min 升至 230℃,3℃/min 升至 250℃,最后以 25℃/min 升至 280℃;质谱接口温度:270℃;质量扫描范围:35~350amu;进样方式:不分流进样;载气:氦气(≥99.99%),流量为 1.0mL/min;进样量:1μL;离化方式:EI;离化电压:70eV;溶剂延迟:3.0min。

(2)定性分析。准确移取 1.0mL 甲醇或其他合适的溶剂加入浓缩至近干的圆底烧瓶中,混匀,静置。然后分别取 1μL 芳香胺标准工作液(20mg/L,现配现用)与试样溶液注入色谱仪,通过比较试样与标样的保留时间及特征离子(表 3-8)进行定性。必要时,选用另外方法对异构体进行确认。

表3-8　致癌芳香胺的 GC-MS 特征离子

序号	芳香胺名称	CAS No.	特征离子
1	4-氨基联苯(4-aminodiphenyl)	92-67-1	169
2	联苯胺(benzidine)	92-87-5	184
3	4-氯邻甲苯胺(4-chloro-o-toluidine)	95-69-2	141
4	2-萘胺(2-naphthylamine)	91-59-8	143
5	邻氨基偶氮甲苯(o-Aminoazotoluene)	97-56-3	—
6	2-氨基-4-硝基甲苯(2 - Amino-4-nitrotoluene)	99-55-8	—
7	对氯苯胺(p-chloroaniline)	106-47-8	127
8	2,4-二氨基苯甲醚(2,4-diaminoanisole)	615-05-4	138
9	4,4′-二氨基二苯甲烷(4,4′-diaminodiphenylmethane)	101-77-9	198
10	3,3′-二氯联苯胺(3,3′-dichlorobenzidine)	91-94-1	252
11	3,3′-二甲氧基联苯胺(3,3′-dimethoxybenzidine)	119-90-4	244
12	3,3′-二甲基联苯胺(3,3′-dimethylbenzidine)	119-93-7	212
13	3,3′-二甲基-4,4′-二氨基二苯甲烷 (3,3′-dimethyl-4,4′-diaminodiphenylmethane)	838-88-0	226
14	2-甲氧基-5-甲基苯胺(p-cresidine)	120-71-8	137
15	3,3′-二氯-4,4′-二氨基二苯甲烷 [4,4′-methylene-bis-(2-chloroaniline)]	101-14-4	266
16	4,4′-二氨基二苯醚(4,4′-oxydianiline)	101-80-4	200
17	4,4′-二氨基二苯硫醚(4,4′-thiodianiline)	139-65-1	216
18	邻甲苯胺(o-toluidine)	95-53-4	107
19	2,4-二氨基甲苯(2,4-toluylendiamine)	95-80-7	122
20	2,4,5-三甲基苯胺(2,4,5-trimethylaniline)	137-17-7	135
21	邻甲氧基苯胺(邻氨基苯甲醚)(o-Anisidine)	90-04-0	123
22	4-氨基偶氮苯(4-aminoazobenzene)[a]	60-09-3	—
23	2,4-二甲基苯胺(2,4-xylidine)	95-68-1	121
24	2,6-二甲基苯胺(2,6-xylidine)	87-62-7	121

注　1. 在本方法的条件下,邻氨基偶氮甲苯(CAS 登记号 97-56-3)分解为邻甲苯胺,5-硝基-邻甲苯胺(99-55-8)分解为2,4-二氨基甲苯。

　　2. a 表示:经本方法检测,4-氨基偶氮苯分解为苯胺和/或 1,4-苯二胺,苯胺特征离子为 93 amu,1,4-苯二胺的特征离子为 108 amu。如样品检测到苯胺和/或 1,4-苯二胺,应重新按 GB/T 23344—2009 进行测定。

4. 定量分析方法

(1)HPLC-DAD 分析方法。色谱柱:ODS C18,250mm×4.6mm×5μm,或相当;流量:0.8~1.0mL/min;柱温:40℃;进样量:10μL;检测器:二极管阵列检测器(DAD);检测波长:240nm、280nm、305nm;流动相 A:甲醇;流动相 B:0.575g 磷酸二氢铵+0.7g 磷酸氢二钠,溶于 1000mL 二级水中,pH=6.9;梯度:起始时用 15%流动相 A 和 85%流动相 B,然后在 45min 内线性地转变为 80%流动相 A 和 20%流动相 B,保持 5min。

准确移取 1.0mL 甲醇或其他合适的溶剂,加入浓缩至近干的圆底烧瓶,混匀,静置。分别取 10μL 浓度为 20μg/mL 混合标准工作溶液与试样溶液注入色谱仪,外标法定量。

(2)GC-MS 分析方法。准确移取 1.0mL 浓度为 10μg/mL 内标溶液加入浓缩至近干的圆底烧瓶中,混匀,静置。然后分别取 1μL 浓度为 10μg/mL 混合标准工作溶液与试样溶液注入色谱仪,可选用选择离子方式进行定量。内标定量分组见表 3-9:

表 3-9 GC-MS 分析内标定量分组表

序号	化学名称	所用内标
1	邻甲苯胺	萘-d8
2	2,4-二甲基苯胺	
3	2,6-二甲基苯胺	
4	邻氨基偶氮甲苯	
5	对氯苯胺	
6	2,4,5-三甲基苯胺	
7	2-甲氧基-5-甲基苯胺	
8	4-氯邻甲苯胺	
9	2,4-二氨基甲苯	
10	2,4-二氨基苯甲醚	2,4,5-三氯苯胺
11	2-萘胺	
12	4-氨基联苯	蒽-d10
13	4,4′-二氨基二苯醚	
14	联苯胺	蒽-d10
15	4,4′-二氨基二苯甲烷	
16	3,3′-二甲基-4,4′-二氨基二苯甲烷	
17	3,3′-二甲基联苯胺	
18	4,4′-二氨基二苯硫醚	
19	3,3′-二氯联苯胺	
20	3,3′-二甲氧基联苯胺	
21	4,4′-亚甲基-二-(2-氯苯胺)	

5. 聚酯试样的预处理方法

GB/T 17592—2011 标准的附录 B 给出了聚酯试样的预处理方法。取有代表性试样,剪成合适的小片,混合。称取 1.0g(精确到 0.01g),用无色纱线扎紧,在萃取装置的蒸汽室内垂直放置,使冷凝剂可从样品上流过。加入 25mL 氯苯抽提 30min,或者用二甲苯抽提 45min。抽提液冷却到室温,在真空旋转蒸发器上 45~60℃驱除溶剂,得到少量残余物,残余物用 2mL 甲醇转移到反应器中。在上述反应器中加入 15mL 预热到(70±2)℃的柠檬酸盐缓冲溶液(0.06mol/L,pH=

6.0)中。将反应器放入(70±2)℃的水浴中处理约30min,然后加入3.0mL浓度为200mg/mL新鲜配制的连二亚硫酸钠溶液,并立即混合剧烈摇振,以还原裂解偶氮染料,在(70±2)℃水浴中保温30min,还原后2min内冷却。

(四)GB/T 23344—2009《纺织品 4-氨基偶氮苯的测定》

1. 适用范围和方法原理

GB/T 23344—2009方法规定了采用气相色谱质谱联用仪(GC-MS)和高效液相色谱法(HPLC-DAD)测定纺织产品中某些偶氮染料分解出的4-氨基偶氮苯的方法,标准适用于经印染加工的纺织产品。

样品在碱性介质中用连二亚硫酸钠还原,用适当的液液分配方法,提取分解的4-氨基偶氮苯,用配有质量选择检测器的气相色谱仪(GC-MS)进行定性测试,必要时,选用高效液相色谱二级管阵列检测器(HPLC-DAD)进行异构体确认。用气相色谱质谱内标法,或高效液相色谱外标法定量。

2. 样品的预处理

(1)试样的制备和处理。取有代表性试样,剪成约5mm×5mm的小片,混合。从混合样中称取1.0g(精确到0.01g),置于带密封盖约65mL耐热玻璃反应器中,加入9.0mL浓度为20g/L氢氧化钠溶液,将反应器密闭,用力振摇,使所有试样浸入液体中。打开瓶盖,再加入1.0mL浓度为200mg/mL连二亚硫酸钠溶液,将反应器密闭,用力振摇,使溶液充分混匀。在(40±2)℃水浴中保温30min,取出后1min内冷却到室温。样液冷却至室温后应及时进行后续的萃取步骤,间隔时间不宜超过5min。

不同的试样前处理方法其试验结果没有可比性。GB/T 23344—2009附录A给出了先经萃取,然后再还原处理的方法供选择。如果选择附录A的方法,应在报告中说明。

(2)萃取和浓缩。

①用于气相色谱分析。向上述反应器中准确加入10mL浓度为200mg/L的蒽-d10内标工作液,再加入7g氯化钠,将反应器密闭,用力振摇混匀后于机械振摇器中,振摇45min,静置,待两相分层后,取上层清液进行GC-MS分析。如两相分层不好,可进行离心处理。此溶液应及时进行仪器分析,如果在24 h内不能完成进行,需低于-18℃条件下保存。

②用于高效液相色谱分析。向上述反应器中加入10mL叔丁基甲醚,再加入7g氯化钠,将反应器密闭,用力振摇混匀后,机械振摇器中振摇45min,静置,两相分层后,取上层清液过0.45μm有机滤膜后进行HPLC-DAD分析。如两相分层不好,可离心处理。此溶液应及时进行仪器分析,如果在24 h内不能完成进行,需低于-18℃条件下保存。

3. 气相色谱/质谱分析方法

(1)GC-MS分析条件。毛细管色谱柱:DB-5MS,30m×0.25mm×0.25μm,或相当;进口温度:250℃;柱温:50℃(1min),以20℃/min升至260℃,保持5min;质谱接口温度:280℃;质量扫描方式:定性分析使用全扫描方式,定量分析使用选择离子(SIM)方式,监测离子:4-氨基偶氮苯197(m/z),蒽-d10内标188(m/z);进样方式:不分流进样;载气:氦气(≥99.99%),流量:1.0mL/min;进样量:1∶1;电离方式:EI,70eV。

(2)定性和定量分析。混合标准工作溶液和样品测试溶液等体积穿插进样,用气相色谱仪测试并分析。通过比较试样与标样的保留时间及组分的质谱图进行定性。必要时,选用高效液相色谱法对异构体进行确认。确认样品中4-氨基偶氮苯呈阳性后,根据混合标准工作溶液和样品测试溶液中的4-氨基偶氮苯和蒽-d10的峰面积值,用内标法计算定量。

4. 高效液相色谱分析方法

(1)HPLC-DAD分析条件。色谱柱:TC-C18,5μm,250mm×4.6mm,或相当;流量:1.0mL/min;柱温:40℃;进样体积:20mL;检测器:二极管阵列检测器;检测波长:240nm、380nm;流动相A:乙腈;流动相B:0.1%(体积分数)磷酸,梯度如表3-10所示。

表3-10　HPLC梯度

时间(min)	流动相A(%)	流动相B(%)	时间(min)	流动相A(%)	流动相B(%)
0	10	90	35	90	10
3	10	90	40	10	90
30	90	10	50	10	90

(2)定性和定量分析。4-氨基偶氮苯标准工作溶液和样品测试溶液等体积穿插进样。通过比较试样的保留时间及紫外光谱图进行定性。确认样品中4-氨基偶氮苯呈阳性后,根据标准工作溶液中的4-氨基偶氮苯的峰面积,用外标法计算定量。

5. 结果计算和表达

(1)内标法计算4-氨基偶氮苯的结果采用式(3-6)计算。

$$X = \frac{A \times c \times V \times A_{ISC}}{A_{IS} \times m \times A_{ISS}} \tag{3-6}$$

式中:X为样品中4-氨基偶氮苯的含量(mg/kg);A为样品溶液中4-氨基偶氮苯的峰面积;c为校正溶液中4-氨基偶氮苯的浓度(mg/L);V为样品溶液最后体积(mL);A_{ISC}为标准溶液中内标物的峰面积;A_{IS}为标准溶液中4-氨基偶氮苯的峰面积;m为纺织样品的质量(g);A_{ISS}为样品溶液中内标物的峰面积。

(2)外标法计算4-氨基偶氮苯的结果采用式(3-7)计算。

$$X = \frac{A \times c \times V}{A_S \times m} \tag{3-7}$$

式中:X,A,c,V,m同式(3-6),A_S为标准溶液中4-氨基偶氮苯的峰面积。

6. 二甲苯萃取的处理(附录A)

取有代表性试样,剪成40mm×5mm或其他合适大小的条状小片,混合。从混合样中称取1.0g(精确到0.01g),用无色纱线扎紧,置于萃取装置中,如图3-1所示。使冷凝溶剂可从样品上流过。加入25mL氯苯抽提30min,或者用二甲苯抽提45min。抽提液冷却到室温,在真空旋转蒸发器上浓缩至近干,残余物用7mL甲醇分几次定量转移到反应器中,可用超声波辅助溶解。

在反应器中加入9mL氢氧化钠溶液,将反应器密闭,用力振摇。打开瓶盖,再加入1.0mL连二亚硫酸钠溶液,轻微振摇,使溶液混合。置于恒温水浴中保温30min,取出后1min内冷却至室温。样液冷却至室温后应及时进行萃取处理,间隔时间不宜超过5min。

五、检测过程中的技术分析

目前偶氮染料的检测方法,主要包含以下几个步骤:样品的预处理;偶氮染料的还原反应;致癌芳香胺的萃取;仪器分析。以下从这几个步骤分别阐述。

(一)样品的预处理

对于欧盟方法,样品的成分信息对于测试是非常重要的。对于样品的预处理方法,检测标准中明确指出:方法的选择是由测试样品的纤维性质(由纯纤维还是纤维混纺组成)以及着色处理工艺(染色或印花过程)所决定。通常对于采用颜料染色或印花的纤维,天然材质纤维,如纤维素纤维(棉、黏胶纤维等)以及蛋白质纤维(羊毛、丝绸等),采用不经过萃取直接与还原剂反应的预处理方式。而对于用分散染料染色的合成纤维(如聚酯纤维、聚酰胺纤维、醋酯纤维、三醋酯纤维、丙烯酸纤维和氯纶等),则须经过萃取才能与还原剂反应。因此,如果客户提供的样品成分信息不准确,会造成方法选择的错误,从而造成检测结果的不准确。

我国推荐标准 GB/T 17592—2011,删除了旧版标准中聚酯产品的前处理的规定,将聚酯试样的预处理作为资料性附录放在了标准的附录 B 中。即对在国内市场销售的纺织产品,任何成分的纺织材料,都按照不经萃取纤维的方法进行测试。附录 B 先经萃取着色剂,然后再还原处理的方法只供选择。由于方法选择的问题,对于使用了分散染料染色的纺织品,由于没有充分将染料从样品上萃取出来,会导致使用了禁用偶氮染料的纺织品可能因为方法问题而造成未被检出的风险。同时,导致选用国标检测方法与选用欧盟检测方法测试结果不一致。

(二)偶氮染料的还原反应

前文已提到,可用于纺织品染色的偶氮染料超过 1300 多种,其化学结构、耐化学还原的稳定性、染色机理和上色率都存在很大差异,很难实现所有禁用偶氮染料都被尽可能的还原。目前各个禁用偶氮染料的检测方法,其基本原理都类似,即采用在柠檬酸盐缓冲溶液条件下,用连二亚硫酸钠水溶液对纺织品上的偶氮染料进行还原的方法,模拟人体实际穿着和使用纺织品的情况,在这个过程中还原剂就成为关键。

偶氮染料还原方法所使用的还原剂为连二亚硫酸钠水溶液,其浓度为 200mg/mL,为避免配置后与空气中的氧气等氧化物接触慢慢氧化,从而影响测试结果,需新鲜制备。之前版本的欧盟标准均只提到每日配置,没有提到配置后需要在多长时间内使用,但最新 ISO 14362-1:2017/EN ISO 14362-1:2017 标准提及配置后需在 1h 内使用,避免了不同实验室间由于连二亚硫酸钠水溶液的放置时间的不同而造成测试结果偏差。此外,为保证试样还原反应时间的准确性,测试结果的可重复性,还原反应结束后应将测试样品反应器从 70℃ 水浴中取出,按照标准在 3min 内将反应液冷却至室温(20~25℃)。若不能在规定时间内迅速冷却至室温,由于温度的影响会导致测试结果的偏差,应该引起重视。

对于 4-氨基偶氮苯的测试方法,连二亚硫酸钠水溶液配置后的放置时间控制得尤为严格,原因在于 4-氨基偶氮苯化学结构中含有一个—N═N—双键,在 ISO 14362-1:2017/EN ISO 14362-1:2017 的方法条件下会进一步还原为苯胺和 1,4-苯二胺,这也是欧盟和国际标准化委员会单独起草标准来进行 4-氨基偶氮苯测试的原因。ISO 14361-3:2017/EN ISO 14362-3:2017 标准相对 ISO 14362-1:2017/EN ISO 14362-1:2017 标准,设置了较温和的还原条件,防止 4-氨基偶氮苯的进一步还原裂解,从而实现定量检测。因此,在实际测试过程中应严格按照标准配置和使用连二亚硫酸钠。ISO 14362-3:2017/EN ISO 14362-3:2017 标准要求新鲜配制浓度为 200mg/kg 的连二亚硫酸钠溶液,在密闭容器中放置 55min 后转移至敞开的烧杯中放置 5min,需在 10min 内使用。

(三)致癌芳香胺的萃取

经过还原反应后,需要将反应生成的芳香胺尽可能地全部转移至有机溶剂中以保证结果的准确性。ISO 14362-1:2017/EN ISO 14362-1:2017 及前一个版本的欧盟标准 EN 14362-1:2012 都规定待还原反应完成后,立即加入 0.2mL 10% 的氢氧化钠溶液,确保还原出的柠檬酸铵盐转化为胺。在后续采用硅藻土小柱进行液液萃取时,还原产生的芳香胺尽可能地转移至有机相中。研究表明,在进行液液萃取之前增加一定量的碱溶液,能使少数不稳定的胺,如 2,4-二氨基甲苯和 2,4-二氨基苯甲醚的回收率大大提高,并稳定在一个范围内。一些硅藻土小柱的生产商为了迎合标准的需要,特地将额外的碱添加在硅藻土柱的填充料中,这将使得测试结果变大,从而造成加碱的硅藻土小柱的测试结果与未使用加碱硅藻土小柱的测试结果的差异。

(四)仪器分析

1. 异构体分离造成的假阳性结果

对 24 种芳香胺和许多可能的异构体进行分析是一项具有挑战性的任务,许多芳香胺都有异构体,如果不优化分离技术,可能会产生假阳性结果。

2. 偶氮着色剂以外的其他来源造成的假阳性结果

(1)进样口高温产生的假阳性结果。气相色谱进样口的高温,可能促使着色剂的胺键断裂,产生 3,3′-二甲基联苯胺、邻甲苯胺和邻氨基苯甲醚,或者聚氨酯预聚物的高温裂解而产生 4,4′-二氨基二苯甲烷和 2,4-二氨基苯。这两种情况下检出的芳香胺均非由还原裂解产生,是由于气相色谱进样口的高温造成的,属于假阳性结果。因此,需要用非气相色谱技术对结果进行确认,比如采用液相色谱/二级阵列管检测器确认。

(2)化学过程产生的假阳性结果。4,4′-二氨基二苯甲烷、4,4′-亚甲基-二-(2-氯苯胺)、4,4′-二氨基二苯醚和 2,4-二氨基甲苯有时会来自其他来源,比如聚氨酯、胶黏剂和其他物质,从而造成假阳性结果。可将测试禁用芳香胺的方法中的还原剂连二亚硫酸钠,用水进行代替,测定是否有芳香胺检出。其原理是,验证在没有发生还原反应的情况下,纺织品材料中是否存在芳香胺。如果没有检测出芳香胺,说明纺织品材料本身没有自由存在的芳香胺物质。如果检出芳香胺,且其检出的量和通过还原裂解产生芳香胺结果类似,则说明这些检出的芳香胺本身就存在于纺织品材料中,不是源自偶氮染料的还原裂解。报告中可以做如下说明:"根据 ISO 14362-1:2017/EN ISO 14362-1:2017 所述的程序,测得芳香胺(芳香胺的名称)结果是 ××mg/kg。当采用不添加还原剂的程序进行测试时,类似的测试结果被检测到。因此,检测到的芳香胺的来源是材料本身而不是偶氮着色剂,该样品没有使用能释放出禁用芳香胺的偶氮着色剂。"

(3)源自着色剂的假阳性结果。4-氨基联苯、2-萘胺和 2,4-二氨基苯甲醚可能由不包含偶氮键的染料在还原裂解过程中间接产生。如果不能提供进一步的证据,比如染料生产商的原料溯源记录或者染料的化学结构,不能明确区分这些着色剂和能释放出禁用芳香胺的偶氮着色剂。如果有必要,报告中可以做如下说明:"一些其他的来源可能也产生检测到的芳香胺(芳香胺名字），实验室无法证明检测到的芳香胺的来源。"

4-氨基偶氮苯和 2-萘胺也存在同样问题，测试样品所使用的不包含偶氮键的其他染料，也可能产生这两种芳香胺，从而造成假阳性。对 4-甲氧基-间苯二胺，尽管测试样品所使用的染料不包含能产生 4-甲氧基-间苯二胺的禁用偶氮染料，但如果包含能释放出 2-氨基-4 硝基苯甲醚的偶氮染料，采用现有的分析方法时，2-氨基-4 硝基苯甲醚能进一步形成 4-甲氧基-间苯二胺，从而造成假阳性。故对于 4-氨基偶氮苯、2-萘胺、4-甲氧基-间苯二胺这三种物质，如果没有进一步的信息，比如所使用染料的化学结构式等，无法确认是否使用了能释放出禁用芳香胺的偶氮染料。

第二节　致癌染料的检测技术和检测标准

一、致癌染料的定义和种类

染料的致癌性是指某些染料对人体或动物引起肿瘤或癌变的性能。染料产生致癌性的原因主要有两种，一种是在某些条件下裂解产生致癌作用的化学物质，即本章前一节所述的还原分解，可释放出 24 种致癌芳香胺的禁用偶氮染料；另一种是染料本身直接与人体长时间接触会引起癌变，称为致癌染料。在不同种类的染料中，如酸性染料、碱性染料、直接染料、分散染料、溶剂型染料，都有对人体有致癌作用的染料存在，其中最著名的品红（C. I. 碱性红 9）染料，早在 100 多年前已被证实与男性膀胱癌的发生有关联。目前被列入纺织品生态安全性能监控的致癌染料和颜料主要有 18 种，其中酸性染料 2 种，碱性染料 4 种，直接染料 5 种，分散染料 3 种，溶剂型染料 2 种。另外，还有两种致癌性颜料，见表 3-11。

表 3-11　16 种致癌染料和 2 种致癌颜料

染料名称	英文名称	C. I. No.	CAS No.
酸性红 26	C. I. Acid Red 26	C. I. 16150	3761-53-3
酸性红 114	C. I. Acid Red 114	—	6459-94-5
碱性蓝 26（含米氏酮或碱性蓝 ≥ 0.1%）	C. I. Basic Blue 26 (with≥0.1% Michler's ketone or base)	—	2580-56-5
碱性红 9	C. I. Basic Red 9	C. I. 42500	569-61-9
碱性紫 3（含米氏酮或碱性紫 ≥ 0.1%）	C. I. Basic Violet 3(with≥0.1% Michler's ketone or base)	—	548-62-9
碱性紫 14	C. I. Basic Violet 14	C. I. 42510	632-99-5
直接黑 38	C. I. Direct Black 38	C. I. 30235	1937-37-7
直接蓝 6	C. I. Direct Blue 6	C. I. 22610	2602-46-2
直接蓝 15	C. I. Direct Blue 15	—	2429-74-5

续表

染料名称	英文名称	C. I. No.	CAS No.
直接棕 95	C. I. Direct Brown 95	—	16071-86-6
直接红 28	C. I. Direct Red 28	C. I. 22120	573-58-0
分散蓝 1	C. I. Disperse Blue 1	C. I. 64500	2457-45-8
分散橙 11	C. I. Disperse Orange 11	C. I. 60700	82-28-0
分散黄 3	C. I. Disperse Yellow 3	C. I. 11855	2832-40-8
溶剂黄 1 (4-氨基偶氮苯)	Solvent Yellow 1 (4-Aminoazobenzene)	C. I. 11100	60-09-3
溶剂黄 3 (o-氨基偶氮甲苯)	Solvent Yellow 3 (o-Aminoazotoluene)	—	97-56-3
颜料红 104 [钼酸铬(铅)红]	Pigment Red 104 (Lead chromate molybdate sulfate red)	C. I. 77605	12656-85-8
颜料黄 34 (铬酸铅黄)	Pigment Yellow 34 (Lead sulfochromate yellow)	C. I. 77603	1344-37-2

二、致癌染料的相关法规与限制要求

从 20 世纪 90 年代以来,致癌染料已被关注,从最初已知的 11 种致癌染料,扩展到目前的 18 种致癌染料和颜料,对致癌染料的限制要求也越来越严格。欧盟 REACH 法规中,被列入 SVHC 的致癌染料和颜料有 6 种:颜料红 104[钼酸铬(铅)红]、颜料黄 34(铬酸铅黄)、C. I. 碱性蓝 26、C. I. 碱性紫 3、C. I. 溶剂蓝 4 和 C. I. 直接黑 38。在附件 XVII 新增的附录 12 中,将 C. I. 碱性紫 3、C. I. 分散蓝 1 和 C. I. 碱性红 9 列入限制清单,限量要求为<50mg/kg。

欧盟的纺织品生态标签 Eco-Label(2014/350/EU 决议)禁止使用 9 种致癌染料:C. I. 酸性红 26、C. I. 碱性红 9、C. I. 碱性紫 14、C. I. 直接黑 38、C. I. 直接蓝 6、C. I. 直接红 28、C. I. 分散蓝 1、C. I. 分散橙 11 和 C. I. 分散黄 3。Standard 100 by OEKO-TEX ® 2019 版中,列入了 16 种致癌染料和 2 种颜料(表 3-11),要求纺织品中每种致癌染料或颜料的含量低于 50mg/kg。我国的团体标准 T/CNTAC-8、美国 AAFA 的 RSL 以及有害化学物质零排放计划(ZDHC)的 MRSL1.1 都对致癌染料有限制要求。表 3-12 列出了各相关法规和标准对致癌染料限制的比较。

表 3-12　各相关法规和标准对致癌染料限制的比较

染料名称	CAS No.	REACH	Eco-Label	Standard 100 by OEKO-TEX ® (2019)（mg/kg）	ZDHC MRSL1.1		T/CNTAC-8（mg/kg）	美国 AAFA（RSL）
					A 组	B 组（mg/kg）		
酸性红 26	3761-53-3	—	禁用	<50	不得有意使用	≤250	<30	禁用
酸性红 114	6459-94-5			<50				
碱性蓝 26（含米氏酮≥0.1%）	2580-56-5	SVHC	—	<50	不得有意使用	≤250	—	—
碱性红 9	569-61-9	XⅦ：<50 mg/kg	禁用	<50	不得有意使用	≤250	<30	禁用
碱性紫 3（含米氏酮≥0.1%）	548-62-9	SVHC；XⅦ：<50 mg/kg	—	<50			<30	
碱性紫 14	632-99-5	—	禁用	<50	不得有意使用	≤250	<30	禁用
直接黑 38	1937-37-7	SVHC	禁用	<50	不得有意使用	≤250	<30	禁用
直接蓝 6	2602-46-2	—	禁用	<50	不得有意使用	≤250	<30	禁用
直接蓝 15	2429-74-5		—	<50				
直接棕 95	16071-86-6	—		<50	—		<30	
直接红 28	573-58-0		禁用	<50	不得有意使用	≤250	<30	禁用
分散蓝 1	2457-45-8	XⅦ：<50 mg/kg	禁用	<50	不得有意使用	≤250	<30	禁用
分散橙 11	82-28-0		禁用	<50	不得有意使用	≤250	<30	禁用
分散黄 3	2832-40-8	—	禁用	<50	—		<30	禁用
溶剂黄 1 (4-氨基偶氮苯)	60-09-3	—	—	<50			—	—
溶剂黄 3 (o-氨基偶氮甲苯)	97-56-3	—	—	<50				
颜料红 104 [钼酸铬（铅）红]	12656-85-8	SVHC	—	<50	—		—	—
颜料黄 34（铬酸铅黄）	1344-37-2	SVHC		<50				
分散橙 149	85136-74-9		—	<50			<30	
分散蓝 3	2475-46-9	—	—	<50	不得有意使用	≤250	—	—

续表

染料名称	CAS No.	REACH	Eco-Label	Standard 100 by OEKO-TEX® (2019) (mg/kg)	ZDHC MRSL1.1		T/CNTAC-8 (mg/kg)	美国 AAFA (RSL)
					A 组	B 组 (mg/kg)		
碱性绿 4(孔雀石绿氯化物)	569-64-2	—	—	<50	不得有意使用	≤250	—	—
碱性绿 4(孔雀石绿草酸盐)	2437-29-8	—	—	<50	不得有意使用	≤250	—	—
碱性绿 4(孔雀石绿)	10309-95-2	—	—	<50	不得有意使用	≤250	—	—
溶剂蓝 4	6786-83-0	SVHC	—	—	—	—	—	—

三、致癌染料的检测分析技术

致癌染料被列入纺织产品生态安全性能的监控范围以来,世界各国及权威组织都相继积极研究这些染料的检测方法和标准,检测方法也趋于成熟。目前普遍采用的检测方法是,样品的前处理常用甲醇超声提取方式,测定采用高效液相色谱法或高效液相色谱质谱联用技术。

(一)样品前处理

样品提取效率的高低决定了能否可靠判定样品中是否含有禁用致癌染料。样品前处理的主要目的是从样品中提取染料,提高分析的准确性并获取更低的检测限。由于禁用的致癌染料分属碱性、酸性、直接、分散和溶剂型等不同的染料类别,这些染料不仅在化学结构类别、组成和性能上存在很大的差异,而且对不同纤维的上染机理和吸附能力也各不相同,这对建立一个统一、简便、快速而有效的样品预处理方法有较大困难。在经过大量的实验分析和研究的基础上,目前普遍采用对致癌染料都有良好溶解性的甲醇作为萃取剂,也有采用吡啶/水或三乙胺/甲醇作为萃取剂,用超声萃取法提取纺织品纤维中的禁用致癌染料。

GB/T 20382—2006 中引入了相对量的概念,规定“标准适用于经印染加工的纺织产品,采用高效液相色谱/二极管阵列检测器法(HPLC-DAD),检测经印染加工的纺织产品上可萃取致癌染料的方法”,即检测纺织品上致癌染料的含量是指可萃取部分含量而非绝对量。这一概念的引入不仅解决了因致癌染料由于染料种类、染色机理和对不同纤维材料吸附机理的不同而给样品的检测带来的困难,而且对统一测试时样品的预处理方式和使测试结果具有可比性具有十分重要的意义。此标准一直沿用到现在。GB/T 30399—2013《皮革和毛皮 化学试验 致癌染料的测定》同样采用甲醇超声波提取的方式。而 2015 年 12 月 ISO 发布的 ISO 16373《纺织品 染料》系列标准,第二部分 ISO 16373-2:2014 测试方法的原理是基于使用吡啶/水的萃取;第三部分 ISO 16373-3:2014 测试方法的原理是基于使用三乙胺/甲醇的萃取。

(二)分析测定方法

纺织产品中致癌致敏等禁用染料的检测分析方法主要有薄层色谱法(TLC)、高效液相色谱法(HPLC)、高效液相色谱质谱法(HPLC-MS)、液相色谱串联质谱法(LC-MS/MS)及其他新技术。

1. 薄层色谱 TLC 法

TLC 法是标准 DIN 54231:2005 所采用的一种方法,这种方法需用 UV/VIS 光谱作补充鉴别手段,必要时使用红外光谱(IR)作为定性手段。薄层扫描技术操作系统误差大,特别是在含杂质较多的情况下,样品中目标化合物的实际分离效果并不理想,因此,在对检出限要求较高的情况下,不宜使用 TLC 法。

2. HPLC-DAD 法

HPLC-DAD 法是检测致癌染料的一种常用方法,GB/T 20382—2006、GB/T 30399—2013、ISO 16373-2:2014 和 ISO 16373-3:2014 都规定了此检测方法。由于部分染料结构相似以及染料标准品普遍含杂质较多,在用 HPLC-DAD 法检测染料时,染料在液相色谱上的分离效果决定了检测结果的准确性,因此流动相和色谱柱的选择比较重要。大部分实验室采用乙腈作有机相,或用甲醇取代乙腈作为流动相。在色谱柱的选择上,绝大部分采用 C18 色谱柱进行分离。随着列入致癌染料的增多,染料成分复杂,HPLC-DAD 在选择性、抗干扰能力以及灵敏度方面有它的局限性,在实际检测过程中,若存在假阳性,HPLC-DAD 法进行定性检测也难以分辨。

3. HPLC-MS 和 LC-MS/MS 法

以质谱为检测器可以减小基质干扰,降低检测限,提高选择性,因此越来越多的实验室开始采用质谱技术对纺织品中的致癌致敏染料进行检测。

由于致癌致敏染料品种繁多,结构相似和标准品纯度不高,国际检测要求日益严格,同时为了提高方法的选择性、灵敏度及分析速度,LC-MS/MS 法已逐渐成为各实验室的首选和常用方法。GB/T 30399—2013,ISO 16373-2:2014 和 ISO 16373-3:2014 都已将 HPLC-MS 和 LC-MS/MS 法列入标准方法中。

四、致癌染料的检测标准

国内外对于纺织产品上致癌染料的检测标准有:ISO 16373-2:2014《纺织品 染料 第二部分:可萃取染料包括致敏染料和致癌染料的一般测定方法(吡啶/水萃取法)》、ISO 16373-3:2014《纺织品 染料 第三部分:某些致癌染料的测定方法(三乙胺/甲醇法)》、GB/T 20382—2006《纺织品 致癌染料的测定》和 GB/T 30399—2013《皮革和毛皮 化学试验 致癌染料的测定》

下面详细介绍 ISO 16373 系列标准。

2015 年 12 月,国际标准化组织出版了由欧盟 CEN/TC 248 纺织和纺织产品技术委员会和 ISO/TC 38 国际标准化组织纺织技术委员会,共同协作完成的 ISO 16373《纺织品 染料》系列标准。该系列标准包括三个部分:第一部分:染色纺织品中染料鉴别的一般规则;第二部分:可萃取染料包括致敏染料和致癌染料的一般测定方法(吡啶/水萃取法);第三部分:某些致癌染料的测定方法(三乙胺/甲醇法)。

(一)ISO 16373-1:2015《纺织品 染料 第一部分:染色纺织品中染料鉴别的一般规则》

1. 适用范围

该标准给出了染料类别的定义以及与纺织纤维的关系,规定了鉴别纺织材料中染料类别的程序。标准规定在进行染料类别鉴定之前,应该先知道纺织产品的纤维种类。纤维种类信息可以来源于制造商的提供,或者使用 ISO/TR 11827 中描述的一种或多种技术来进行鉴别。表 3-13 详细列明了各种纺织材料使用的着色剂情况。

表3-13 各种纺织材料使用的着色剂情况

着色剂类别		染料										颜料
		碱性	酸性	含铬	金属络和	直接	分散	偶氮	硫磺 a	染剂	活性	
天然纤维												
动物纤维	毛		xx	xx	xx	(x)					x	x
	丝	(x)	xx	x	x	(x)		=	(x)	(x)	x	x
纤维素纤维	棉											
	麻											
	亚麻					xx	(x)		xx	xx	xx	x
	剑麻											
	苎麻											
	黄麻											
人造纤维												
涤纶							xx					x
聚酰胺		xx	x		xx	(x)	x			x	x	x
三醋酸纤维							xx					x
二醋酯纤维						xx	x		(x)	(x)	xx	x
丙烯腈		xx					(x)					x
黏胶						xx		(x)	x	xx	xx	x
氯纶						x						x

注 "x"指该类染料被使用,"(x)"指较少使用,"xx"指较多使用。

2. ISO 16373-1:2015 中染料的分类

按染料应用方式可分为以下几类。

(1)酸性染料。酸性染料是一类使用中性到酸性染浴的水溶性的阴离子染料,以纤维附着方式,部分地以盐的形式存在于染料的阴离子基团或者纤维的阳离子基团之间。

(2)金属络合酸性染料。金属络合酸性染料是一类与金属原子的分子形式络合的酸性染料。

(3)不溶性偶氮染料。不溶性偶氮染料是水溶性的偶合组分和水溶性的重氮化合物在纤维上偶合的非水溶性染料,对纤维素纤维具有亲和力。不溶性偶氮染料与偶氮染料是不同的分类。

(4)碱性染料(也称作阳离子染料)。碱性染料是一类使用中性至酸性浴的水溶性阳离子染料。以纤维附着方式,部分地以盐的形式存在于染料的阳离子基团或者纤维的阴离子基团之间。

(5)媒染染料。媒染染料是一类能和金属离子(如铬)形成金属络合物的金属络合物染料。

(6)直接染料。直接染料是一类通过物理吸收与纤维(如纤维素纤维、聚酰胺纤维)反应的阴离子染料,一般应用于包含电解质的水性染浴。

（7）分散染料。分散染料是一类对疏水性纤维(如涤纶和醋酸酯纤维)有亲和力的非水溶性染料。

（8）活性染料。活性染料是一类包含指定活性基团的染料,这些活性基团能与纤维基材发生化学反应从而在染料和纤维间形成共价化学键。

（9）硫化染料。硫化染料是一类水溶性染料,在80℃采用还原剂和碱处理时,染料断裂成小的颗粒,这些小的颗粒是水溶性的,从而能被纤维吸收。之后,纺织产品从染液从取出发生氧化反应。在氧化步骤中,染料的小颗粒再一次形成不溶于水的母染料。

（10）VAT染料。VAT染料基本上不溶于水,不能直接进行纤维染色。但是,这类染料能在碱性酒精环境中被还原产生水溶性的碱性金属染料盐,这些水溶性的碱性金属盐对纺织纤维具有亲和力,进一步被氧化重新形成原来的不溶性染料。

另外,基于化学品类别的辅助染料分类,如偶氮染料。对于偶氮染料的分类可见本章第一节的陈述。

ISO 16373-1:2015详细描述了如何鉴别各类型染料的方法,对测试方法的选择是非常有帮助的。鉴于该部分篇幅较长,不再赘述。

（二）ISO 16373-2:2014《纺织品　染料　第二部分:可萃取染料包括致敏染料和致癌染料的一般测定方法(吡啶/水萃取法)》

1. 适用范围和方法原理

ISO 16373-2:2014标准规定了使用吡啶/水萃取纺织产品中染料,适用于各种纤维和染料类型。标准列出的适合测定的致敏和致癌染料见表3-14~表3-16,除列出染料清单外,其他染料经过必要的验证也可以采用该方法进行测试。检测时,在100℃温度条件下,采用吡啶/水萃取纺织品的有色样品。萃取液采用液相色谱/二极管阵列检测器(HPLC-DAD)和/或液相色谱/质谱检测(LC-MS)。

表3-14　ISO 16373-2:2014所涉及的致癌染料

序号	致癌染料名称	C. I. No.	CAS No.	分子式
1	分散蓝1	64500	2475-45-8	$C_{14}H_{12}N_4O_2$
2	溶剂黄1(4-氨基偶氮苯)	11000	60-09-4	$C_{12}H_{11}N_3$
3	溶剂黄2	11020	60-11-7	$C_{14}H_{15}N_3$
4	溶剂黄3(邻氨基偶氮苯)	11160	97-56-3	$C_{14}H_{15}N_3$
5	碱性红9	42500	569-61-9	$C_{19}H_{17}N_3HCl$
6	碱性紫14	42500	632-99-9	$C_{20}H_{19}N_3HCl$
7	分散黄3	11855	2832-40-8	$C_{15}H_{15}O_2N_3$
8	酸性红26	16150	3761-53-3	$C_{18}H_{14}N_2Na_2O_7S_2$
9	直接黑38	30235	1937-37-1	$C_{34}H_{25}N_9Na_2O_7S_2$
10	直接蓝6	22610	1602-46-2	$C_{32}H_{24}N_6O_{14}S_4Na_4$
11	直接红28	22120	573-58-0	$C_{32}H_{22}N_6Na_2O_6S_2$
12	分散橙11	60700	82-28-0	$C_{15}H_{11}NO_2$
13	酸性红114	236351	6459-9-5	$C_{37}H_{28}N_4Na_2O_{10}S_3$

表 3-15　ISO 16373-2:2014 所涉及的致敏染料

序号	致敏染料名称	C. I. No.	CAS No.	分子式
A1	分散蓝 1	64500	2475-45-8	$C_{14}H_{12}N_4O_2$
A2	分散蓝 3	61505	2475-46-9	$C_{17}H_{16}N_2O_3$
A3	分散蓝 7	62500	3179-90-6	$C_{18}H_{18}N_2O_6$
A4	分散蓝 26	63305	3860-63-7	$C_{16}H_{14}N_2O_4$
A5	分散蓝 35	—	56524-77-7	$C_{15}H_{12}N_2O_4$
A6		—	56524-76-6	$C_{16}H_{14}N_2O_4$
A7	分散蓝 102	11945	12222-97-8	$C_{15}H_{19}N_5O_4S$
A8	分散蓝 106	111935	12223-01-7	$C_{14}H_{17}N_5O_3S$
A9	分散蓝 124	111938	61951-51-7	$C_{16}H_{19}N_5O_4S$
A10	分散棕 1	11152	23355-64-8	$C_{16}H_{15}N_4O_4Cl_3$
A11	分散橙 1	11080	2581-69-3	$C_{18}H_{14}N_4O_2$
A12	分散橙 3	11005	730-40-5	$C_{12}H_{10}N_4O_2$
A13	分散橙 37/76/59	11132	13301-61-6	$C_{17}H_{15}N_5O_2Cl_2$
A14	分散红 1	11110	2872-52-8	$C_{16}H_{18}N_4O_3$
A15	分散红 11	62015	2872-48-2	$C_{15}H_{12}N_2O_3$
A16	分散红 17	11210	3179-89-3	$C_{17}H_{20}N_4O_4$
A17	分散黄 1	10345	119-15-3	$C_{12}H_9N_3O_5$
A18	分散黄 3	11855	2832-40-8	$C_{15}H_{15}N_3O_2$
A19	分散黄 9	10375	6373-73-5	$C_{12}H_{10}N_4O_4$
A20	分散黄 39	480095	12236-29-2	$C_{17}H_{16}N_2O$
A21	分散黄 49	—	54824-37-2	$C_{22}H_{22}N_4O_2$

表 3-16　ISO 16373-2:2014 所涉及的其他染料

序号	其他染料名称	C. I. No.	CAS No.	分子式
O1	分散黄 23	26070	6250-22-3	$C_{18}H_{14}N_4O$
O2	分散橙 149	—	85136-74-9	$C_{25}H_{26}N_6O_3$
O3	海军蓝 018112		118685-33-9	$C_{39}H_{23}ClCrN_7O_{12}SNa_2$
		—	—	$C_{46}H_{30}CrN_{10}O_{20}S_2Na_3$
O4	分散橙 61	111355	55281-26-0	$C_{17}H_{15}Br_2N_5O_2$

2. 样品的制备及萃取

取 1g 样品,将样品剪成尺寸不超过 1cm² 的小碎片。称重,精度为 0.01g。加 7.5mL 吡啶/水(1:1)至测试样品中,旋紧盖子。将样品瓶放进温度为(100±2)℃的热源中,当样品瓶中溶剂温度到(100±2)℃时开始计时,保持样品在该温度条件下(35±5)min。使用热电偶或者温度计,测定一个添加了 7.5ml 吡啶/水(1:1)但没有样品的空白样品瓶,来监控瓶内溶剂的温度。

冷却样品至40℃,转移1mL萃取溶液到进样小瓶中进行下一步的仪器分析。

3. 仪器分析

使用LC-DAD或者LC-MS进行分析,也可以使用其他合适的分析仪器。通过标准储备溶液制备浓度为1mg/L,5mg/L,10mg/L,20mg/L的混合标准溶液作为校准曲线,染料的定量通过HPLC-DAD/MS,部分染料可以通过HPLC-DAD定量。要注意的是,采用HPLC-DAD定量计算的前提是,检出的目标化合物是完全分离的色谱峰。

(1)液相色谱—二级阵列管检测器LC-DAD。检测波长为210~800nm。下面给出的仪器参数证实是可行的。

①柱压超过400bar❶的超高效液相色谱系统(UHPLC)。流动相1:2%四丁基磷酸二氢铵—10%乙腈溶液;流动相2:乙腈;固定相:HALO-C18,2.7μm,150mm×2.1mm,配保护柱;流速:0.5mL/min;柱温:40℃;进样体积:5μL;压力:470 bar/6800psi❷;检测器:DAD;定量波长:400nm、500nm、600nm、(700nm)。梯度淋洗程序见表3-17。

表3-17　柱压超过**400bar**的超高效液相色谱的梯度淋洗程序

时间(min)	流动相1(%)	流动相2(%)	流速(mL/min)
0	100	0	0.5
15	53	47	0.5
25	45	55	0.5
26	0	100	0.666
28	0	100	0.8
30	0	100	0.8
35	100	0	0.5

②柱压不超过400bar的标准高效液相色谱系统(HPLC)。固定相:HALO-C18,2.7μm,100mm×2.1mm带预柱;柱温:50℃;压力:250 bar/3600psi。梯度淋洗程序见表3-18。

表3-18　柱压不超过**400bar**的标准高效液相色谱的梯度淋洗程序

时间(min)	流动相1(%)	流动相2(%)	流速(mL/min)
1	100	0	0.5
15	53	47	0.5
30	20	80	0.5
35	20	80	0.5
40	20	80	0.5
45	0	100	1.2
46	0	100	1.2
46.1	100	0	0.5
53	100	0	0.5

---

❶ 1bar = 10^5 Pa。

❷ 1psi = 6.89kPa。

（2）液相色谱—质谱检测器（LC-MC）。质谱扫描范围为 100~1000amu。流动相 1:10mmol 醋酸铵缓冲溶液（pH=3.6）；流动相 2:乙腈；固定相:XDB-C18,3.5μm,100mm×2.1mm 带预柱；流速:0.3mL/min;柱温:35℃;进样体积:5μL;平衡时间:3min。梯度淋洗程序见表 3-19。

表 3-19　液相色谱/质谱梯度淋洗程序

时间（min）	流动相 1（%）	流动相 2（%）
0	60	40
5	40	60
7.5	15	85
9	2	98
13	60	40

如果检出的某种染料的含量超过 100mg/kg,说明纺织品中使用了该种染料。标准尝试分别使用甲醇或者吡啶/水的混合溶液对萃取液进行稀释后采用 HPLC-DAD 测定,发现保留时间和紫外光谱图并没有区别,说明不同的稀释溶剂对 HPLC-DAD 的测定影响不大。

采用 HPLC-DAD 测定各致癌、致敏和其他染料的定量波长和保留时间信息,见表 3-20 和表 3-21。需要注意的是,当分散橙 61 检出时,采用的液相条件如果不合适,可能无法对分散橙 37/76 进行定性和定量分析;当分散黄 3 和分散橙 3 同时检出时,HPLC-DAD 无法对两种物质进行定量,需要进一步使用 MS 检测器进行定量分析。

采用 HPLC-DAD/MS 分析各致癌、致敏和其他染料的波长、质谱参数和保留时间的参数信息分别见表 3-22 和表 3-23,质谱检测谱图中响应最高的离子作为定量离子。

表 3-20　HPLC-DAD 分析保留时间和定量波长（致癌染料）

序号	致癌染料名称	CAS No.	保留时间（min）	定量波长		
				400nm	500nm	600nm
1	分散蓝 1	2475-45-8	8.8			×
2	溶剂黄 1（4-氨基偶氮苯）	60-09-4	14.6	×		
3	溶剂黄 2	60-1-7	21.2	×		
4	溶剂黄 3（邻氨基偶氮苯）	97-56-3	18.2	×		
5	碱性红 9	569-61-9	1.9		×	
6	碱性紫 14	632-99-9	6.5		×	
7	分散黄 3	2832-40-8	15.8	×		
8	酸性红 26	3761-53-3	15.1		×	
9	直接黑 38	1937-37-1	17.7 18.7			×

续表

序号	致癌染料名称	CAS No.	保留时间(min)	定量波长		
				400nm	500nm	600nm
10	直接蓝6	1602-46-2	16.8			×
11	直接红28	573-58-0	16.0		×	
12	分散橙11	82-28-0	15.6		×	
13	酸性红114	6459-9-5	24.6		×	

注 "×"表示选用的波长。

表3-21 HPLC-DAD分析保留时间和定量波长(致敏分散染料和其他染料)

序号	致敏染料/其他染料名称	CAS No.	保留时间(min)	定量波长			
				400nm	500nm	600nm	700nm
A1	分散蓝1	2475-45-8	8.8		×		
A2	分散蓝3	2475-46-9	12.2		×		
A3	分散蓝7	3179-90-6	11.3,12.4,14.7		×		
A4	分散蓝26	3860-63-7	16.8		×		
A5	分散蓝35	56524-77-7	17.4		×		
A6		56524-76-6	22.2				×
A7	分散蓝102	12222-97-8	13.7		×		
A8	分散蓝106	12223-01-7	15.2		×		
A9	分散蓝124	61951-51-7	18.9		×		
A10	分散棕1	23355-64-8	16.6	×			
A11	分散橙1	2581-69-3	25.3	(×)	×		
A12	分散橙3	730-40-5	15.5	×	(×)		
A13	分散橙37/76	13301-61-6	23.1	×	(×)		
A14	分散红1	2872-52-8	17.2		×		
A15	分散红11	2872-48-2	12.0		×	×	
A16	分散红17	3179-89-3	14.7,15.0		×		
A17	分散黄1	119-15-3	13.6	×			
A18	分散黄3	2832-40-8	15.8	×			
A19	分散黄9	6373-73-5	13.6	×			
A20	分散黄39	12236-29-2	15.1,16.1	×			
A21	分散黄49	54824-37-2	19.035	×			
O1	分散黄23	6250-22-3	24.0	×			
O2	分散橙149	85135-74-9	27.5		×		
O3	海军蓝018112	118685-33-9	21.6,27.0			×	
O4	分散橙61	55281-26-0	24.1	×	×		

注 "×"表示选用的波长;"(×)"表示可选用的波长。

表 3-22　HPLC-DAD/MSD 分析保留时间、紫外和可见波长及质谱参数
（致癌染料）

序号	致癌染料名称	CAS No.	保留时间（min）	可见光最大波长（nm）	阳离子模式（m/z）	负离子模式（m/z）
1	分散蓝 1	2475-45-8	1.9	620	268/269	—
2	溶剂黄 1（4-氨基偶氮苯）	60-09-4	7.0	384	198/199	—
3	溶剂黄 2	60-1-7	10.5	413	226/227/228	—
4	溶剂黄 3（邻氨基偶氮苯）	97-56-3	9.5	388	226/227/228	—
5	碱性红 9	569-61-9	1.4	540	288/289/290	—
6	碱性紫 14	632-99-9	1.6	550	302/303/304	—
7	分散黄 3	2832-40-8	7.8	352	270/271/272	—
8	酸性红 26	3761-53-3	0.96/1.2	512	437/438	435
9	直接黑 38	1937-37-1	1.9	600	724/738	722/736
10	直接蓝 6	1602-46-2	0.96	592	—	421/442
11	直接红 28	573-58-0	1.36	510	—	325/651
12	分散橙 11	82-28-0	7.9	480	238/239/240	—

表 3-23　HPLC-DAD/MSD 分析保留时间、紫外和可见波长及质谱参数
（致敏分散染料和其他染料）

序号	致敏染料/其他染料名称	CAS No.	保留时间（min）	可见光波长（最大）	紫外波长（最大）	正离子模式（m/z）	负离子模式（m/z）
A1	分散蓝 1	2475-45-8	2.0	620	240	268/269	—
A2	分散蓝 3	2475-46-9	2.3	636	260	297	—
A3	分散蓝 7	3179-90-6	3.7	668	242	359	—
A4	分散蓝 26	3860-63-7	11.2	665	240	299	—
A5	分散蓝 35	56524-77-7	9.7	648	240	285	—
A6		56524-76-6	11.6	680	239	299	—
A7	分散蓝 102	12222-97-8	4.8	616	292	366	—
A8	分散蓝 106	12223-01-7	6.9	614	292	336	—
A9	分散蓝 124	61951-51-7	10.0	598	292	378	—
A10	分散棕 1	23355-64-8	8.1	445	250	433	—
A11	分散橙 1	2581-69-3	11.6	466	276	319/320	—
A12	分散橙 3	730-40-5	7.9	434	276	243	—
A13	分散橙 37/76	13301-61-6	11.2	430	268	392/394	—

续表

序号	致敏染料/其他染料名称	CAS No.	保留时间（min）	可见光波长（最大）	紫外波长（最大）	正离子模式（m/z）	负离子模式（m/z）
A14	分散红 1	2872-52-8	8.9	496	290	315	—
A15	分散红 11	2872-48-2	3.9	532	257	269	—
A16	分散红 17	3179-89-3	6.0	504	294	345	—
A17	分散黄 1	119-15-3	5.8	366	264	276	274
A18	分散黄 3	2832-40-8	7.7	356	250	270	—
A19	分散黄 9	6373-73-5	5.6	368	240	275	273
A20	分散黄 39	12236-29-2	7.4/8.4	368	284	291	—
A21	分散黄 49	54824-37-2	10.1	446	234	375	—
O1	分散黄 23	6250-22-3	11.4	383	235	303	301
O2	分散橙 149	85135-74-9	12.6	455	265	459/476	—

4. 结果计算

$$w = \frac{\rho_C \times V}{m_E} \tag{3-8}$$

式中：w 为样品中染料的含量（mg/kg）；ρ_C 为样品溶液中染料的浓度（mg/L）；V 为样品溶液最后体积（mL）；m_E 为样品的质量（g）。

5. 方法的检出限

对于分散染料，采用相同浓度时响应强度最低的分散蓝 1 作为样本来确定方法的检出限和定量限。制备一组混合标样，浓度分别为 2mg/L、4mg/L、6mg/L、8mg/L 和 10mg/L，按标准规定的条件进行测定，采用质谱信号面积与对应的标准溶液的浓度建立的校准曲线进行定量计算。经评估，分散蓝 1 检出限为 0.7mg/L，定量限为 2.41mg/L，通过质谱的 SIM 模式或者浓缩样品溶液，定量限可进一步降低。从评定的结果可知，ISO 16373-2:2014 方法的检出限与 DIN 54231 标准的检出限一致。

对于致癌染料，采用相同浓度时响应强度最低的直接蓝 6 作为样本来确定方法的检出限和定量限。根据 DIN 32645，制备 10 个浓度范围在 0.1~10mg/L 的混标。按照标准的样品萃取流程操作，采用质谱信号面积与对应的标准溶液的浓度建立的校准曲线进行定量计算。经评估，直接蓝 6 检出限为 1.7mg/L，定量限为 2.5mg/L。

6. 吡啶/水溶剂萃取的效率

为了探究吡啶/水溶剂萃取对不同材质的纺织品中染料物质的提取效率，ISO 16373-2:2014 的附录 F 提供了 1 次萃取和 2~4 次重复萃取的萃取效率的对比。用于该测试的样品主要来自大型的染料生产商或者权威的国际对比机构，如德斯达染料公司、IIS 国际实验室能力验证机构等。结果如表 3-24 所示。其中，C 表示样品中该染料的理论添加量，但是考虑到在染色过程中，染料物质会有损失，其实际样品中的染料含量会小于这个数值。在实验中发现，尽管纺织品样品需要经过 2~4 次重复萃取才能完全褪色，但是绝大部分的染料分子在第一次萃取的过程中就能被溶剂提取。表 3-24 中的 R 表示第一次萃取得到的染料含量与样品中总含量的比值(总含量由经过 2~4 次萃取后测得的染料含量表示)。对于大部分样品,这个比值都接近100%,表明经过一次萃取,大部分染料分子都能被有效提取,而只有少部分染料分子仍残留在样品中。然而,对于腈纶中的碱性染料,这个比值为 50% 左右,其原因可能是阳离子染料分子与纤维的键合作用,导致提取困难。尽管如此,吡啶/水对于致癌染料的萃取来说仍然是一种合适的溶剂。

表 3-24　不同材料中,第一次萃取的含量与经过 2~4 次重复萃取得到的总含量的比值

染料名称	纤维													
	棉		涤纶		涤纶/棉 (50∶50)		聚酰胺		腈纶		羊毛		羊毛/腈纶 (50∶50)	
	R (%)	C (mg/kg)	R (%)	C (mg/kg)	R (%)	C (mg/kg)	R (%)	C (mg/kg)	R (%)	C (mg/kg)	R (%)	C (mg/kg)	R (%)	C (mg/kg)
酸性红 26	—	—	—	—	—	—	104	(350)	—	—	—	—	104	(250)
酸性红 114	—	—	—	—	—	—	87[*]	(10000)	—	—	83[*]	(2000)	—	—
碱性紫 14	—	—	—	—	—	—	—	—	44	(300)	—	—	53	(200)
碱性红 9	—	—	—	—	—	—	—	—	41	(200)	—	—	—	—
直接黑 38	103	(300)	—	—	103	(200)	—	—	—	—	—	—	—	—
直接蓝 6	104	(280)	—	—	—	—	—	—	—	—	—	—	—	—
直接红 28	102	(400)	—	—	107	(250)	—	—	—	—	—	—	—	—
分散蓝 1	—	—	108	未知	—	—	—	—	—	—	—	—	—	—
分散橙 3	—	—	85	未知	—	—	—	—	—	—	—	—	—	—
分散橙 11	—	—	93	(250)	—	—	—	—	—	—	—	—	—	—

染料名称	纤维													
	棉		涤纶		涤纶/棉 (50∶50)		聚酰胺		腈纶		羊毛		羊毛/腈纶 (50∶50)	
	R (%)	C (mg/kg)	R (%)	C (mg/kg)	R (%)	C (mg/kg)	R (%)	C (mg/kg)	R (%)	C (mg/kg)	R (%)	C (mg/kg)	R (%)	C (mg/kg)
分散黄3	—	—	95	(300)	98	(200)	—	—	—	—	—	—	—	—
溶剂黄1	—	—	102	(300)	—	—	—	—	—	—	—	—	—	—
溶剂黄2	—	—	98	(300)	—	—	—	—	—	—	—	—	—	—
溶剂黄3	—	—	101	(250)	100	(300)	—	—	—	—	—	—	—	—

(三)ISO 16373-3:2014《纺织品　染料　第三部分:某些致癌染料的测定方法(三乙胺/甲醇法)》

1. 适用范围和方法原理

该标准规定了通过色谱分析定性和定量分析染色纺织品、印花或者带涂层的纺织产品的致癌染料萃取物的方法。致癌染料清单见表3-25。

纺织品上的染料,在指定条件下采用超声波水浴进行溶剂萃取,萃取液采用液相色谱二极管阵列检测器(HPLC-DAD)和/或液相色谱质谱检测(LC-MS)分析。

表3-25　致癌染料清单

名称	CAS No.	C.I. No.	名称	CAS No.	C.I. No.
碱性红9	25620-78-4	42500	直接红28	578-58-0	22120
分散橙11	82-28-0	60700	分散蓝1	2475-45-8	64500
分散黄3	2832-40-8	11855	碱性紫14	632-99-5	42510
酸性红114	6459-94-5	23635	直接蓝6	2602-46-2	22610
酸性红26	3761-53-3	16150	直接棕95	16071-86-6	30145
直接黑38	1937-37-7	30235			

2. 样品的制备和萃取

取1g样品,将样品剪成尺寸不超过1cm²的小碎片。称重测试样品,精度0.01g。如需要,在室温条件下,使用100mL的正己烷在超声波水浴中,去除测试样品表面的油脂或其他脂肪性物质。之后,将样品从正己烷中取出晾干。取1g样品放置于100mL的测试管中,加100mL浓度为0.25%的三乙胺/甲醇溶液,密闭试管。将试管放入温度为(50±2)℃的超声波水浴中,当试管内温度达到(50±2)℃后开始计时,保持样品在该温度条件下3h。转移萃取液到一个200mL的圆底烧瓶中,在(40±2)℃使用旋转蒸发仪将瓶内液体蒸干。用1mL的甲醇溶液溶解残渣,并采用0.45μm的PTFE过滤,滤液转移到进样小瓶中待测。如果萃取液中致癌染料的浓度超过校准曲线的线性范围,可进一步用甲醇稀释后上机。

3. 仪器分析

使用HPLC-DAD或者LC-MS进行仪器分析,通过和标准物质的峰进行对照来测定样品中是否有致癌染料检出。当有检出时,采用至少包含4个标品浓度点的校准曲线进行定量。浓度范围在1~100μg/mL,其线性相关系数应大于0.99。若采用HPLC-DAD分析,发现有干扰峰时,进一步采用LC-MS进行定性和定量分析。

(1)高效液相色谱带二级阵列管检测器或者质谱检测器的参数条件。

①HPLC-DAD参数。流动相1:10mmol醋酸铵溶液;流动相2:乙腈;色谱柱:Inertsil ODS-3,150mm×3.0mm,5μm;流速:0.8mL/min;柱温:45℃;进样体积:5μL;流动相梯度见表3-26,定量波长见表3-27。

表3-26 HPLC-DAD流动相梯度

时间(min)	流动相1(%)	流动相2(%)	时间(min)	流动相1(%)	流动相2(%)
0	95	5	30	40	60
40	40	60	40.1	95	5
50	95	5			

表3-27 定量波长

染料名称	DAD检测波长(nm)	染料名称	DAD检测波长(nm)
酸性红26	510	碱性红9	540
直接黑38	600	直接红28	500
分散黄3	350	分散橙11	480
酸性红114	510		

②LC-MS参数。流动相1:10mmol醋酸铵溶液;流动相2:乙腈;色谱柱:Inertsil ODS-3,150mm×3.0mm,5μm;流速:0.8mL/min;柱温:45℃;进样体积:5μL;检测器:四极杆或离子阱检测器,SIM(selected reaction monitoring)方法;离子源:ESI电喷雾离子化方法;离子源温度:500℃;流动相梯度见表3-28,质谱参数见表3-29。

表3-28 LC-MS流动相梯度

时间(min)	流动相1(%)	流动相2(%)	时间(min)	流动相1(%)	流动相2(%)
0	95	5	30	40	60
40	40	60	40.1	95	5
50	95	5			

表 3-29　LC-MS 质谱参数

染料名称	质谱离子(m/z)	染料名称	质谱离子(m/z)
酸性红 26	435	碱性红 9	288
直接黑 38	738	直接红 28	653
分散黄 3	270	分散橙 11	238
酸性红 114	785		

③LC-MS/MS 参数。SRM（selected reaction monitoring）方法,其他参数同 HPLC-MSD 的 SIM 方法,MS/MS 参数见表 3-30。

表 3-30　MS/MS 参数

染料名称	质谱离子(m/z)	电离模式	碰撞电压 CE（eV）
酸性红 26	435/355	负离子模式	-36
碱性红 9	288/195	正离子模式	43
直接黑 38	738/274	正离子模式	65
直接红 28	653/353	正离子模式	45
分散黄 3	270/150	正离子模式	23
分散橙 11	238/167	正离子模式	49
酸性红 114	785/302	负离子模式	-36

（2）按照 ISO 16373-3:2014,各化合物的谱图

①使用 HPLC-DAD 分析时,各化合物的谱图如图 3-7~图 3-30 所示。

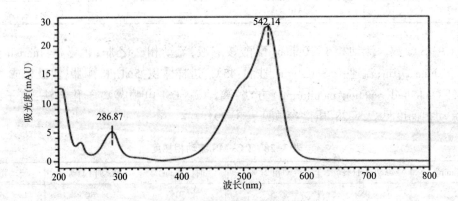

图 3-7　碱性红 9 的 UV 光谱图

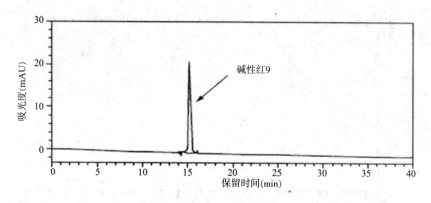

图 3-8　碱性红 9 在 540nm 波长条件下的 HPLC-DAD 色谱图

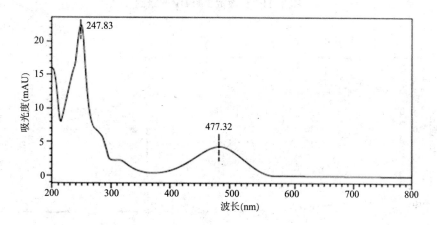

图 3-9　分散橙 11 的 UV 光谱图

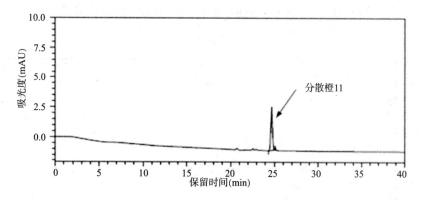

图 3-10　分散橙 11 在 480nm 波长条件下的 HPLC-DAD 色谱图

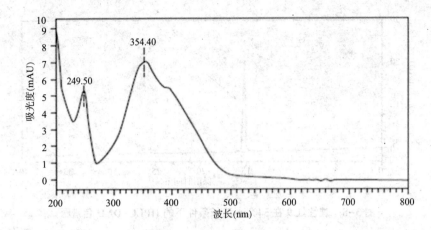

图 3-11　分散黄 3 的 UV 光谱图

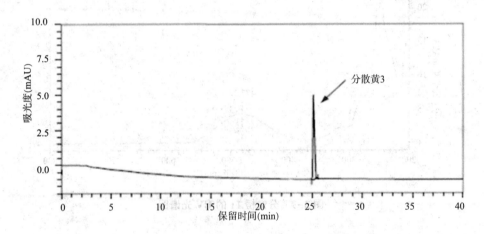

图 3-12　分散黄 3 在 350nm 波长条件下的 HPLC-DAD 色谱图

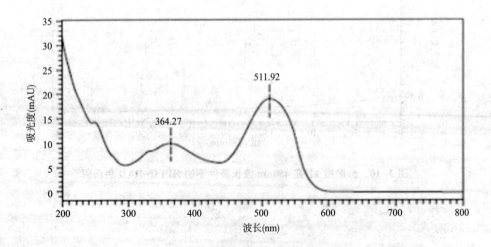

图 3-13　酸性红 114 的 UV 光谱图

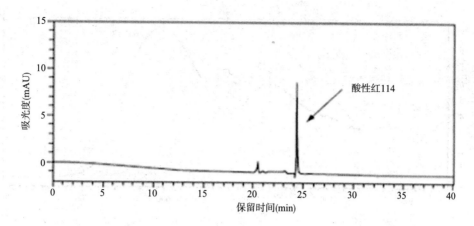

图 3-14　酸性红 114 在 510nm 波长条件下的 HPLC-DAD 色谱图

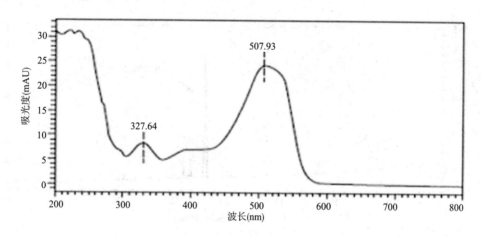

图 3-15　酸性红 26 的 UV 光谱图

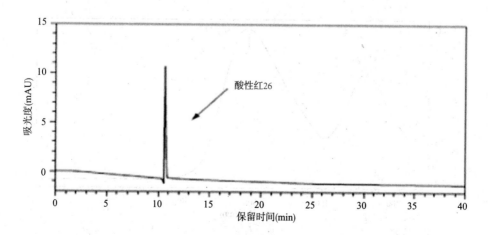

图 3-16　酸性红 26 在 510nm 波长条件下的 HPLC-DAD 色谱图

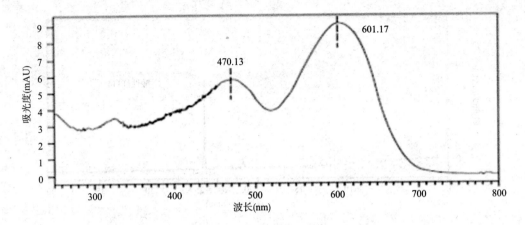

图 3-17 直接黑 38 的 UV 光谱图

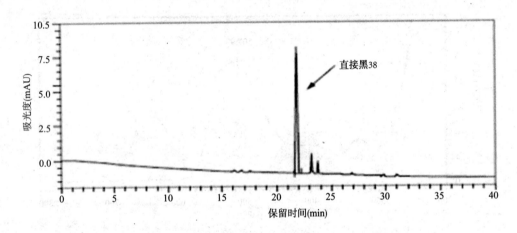

图 3-18 直接黑 38 在 600nm 波长条件下的 HPLC-DAD 色谱图

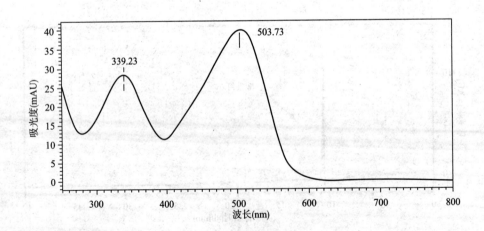

图 3-19 直接红 28 的 UV 光谱图

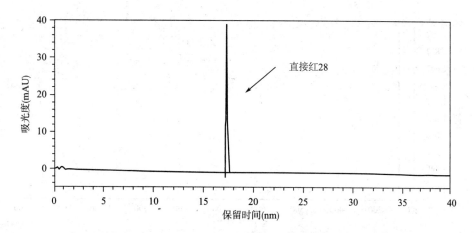

图 3-20 直接红 28 在 500nm 波长条件下的 HPLC-DAD 色谱图

②使用 HPLC-MSD 分析时各化合物的谱图(SIM 方法)如图 3-21~图 3-48 所示。

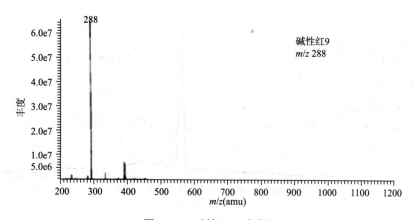

图 3-21 碱性红 9 质谱图

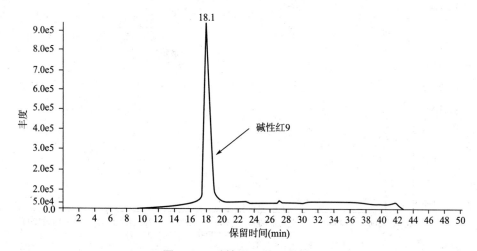

图 3-22 碱性红 9 SIM 色谱图

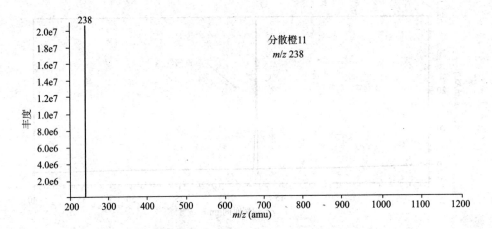

图 3-23 分散橙 11 质谱图

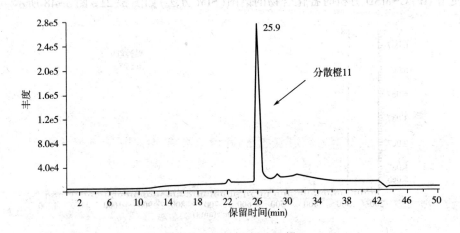

图 3-24 分散橙 11 SIM 色谱图

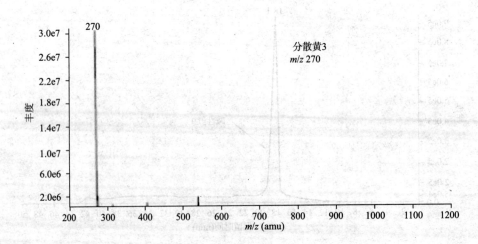

图 3-25 分散黄 3 质谱图

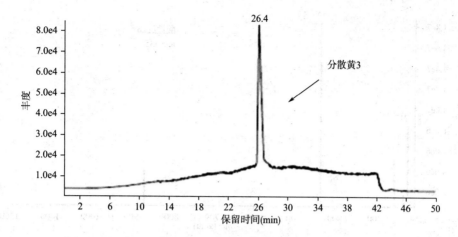

图 3-26　分散黄 3 SIM 色谱图

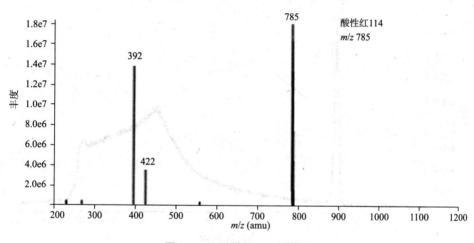

图 3-27　酸性红 114 质谱图

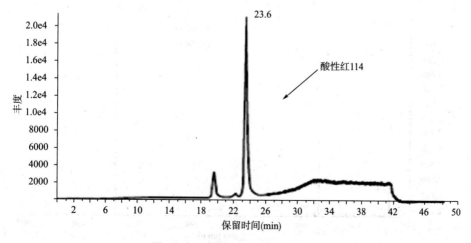

图 3-28　酸性红 114 SIM 色谱图

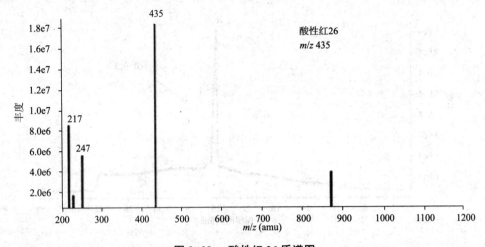

图 3-29　酸性红 26 质谱图

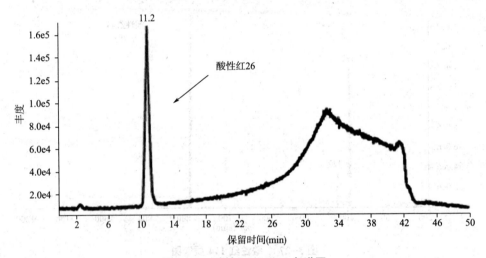

图 3-30　酸性红 26 SIM 色谱图

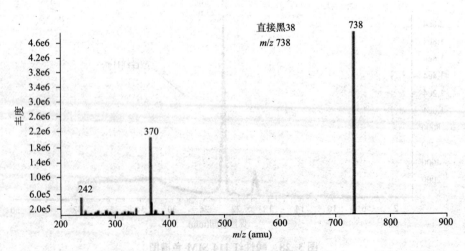

图 3-31　直接黑 38 质谱图

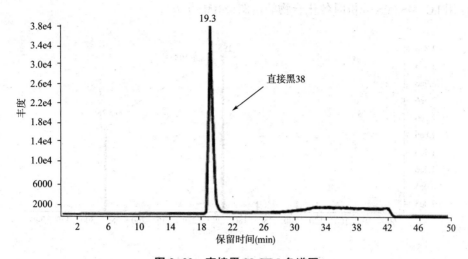

图 3-32 直接黑 38 SIM 色谱图

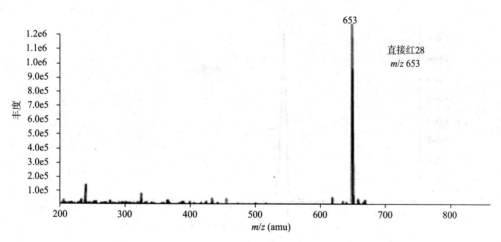

图 3-33 直接红 28 质谱图

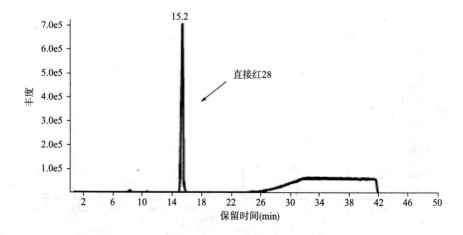

图 3-34 直接红 28 SIM 色谱图

③使用 LC-MS/MS 分析时各化合物的谱图(SRM 方法)。

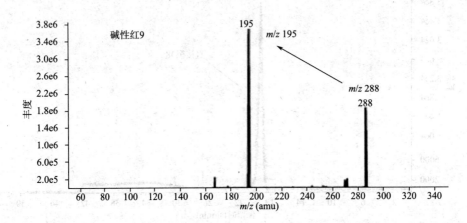

图 3-35　碱性红 9 的 SRM 质谱图

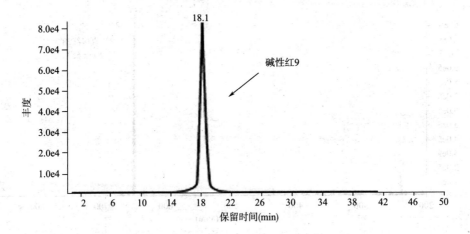

图 3-36　碱性红 9 的 SRM 色谱图

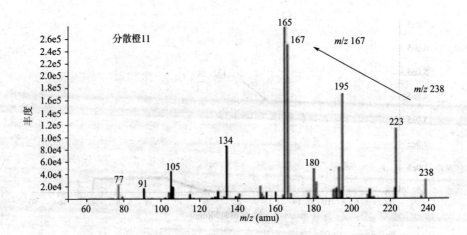

图 3-37　分散橙 11 的 SRM 质谱图

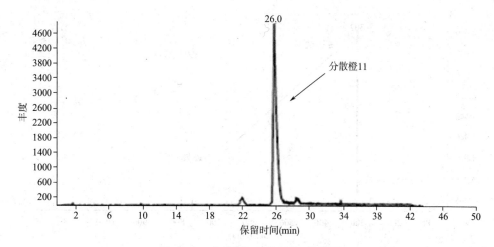

图 3-38　分散橙 11 的 SRM 色谱图

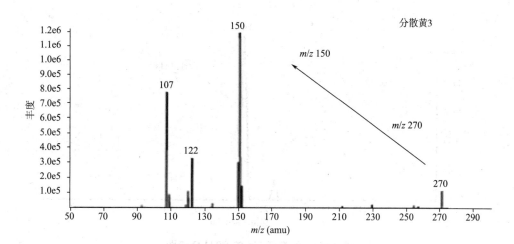

图 3-39　分散黄 3 的 SRM 质谱

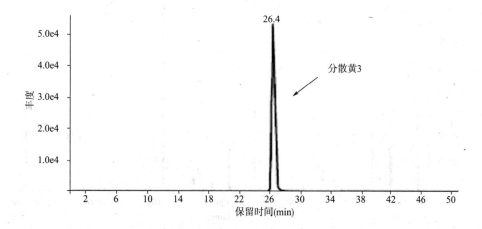

图 3-40　分散黄 3 的 SRM 色谱图

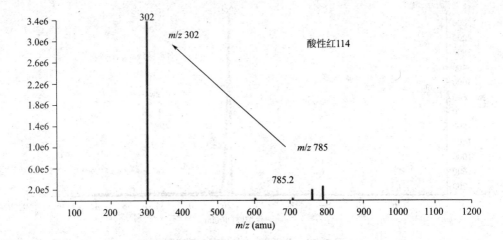

图 3-41 酸性红 114 的 SRM 质谱图

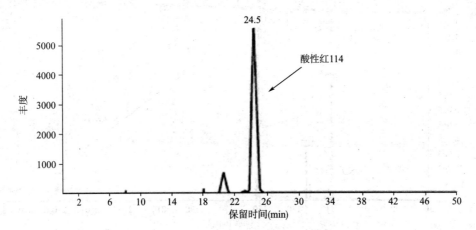

图 3-42 酸性红 114 的 SRM 色谱图

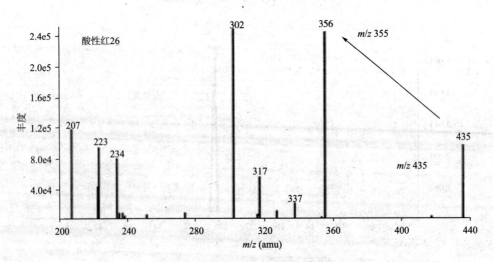

图 3-43 酸性红 26 的 SRM 质谱图

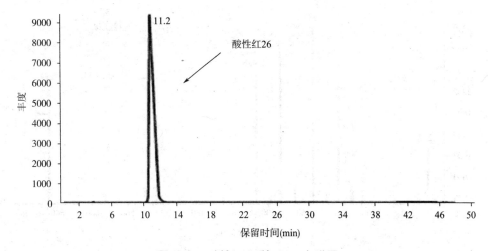

图 3-44　酸性红 26 的 SRM 色谱图

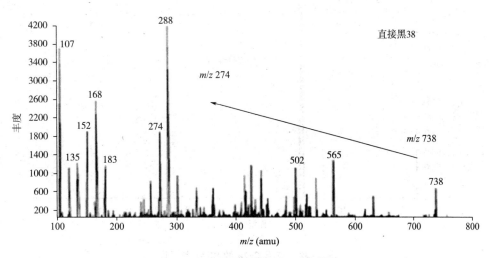

图 3-45　直接黑 38 的 SRM 质谱图

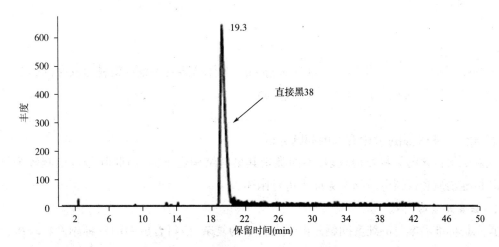

图 3-46　直接黑 38 的 SRM 色谱图

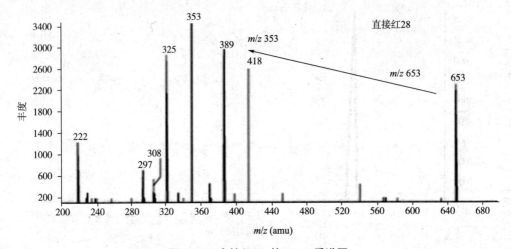

图 3-47　直接红 28 的 SRM 质谱图

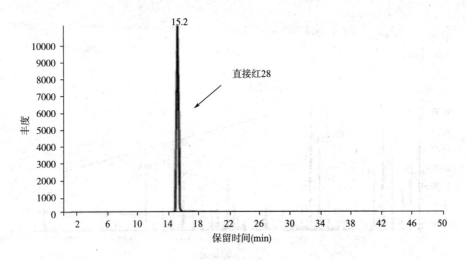

图 3-48　直接红 28 的 SRM 色谱图

4. 结果计算

$$w = \frac{\rho_S \times V}{m_E} \qquad (3-9)$$

式中：w 为样品中致癌染料的含量（mg/kg）；ρ_S 为样品溶液中致癌染料的浓度（mg/L）；V 为样品溶液最后体积（mL）；m_E 为样品的质量（g）。

五、致癌染料检测过程中存在的问题分析

致癌染料包含的染料类别较多，不同类别其染料结构也不同，因此其分析检测较为复杂。下面从标准物质和仪器分析两个方面来进行阐述。

1. 标准物质的问题

首先是标准品本身的纯度问题。由于染料结构复杂，染料合成中的各种副产物较多，市售的致癌染料标准品纯度低，且伴有很多同分异构体。一些致癌染料的标准品纯度甚至只有 30%

左右,这意味着标准品中的杂质会对染料的测定造成干扰。按照目前相关标准,应尽量购买最高纯度的商业化标准品,购买两种不同品牌的标准品进行纯度的核查。另外,一些致癌染料在配置成混合标准物质后存在降解的现象,如溶剂黄 2 和溶剂黄 3。建议定期进行标准的稳定性核查,确保分析测试的准确性。

　　此外,由于一些致癌染料结构类似,在混合标准溶液中可能存在一些缩合反应,造成采用仪器分析时这些致癌染料不能与类似结构的化合物进行区分。如碱性紫 1 不能与 α,α-二[(二甲氨基)苯基]-4-甲氨基苯甲醇和溶剂紫 8 进行区分;碱性紫 3 不能与溶剂紫 9 进行区分。

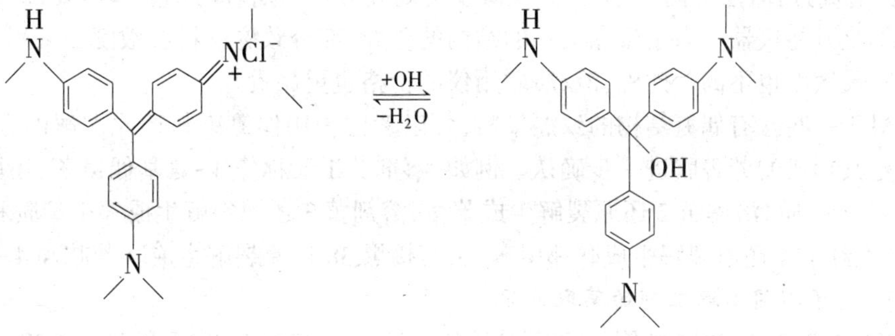

碱性紫 1　　　α,α-二[(二甲氨基)苯基]-4-甲氨基苯甲醇

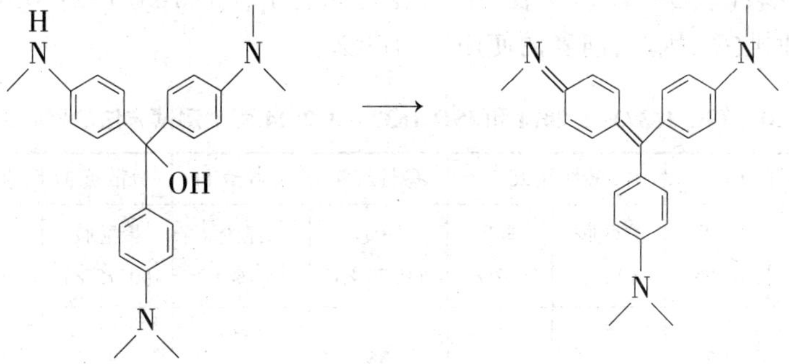

α,α-二[(二甲氨基)苯基]-4-甲氨基苯甲醇　　　溶剂紫 8

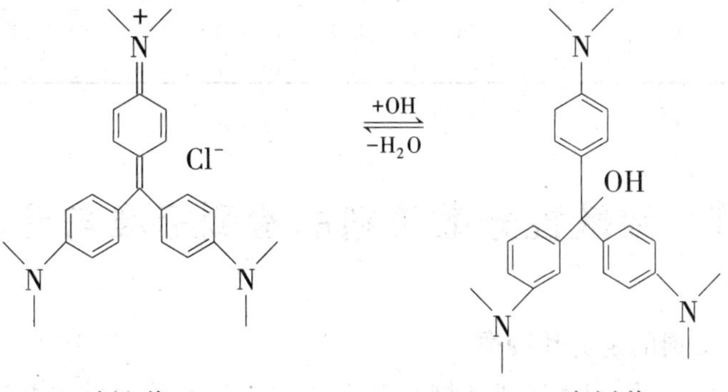

碱性紫 3　　　　　溶剂紫 9

2. 仪器分析存在的问题

　　带二极管阵列检测器的高效液相色谱仪和液质联用质谱仪是目前用于致癌染料分析最常见的两种仪器分析方法。由于致癌染料标准物质的不纯以及标准物质中异构体的存在,造成在采用 HPLC-DAD 进行分析时干扰峰很多,目标化合物往往和其异构体或其他杂质峰叠加出峰,无法进行准确的定性和定量分析。一些标准或者文献采用将标准物质进行分组的方式,避免峰

叠加的情况,一定程度上能解决问题。

酸性红 26、直接红 28、直接黑 38、直接蓝 6 和直接棕 95 属于结构中含有磺酸基的染料,在混合标准物质中稳定性差,且其在用高效液相色谱进行测试时灵敏度较低。因此,为了得到更好的灵敏度,需要调节液相流动相参数,达到提高灵敏度的目的。

此外,HPLC-DAD 分析一个样品的时间较长,按照目前 GB/T 20382—2006 的仪器参数,约需要 55min。由于 HPLC-DAD 分析致癌染料的这些问题,越来越多的分析技术人员选择液质联用仪(LC-MS)来进行致癌染料的分析。相对高效液相色谱仪来讲,液质联用质谱仪(LC-MS)具有高选择性、分离效率更好、灵敏度更高和分析周期短的特点。需要说明的是,液质联用仪也不是万能仪器。由于致癌染料的结构的差异,部分致癌染料灵敏度在采用液质联用仪进行分析时灵敏度也不高。此外,液/质联用仪的价格也更昂贵。

对于一些含有偶氮结构的致癌染料,可以考虑采用偶氮染料还原裂解的方法用气/质联用仪测定其形成的芳香胺进一步确认。例如,溶剂黄 1 又称作 4-氨基偶氮苯,还原裂解生成苯胺和 1,4-苯二胺,溶解黄 2 还原裂解生成苯胺,溶剂黄 3 还原裂解生成邻甲苯胺和 2,5-二氨基甲苯,酸性红 114 还原裂解生成联邻甲苯胺,直接黑 38 还原裂解生成联苯胺和 4-氨基联苯。

3. 关于不同萃取溶剂的萃取效率

ISO 16373-1:2014 的附录 B 部分给出了 ISO 16373-2:2014 和 ISO 16373-3:2014 两个测试方法的回收率比较(表 3-31)。从表中的数据可以看出,ISO 16373-2:2014 相对 ISO 16373-3:2014 有更高的回收率,因此,前者的使用更为广泛。

表 3-31　ISO 16373-2:2014 和 ISO 16373-3:2014 两个测试方法的回收率比较

回收率 (%)	酸性红 114		酸性红 26		碱性红 9	分散橙 11	分散黄 3	直接红 28	直接黑 38
	聚酰胺 (1%)	羊毛 (0.2%)	聚酰胺 (1%)	羊毛 (0.2%)	腈纶 (0.75%)	涤纶 (1%)	聚酰胺 (0.75%)	丝 (0.75%)	棉 (7%)
ISO 16373-2:2014	89	95	73	88	35	44	92	101	60
ISO 16373-3:2014	76	16	73	76	0.5	19	84	75	12

第三节　致敏性分散染料的检测标准与检测方法

一、致敏性分散染料的定义和种类

致敏染料是指某些会引起人体或动物的皮肤、黏膜或呼吸道过敏的染料。致敏染料可以通过皮肤、呼吸道、黏膜等多种途径引起人体过敏,与皮肤接触时,表现为皮肤瘙痒、过敏性皮炎、湿疹等。有专家按染料直接接触人体引发致敏性接触皮炎发病率和皮肤接触试验情况将染料的致敏性分成七类:①强致敏性染料,即直接接触的病人发病率高,皮肤接触试验呈阳性;②较强过敏性染料,即有多起过敏性病例或多起皮肤接触试验呈阳性;③稍强致敏性染料,即发现多起过敏性病例或多起皮肤接触试验呈阳性;④一般致敏性染料,即发现过敏性病例较少;⑤轻微致敏性染料,即仅发现一起过敏性病例或较少皮肤接触试验呈阳性;⑥很轻微致敏性染料,即仅有一起皮肤接触试验呈阳性;⑦无过敏性的染料。

由于致敏染料中绝大部分是属于分散染料,故又常称为致敏性分散染料。分散染料是指染料分子中不含水溶性基团,染色时需借助分散剂的作用使染料成细小颗粒的分散状对纤维进行染色,故称为分散染料。主要用于各种合成纤维的染色,如涤纶、锦纶、醋酸纤维等。

目前市场上初步确认的过敏性染料有 28 种(但不包括部分对人体具有吸入过敏和接触过敏反应的活性染料),其中有 23 种分散染料,2 种直接染料,2 种阳离子染料和 1 种酸性染料。这类染料主要用于聚酯、聚酰胺和醋酯纤维的染色。在这 23 种致敏性分散染料中有 22 种被列为纺织产品生态安全性能的监控项目,见表 3-32。

表 3-32 被列为纺织产品生态安全性能监控项目的 22 种致敏性分散染料

序号	染料名称	C. I. No.	CAS No.	分子式
1	分散蓝 1	64500	2475-45-8	$C_{14}H_{12}O_2N_4$
2	分散蓝 3	61505	2475-46-9	$C_{17}H_{16}O_3N_2$
3	分散蓝 7	62500	3179-90-6	$C_{18}H_{18}O_6N_2$
4	分散蓝 26	63305	3860-63-7	$C_{16}H_{14}O_4N_2$
5	分散蓝 35	—	12222-75-2	$C_{15}H_{12}O_4N_2$
6	分散蓝 102	—	12222-97-8	$C_{15}H_{19}O_4N_5S^{**}$
7	分散蓝 106	—	12223-01-7	$C_{14}H_{17}O_3N_5S^{**}$
8	分散蓝 124	—	61951-51-7	$C_{16}H_{19}O_4N_5S$
9	分散红 1	11110	2872-52-8	$C_{16}H_{18}O_3N_4$
10	分散红 11	62015	2872-48-2	$C_{15}H_{12}O_3N_2$
11	分散红 17	11210	3179-89-3	$C_{17}H_{20}O_4N_4$
12	分散黄 1	10345	119-15-3	$C_{12}H_9O_5N_3$
13	分散黄 3	11855	2832-40-8	$C_{15}H_{15}O_2N_3$
14	分散黄 9	10375	6373-73-5	$C_{12}H_{10}O_4N_4$
15	分散黄 39	—	12236-29-2	$C_{17}H_{16}N_2O$
16	分散黄 49	—	54824-37-2	$C_{22}H_{22}O_2N_4$
17	分散橙 1	11080	2581-69-3	$C_{18}H_{14}O_2N_4$
18	分散橙 3	11005	730-40-5	$C_{12}H_{10}O_2N_4$
19	分散橙 37 *	11132	13301-61-6	$C_{17}H_{15}O_2N_5Cl_2$
20	分散橙 59	11132	—	—
21	分散橙 76	11132	—	—
22	分散棕 1	—	23355-64-8	$C_{16}H_{15}Cl_3O_4N_4$

* 其中分散橙 37 = 分散橙 59 = 分散橙 76。

二、致敏性染料的相关法规和限制要求

对于致敏性染料,目前没有强制性的法规要求,但作为纺织产品生态安全性能的监控指标之一, 被各生态纺织品标签或生态纺织品技术要求列入限制物质清单中。欧盟的纺织品生态标签 Eco-Label, 国际纺织环保协会的 Standard 100 by OEKO-TEX ®, 我国的团体标准 T/CNTAC-8、美国的 AAFA 以及零排放计划 (ZDHC) 都对致敏性染料有限制要求。2019 版的 OEKO-TEX Standard 100 对致敏性染料的限制要求为小于 50mg/kg。

三、致敏性染料的分析检测技术

纺织品中致敏性分散染料的检测方法与致癌染料的检测方法类似, 许多实验室会将致敏致癌染料放在一起检测。相对于致癌染料, 致敏性分散染料的结构比较简单, 样品的前处理比较统一。目前普遍采用的检测方法是, 对样品的前处理常用甲醇或吡啶/水超声萃取法, 检测方法有高效液相色谱法 (HPLC)、高效液相色谱质谱法 (HPLC-MS) 和高效液相色谱串联质谱法 (HPLC-MS/MS)。分散染料成分复杂, 可能既含有染料化合物本身, 又含有目标物的同分异构体, 还含有未反应的中间体和大量助剂等。同时, 纺织品纤维种类繁多, 加工过程中的助剂对分析干扰大, 因此采用高效液相色谱质谱联用 (LC-MS/MS) 技术成为目前染料准确定性定量的可靠手段。

四、致敏性染料的主要检测标准介绍

目前, 国内外对致敏染料的检测标准有: DIN 54231:2005《纺织品 分散染料的测定》、ISO 16373-2:2014《纺织品 染料 第二部分: 可萃取染料 (包括致敏染料和致癌染料) 的一般测定方法 (吡啶/水萃取法)》、GB/T 20383—2006《纺织品 致敏性分散染料的测定》、GB/T 30398—2013《皮革和毛皮 化学试验 致敏性分散染料的测定》。

ISO 16373-2:2014 已在前一节致癌染料检测方法中详细介绍了, 下面主要介绍 DIN 54231:2005 和 GB/T 20383—2006 这两个测试标准。

(一) DIN 54231:2005《纺织品 分散染料的测定》

1. 适用范围和方法原理

DIN 54231:2005 规定了纺织产品及其零部件中可萃取的分散性染料测定的分析方法, 如拉链、纽扣、标签、纱线或缝纫线。如果某种分散染料的含量超过了 5mg/L, 该染料的确认需要通过两种不同的分析程序进行确认。

样品剪碎后置于一密闭的容器中, 用甲醇在超声波浴中萃取。萃取液过滤后, 采用色谱技术进行分离, 如高效液相色谱 (HPLC) 或薄层柱色谱 (TLC)。选用光学 (UV-VIS)、质谱 (MS) 检测或光密度计法进行检测。

2. 所测定的分散染料

该标准所测定的分散染料见表 3-33。

表 3-33 分散染料清单

序号	分散染料名称	CAS No.	分子式
1	分散蓝 1	2475-45-8	$C_{14}H_{12}O_2N_4$
2	分散蓝 3	2475-46-9	$C_{17}H_{16}O_3N_2$
3	分散蓝 35	12222-75-2	$C_{14}H_{10}O_4N_2$

续表

序号	分散染料名称	CAS No.	分子式
4	分散蓝 106	12223-01-7	$C_{14}H_{17}O_3N_5S$
5	分散蓝 124 *	61951-51-7	$C_{16}H_{19}O_4N_5S$
6	分散黄 3	2832-40-8	$C_{15}H_{15}O_2N_3$
7	分散橙 3	730-40-5	$C_{12}H_{10}O_2N_4$
8	分散橙 37/76	13301-61-6	$C_{17}H_{15}O_2N_5Cl_2$
9	分散红 1	2872-52-8	$C_{16}H_{18}O_3N_4$

注　* 分散蓝124溶液的不稳定性可能会导致分散蓝106的含量增加。

3. 样品制备和萃取

将均匀的纺织样品剪成0.5cm×0.5cm的碎片。将0.5g剪碎的试样置于40mL大小的带聚四氟乙烯旋盖的玻璃试管内,加入7.5mL甲醇,旋紧瓶盖,将样品置于超声波(160W HF)水浴中,在(70±2)℃温度条件下萃取30min。萃取液于室温冷却,用孔径为0.45μm的聚四氟乙烯膜过滤器过滤。过滤时应避免持续与其他合成的聚合物接触。将萃取物转移至样品瓶,旋紧聚四氟乙烯盖子。

4. 色谱分析

采用HPLC-DAD/MS技术测定。

(1)仪器条件及色谱条件。带预柱、分离柱、自动进样器、ESI源、UV/VIS-DAD检测器和MS检测器的液相色谱仪;分离柱:C18,5μm,2.1mm×150mm;预柱:2mm×4mm;流动相:醋酸铵10mmol,pH=3.6,乙腈;流速:300μL/min;进样量:5μL;DAD检测器扫描波长范围210~800nm;MS检测器扫描质量数范围100~500 amu;MS电离源:CID 80V。梯度:0~7min,40%~60%乙腈(体积比);7~17min,60%~98%乙腈(体积比);17~24min,98%乙腈(体积比);24~30min,98%~40%乙腈(体积比)。

(2)定性与定量分析。表3-34显示了所列的分散染料使用液相色谱进行分离后,采用UV-VIS和MS检测器检测时各致敏分散染料的保留时间、紫外检测波长和质谱数据。一般致敏分散染料采用M+或MH+进行定量分析,仅仅当色谱峰完全分离的情况下才能采用HPLC-DAD来进行定量分析。当分散橙61出现时,在此方法液相条件下使用HPLC-DAD无法将其与分散橙37/76/59完全分离。

表3-34　致敏分散染料的保留时间,最大紫外、可见吸收峰波长及质谱离子

序号	C.I. 染料名称	保留时间 (min)	最大紫外吸收波长 (nm)	最大可见吸收波长 (nm)	ESI 阳离子模 (m/z)	ESI 负离子模 (m/z)
1	C.I. 分散蓝 1	1.55	240	620	268	—
2	C.I. 分散蓝 3	4.81	260	636	297	—
3	C.I. 分散蓝 35	8.06	238	616	285 299	283
4	C.I. 分散蓝 106	8.40	292	614	336	334

续表

序号	C. I. 染料名称	保留时间（min）	最大紫外吸收波长（nm）	最大可见吸收波长（nm）	ESI 阳离子模（m/z）	ESI 负离子模（m/z）
5	C. I. 分散蓝 124	12.22	292	598	378	—
6	C. I. 分散黄 3	9.36	250	356	270	268
7	C. I. 分散橙 3	9.29	276	434	243	241
8	C. I. 分散橙 37/76	13.28	268	430	392	436,337
9	C. I. 分散红 1	10.76	290	496	315	359,313

5. 方法的检出限

选择相同浓度时强度最低的分散蓝 1 作为样本来确定方法的检出限和定量限。制备一组混合标样，浓度分别为 2mg/L、4mg/L、6mg/L、8mg/L 和 10mg/L，按上述规定条件进行测定，并采用 MS 信号面积与对应的标准溶液的浓度建立的校准曲线进行定量计算。经评价，分散蓝 1 检出限为 0.7mg/L，定量限为 2.41mg/L，通过质谱的 SIM 模式或者浓缩样品溶液，定量限可以进一步降低。

（二）GB/T 20383—2006《纺织品　致敏性分散染料的测定》

1. 适用范围和方法原理

GB/T 20383—2006 标准适用于经印染加工的纺织产品，规定了采用高效液相色谱质谱检测器法（LC-MS）或高效液相色谱二级阵列检测器法（HPLC-DAD）检测纺织产品上可萃取致敏分散染料的方法。其基本原理为，样品经甲醇萃取后，用高效液相色谱质谱检测器法（LC-MS）对萃取液进行定性、定量测定；或用高效液相色谱二极管阵列检测器法（HPLC-DAD）进行定性、定量测定，必要时辅以薄层层析法（TLC）、红外光谱法（IR）对萃取物进行定性。

2. 样品制备和萃取

取代表性样品剪成 5mm×5mm 的碎片，混匀。称取 1.0g 试样，精确至 0.01g，置于提取器中。准确加入 10mL 甲醇，旋紧盖子，将提取器置于 70℃ 的超声波浴中萃取 30min，冷却至室温。用 0.45μm 聚四氟乙烯薄膜过滤头将萃取液注射过滤至小样品瓶中，用 LC-MS 或 HPLC-DAD 分析。当用 LC-MS 分析时，可根据需要用甲醇将过滤后的萃取液进一步稀释。

3. 仪器分析

（1）HPLC-DAD 方法。

①HPLC-DAD 分析条件。色谱柱：Alltima C18，5μm，4.6mm×250mm，或相当者；流速：1mL/min；柱温：50℃；检测器：DAD；检测波长范围：200～700nm；定量波长：450nm，420nm，640nm，570nm；进样体积：20μL；流动相 A：乙腈/0.01mol/L 乙酸铵溶液［40/60（体积分数），pH=5.0］；流动相 B：乙腈/0.01mol/L 乙酸铵溶液［90/10（体积分数），pH=5.0］，梯度淋洗程序如表 3-35 所示。

表 3-35　HPLC-DAD 的梯度淋洗程序

时间(min)	流动相 A(%)	流动相 B(%)	递变方式
0	90	10	—
15	90	10	—
30	55	45	线性
50	55	45	—
60	0	100	线性
70	0	100	—
75	90	10	线性
90	90	10	—

②HPLC-DAD 定性、定量分析。采用 HPLC-DAD 进行分析时,需先配制标准工作溶液。用甲醇作为溶剂配制浓度为 200mg/L 表 3-26 所列致敏性分散染料的单组分标准储备溶液,再按照表 3-36 将标准溶液配制成 A、B 两组混标,浓度为 5mg/L 的工作溶液,用于 HPLC-DAD 分析。

表 3-36　致敏性分散染料清单

序号	染料名称	C. I. No.	CAS No.	分组
1	分散蓝 1	64500	2475-45-8	A
2	分散蓝 3	61505	2475-46-9	B
3	分散蓝 7	62500	3179-90-6	B
4	分散蓝 26	63305	3860-63-7	B
5	分散蓝 35	—	12222-75-2	A
6	分散蓝 102	—	12222-97-8	B
7	分散蓝 106	—	12223-01-7	A
8	分散蓝 124	—	61951-51-7	A
9	分散红 1	11110	2872-52-8	A
10	分散红 11	62015	2872-48-2	A
11	分散红 17	11210	3179-89-3	B
12	分散黄 1	10345	119-15-3	B
13	分散黄 3	11855	2832-40-8	A
14	分散黄 9	10375	6373-73-5	A
15	分散黄 39	—	12236-29-2	B
16	分散黄 49	—	54824-37-2	B
17	分散橙 1	11080	2581-69-3	A
18	分散橙 3	11005	730-40-5	A
19	分散橙 37/76	11132	13301-61-6	A
20	分散棕 1	11152	23355-64-8	A

将标准工作溶液和样品溶液分别进样,通过比较试样与标样在规定的检测波长下(表3-37)色谱峰的保留时间以及紫外可见(UV-VIS)光谱进行定性,外标法定量。致敏分散标样 HPLC相对保留时间和检测波长见表3-37。

表3-37 致敏分散标样 HPLC 相对保留时间和检测波长

A 组致敏性分散染料标样 HPLC-DAD 方法的相对保留时间			
出峰序号	染料名称	保留时间(min)	检测波长(nm)
1	分散蓝 1	5.224	640
2	分散红 11	10.501	570
3	分散黄 9	14.722	420
4	分散蓝 106	21.041	640
5	分散橙 3	23.946	420
6	分散黄 3	24.745	420
7	分散棕 1	26.255	450
8	分散红 1	29.328	450
9	分散蓝 35	31.072	640
10	分散蓝 124	33.990	570
11	分散橙 37/76	44.066	420
12	分散橙 1	51.173	420

B 组致敏性分散染料标样 HPLC-DAD 方法的相对保留时间			
出峰序号	染料名称	保留时间(min)	检测波长(nm)
1	分散蓝 7	6.269	640
2	分散蓝 3	10.109	640
3	分散蓝 102	12.311	640
4	分散黄 1	13.544	420
5	分散红 17	17.270	450
6	分散黄 39	26.780	420
7	分散蓝 26	29.547	640
8	分散黄 49	33.152	450

(2)LC-MS 方法。

①LC-MS 分析条件。色谱柱:ZORBAX Eclipse XDB C18 3.5μm,2.1mm×150mm,或相当者;流速:0.3mL/min;柱温:40℃;检测器:MSD;进样体积:10μL;流动相 A:0.01mol/L 乙酸铵溶液(pH=3.6);流动相 B:100%乙腈。梯度淋洗程序见表3-38。

表 3-38　LC-MS/MS 梯度淋洗程序

时间(min)	流动相 A(%)	流动相 B(%)	递变方式
0	60	40	—
7	40	60	线性
17	2	98	线性
24	2	98	—
25	60	40	线性
30	60	40	—

②LC-MS 定性定量分析。采用 LC-MS 进行分析时,用甲醇作为溶剂配置浓度为 0.2mg/L 和 0.8mg/L 的混标工作溶液用于 LC-MS 分析。标准工作溶液和样品溶液分别进样,通过选择两级质谱的特定离子对,比较试样与标样色谱峰的相对保留时间进行定性,以外标法定量。致敏分散标样 LC-MS 相对保留时间及两级质谱的特征碎片离子参见表 3-39。

表 3-39　致敏分散标样 LC-MS 相对保留时间及两级质谱的特征碎片离子

出峰序号	染料名称	保留时间(min)	特征碎片(amu) (一级质谱/二级质谱)	所带电荷
1	分散蓝 1	1.73	268/268	正
2	分散蓝 7	2.69	359/283	正
3	分散蓝 3	4.49	297/252	正
4	分散红 11	4.73	269/254	正
5	分散蓝 102	5.79	366/208	正
6	分散黄 1	6.85	274/243	负
7	分散黄 9	7.00	273/226	负
8	分散红 17	7.29	345/164	正
9	分散蓝 106	8.38	336/178	正
10	分散橙 3	9.31	243/122	正
11	分散黄 3	9.37	270/107	正
12	分散棕 1	9.79	433/433	正
13	分散黄 39	10.01	291/130	正
14	分散红 1	10.98	315/134	正
15	分散蓝 35	11.80	285/270	正
16	分散黄 49	12.77	375/238	正
17	分散蓝 124	12.85	378/220	正
18	分散蓝 26	14.70	299/284	正
19	分散橙 37/76	15.09	392/351	正
20	分散橙 1	16.05	319/169	正

(3)TLC 及 IR 确认方法。当采用 HPLC-DAD 分析时,可用 TLC 及 IR 法对定性结果进行确认。将试样萃取液与 HPLC-DAD 分析结果不确定的单组分染料标样一起,直接在硅胶 60TLC 板上点样,点样处距底边 2.5cm,点与点之间的距离为 2cm,标样的浓度应与试样萃取液相似(根据 HPLC 分析结果确定)。TLC 展开剂:甲苯/四氢呋喃/正己烷(体积比 5:1:1)。比较试样与标样的比移值进行定性确认。必要及条件许可时,可将相应的斑点刮下,用甲醇溶解,通过适当的制样方式进行 IR 分析,得到定性确认结果。

4. 方法的测定低限

LC-MS 方法的测定低限为 0.5mg/kg;HPLC-DAD 方法的测定低限为 5mg/kg。

五、检测过程中的问题分析

(一)标准物质问题

1. 标准物的纯度

同致癌染料一样,对于致敏染料检测,最大的技术问题是商品化的标准品纯度低,染料的同分异构体比较常见。在致敏染料的一些相关标准里,关于标准物质的纯度问题,仅要求购买商品化的,能购买到的最高纯度级别作为标准品。在当前的技术条件下,由于反应的副产物等原因不能合成出高纯度的染料标准品。不同的标准品制造商在合成染料时,合成反应及提纯工艺的差异,造成副产物的比例不同。不同的标准品机构提供的标准品,按照其标明的纯度折算后进行同样溶液浓度的标品比对,其相应的峰面积并不能很好的匹配。

此外,由于上述提及的原因,在标准品中既有合成反应的目标产物,还有未反应的中间体以及其他杂质,目标产物及其异构体的存在。因此,在标准工作溶液的色谱图上,目标化合物往往和其异构体或其他杂质峰一起叠加出峰,这给以紫外为检测器的液相色谱在定性和定量上造成很大困难,往往需要采用液相色谱质谱联用仪进行进一步分析确认。一些标准或者文献采用将标准物质分组的方式,避免峰叠加的情况,一定程度上能解决问题,但这也同时增加了工作量。而且,当样品中同时出现可能叠加的目标化合物时,还需采用液相色谱质谱联用仪进一步确认。如在本章第二节提到的,当分散橙 61 出现时,则无法采用 HPLC-DAD 对分散橙 37/76/59 进行定性和定量分析;当分散黄 3 和分散橙 3 同时出现时,仅采用 HPLC-DAD 也是无法对两个物质进行定量的。需采用液相色谱串联质谱(LC-MS/MS)做进一步确认。

2. 标准物质间的转换

分散蓝 124 能随着时间慢慢水解为分散蓝 106,这就导致了混合标准溶液中,分散蓝 106 的浓度逐步增加,而分散蓝 124 的浓度逐步降低。因此,要定期核查分散蓝 124 单标储备液的浓度。

分散蓝 35 标准物质中可能包含分散蓝 26,反之亦然。故当购买新一批的分散蓝 35 和分散蓝 26 标准物质时,应准备其单独标准物质溶液稀释到工作溶液浓度来进行核查,直接配置的后果可能会造成浓度不准确的情况。事实上,对于所有的染料标准物质都建议进行单标物质核查。

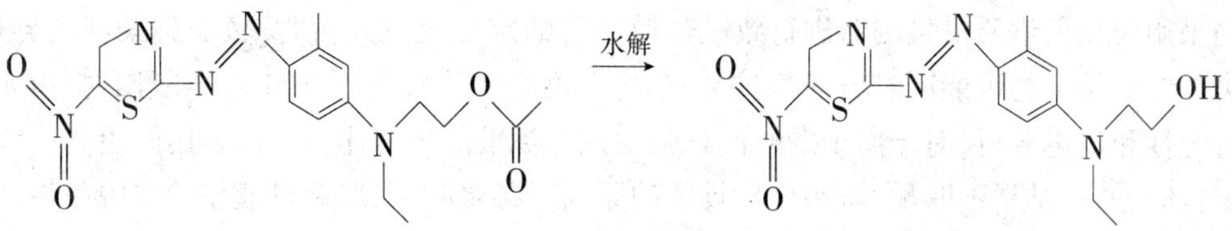

分散蓝 35 是不同异构体的技术混合物,根据 DIN 54231:2005 和 ISO 16373-2:2014,分散蓝 35 包含一甲基取代和二甲基取代的异构体,见下面的结构图。因此,分析时应同时采集这两个化合物的质谱离子。一般情况下,使用分散蓝 35 时,一甲基取代和二甲基取代同时存在,但两者的比例不确定,在实际样品中由于检出限的问题,当一个组分特别少时,可能看不到另一组分的峰。

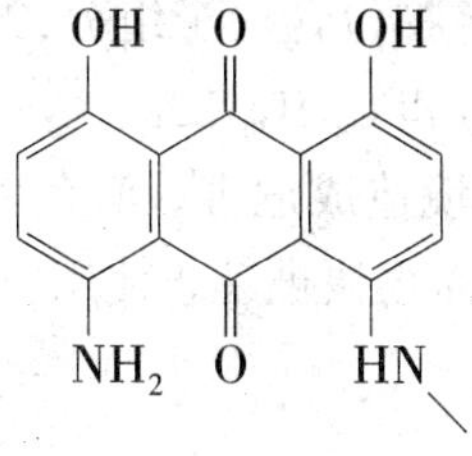

单甲基取代

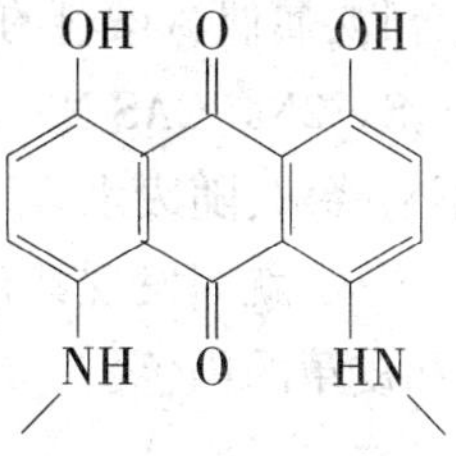

双甲基取代

另外一个物质 1,8-二氨基-4,5-二羟基蒽醌(CAS No. 128-94-9)是合成分散蓝 35 的反应原料。同时,它也是合成很多其他染料的原料,其结构式为:

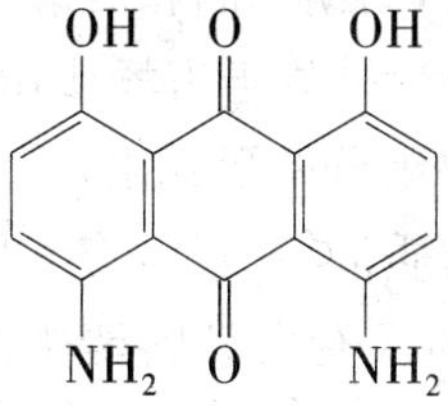

1,8-二氨基-4,5-二羟基蒽醌

其结构和分散蓝 35 相比只少了一个甲基取代基,并不是分散蓝 35 的组分,因此,不能将此物质错误地当成分散蓝 35。

前文已经提到分散蓝 26 可能会包含分散蓝 35 的杂质,分散蓝 26 实际上是分散蓝 35 中二甲基化组分的同分异构体,结构如下。虽然其质荷比一样,由于其结构的差异,在液相色谱质谱联用仪上可以通过保留时间区分开的。故在分析这些同分异构体的化合物时,要注意不要认错峰。

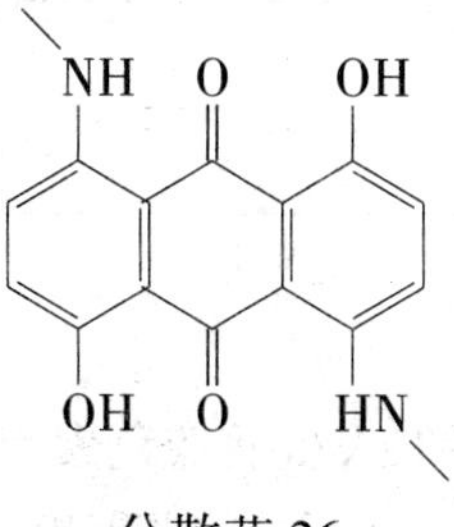

分散蓝 26

(二)仪器分析

当采用液相色谱质谱检测器进行致敏分散染料的定性定量分析时,考虑到染料的异构体,以及类似结构化合物可能同时出现,建议每个化合物至少采集两组 SIM 离子或两对 SRM 离子来进行定性和定量分析,对于离子的峰面积强度比与标准品进行比对。当采用两组离子或两对离子定量时,如果结果不匹配,需要分析具体的原因。必要时,采取调整液相的洗脱条件尽可能地进一步分离,或者采用其他技术手段进一步分析。

第四节　蓝色素及其他染料

一、来源及危害

蓝色素是一种混合物,属偶氮染料的范畴。该混合物包含两个组分,这两个组分的分子式分别为 $C_{39}H_{23}ClCrN_7O_{12}S \cdot 2Na$(CAS No. 118685-33-9)和 $C_{46}H_{30}CrN_{10}O_{20}S_2 \cdot 3Na$。蓝色素具有很高的水生毒性,且不易降解,随废水排入环境后对环境造成危害。蓝色素在市场上的实际流通时间很短,在其上市不久,就因发现其存在诸多问题而很快被禁止使用,目前市场基本不再使用蓝色素进行纺织品和皮革的染色。

二、相关标准和要求

2003 年 1 月 9 日,欧盟委员会发布指令 2003/03/EC,禁止使用蓝色素(Blue colorant,索引号 611-070-00-2,EC 编号 405-665-4)对纺织品和皮革样品进行染色,并禁止在市场上销售含蓝色素的纺织和皮革制品,不允许蓝色素投放于市场或用于纺织品和皮革的染色,不允许其作为质量浓度超过 0.1%的物质或混合物组分的形式出现。此外,Standard 100 by OEKO-TEX ® 自 2017 年起也将蓝色素归列入有害物质清单,对所有类别的产品限量要求为不得使用。2019 年版 Standard 100 by OEKO-TEX ®列入有害染料清单的还有其他染料,见表 3-40,限值为 50mg/kg。

表 3-40　其他有害染料

染料名称	CAS No.
分散橙 149	85136-74-9
分散黄 23	6250-23-3
碱性绿 4(孔雀石绿氯化物)	569-64-2
碱性绿 4(孔雀石绿草酸盐)	2437-29-8
碱性绿 4(孔雀石绿)	10309-95-2

三、蓝色素的测定方法

2017 年的 Standard 100 by OEKO-TEX ®将蓝色素列入有害物质清单,规定蓝色素的定性和定量分析方法为溶剂萃取和色谱分析,但并未列明测试方法细节。此外,蓝色素的测定可采用在致敏分散染料章节提到的标准 ISO 16373-2:2015《纺织品 染料 第二部分:可萃染料测定的一般方法(包括致敏和致癌染料,使用吡啶/水萃取)》,使用吡啶/水在 100℃ 温度条件下萃取纺织品的有色样品,萃取液采用液相色谱/二极管阵列检测器(HPLC-DAD)和/或液相色谱/质谱检测(LC-MS)的方法进行。

此外,由于蓝色素为偶氮类分散染料,可考虑通过还原偶氮染料测定其还原产物的方法来确定蓝色素是否使用及其含量来作为辅助手段。考虑到蓝色素为分散染料类型,按 EN 14362-1:2017 经萃取纤维后测定某些偶氮着色剂的方法,蓝色素还原裂解为 2-氨基-1-萘酚和 5-氯-2-羟基苯胺,可用气相色谱质谱联用仪或液相色谱仪进行测定。由于这种方法即使发现 2-氨基-1-萘酚和 5-氯-2-羟基苯胺检出,也不能判断这两种物质一定是来源于蓝色素的还原裂解,故这种方法只能作为辅助手段。另外,从蓝色素两种组成的分子式,可确认该物质含有铬(Cr)元素。因此,可通过将样品经酸消解后,采用 ICP-MS 分析样品溶液中铬元素的方法进行筛选测试或者作为辅助判断手段。若样品溶液中未检测到铬,则说明样品中不含有蓝色素。若样品溶液中检测到铬,则无法判断检测到的铬是源自纺织品中使用的蓝色素或是其他来源,故需要采用溶剂萃取,HPLC-DAD 测定的方法进一步分析。

参考文献

[1]钱国坻.染料化学[M].上海:上海交通大学出版社,1988.

[2]宫国梁.非诱变性联苯胺系直接染料的研究[D].大连:大连理工大学,2002.

[3]张召阳,王莉,等.禁用偶氮染料中间体及其毒性探讨[C].上海印染新技术交流研讨会论文集,2011.

[4]王建平,陈荣圻.Reach 法规与生态纺织品[M].北京:中国纺织出版社,2009.

[5]卢莺,潘勇华,沈金金,等.纺织品和皮革中禁用偶氮染料检测方法研究进展 [J].印染,2012(20),50-53.

[6]朱伟飞,方芳,李小兰.萃取溶液 pH 对纺织品禁用偶氮染料回收率的影响[J].纺织科技进展,2015(3):70-71.

[7]康宁.纺织品中致癌染料检测方法研究[J].染料与染色,2012,49(3):50-52.

[8]罗忻,修晓丽,牛增元.纺织品中致癌致敏染料检测的研究进展及存在问提 [J].纺织学报,2013(7):154-164.

[9]何瑾馨.染料化学[M].北京:中国纺织出版社,2004.

第四章　有害重金属的检测方法与检测标准

在测定纺织产品、皮革制品和其他相关辅料的有害重金属含量时,根据不同的产品性质、法规要求、使用条件及使用中可能存在的对人体健康的危害程度,将测试方法分成三大类:一是测试产品中某些特定重金属的总量(如铅和镉),主要是考虑这类耐用性产品在长期的使用过程中,其含有的有害重金属可能对人体造成持久累积的毒害;二是测试产品上可萃取或可溶解的有害重金属含量,其主要出发点是模拟其实际的使用条件(如与人体皮肤接触);三是专门针对某些产品,如皮革制品上的六价铬问题,金属配件或饰品上的镍释放量问题。

第一节　纺织品上有害重金属的危害和来源

一、铅和镉

铅是日常生活中较常见的一种重金属,也是重金属污染中毒性较大的一种,一旦进入人体将很难排除。铅对肾的危害是造成血小管功能失调、抑制人体血红素的合成和溶血,对大脑、小脑、脊髓和神经造成损害,或导致血管痉挛等病变,干扰免疫系统功能。铅对儿童身高和体重有着显著的不良影响,可能导致学龄前儿童生长和体格落后。其原因之一是铅妨碍体内维生素 D 的活化,使其活性降低,同时在胃肠道消化系统产生竞争,抑制钙的吸收,造成维生素 D 和钙代谢紊乱,从而影响儿童成长发育。原因之二是血铅水平升高而促使甲状腺功能和垂体肾上腺素功能降低,从而影响垂体生长激素发挥作用,导致儿童生长速度减缓。原因之三是体内铅蓄积于长骨组织,血铅浓度越高,蓄积越严重,直接影响骨骼生长。

镉是一种灰白色金属,不溶于水,加热后易挥发,在空气中迅速氧化变为氧化镉。金属镉毒性很低,但其化合物毒性却很大,甚至高于铅化合物。人体的镉中毒主要是通过消化道与呼吸道摄取被镉污染的水、食物、空气而引起的。镉在人体中的潜伏期可长达 10~30 年。据研究表明,当水中镉超过 0.2mg/L 时,居民长期饮水和从食物中摄取含镉物质,可引起"骨痛病"。进入人体的镉,主要累积在肝、肾、胰腺、甲状腺和骨骼中,使肾脏器官等发生病变,并影响人的正常活动。造成贫血、高血压、神经痛、骨质松软、肾炎和分泌失调等病症。

纺织品、服装和皮革制品及其辅料中,铅和镉化合物的主要来源包括:

(1)常被用作 PVC 塑料中的稳定剂,而 PVC 等塑料经常用于玩具和服装辅料,如拉链、纽扣、标牌和装饰品等。由于 PVC 的耐热性较差,在其塑化加工过程中必须加入热稳定剂,才能避免高分子链的降解,而某些铅和镉的化合物就是最好的 PVC 热稳定剂,如硫酸铅、醋酸铅、硫化镉和氯化镉等。为避免使用软质 PVC 可能带来的铅和镉含量超标的风险,有些国际买家禁止在服装或服饰产品中使用软质 PVC 材料。

（2）许多无机颜料的主要成分是铅或镉的氧化物或盐，并作为着色剂用于油墨、塑料等。纺织品服装辅料或塑料包装薄膜等很可能含有这些含铅或镉的无机颜料。

（3）油墨中经常要加一些助剂，如催干剂、稀薄剂、抗氧化剂等，特别是为适应塑料快速印制需要，使用催化剂以加速油墨结膜的速度，常用的有环烷酸铅、硼酸铅等。这些带有含铅或镉化合物的服装、玩具、塑料制品，如与人体直接接触，会给健康带来风险。

二、铬和六价铬

铬具有数种氧化态，主要以三价铬（Cr Ⅲ）和六价铬（Cr Ⅵ）形态存在，它们在自然条件下可相互转化。六价铬离子属剧毒物质，被国际癌症研究机构（International Ageney for Research on Cancer，IARC）列入第 Ⅰ 组致癌物。六价铬离子具有强氧化性和强腐蚀性，人体与其接触可造成溃疡，对微生物也有很大毒害作用，破坏生物体的新陈代谢作用。目前，多种铬酸盐和重铬酸盐已被 ECHA 列入 SVHC 清单，其中部分已被欧盟委员会列入 REACH 法规附件 ⅩⅣ，作为须经授权才能使用的化学物质。

在纺织印染行业，利用重铬酸盐的强氧化性作为氧化剂，主要用于硫化染料隐色体的氧化。硫化染料色泽浓艳，特别适合厚重织物（如灯芯绒、粗厚卡其棉布）的染色。硫化染料在还原剂（硫化碱）的作用下成为隐色体染色，染色后使用氧化剂显色，恢复原来颜色。传统工艺使用重铬酸盐（红矾）氧化显色，因污染隐患曾使用过硼酸钠替代，但氧化速度、得色艳度终不及重铬酸盐，所以有些不自律的印染企业仍在用重铬酸盐氧化。

酸性媒介染料既具有酸性染料的化学结构（含有磺酸基或水溶性的羧酸阴离子基团），又含有能与金属离子络合的配位基团。在酸性介质中染色后，加入重铬酸盐，可以在蛋白质纤维（如羊毛）上生成不溶性的染料络合物，染色的湿处理牢度大大超过一般酸性染料，其耐日晒色牢度也可提高。有些毛纺染整厂仍以该类媒介染料作为染深色精纺和粗纺呢绒的主要染料。2002 年 5 月 15 日，欧盟委员会修改并发布的授予纺织品欧盟生态标签（Eco-Label）标准，已经明确规定不允许进行铬媒介染色。

铬粉用作铬鞣剂，是皮革制品中铬元素的最主要最直接的来源。作为鞣剂的三价铬在加工过程中有可能被氧化转化成六价铬。

人们经常将三价铬和六价铬混为一谈。事实上，三价铬毒性很低，而且是人类机体必需的微量元素。稳定的三价铬，不会对人体或环境带来危害。但在一定的条件下，三价铬可被氧化成六价铬。有经验表明，在皮革产品的检测中，六价铬检测结果不超标的皮革产品，放置一段时间或经长途运输到达进口国后，重新抽检会发现六价铬含量显著上升。研究分析表明，经铬鞣的产品，所用的三价铬鞣剂绝大部分会与皮革的胶原蛋白形成配位键，同时一些过量未参与反应的三价铬残留。在皮革的加脂工艺中，经常会使用深海鱼油的磺化物作为加脂剂，这些加脂剂中的不饱和双键在一定的条件下会被氧化成过氧化物，而这些过氧化物又会将残留的三价铬氧化成六价铬，从而造成六价铬超标。类似的情况在部分染色纺织品上也会发生。目前仍在使用的一百多种含铬金属络合染料，其中心络合离子均为三价铬（Cr Ⅲ），用之染色，工艺大为简化，色泽较酸性媒染料鲜艳，湿处理牢度高于强酸性染料。在染色或随废水排放之后，仍存在三价转化成六价的风险。在欧盟，不管是酸性媒介染料还是金属络合染料的应用都受到限制，并通过对总铬的控制来预防六价铬的风险。

三、镍

镍及其盐类的毒性较低,由于本身具有生物化学活性,能激活或抑制一系列的酶(精氨酸酶、羧化酶、酸性磷酸酶和脱羧酶)而发挥其毒性。镍引发接触性皮炎,是目前接触性过敏皮炎的最常见的原因。统计表明,欧洲有10%~20%的女性对镍过敏。某些含镍的材料直接和长期与皮肤接触,其释放出的镍离子会被皮肤所吸收,从而引起过敏反应。如进一步暴露在可溶性镍的环境下,则可导致过敏性接触性皮炎。在纺织产品中,引入镍的主要来源是服装辅料,如纽扣、拉链、铆钉和金属装饰物等。

四、其他重金属

目前,被普遍列为纺织产品上有害重金属监控范围的,除上述的铅、镉、镍和铬外,还包括有:锑(Sb)、砷(As)、钴(Co)、铜(Cu)和汞(Hg)等。这些重金属进入纺织产品的途径或成因各不相同,存在状态也各异,对人体健康产生的危害也各不相同。锑和它的许多化合物有毒,作用机理为抑制酶的活性,接触锑和锑的化合物可能会导致皮肤炎、结膜炎和鼻中膈溃疡。砷是砒霜的组分之一,砷和砷的化合物都有很强的毒性,会致人迅速死亡。长期接触少量,会导致慢性中毒,还有致癌性。在纺织品中砷的化合物主要是五氧化二砷(As_2O_5)、砷酸钙、亚砷酸铅和砷酸铅,它们常用于制造杀虫剂和农药,被植物纤维吸收,砷酸常用于制染料和防腐剂。汞主要侵犯神经系统,特别对中枢神经系统的危害极大。铜是人体所需的微量元素,当人体铜摄入量不足时可引起缺乏病,但摄入过量却又可能造成中毒,包括急性铜中毒、肝豆状核变性、儿童肝内胆汁淤积等病症。钴也是人体必需的微量元素之一,适量的钴对人体健康是有益的,钴元素能刺激人体骨髓的造血系统,促使血红蛋白的合成及红细胞数目的增加。但当钴的量达到一定程度时,反而会发生钴中毒,过量的摄入钴,有致癌和致突变作用。钴对皮肤的影响主要为过敏性或刺激性皮炎。

含有铬、钴、镍和铜的金属络合染料是纺织品中重金属的主要来源之一,在染料生产加工中,也会带入部分重金属。染料本身带有重金属以外,其他如还原染料合成过程中使用的铜催化剂,蒽醌类染料合成中使用的汞定位剂,等等,如果在染料提纯过程中去除不彻底,都将有可能成为纺织品中残留重金属来源的一部分。锑作为锑系列阻燃剂会用于纺织产品中,带来重金属残留问题。有机锑阻燃剂主要有两大类,即锑的芳香类及酯类化合物。另外,在抗菌防臭剂、固色剂、媒染剂等纺织纤维加工中的辅助化学药剂中,都有可能含有这些重金属,成为纺织品中残留重金属的来源。

第二节　有害重金属的相关法规要求

一、美国的《消费品安全改进法案》

尽管美国的《消费品安全改进法案》(CPSIA/HR4040)主要趋向于消费品特别是儿童产品的安全管理,它的影响也扩展到纺织品和服装。该法案涉及有害重金属的部分有:

（一）第 101 条：关于含铅和含铅油漆的儿童用品

儿童用品的任何可接触部件均不得含铅；含铅油漆中的铅含量的限量要求为 90ppm；产品基材中总铅含量的限量值为 100ppm。

（二）第 106 条：关于强制性玩具安全标准

2017 年 8 月 24 日，美国材料和试验协会 ASTM 发布了消费者安全规范——玩具安全 ASTM F963—2017《玩具安全性的消费者安全规格》。ASTM F963—2017 版中关于总铅的要求，将 CPSIA 的铅要求包含在内，涂层总铅限值 90mg/kg，基材总铅限值 100mg/kg，与现行 CPSIA 的要求一致。

ASTM F963—2017 版中关于可溶性 8 项重金属的要求，限值同 EN71-3:1994，见表 4-1。

表 4-1 ASTM F963—2017 可溶性重金属限值

元素	锑（Sb）	砷（As）	钡（Ba）	镉（Cd）	铬（Cr）	铅（Pb）	汞（Hg）	硒（Se）
限量（mg/kg）	60	25	1000	75	60	90	60	500

二、欧盟有关重金属限制的相关法规

（一）欧盟 REACH 法规

在 REACH 法规中，五氧化二砷、三氧化二砷、重铬酸钠、铬酸铅、铬酸钠、铬酸钾、重铬酸钾、重铬酸铵、三氧化铬、铬酸锶、铬酸铬等重金属化合物被列入附件 XIV《需授权物质清单》中。铅、镉、铬、汞、砷、钴、锶等多种重金属化合物被认定为高度关注物质，列入 SVHC 清单中。同时，在附件 XVII《对某些危险物质、混合物和物品的生产、销售和使用限制》清单中，铅、镉、铬、六价铬、汞、镍等重金属化合物也被列入其中。具体所限制的重金属化合物详见本书第一章第一节中的 REACH 法规表 1-1 和表 1-2。

（二）玩具标准 EN71-3

1994 年 12 月 13 日欧洲标准化委员会批准了《玩具安全 第 3 部分：特定元素的迁移》（EN71-3:1994）玩具安全标准。2000 年 3 月 11 日批准了 EN71-3:1994+A1:2000 标准。2002 年发布了 EN 71-3:1994+A1:2000+AC:2002。该标准规定了玩具的可触及部件或材料中可迁移元素（锑、砷、钡、镉、铬、铅、汞、硒）的最大限值。测试原理是，模拟材料在吞咽后与胃酸持续接触一段时间的条件下，从玩具材料中迁移出的溶出物，采用适当的方法测定可溶性元素的量。该标准规定的玩具可触及部件或材料包括纺织材料和纺织辅助材料，在纺织产品生态安全性能检测中，涉及婴幼儿产品的纺织品都需遵守此标准的要求。

2009 年 6 月 30 日欧盟发布 2009/48/EC，新指令除化学要求外于 2011 年 7 月 20 日起强制执行，化学要求于 2013 年 7 月 20 日起全面实施。2009/48/EC 被认为是目前"国际上要求最为严格的玩具安全技术法规"，规定了玩具的安全质量要求和合格评定程序，所有进入欧盟的玩具无一例外地要首先满足该指令要求。其化学要求的协调标准为 EN71-3:2013，限制的重金属从 EN 71-3:1994 的 8 个重金属元素扩展到 19 项：铝、锑、砷、钡、硼、镉、铬（Ⅲ）、铬（Ⅵ）、钴、铜、铅、锰、汞、镍、硒、锶、锡、有机锡、锌，规定了更严格的各元素迁移量的限值。此标准后来经修订为 EN71-3:2013+A2:2017。

2017 年 4 月 27 日，欧盟委员会发布指令（EU）2017/738，对玩具安全指令 2009/48/EC 附

录Ⅱ中关于铅的限值进行修订,降低了铅的限值,对铅的管控更严格。该指令适用于欧盟各成员国,于2018年10月28日生效。2018年6月,欧洲标准委员会(CEN)发布新修订版本EN71-3:2013 + A3:2018。主要的更新是依据(EU)2017/738修订了铅迁移限值。2019年4月,欧洲标准化委员会(CEN)再次更新EN71-3:2013 + A3:2018,发布了新版本的玩具安全标准EN71-3:2019,其主要修订内容:第三类材料的六价铬的限值由0.2mg/kg更改至0.053mg/kg,于2019-11-18生效;除蜡程序由正庚烷抽提6h更改为异辛烷抽提60min;修订了有机锡的测试方法,并新增了一项有机锡二甲基锡(DMT),该方法所涉及的有机锡物质由10种变更为11种。2019年10月15日,欧盟委员会发布了执行决议2019/1728,将EN71-3:2019列为玩具安全指令2009/48/EC参照的协调标准。表4-2列出了EN71-3:2019对各元素迁移量的限值。

表4-2　EN71-3:2019元素迁移量的限值

元素	迁移量限值(mg/kg)		
	类别Ⅰ:干燥的,易碎的,粉末状的或柔软可塑的材料	类别Ⅱ:液体或黏性的材料	类别Ⅲ:可刮取的材料
铝(Al)	5625	1406	70000
锑(Sb)	45	11.3	560
砷(As)	3.8	0.9	47
钡(Ba)	1500	375	18750
硼(B)	1200	300	15000
镉(Cd)	1.3	0.3	17
三价铬(Cr Ⅲ)	37.5	9.4	460
六价铬(Cr Ⅵ)	0.02	0.005	0.2/0.053[a]
钴(Co)	10.5	2.6	130
铜(Cu)	622.5	156	7700
铅(Pb)	2.0	0.5	23
锰(Mn)	1200	300	15000
汞(Hg)	7.5	1.9	94
镍(Ni)	75	18.8	930
硒(Se)	37.5	9.4	460
锶(Sr)	4500	1125	56000
锡(Sn)	15000	3750	180000
有机锡	0.9	0.2	12
锌(Zn)	3750	938	46000

[a] 引用自2009/48/EC的修订案(EU)2018/725,类别Ⅲ的六价铬的限值将由0.2mg/kg调整为0.053mg/kg,于2019年11月18日起生效,在此日期之前采用0.2mg/kg限值。

(三)欧盟的RoHS指令

欧盟RoHS指令是欧盟法规(EU)2002/95/EC "Restriction of the use of Certain Hazardous

Substance"的缩写,该指令是欧盟管控电子电气类产品中有害物质的指令,2011 年新指令 2011/65/EU 取代了旧指令,被称为欧盟 RoHS2 指令。该指令对重金属铅、镉、六价铬和汞进行了限值。见表 4-3。

表 4-3 欧盟 ROHS2 法规的重金属限值

物质	限量值(%,质量分数)
铅(Pb)	0.1
汞(Hg)	0.1
镉(Cd)	0.01
六价铬(CrⅥ)	0.1

三、中国有关重金属的相关法规

(一)GB 31701—2015《婴幼儿及儿童纺织产品安全技术规范》

2015 年 5 月 26 日,我国发布强制性国家标准 GB 31701—2015《婴幼儿及儿童纺织产品安全技术规范》,2016 年 6 月 1 日正式实施,过渡期至 2018 年 5 月 31 日。该标准对婴幼儿及儿童纺织产品安全性能进行了全面规范,针对化学安全及纺织品机械安全性能提出了严格的要求,是我国首个专门针对婴幼儿及儿童纺织产品安全发布的强制性国家标准。在化学安全方面,考虑到婴幼儿的特殊性,增加了总铅、总镉 2 种重金属的限量要求,见表 4-4。

表 4-4 GB 31701—2015 总铅、镉限量要求

测试项目		A 类婴幼儿纺织产品
重金属(mg/kg)	总铅	≤90
(仅适用于涂层和印花颜料/染料加工的纺织产品)	总镉	≤100

(二)团体标准 T/CNTAC 8—2018

团体标准 T/CNTAC 8—2018 的《纺织产品限用物质清单》中,针对纺织产品中涂层或涂料印花产品,总铅的限量要求为 90mg/kg,总镉的限量要求为 100mg/kg。标准中提出,重金属铅和镉可能存在于涂层或涂料印花产品中,在样品上涂层或涂料能被有效分离的情况下,其总量应以涂层或涂料的质量为基数;若不能有效分离,则按试样总量计。

(三)玩具安全标准 GB 6675 系列标准

GB 6675—2003《国家玩具安全技术规范》是国内玩具的主体标准,其他玩具标准甚至很多其他行业标准如儿童纺织产品等涉及儿童产品的标准都引用了此标准的术语和要求。2014 年 5 月 6 日,国家标准化管理委员会发布了新版 GB 6675—2014 玩具安全系列标准,并于 2016 年 1 月 1 日强制执行。GB 6675—2014 系列标准是在 GB 6675—2003 的基础上所衍生,把旧标准的四个部分转换成四个新标准,分别为:GB 6675.1—2014《玩具安全 第 1 部分:基本规范》、GB 6675.2—2014《玩具安全 第 2 部分:机械与物理性能》、GB 6675.3—2014《玩具安全 第 3 部分:易燃性能》、GB 6675.4—2014《玩具安全 第 4 部分:特定元素的迁移》。

在 GB 6675.1—2014《玩具安全 第 1 部分:基本规范》中关于化学性能的条款规定,供特

定年龄组的玩具产品中的材料和部件中可迁移元素(锑、砷、钡、镉、铬、铅、汞和硒)不可超过表4-5的最大允许限量要求。

表4-5　GB 6675.1—2014 玩具产品中可迁移元素的最大限量

玩具材料	元素限量(mg/kg 玩具材料)							
	锑(Sb)	砷(As)	钡(Ba)	镉(Cd)	铬(Cr)	铅(Pb)	汞(Hg)	硒(Se)
指画颜料	10	10	350	15	25	25	10	50
造型黏土	60	25	250	50	25	90	25	500
其他玩具材料	60	25	1000	75	60	90	60	500

(四)GB 28480—2012《饰品　有害元素限量的规定》

强制性国家标准 GB 28480—2012《饰品　有害元素限量的规定》于 2013 年 5 月 1 日开始实施。该标准规定了饰品中有害元素的种类及其限量。该标准适用于各种材质的饰品(珠宝玉石除外)。虽然该标准针对的是饰品,但标准也指出饰品包括首饰和摆件,标准中的首饰特指非贵金属首饰,其材质包括金属、纺织品、皮革等。该标准规定的技术要求包含镍释放量及其他有害元素含量。具体要求见表4-6。

表4-6　GB 28480—2012 对镍释放量和其他有害元素含量的限制要求

项目	技术要求					
镍释放量	穿孔伤口愈合过程中使用的制品		与人体皮肤长期接触的制品,如耳环、项链、手镯、手链、脚链、戒指、表壳、表链、表扣、按扣、搭扣、铆钉、拉链和金属标牌等			
	0.2μg/(cm² · week)		0.5μg/(cm² · week)			
其他有害元素	金属材质饰品中有害元素总含量(mg/kg)		金属材质儿童饰品中有害元素总含量(mg/kg)		金属材质儿童首饰中有害元素溶出量(mg/kg)	
	砷	≤1000	砷	≤1000	锑	≤60
	铬(六价)	≤1000	铬(六价)	≤1000	砷	≤25
	汞	≤1000	汞	≤1000	钡	≤1000
	铅	≤1000	铅	≤300	镉	≤75
	镉	≤100	镉	≤100	铬	≤60
			—		铅	≤90
					汞	≤60
					硒	≤500

四、生态纺织品技术要求中重金属含量的限制

(一)欧盟生态产品标志 Eco-Label

欧盟纺织品生态标准 2014/350/EU 附录 1 限制有害物质清单中,在纺织产品生产加工流程的最终产品阶段,对最终产品中重金属含量提出限制要求:

（1）对 3 岁以下婴幼儿产品和包括室内纺织品在内的所有其他产品规定了可萃取重金属物质的限量值要求，并规定了最终产品确认的测试方法为：采用 EN ISO105-E04-2013（酸性汗液模拟液）的萃取方法，用 ICP-MS 或 ICP-OES 测定可萃取重金属的含量。纺织品 Eco-Label 标准对纺织品中可萃取重金属物质的具体限量见表 4-7。

表 4-7 Eco-Label 标准对纺织品中可萃取重金属的限值（mg/kg）

可萃取重金属	3 岁以下婴幼儿产品	包括室内纺织品在内的所有其他产品
锑（Sb）	30.0	30.0
砷（As）	0.2	1.0
镉（Cd）	0.1	0.1
铬（Cr）	金属络合染料染色的织物：1.0 其他纺织品：0.5	金属络合染料染色的织物：2.0 其他纺织品：1.0
钴（Co）	1.0	金属络合染料染色的织物：4.0 其他纺织品：1.0
铜（Cu）	25.0	—
铅（Pb）	0.2	50.0
镍（Ni）	金属络合染料染色的织物：1.0 其他纺织品：0.5	1.0
汞（Hg）	0.02	1.0

（2）对最终产品中的辅料，如纽扣、铆钉和拉链之类的金属辅料，分别对镍释放量、铅、镉、铬和汞提出了限制要求，见表 4-8。

表 4-8 Eco-Label 标准对纺织品中金属辅料的限值要求

	金属辅料	限量值
镍释放量	直接和长期与皮肤接触的含镍金属合金物件	$0.5\mu g/(cm^2 \cdot week)$
铅（Pb）	—	90mg/kg
镉（Cd）	3 岁以下婴幼儿产品	50mg/kg
	包括室内纺织品在内的所有其他产品	100mg/kg
铬（Cr）	含铬镀层	60mg/kg
汞（Hg）	—	60mg/kg

（二）Standard 100 by OEKO-TEX ®

国际环保纺织协会关于国际生态纺织品技术要求 Standard 100 by OEKO-TEX ®，对纺织品中可能对人体健康引起伤害的可萃取重金属进行了限量，并对铅和镉的总量进行了限定和详细说明，见表 4-9。

表 4-9 Standard 100 by OEKO-TEX ®—2019 生态纺织品重金属限量

产品级别	I 婴幼儿用品	II 直接接触皮肤用品	III 非直接接触皮肤用品	IV 装饰材料
可萃取重金属（mg/kg）				
锑（Sb）	30.0	30.0	30.0	—
砷（As）	0.2	1.0	1.0	1.0
铅（Pb）	0.2	1.0[1]	1.0[1]	1.0[1]
镉（Cd）	0.1	0.1	0.1	0.1
铬（Cr）	1.0	2.0	2.0	2.0[4]
六价铬[Cr(VI)]	0.5			
钴（Co）	1.0	4.0	4.0	4.0
铜（Cu）	25.0[2]	50.0[2]	50.0[2]	50.0[2]
镍（Ni）[3]	1.0[4]	4.0[5]	4.0[5]	4.0[5]
汞（Hg）	0.02	0.02	0.02	0.02
钡（Ba）	1000	1000	1000	1000
硒（Se）	100	100	100	100
被消解样品中的重金属（mg/kg）[6]				
铅（Pb）	90.0	90.0[1]	90.0[1]	90.0[1]
镉（Cd）	40.0	40.0[1]	40.0[1]	40.0[1]

[1] 对于用玻璃制成的辅料无此要求。

[2] 对于考虑到生物活性产品的要求，用无机物质制成的纱线和辅料无此要求。

[3] 包含了 EC-Regulation 1907/2006 中对该项目要求。

[4] 只适用金属辅料及经金属处理的表面：0.5mg/kg。

[5] 只适用金属附件及经金属处理的表面：1.0mg/kg。

[6] 针对所有非纺织辅料和组成部分，以及在纺丝时加入着色剂生产的有色纤维和含涂料的产品。

（三）我国生态纺织品技术要求 GB/T 18885—2009

我国生态纺织品技术要求 GB/T 18885—2009 对纺织品中可能对人体健康引起伤害的可萃取重金属也进行了限量，具体限量值见表 4-10。该标准中规定可萃取重金属的测定按系列标准 GB/T 17593 执行。

表 4-10 GB/T 18885—2009 生态纺织品规范对重金属的限量

可萃取的重金属	产品分类及其限量（mg/kg）			
	婴幼儿用品	直接接触皮肤用品	非直接接触皮肤用品	装饰材料
锑（Sb）	30.0	30.0	30.0	—
砷（As）	0.2	1.0	1.0	1.0
铅（Pb）[a]	0.2	1.0[b]	1.0[b]	1.0[b]

续表

可萃取的重金属	产品分类及其限量（mg/kg）			
	婴幼儿用品	直接接触皮肤用品	非直接接触皮肤用品	装饰材料
镉（Cd）	0.1	0.1	0.1	0.1
铬（Cr）	1.0	2.0	2.0	2.0
六价铬［Cr（Ⅵ）］	低于检出限[c]			
钴（Co）	1.0	4.0	4.0	4.0
铜（Cu）	25.0[b]	50.0[b]	50.0[b]	50.0[b]
镍（Ni）	1.0	4.0	4.0	4.0
汞（Hg）	0.02	0.02	0.02	0.02

[a] 金属附件禁止使用铅和铅合金。

[b] 对无机材料制成的附件不要求。

[c] 定量限值：六价铬 Cr（Ⅵ）为 0.5mg/kg。

第三节　铅/镉含量的检测技术和检测标准

一、常用检测技术

重金属铅/镉的残留检测在环境监测、化妆品、纺织品等领域一直受到人们的重视。相应的仪器分析水平和样品前处理技术都已经比较完善。下面主要介绍几种纺织品总铅/镉含量检测常用的样品前处理技术和仪器分析技术。

（一）样品前处理技术

由于样品（试液）的制备过程，即前处理，是元素分析不可缺少的关键环节，也是整个分析过程中最费时费力的部分，对分析结果的准确性有着直接的影响。随着分析方法的不断改进，对于样品制备也提出了与过去完全不同的要求。现今对纺织品总铅、镉测试的样品进行前处理方法主要有：微波消解、湿法消解、干法灰化法，其中湿法消解和干法消解是传统的样品前处理方法。

微波消解是在微波能的作用下，通过分子极化和离子导电两个效应对物质直接加热，促使固体样品表层快速破裂，产生新的表面与溶剂作用，从而完全分解样品。微波消解技术具有样品分解快速、完全，挥发性元素损失小，试剂消耗少，操作简单，处理效率高，分析空白值低等优点，最重要的是避免了挥发损失和样品的沾污，特别适合于痕量和易挥发元素（如 As、Hg）的检测，是目前检测行业首选的方法，也是样品前处理技术的发展方向。

湿法消解是用酸液或碱液并在加热条件下，破坏样品中的有机物或还原性物质的方法。具体来说就是，在适量的样品中加入氧化性强酸，并同时加热消煮，使有机物质分解氧化成 CO_2、水和各种气体，为加速氧化进行，还可以同时加入各种催化剂。湿法消解存在操作烦琐、样品前处理时间长、试剂用量大、空白值高等缺点。

干灰化法又称干式消解法或高温分解法，利用高温除去样品中的有机质，剩余的灰分用酸溶解,作为样品待测溶液。该法适用于有机物含量多的样品测定,不适用于矿质样品的测定。该法主要优点是:能处理较大样品量、操作简单、安全,但在高温条件下,汞、锡、砷等元素易挥发损失,不宜采用此法。

(二)仪器分析技术

对于纺织品重金属检测的仪器分析技术主要是光谱法和质谱法,包括电感耦合等离子体发射光谱法(ICP-AES)、电感耦合等离子体质谱法(ICP-MS)、原子吸收分光光度法(FAAS、GFAAS)、原子荧光分光光度法(AFS)等,其中电感耦合等离子体发射光谱法(ICP-AES)是目前纺织品中总铅/镉等重金属检测最常用的检测技术。电感耦合等离子体质谱法(ICP-MS)近几年发展迅速,具有检出限低、动态线性范围宽、谱线简单、分析精密度高、分析速度快以及可提供同位素信息等分析特征,已越来越多地运用在元素分析技术中。

二、检测标准

纺织品中总铅和总镉含量的测定,已经成为纺织品服装国际贸易中的一项重要的质量要求,其依据主要来自于美国、欧盟等针对玩具、饰品、涂料、衣着辅料、塑料、包装材料等的相关法律法规要求。虽然涉及的法律法规众多,对应的测试方法标准也很多,但所采用的测试方法基本一致,即样品前处理采用湿法消解、干法灰化法或微波消解,然后采用适当的光谱或质谱仪器测定消解液中总铅和总镉含量。

目前,国际上采用较多的重金属元素总量的检测标准主要有:EN16711-1:2015《纺织品 金属含量的测定 第1部分:微波消解法测定金属含量》、EN 1122:2001《塑料 镉的测定 湿法消解法》、CPSC-CH-E1003-09.1《测定油漆和其他类似表面涂层中铅(Pb)的标准作业程序》、CPSC-CH-E1002-08.3《测定儿童产品(非金属)中总铅含量的标准作业程序》、CPSC-CH-E1001-08.3《测定儿童金属产品(包括金属首饰)中总铅(Pb)含量的标准作业程序》、ASTM E1645-16《热板法或微波溶解法连续分析铅含量用干漆样品制备的标准实施规程》、ASTM E1613-12《用感应耦合等离子体原子发射光谱法、火焰原子吸收分光光度法或石墨炉原子吸收分光光度法测定铅的标准方法》。

2013年12月17日,中国国家标准化管理委员会发布了针对纺织品中总铅和总镉含量测定的检测标准GB/T 30157—2013《纺织品 总铅和总镉含量的测定》,于2014年10月15日正式实施。该标准适用于各种纺织产品,规定了纺织产品中总铅和总镉含量的测定方法,采用微波消解,用电感耦合等离子体发射光谱仪(ICP-AES)测定。以下对GB/T 30157—2013的标准内容做详细介绍。

1. 测试原理

试样用浓酸消解,得到的溶液经稀释定容后,用电感耦合等离子体发射光谱仪(ICP-AES)测定铅和镉的发射强度,或用原子吸收分光光度计测量铅和镉的吸光度,根据标准工作曲线得到金属离子的浓度,计算出试样中的总量。也可采用其他适当的光谱或质谱仪器。

2. 试剂、材料和设备

(1)试剂。浓硝酸(AR);3%(体积分数)硝酸;浓盐酸(AR);氟硼酸(AR);氢氟酸(AR);过氧化氢。

(2)标准溶液。

①铅(Pb)标准储备溶液(1000μg/mL),称取 0.160g 硝酸铅[Pb(NO$_3$)$_2$],用 10mL 硝酸(1+9)溶解,移入 100mL 容量瓶中稀释至刻度。

②镉(Cd)标准储备溶液(1000μg/mL),称取 0.203g 氯化镉$\left[CdCl_2 \cdot \frac{5}{2} H_2O\right]$,用 10mL 硝酸(1+9)溶解,移入 100mL 容量瓶中稀释至刻度。

③标准工作溶液(50μg/mL)从标准储备溶液中准确移取 2.50mL 置于容量瓶中,用 3% 硝酸定容至 50mL。

注:除另有规定外,标准储备溶液在常温(15~25℃)下保存期为 6 个月,当出现浑浊、沉淀或颜色有变化等现象时,须重新制备。

(3)设备。电感耦合等离子发射光谱仪(ICP-AES)或原子吸收分光光度计;微波消解仪(程序温度控制功能);消解容器;一次性刀片;容量瓶:50mL,100mL;移液管:0.5mL,1.0mL,2.0mL;0.45μm 水相过滤膜;精度为 0.01mg 的天平;金属切割器;旋转式研磨机;低温粉碎机。

3. 样品的前处理

(1)纺织产品的样品前处理。取有代表性试样,剪碎成 5mm×5mm 的小片,称取 0.2g,精确至 0.0001g。往装有待测试样和空白的消解容器中分别加入 5.0mL 浓硝酸,待试样和酸在室温下反应完全后,将消解容器密封并放置到微波消解仪中,用 10min 升温至(175±5)℃,并在(175±5)℃保持 5min,让试样冷却至室温或冷却至少 30min。

注意:由于消解仪器型号不同,不同实验室可采用不同的消解程序,只要保证样品消解完全即可。对于 PU 等较难消解的涂层样品,可加入适量氟硼酸、氢氟酸和双氧水等。在试验中如使用了氢氟酸,要加 30mL 4% 的硼酸到每个容器中,使之与氢氟酸络合以保护石英等离子矩管。

将消解后的溶液转移于 50mL 的容量瓶中,用少量水分 3 次淋洗消解容器,合并洗液于容量瓶中,用水定容至刻度,混匀,用水相过滤膜过滤,滤液应尽快用于电感耦合等离子发射光谱仪(ICP-AES)分析或原子吸收分光光度计分析。

(2)纺织产品用辅料和装饰部件的前处理方法。GB/T 30157—2013 标准中在附录 A 中详细说明了纺织产品用辅料和装饰部件的前处理方法。

①有涂层的样品制备。用一次性刀片将表面涂层刮下,不要刮掉基质,称取刮下的 20~100mg 涂层作为试样,精确至 0.1mg,置于微波消解容器中,并按上述(1)纺织产品的样品前处理中的微波消解方法进行处理。

②没有涂层的样品制备。

a. 金属材料:将样品用金属切割器切碎或用旋转式研磨机将金属研碎。称取 30~100mg 试样,精确至 0.1mg,置于微波消解容器中。在化学通风橱中,向每个消解容器中加入 4.5mL 浓硝酸和 1.5mL 浓盐酸,待样品在室温下与酸的初始反应结束后(直到不再产生明显的烟或气泡),将消解容器密封放置到微波消解仪中,在约 5.5min 内,将样品升温到 175℃,然后保持 4.5min,让样品冷却至少 5min,然后将消解容器取出,放入通风橱中通风,冷却至室温,最后才将消解容器打开。根据取样量的大小将消化后的溶液转移于合适的容量瓶中,用少量水淋洗消解容器,合并淋洗液于容量瓶中,用水定容至刻度,混匀,过水相过滤膜,此液体用 ICP-AES 分析和测定。

注意：一般情况下，当取样量在 20~49mg 时，转移消化后的溶液于 10mL 容量瓶中；当取样量在 50~100mg 时，转移消化后的溶液于 25mL 容量瓶中。

b. 塑料、聚合物等非硅质材料：将样品用低温粉碎机粉碎或剪碎到不大于 1mm×1mm×1mm，称取 30~100mg 粉碎试样，精确至 0.1mg，置于微波消解容器中。往装有测试样和空白的消解容器中分别加入 8.0mL 浓硝酸，待试样和酸反应完全后，将消解容器密封并放置到微波消解仪中，用 20min 升温至（210±5）℃保持 10min，让样品冷却至少 5min，然后从微波消解仪中取出。打开消解容器前应先在通风柜中将消解罐冷却至室温或至少冷却 30min。根据取样量的大小将消解后的溶液转移于合适的容量瓶中，用少量水淋洗消解容器，合并淋洗液于容量瓶中，用水定容至刻度，混匀，过水相过滤膜，此液体用 ICP-AES 分析和测定。

c. 水晶、玻璃等硅质材料：将样品用低温粉碎机粉碎。称取 30~100mg 粉碎试样，精确至 0.1mg，置于微波消解容器中。往装有测试样和空白的消解容器中分别加入 3mL 浓硝酸和 1mL 氢氟酸，待试样和酸反应完全后，将消解容器密封并放置到微波消解仪中，用 5.5min 升温至（175±5）℃保持 9.5min，让样品冷却至少 5min，然后从微波消解仪中取出。打开消解容器前应先在通风柜中将消解罐冷却至室温或至少冷却 30min。根据取样量的大小将消解后的溶液转移于合适的容量瓶中，用少量水淋洗消解容器，合并淋洗液于容量瓶中，用水定容至刻度，混匀，过水相过滤膜，此液体用 ICP-AES 分析和测定。

4. 仪器分析和测定

（1）ICP-AES 分析元素的分析波长。Pb 元素分析波长为 220.3nm，Cd 元素分波长为 214.4nm。为消除其他元素的光谱干扰，可同时选取一条其他波长处的谱线作为参考。

（2）工作曲线的测定。根据试验要求和仪器情况，将标准工作溶液用水逐级稀释至适当浓度的工作溶液，设置仪器的分析条件，点燃等离子体焰，待等离子体焰稳定后，在相应的波长下，按浓度由低到高的顺序测定系列工作溶液中各待测元素的光谱强度，以光谱强度为纵坐标，元素浓度（μg/mL）为横坐标，绘制工作曲线。

（3）样品溶液的测定。按照上述（2）所设定的仪器条件，测定空白溶液和样品溶液，从工作曲线上计算出各待测元素的浓度。注意，若样品溶液中铅和镉的浓度超过了标准曲线最高点的 1.5 倍，宜将样品溶液适当稀释，重新进行分析。

5. 质量核查

每进行 20 次试验测试后都要做质量校正曲线，以保证实验结果的准确性。

6. 结果计算

试样中的重金属元素 W_i 的含量，按下列公式（4-1）计算：

$$W_i = \frac{(c_i - c_0) \times V}{m} \tag{4-1}$$

式中：W_i 为试样中重金属元素 i 总含量（mg/kg）；c_i 为样品溶液中重金属元素 i 的质量浓度（μg/mL）；c_0 为空白溶液中重金属元素 i 的质量浓度（μg/mL）；V 为样品溶液的总体积（mL）；m 为试样的质量（g）。

7. 检出限和精密度

（1）方法的检出限。本方法中铅的检出限为 2.5mg/kg，镉的检出限为 0.25mg/kg。如果采用其他光谱或质谱仪器,方法的检出限可能有所差异。

(2)精密度。在同一实验室,由同一操作者使用相同的设备、相同的测试方法,在短时间内对同一被测对象相互独立地进行测试,获得两次独立测试结果的相对标准偏差不大于10%。

三、检测过程中的技术细节与光谱干扰问题

电感耦合等离子体发射光谱仪(ICP-AES)因其检测速度快、检出限低、线性范围广、电离和化学干扰少、准确度和精密度高等分析性能,在纺织品服装中,总铅和总镉含量的测定中应用最为广泛。

实际检测实践中,我们发现由于含待测元素的样品中存在其他原子或分子在选定分析波长处的谱线,使待测元素谱线和其他谱线重叠,无法分辨,易造成光谱干扰,从而影响测定结果的准确性。

(一)铅的光谱干扰

ICP-AES的光谱干扰较多。ICP-AES测试金属试样中的铅含量,尤其是铁含量较多的金属试样,由于铁元素的存在,造成铅元素明显的光谱干扰。图4-1和图4-2分别为铁块经消解后,使用ICP-AES测试铅含量时,Pb 220.353nm和Pb 283.305nm的峰图。图4-3和图4-4为1mg/L的铅标准溶液,Pb 220.353nm和Pb 283.305nm的峰图。对比图4-1和图4-3,图4-2和图4-4,可见,使用ICP-AES测试铅的含量时,高浓度的铁元素的存在对Pb 220.353nm和Pb 283.305nm的光谱干扰都很明显。

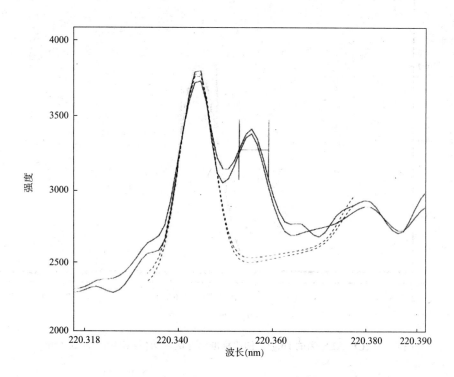

图4-1　ICP-AES测试铁材质金属消解液的峰图(波长 Pb 220.353nm)

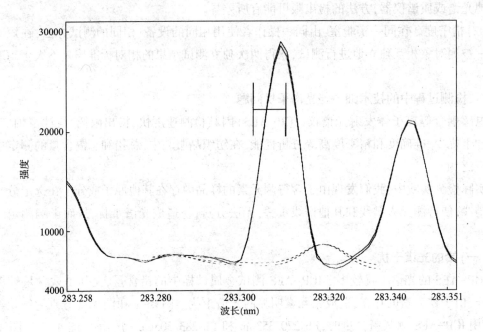

图 4-2 ICP-AES 测试铁材质金属消解液的峰图(波长 Pb 283.306nm)

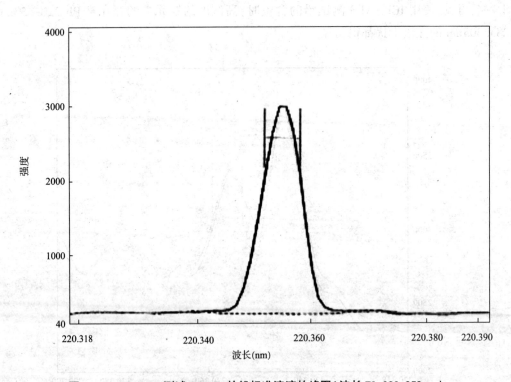

图 4-3 ICP-AES 测试 1mg/L 的铅标准溶液的峰图(波长 Pb 220.353nm)

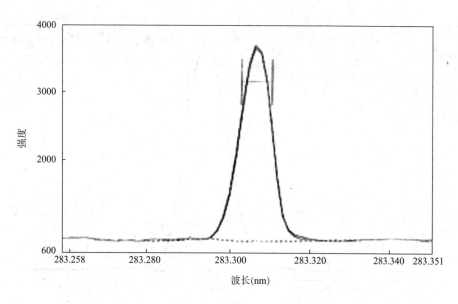

图4-4　ICP-AES测试 1mg/L 的铅标准溶液的峰图(波长 Pb 283.305nm)

(二)镉的光谱干扰

ICP-AES 分析镉 228.802nm 会受到砷 228.81nm 的光谱干扰,图 4-5 显示了 2mg/L 的砷含量存在时对浓度为 0.1mg/L 的 Cd 228.802nm 分析线的谱图,图 4-6 为 2mg/L 的 As 含量存在时对浓度为 0.1μg/L 的 Cd 226.502nm 分析线的谱图。由图 4-5 和图 4-6 的谱图可见,当样品中含有较高浓度的砷时,会对 Cd 228.802nm 形成明显的光谱干扰,影响镉定量的准确性,此时可以使用分析线 226.502nm 进行镉的定量分析。

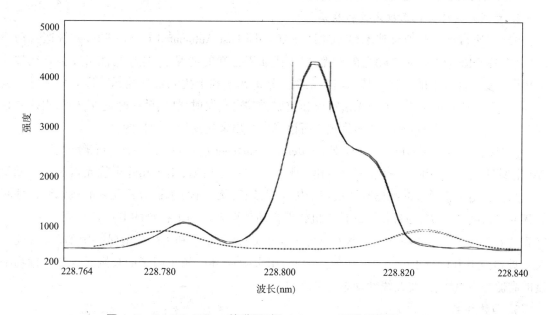

图4-5　Cd 228.802nm 的谱图(镉:0.1mg/L,干扰元素砷:2mg/L)

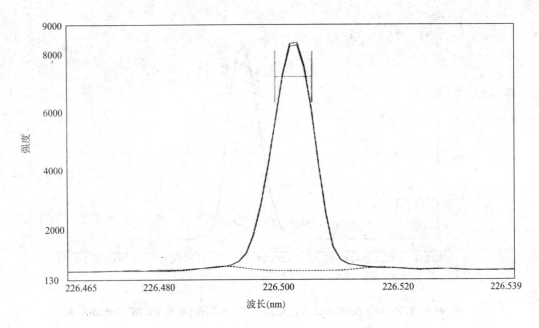

图 4-6　Cd 226.502nm 谱图(镉:0.1mg/L,干扰元素砷:2mg/L)

(三)光谱干扰的消除

1. 选择没有光谱干扰的谱线作为定量波长

在建立方法选择待元素波长时,尽量选择灵敏度高、干扰少的波长作为定量波长,并同时选择几条辅助波长帮助判断是否存在光谱干扰。若怀疑定量波长处存在光谱干扰,则可更换无光谱干扰的其他波长作为定量波长,重新检测。

2. 利用光谱干扰校正技术进行校正

(1)快速自动曲线拟合技术(FACT)。FACT,即 Fast Automated Curve-Fitting,快速自动曲线拟合。利用 FACT 技术排除光谱干扰,在干扰元素已知的情况下,这个功能可以很好地扣除干扰元素对待测元素的干扰。其原理是先对被分析元素和干扰元素的纯标准样品分别进行测定,由计算机记录下所得谱图的光谱特征和数据,如波长、发射强度、谱线峰宽等,再利用这些数据对干扰光谱进行图形解析,从而将被分析谱线分离出来达到校正的目的。

(2)干扰元素校正(IEC)。IEC 即 Interference Element Correction,当被分析谱线与其他元素存在谱线干扰时,可用来为被分析谱线建立干扰元素校正模型,用于扣除干扰元素对被测元素的贡献。它由干扰元素的纯标准溶液在干扰元素波长(无干扰)和被分析元素的检测波长处测量其发射强度 I_c 和 I_a,通过仪器的计算机软件自动计算来得到干扰物的 IEC 校正因子,再利用得到的 IEC 校正因子扣减干扰元素对被测元素的贡献。而 I_c 和 I_a 的比值是一定的(与浓度无关),即相当于 IEC 校正因子是一定值。因此,用来确定 IEC 校正因子的被测元素和干扰物浓度的高低并不重要,只要在线性动态范围之内。

3. 稀释样品

在某些情况下,一些基质中干扰物成分过高,会影响分析物的定量分析,此时,可通过适当的稀释观察稀释后的样品溶液浓度是否成线性倍数的变化,来判断待测物是否受到干扰。另外,有些干扰物只有在达到一定浓度后,才会对待测元素产生干扰,通过稀释便可克服其干扰。

(四)标准溶液的配制问题

ICP 光谱分析中,还必须重视标准溶液的配制,因为:①不正确的配制方法,将导致系统偏差的产生;②介质和酸度不合适,会产生沉淀和浑浊,易堵塞雾化器引起进样量波动;③元素分组不当,会引起元素间谱线互相干扰;④试剂和溶剂纯度不够,会引起空白值增加,检测限变差和误差增大。

配制标准溶液时应注意以下几点:①用高纯度酸和超纯度酸;②重新蒸馏去离子水;③把元素分成几组配制,避免谱线相互干扰及形成沉淀;④校正用的标准溶液应用储备液逐级稀释,确认移液管和容量瓶的误差水平;⑤ppm 级标准溶液应该定期配制(ppm 级金属元素标液的稳定期为 2~3 周);⑥准备标准溶液时,同时准备校正空白溶液。

第四节　六价铬含量的检测方法与检测标准

一、六价铬含量的检测技术

六价铬检测的主要方法有分光光度法、电化学分析法、荧光分析法、离子色谱紫外检测法(IC-UV)、离子色谱电感耦合等离子体质谱联用法(IC-ICP-MS)和液相色谱-电感耦合等离子体质谱联用法(LC-ICP-MS)等。其中分光光度法应用最为广泛,是目前国内外相关检测标准普遍采用的方法。随着电感耦合等离子体质谱(ICP-MS)在痕量元素分析中的快速发展,ICP-MS 与离子色谱(IC)联用技术(IC-ICP-MS)以及与液相色谱(LC)联用技术(LC-ICP-MS)得到很好的运用,由于高灵敏度和高分辨度,已成为解决复杂基体中超痕量有害元素离子分析的有效手段,越来越多地运用于纺织品和皮革中六价铬的检测。

(一)分光光度法

目前有关纺织品和皮革制品中六价铬的检测,90%以上都采用分光光度法,主要原因在于仪器操作简便易行、实用价值高。该过程采用二苯卡巴肼(DPC)作为衍生化试剂,利用酸性条件下六价铬的强氧化性,使二苯卡巴肼被氧化为二苯卡巴腙,该物质立即与新还原出的三价铬形成粉红色的络合物,并在 540nm 波长处具有最大吸收,适合采用分光光度计测定。然而,由于萃取液的弱碱性(pH≈8),导致皮革纤维中的一些结合力较弱的染料(如酸性染料、直接染料)进入萃取液中,从而对比色造成干扰,尤其是深色(黑色、红色)干扰最明显,导致假阳性的测试结果。因此,采用分光光度法检测皮革中六价铬时,萃取液的脱色技术一直是研究的热点。目前采用的脱色技术主要为吸附脱色技术。

吸附脱色技术因操作便捷、快速而成为检测过程的首选。然而,该过程中要求所用吸附剂不仅具有良好的颜色脱除能力,同时不能对萃取液中的六价铬吸附保留,即六价铬必须具有良好的回收率(90%~110%),因此这对吸附剂的选择性提出了较高的要求。综合目前文献中内容,成功用于萃取液脱色的吸附填料大致可分为聚酰胺粉、硅镁类物质、活性炭及石墨化炭黑四类物质。

(1)聚酰胺粉因其分子链中酰胺键的存在,而对各种皮革染料表现出较显著的吸附效果,同时其对六价铬几乎无吸附能力,因此成为首选脱色剂。有研究表明,4g 的该脱色剂(100~150

目）能有效去除40mL萃取液中的颜色,同时该过程中六价铬回收率几乎为100%,而且该脱色技术对于不同的皮革样品具有普适性。由于该过程操作简便,无须特殊设备,被引入现行标准GB/T 22807—2008内容中(即其中的PA脱色剂)。

(2)弗罗里(Florisil)硅土是最常用的一种硅镁吸附剂,弗罗里硅土固相萃取柱对萃取液中颜色的脱除效果比较好。有研究表明,采用规格为1g/6mL的该萃取柱,可有效地脱除30mL萃取液中的颜色,颜色脱除率在80%~95%之间,六价铬回收率可达到97%以上,若采用两根该规格的柱子串联脱色,颜色脱除率可达98%以上。采用弗罗里硅土固相萃取柱脱色,操作简便,结果一致性得到提高。实际上,弗罗里硅土固相萃取柱也是现行标准ISO 17075-1:2017附录A所推荐使用的脱色柱。

(3)活性炭因具有多孔的特征,对染料表现出优良的吸附能力。为了避免其对溶液中六价铬的吸附,需要将萃取液的pH调节至大于11。由于该技术在脱色前需要对pH进行调整,因此导致操作烦琐,且不易控制,容易造成对六价铬的吸附,影响测试结果。此方法目前已应用不多。

(4)石墨化炭黑是炭黑在惰性气体保护下加热到2700℃生成的一种碳材料,表面为无孔的平面六元环结构,对平面型的分子吸附力非常强,对化合物表现出广谱的吸附能力。由于该填料价格较贵,同时其实用效果并非优于上述三种材料,所以相关研究较少。

(二)液相色谱法

相对于分光光度法,液相色谱(HPLC)的色谱柱可以实现目标物和杂质的分离,从而有效消除杂质的干扰。因此只要能找到合适的色谱柱及建立合适的洗脱条件,将萃取液中的染料与六价铬和二苯卡巴肼衍生物分离出,再利用常规的HPLC检测器(如紫外UV、二极管阵列DAD)在540nm左右对衍生物进行检测,可以实现比分光光度计灵敏度更高的测定。

以皮革样品为检测对象,采用Zorbax EXTEND C18色谱柱对衍生物进行分离,然后采用DAD在540nm下检测,优化后的色谱条件为:流动相A为pH=2.5的K_2HPO_4溶液(1g/L),流动相B为丙酮,梯度洗脱,流速为0.6mL/min,方法的检测限为0.5mg/kg,表明仪器的灵敏度远高于分光光度计。该方法完全消除了萃取液中染料的干扰,定性及定量的准确性显著增加。此方法与GB/T 22807—2008和ISO17075-1:2017中的操作方法趋于一致,区别仅在于检测仪器的不同,结果可比性高。

(三)离子色谱法

离子色谱(IC)的工作原理与HPLC相同,不同之处主要在于IC的流动相及所用的离子交换色谱柱,更适合于无机离子的分离。采用常规的阴离子交换色谱柱,很容易实现六价铬离子与染料等杂质的分离,然后可以采用电导检测器(TDS)进行直接检测,或利用柱后衍生仪进行衍生化处理后再采用紫外或DAD检测器进行检测,实现六价铬的准确定性及定量。

由于采用紫外或DAD检测器时,灵敏度比电导检测器(TDS)对六价铬离子的更高,在采用IC对纺织品、玩具材料、水体的六价铬进行检测时,均采用了阴离子交换柱分离、柱后DPC衍生化、DAD或紫外检测器检测的方式。该方式成为目前常规IC分析样品中六价铬的首选。

(四)色谱—电感耦合等离子体质谱法

电感耦合等离子体质谱(ICP-MS)通常用于痕量元素的分析,因此可用于测定纺织品和皮革样品中的痕量六价铬。其与离子色谱(IC)或HPLC联用后,先用色谱柱对六价铬离子进行分离,然后采用 ICP-MS 检测,以铬元素自然丰度比 $^{52}Cr/^{53}Cr=8.8$ 和色谱峰保留时间进行定性,以 $m/z=52$ (^{52}Cr) 的峰面积进行定量,检出限通常低至 $\mu g/L$。

色谱法与电感耦合等离子体质谱(ICP-MS)联用技术可以结合色谱法的高分离能力和 ICP-MS 的高灵敏度优势,其优点有:灵敏度更高,检出限极低,主要利用 ICP-MS 进行定量分析,ICP-MS 常用于测定试样中的痕量组分。准确度高,完全能够满足测量精度的要求。可消除其他金属离子的干扰。操作方便,分析快速。IC-ICP-MS 和 LC-ICP-MS 联机法测试样品的前处理不需要经过显色反应,需要配制的化学试剂也更少,只是需要简单的萃取后即可进行检测,操作更加简单,另外,可以连续进行分析,分析批量样品时更快速。可消除颜色的干扰。皮革的颜色对 ICP-MS 检测毫无影响,因此 IC-ICP-MS 和 LC-ICP-MS 联机法可以完全消除颜色的干扰,使得测量结果更加准确。

然而,由于 ICP-MS 价格的昂贵性,该检测仪器目前在检测实验室中普及率较低。但随着技术的发展,色谱电感耦合等离子体质谱法将会是未来发展的方向。

二、国内外相应的检测标准

国内外纺织品和皮革产品上六价铬的检测标准有:ISO 17075-1:2017《皮革 皮革中六价铬(Cr Ⅵ)含量的化学测定 第 1 部分:比色法》、ISO 17075-2:2017《皮革 皮革中六价铬(Cr Ⅵ)含量的化学测试 第 2 部分:色谱法》、GB/T 17593.3—2006《纺织品 重金属的测定 第 3 部分:六价铬检测分光光度法》、GB/T 22807—2008《皮革和毛皮 化学试验 六价铬含量的测定》。

下面详细介绍六价铬的检测方法。

(一)ISO 17075-1:2017

1. 适用范围、定义和基本原理

该标准规定了在一定的条件下从皮革中萃取出来的溶液中六价铬的测定方法。该方法适用于皮革中六价铬的定量测定,并可达到 3mg/kg 的检出低限。所谓六价铬含量是指皮革在 pH 为 7.0~8.0 的含盐水溶液萃取后测得的六价铬的总量[以干重为 1kg 的皮革样品中六价铬的质量(mg)表示]。

采用该方法的测定结果与萃取条件密切相关。采用其他萃取条件,如萃取溶液、pH、萃取时间等,获得的结果与本标准规定的程序所获得的结果没有可比性。

如果皮革样品同时使用 ISO 17075-1 和 ISO 17075-2 进行测试,则以 ISO 17075-2 的测试结果作为参考。因为 ISO 17075-2 中描述的方法具有不受萃取物颜色的干扰的优点,实验室间试验表明两种方法并没有显示出显著的差异,两种方法的结果具有可比性。

该方法的基本原理是,在 pH 为 7.0~8.0 的磷酸盐缓冲液中,样品的可溶性六价铬被萃取出来,若有必要,其他干扰检测的物质可用固相萃取的方法去除。溶液中的六价铬可将 1,5-二苯卡巴肼氧化为 1,5-二苯卡巴腙,产生一种紫红色络合物,此络合物可用紫外—可见光分光光度计在 540nm 处定量检测。

2. 试剂与设备

(1)试剂。萃取溶液:溶解 22.8g 含 3 份结晶水的磷酸氢二钾在 1000mL 水中,用磷酸调节 pH 至 8.0±0.1,用氩气或氮气脱气;二苯卡巴肼溶液:溶解 1.0g 1,5-二苯卡巴肼于 100mL 丙酮中,用 1 滴冰醋酸化(此溶液须保存在棕色瓶中,在 4℃下保存期限为 14d);磷酸溶液:700mL

($\rho = 1.71g/mL$)正磷酸用蒸馏水稀释至1000mL;六价铬储备溶液:用水溶解2.829g重铬酸钾[先于(102 ± 2)℃下干燥(16 ± 2)h]于1000mL容量瓶中,并稀释至刻度,此溶液相当于1mg Cr(Ⅵ)/mL;六价铬标准溶液:移取1mL上述六价铬储备溶液于1000mL容量瓶中,用上述萃取溶液稀释至刻度,此溶液相当于1μg Cr(Ⅵ)/mL;无氧氩气或氮气:优先选用氩气,因其具有比空气更高的密度;甲醇:HPLC级;

(2)设备。机械摇床:(100 ± 10) r/min;通气管和流量计;玻璃电极pH计;过滤膜:孔径为0.45μm的聚四氟乙烯或尼龙过滤膜;分光光度计,波长540nm;比色皿:4cm或其他合适光程;玻璃或聚丙烯的反相吸附柱:填有合适的吸附材料,如RP18;固相萃取(SPE)系统:带有抽真空装置或耐溶剂医用注射器。

3. 测试步骤

(1)取样和样品的制备。如有可能,按ISO 2418:2017取样并在进行萃取前才将皮革样品按ISO 4044:2017中6.3的要求碾碎,如果无法按ISO 2418:2017的要求取样,如鞋子、服装等最终产品,则需在测试报告中说明具体的取样情况。

(2)分析溶液的制备。称取(2 ± 0.1)g碾碎的皮革样品(精确至0.001g),向250mL锥形烧瓶中移入100mL(V_0)萃取溶液,通入流速(50 ± 10)mL/min的无氧氩气(或氮气)5min以赶走氧气,然后除去通气管,放入称好的皮革样品,塞上瓶塞。将装有悬浮着皮革碎末的萃取液的烧瓶置于机械摇床上摇动3h±5min,以萃取样品中的六价铬。其间,若有样品黏在瓶壁,轻轻地回旋状摇晃烧瓶,使其在萃取液中保持悬浮状态,但摇晃速度不能过快。3h后萃取结束后,立即将萃取液用过滤膜过滤至玻璃瓶中,检查溶液的pH,若其pH不在7.0~8.0的范围内,这个分析溶液的制备程序必须重来。

(3)萃取液中六价铬的测定。

①反相吸附柱的预处理。用5mL甲醇淋洗柱子,再用5mL蒸馏水淋洗,最后用10mL萃取溶液淋洗,处理中和处理后均不需要干燥吸附柱。

②从经过滤的分析溶液中移取10mL(V_1),在一含真空抽吸装置的固相萃取系统上,使其定量地通过反相吸附柱,将淋出液收集在25mL的容量瓶中,再用10mL萃取溶液淋洗反相吸附柱,也收集于25mL容量瓶中,用萃取溶液稀释至刻度(V_2),将此溶液标注为S_1。

③空白溶液。在25mL的容量瓶中,加入约3/4的萃取溶液,加入0.5mL磷酸溶液和0.5mL二苯卡巴肼溶液,用萃取溶液稀释至刻度,混匀,此溶液必须用时配制并避光保存;除了不需进行固相萃取,按上述制备分析溶液的程序同样处理空白溶液。

④移取10mL(V_3)S_1溶液于25mL容量瓶中,用萃取溶液稀释至容量瓶容量的约3/4,先后加入0.5mL磷酸溶液和0.5mL二苯卡巴肼溶液,用萃取溶液稀释至刻度(V_4),摇匀;放置(15 ± 10)min后,在4cm或其他合适光程的比色皿中,以空白溶液为参照,在540nm波长下,测定其吸光度A_1;重复此步骤,但不加二苯卡巴肼溶液,测定溶液的吸光度A_2。

⑤校准。用六价铬标准溶液配制系列校准溶液,并使这些校准溶液的六价铬浓度涵盖期望的测量范围。分别在($0.5\sim1.5$)mL的范围内至少取6个点,移取六价铬标准溶液于25mL的容量瓶中,在每个容量瓶中分别加入0.5mL磷酸溶液和0.5mL二苯卡巴肼溶液,用萃取溶液稀释至刻度,混匀并放置(15 ± 10)min。用相同的比色皿,在540nm波长下,以空白溶液为参照,测定校准溶液的吸光度。以六价铬的浓度(μg/mL)为横坐标,以吸光度为纵坐标,绘制标准曲线。

4. 回收率的测定

(1)基体的影响。回收率的测定非常重要,因为其可以提供有关可能存在的基体效应的信息,而这些因素可能会影响测试结果。取 10mL 样品分析溶液,加入一定量的六价铬标准溶液,使添加到分析溶液中的六价铬含量为 10mg/kg,并确保最终体积不超过 11mL。将此溶液视作萃取样品所得的分析溶液,按上述规定的程序测定其六价铬含量。溶液的吸光度应落在校准曲线的范围内,否则,上述操作须重来。测得的回收率应在 80% 以上。

(2)反相吸附材料的影响。移取一定体积的六价铬标准溶液于 100mL 容量瓶中,用萃取溶液稀释至刻度。此溶液中六价铬的含量应与皮革样品中六价铬含量相当,或至少应为 6μg/100mL。按皮革样品萃取六价铬含量的测定方法测定此溶液,并计算其结果,回收率应大于 90%。如果回收率等于或低于 90%,则所用的反相吸附材料不适合而应被取代。

5. 结果的计算和表示

$$W_{Cr(Ⅵ)} = \frac{(A_1 - A_2) \times V_0 \times V_2 \times V_4}{V_1 \times V_3 \times m \times F} \tag{4-2}$$

式中:$W_{Cr(Ⅵ)}$ 为皮革中可溶性六价铬的含量($μg/kg$);A_1 为含有二苯卡巴肼(DPC)的溶液吸光度;A_2 为不含有二苯卡巴肼(DPC)的溶液吸光度;F 为校准曲线的斜率(Y/X)($mL/μg$);m 为皮革样品的质量(g);V_0 原始样品的萃取液体积(mL);V_1 为从原始的样品萃取液体积中所取的分量(mL);V_2 为总洗出液(S_1)体积,V_1 经一系列过程被定容为 V_2(mL);V_3 为从溶液 S_1 中取出的分量($10mL$);V_4 为取自 S_1 试样的最终定容体积($25mL$)。

以干燥物质为基础的结果:

$$W_{Cr(Ⅵ)-dry} = W_{Cr(Ⅵ)} \times \frac{100}{100-w} \tag{4-3}$$

式中:w 为使用 ISO 4684—2005 测定的挥发性物质的质量分数(%)。

$$w = \frac{w_0 - w_1}{w_0} \times 100\% \tag{4-4}$$

式中:W_0 为皮革在放进烘箱之前的质量(g);W_1 为皮革在拿出烘箱之后的质量(g)。

基于样品的干重,以 mg/kg 表示样品中六价铬的含量,精确到 0.1mg/kg。考虑到皮革的萃取基体比较复杂(如有时会带有色泽),且当测试结果在 3mg/kg 以下时,变异系数较大,可靠性降低,因而本方法的检出限定为 3mg/kg。当测得的六价铬含量大于 3mg/kg 时,应将被测溶液的 UV/VIS 光谱与校准溶液的光谱进行比较,以确定阳性的结果是否由于干扰物质引起的。

(二)ISO 17075-2:2017

1. 适用范围定义和基本原理

该标准适用范围和定义等同于 ISO 17075-1:2017,其基本原理与第一部分稍有不同,是在 pH 为 7.0~8.0 的磷酸盐缓冲液中,样品的可溶性六价铬被萃取出来后用离子色谱紫外可见检测器分析。

2. 试剂与设备

该标准试剂部分等同于 ISO 17075-1:2017。

(1)柱后衍生试剂的配制。溶解(0.50+0.01)g 的 1,5-二苯卡巴肼于 100mL 甲醇中,溶解 28mL 98% 浓硫酸于 500mL 蒸馏水中,等硫酸溶液冷却后加入 1,5-二苯卡巴肼溶液,搅拌混匀,蒸馏水定容至 1000mL。配制浓度范围为 50~1000μg/L 的五个浓度点作为标准曲线。

（2）设备。机械摇床：(100±10) min⁻¹；通气管和流量计；玻璃电极 pH 计；过滤膜：孔径为 0.45μm 的聚四氟乙烯或尼龙过滤膜；配有 UV 检测器的离子色谱仪或配有离子交换柱及 UV 检测器高效液相色谱仪，此外，推荐二极管阵列检测器。

3. 测试步骤

取样和样品的制备及分析溶液的制备等同于 ISO 17075-1:2017，标准线性和分析溶液穿插进样，外标法定量。

分析溶液可以在 372nm 直接用仪器分析，也可以和 1,5-二苯卡巴肼柱后衍生后在 540nm 进行分析，以下参数已被证明是合适的。

（1）直接分析法。流动相：25mmol 硫酸铵和 1mmol 氢氧化钠（pH = 8.0±0.2，室温下一周有效）；色谱柱：阴离子交换柱；分析柱：含季铵官能团的聚甲基丙烯酸酯树脂，4.6mm×75mm，预柱 1mm；流速：0.9mL/min；柱温：30℃；进样体积：50μL，波长范围：200~550nm（DAD）；372nm（UV）；运行时间：5min；平衡时间：6min。

（2）柱后衍生法。流动相：25mmol 硫酸铵和 1mmol 氢氧化氨；分析柱：以烷基季铵为官能团的阴离子交换柱，250mm×4mm；保护柱：35mm×4mm；反应环：750μL；进样体积：100μL；预柱流速：0.33mL/min；分析在流速：1mL/min；运行时间：10min。

4. 结果的计算和表示

$$W_{\text{Cr(Ⅵ)}} = \frac{(A - b) \times V_0 \times V_c}{V_M \times m \times F} \tag{4-5}$$

式中：$W_{\text{Cr(Ⅵ)}}$ 为皮革中可溶性六价铬的含量（mg/kg）；A 为含有样品溶液峰面积；F 为校准曲线的斜率（Y/X）（mL/μg）；b 为校准曲线的截距（Y/X）；m 为皮革样品的质量（g）；V_0 为原始样品的萃取液体积（mL）；V_c 为校准溶液的进样体积（μL）；V_M 为样品溶液的进样体积，（μL）。

以干燥物质为基础的结果计算等同 ISO 17075-1:2017。

（三）GB/T 17593.3—2006

1. 适用范围和基本原理

该标准规定了采用分光光度计测定纺织品萃取溶液中可萃取六价铬的方法，该标准适用于纺织材料及其产品。

将试样用酸性汗液萃取，再将萃取液在酸性条件下用二苯卡巴肼显色，用分光光度计测定显色后萃取液在 540nm 波长下的吸光度，计算出纺织品六价铬的含量。

2. 试剂、材料与设备

人工酸性汗液：按 GB/T 3922—2013《纺织品　色牢度试验　耐汗渍色牢度》的规定配制人工酸性汗液（现配现用）；(1:1)磷酸溶液：磷酸（$\rho = 1.69g/mL$）与水等体积混合；六价铬标准储备溶液（1000mg/L）：重铬酸钾在 (102±2)℃ 下干燥（16±2）h 后，精确称量 2.829g 放于 1000mL 容量瓶中，用水稀释至刻度（在 15~25℃ 下保存期为 6 个月，但当出现混浊、沉淀或颜色发生变化等现象时应重新配制）；六价铬标准工作溶液（1mg/L）：移取 1mL 六价铬标准储备溶液于 1000mL 容量瓶中，用水稀释至刻度（现配现用）；显色剂：称取 1g 1,5-二苯卡巴肼溶于 100mL 丙酮中，加 1 滴冰醋酸酸化（应置于棕色瓶中，在 4℃ 下保存期限为 14 天）；分光光度计：配有光程为 4cm 的比色皿，检测波长为 540nm；具塞三角烧瓶：150mL；恒温水浴振荡器：(37±

2)℃,振荡频率为 60 次/min。

3. 测试步骤

(1)样品萃取。取有代表性样品,剪碎至 5mm×5mm 以下,混匀,称取 4g 试样两份(供平行试验用,精确至 0.01g),置于三角烧瓶内,加入 80mL 人工酸性汗液,将样品充分浸湿,放入恒温水浴振荡器中,在(37±2)℃下振荡 60min。静止冷却至室温,过滤后供分析用。

(2)萃取液中六价铬的测定。移取 1mL 磷酸溶液和 1mL 显色剂,混匀;同时,另取 20mL 水,同样加入 1mL 磷酸溶液和 1mL 显色剂,混匀,作为空白参比溶液;将这两份溶液在室温下放置 15min,用分光光度计在 540nm 波长下,测定显色后样品溶液的吸光度。考虑到样品萃取溶液的不纯和样品的褪色,取 20mL 样品萃取溶液,加 2mL 水,混匀;以水为空白参比溶液,在上述相同条件下测定未经显色的样品溶液的吸光度。

注:当试样在萃取中掉色严重,并影响测试结果时,可用硅酸镁吸附剂或其他合适的方法消除颜色的干扰后,再按上述程序进行测定,但需在测试报告中注明。

(3)标准工作曲线的绘制。分别移取 0mL、0.5mL、1.0mL、2.0mL 和 3.0mL 六价铬标准工作溶液,于 50mL 容量瓶中,用水稀释至刻度,配制成浓度为 0mg/mL、0.01μg/mL、0.02μg/mL、0.04μg/mL 和 0.06μg/mL 的溶液。分别取上述不同浓度的溶液 20mL,加入 1mL 磷酸溶液和 1mL 显色剂,摇匀;另取 20mL 水,加入 1mL 磷酸溶液和 1mL 显色剂,摇匀,作为空白溶液,都在室温下放置 15min;而后在 540nm 波长下,分别测定其吸光度。以吸光度为纵坐标,六价铬浓度(μg/mL)为横坐标,绘制标准工作曲线。

4. 计算和结果的表示

根据下列公式计算每个试样的校正吸光度:

$$A = A_1 - A_2 \tag{4-6}$$

式中:A 为校正吸光度;A_1 为显色后样液的吸光度;A_2 为空白样液的吸光度。

用校正后的吸光度数值,通过工作曲线查出六价铬浓度。

根据下列公式计算试样中可萃取的六价铬含量:

$$X = \frac{c \times V \times F}{m} \tag{4-7}$$

式中:X 为试样中可萃取的六价铬含量(mg/kg);c 为样液中六价铬浓度(mg/L);V 为样液的体积(mL);m 为试样的质量(g);F 为稀释因子。

以两个试样测试结果的平均值作为样品的试验结果,计算结果精确到小数点后两位。本方法的测定低限为 0.2mg/kg。

三、检测过程中存在的问题分析

(一)同一件样品,不同部位的取样对结果的影响

在制革过程中,由于原料、工艺或技术等方面的原因,特别是一些较厚,且结构较紧密的皮革制品,极易造成铬在皮革中的分布不匀,这种分布不匀可能是表层或内层的分布差异,也可能是区域性的分布差异。加入适量的蒙囿剂(如甲酸钠、乙酸钠等)对铬的均匀分布是有帮助的,但仍不能彻底解决铬分布不均的问题。因此,对同一件样品在不同部位取样分析时,有可能得到不同的检测结果。

(二)同一件样品,不同时间的检测对结果的影响

正如前面第一节所提到的,在一定的条件下,三价铬可被氧化成六价铬。样品如果存放在温度过高、潮湿环境下或有光照的情况下,样品中的三价铬可能被氧化转化成六价铬,导致六价铬含量上升。在这种情况下,样品放置一段时间后,该样品重新检测可能得出不同的结果。类似的情况,同一批样品,在不同的实验室,若存放条件不同,也可能导致检测结果的不同。

针对这种情况,很多品牌商或买家,要求皮革样品在测试六价铬前,需要进行老化预处理,即将样品预先放置在温度80℃,相对湿度20%RH(或5% RH)的恒温恒湿箱中处理24h。预处理的机理是,使得皮革样品中的三价铬和六价铬转换达到平衡状态。老化预处理后的六价铬含量会比预处理前的结果明显增大。但老化预处理后的样品,六价铬含量趋于稳定,在不同时间,不同保存条件,不同实验室的测试结果,也容易趋于一致。

(三)样品的存放对测试结果的影响

如上所述,样品的保存对结果的影响很大。样品的存放一定要远离热源、高温及紫外线的照射,以避免有些样品中的三价铬被氧化成六价铬;样品处理过程中,应尽量减少溶液与空气的接触,以避免溶液中的三价铬被氧化成六价铬,影响测量结果。

(四)颜色干扰对测试结果的影响

由于采用了比色定量分析,样品萃取液中若含有其他在540nm波长处或附近也有吸收的有色杂质,虽然可以采取一些措施来减轻这种干扰,但仍会在一定程度上影响测试结果的准确性。由于大部分皮革制品是经过染色或着色的,在皮革制品的六价铬含量测定中,由杂质引起的对分析溶液色泽的干扰普遍存在。

长期以来,为解决这一棘手的问题曾做了很多努力,包括采用活性炭脱色、树脂吸附等措施,但问题似乎仍未得到很好的解决。ISO 17075-1:2017提出采用过滤膜和反相吸附材料,在样品萃取分析溶液用1,5-二苯卡巴肼反应并显色前,通过过滤和固相萃取的方法来除去绝大部分机械或有色杂质,这在很大程度上可以解决杂质的干扰问题。而活性炭脱色已被证明对萃取液的脱色是不合适的。另外,采用LC-ICP-MS和IC-ICP-MS联机法也可以完全消除颜色的干扰,结果更加正确。

第五节 可萃取重金属含量的检测方法与检测标准

一、可萃取重金属含量的检测方法

有关纺织品上有害重金属的来源错综复杂,对人体健康的危害也各不相同。由于会对人体健康造成损害的并非产品中可能存在的某些重金属的总量,而是其可能游离出来的部分,因此在评估产品中重金属对人体的影响,设计测定纺织产品、皮革制品和其他相关日用消费品及辅料的有害重金属含量的方法时,需考虑其在正常使用情况下,因各种原因而游离出来的有害重金属的量。目前,测试产品上可萃取或可溶解的有害重金属含量,模拟其实际使用条件进行样品萃取的方式主要有两种:一是模仿人体皮肤表面环境,以人工酸性(或碱性)汗液浸泡样品,进行萃取。这主要是针对与人体皮肤直接接触的纺织品服装及辅料产品。在对纺织产品生态安全性能检测中,可萃取重金属含量的测定主要采用此萃取方法。二是模仿人体胃酸环境,以

0.07mol/L 盐酸萃取(模拟胃酸的酸度),在 37℃(模拟人体的体温)水浴中振摇 1h,再静置 1h。这主要是针对玩具和婴幼儿产品,模拟样品材料被儿童吞食后与胃酸接触状态。在玩具安全标准中可溶性重金属含量测试采用此方法。

被列为可萃取重金属监控范围的元素包括锑(Sb)、砷(As)、铅(Pb)、镉(Cd)、铬(Cr)、六价铬(CrⅥ)、钴(Co)、铜(Cu)、镍(Ni)、汞(Hg)、钡(Ba)和硒(Se)等。对于重金属检测的仪器分析技术如前所述,主要是光谱法和质谱法,包括电感耦合等离子体发射光谱法(ICP-AES)、电感耦合等离子体质谱法(ICP-MS)、原子吸收分光光度法(FAAS、GFAAS)、原子荧光分光光度法(AFS)等。由于可萃取重金属含量限值很低,电感耦合等离子体质谱法(ICP-MS)在检测行业的运用越来越普遍。

二、相应的检测标准

目前,可萃取重金属含量检测是纺织产品生态安全性能的常规监控项目之一。国内外涉及的检测标准主要有:EN16711-2:2015《纺织品　金属含量的测定　第 2 部分:用酸性人工汗液萃取重金属的测定》、GB/T 17593.1—2006《纺织品　重金属的测定　第 1 部分:原子吸收分光光度法》、GB/T 17593.2—2006《纺织品　重金属的测定　第 2 部分:电感耦合等离子体原子发射光谱法》、GB/T 17593.4—2006《纺织品　重金属的测定　第 4 部分:原子荧光分光光度法》

(一)EN16711-2:2015

1. 原理

将剪碎的纺织品试样用人工汗液进行萃取。然后使用适当原子吸收或质谱分析技术分析萃取液中的重金属含量。(如:电感耦合等离子体发射光谱仪、电感耦合等离子体质谱仪、原子吸收分光光度法或冷原子光谱吸收分光光度法)。

2. 试剂和设备

电子天平,分量 0.0001g;100mL 具塞锥形瓶或其他适当的容器;带玻璃电极的 pH 计;振荡器,可选水平或圆周振荡器;加热设备(37±2)℃,如水浴;0.45μm 滤膜;浓硝酸 (65%,质量分数);汗液:符合 EN ISO105-E04:2013,溶解 0.5g L-组氨酸盐酸盐($C_8H_9O_2N_3HCl \cdot H_2O$),5g 氯化钠(NaCl) 及 2.2g 二水磷酸二氢钠($NaH_2PO_4 \cdot 2H_2O$)到 1L 水中,用 1mol/L 的盐酸或 1mol/L 的氢氧化钠溶液调 pH 到 5.5±0.2;1mol/L 的盐酸;1mol/L 的氢氧化钠;符合 ISO 3696:1987 的二级水;重金属标准溶液:符合 EN 1233:1996,EN ISO 11885:2009,EN ISO 12846:2012,EN ISO 15586:2003,EN ISO 17294-2:2016,EN ISO 17852:2008 or ISO 8288:1986。

3. 取样

用无腐蚀性材料(最好是陶瓷)制成的锋利剪刀取有代表性的试样约 1g,精确至 0.0001g。如果该纺织品由产品的几个零部件组成,如针织袖口或衬里,所有材料都应该当作代表性复合试样,等量取样。根据仪器设备的检测限和定量限,选择可作为复合样品采集的零部件的数量。称量不能分离的材料,作为复合试样,也应当要考虑取样材料的不同颜色。避免与金属物品接触,特别是在潮湿环境或腐蚀性表面。

4. 萃取程序

如果样品充足,应进行平行测试。称取约 1g 的剪碎试样(约 $1cm^2$),精确至 0.0001g,置于锥形瓶或其他合适的无污染的容器中。毡和羊毛材料应使用 250mL 容器,其他材料应使用

100mL 容器。加入 50mL 的酸性汗液,盖上塞子,用手摇动试样,确保纺织样品完全浸湿。然后置于(37±2)℃振荡器中振荡 1h。振荡频率为水平振荡 60 次/min 或圆周振荡 30 次/min。然后,用 0.45μm 滤膜过滤。

5. 测定金属元素

使用适当原子吸收或质谱分析技术分析萃取液中的重金属含量,符合 EN1233:1996,EN ISO 11885:2009, EN ISO 12846:2012, EN ISO 15586:2003, EN ISO 17294-2:2016, EN ISO 17852:2008 or ISO 8288:1986。用金属标准溶液和适当基质建立校准曲线分析测试溶液,如果测试溶液中元素浓度超过曲线浓度,应进行适当的稀释。

6. 结果计算

纺织品试样中的重金属元素的含量,按下列公式(4-8)计算:

$$d = \frac{\beta \times V}{m \times 1000} \tag{4-8}$$

式中:d 为试样中金属元素 i 总含量(mg/kg);β 为样品溶液中重金属元素 i 的质量浓度(μg/L);V 为样品溶液的总体积(mL);m 为试样的质量(g)。

(二)GB/T 17593 系列标准

GB/T 17593 系列标准是根据不同金属性质以及相对应的仪器方法将标准分为 4 个部分,即第 1 部分:原子吸收分光光度法;第 2 部分:电感耦合等离子体原子发射光谱法;第 3 部分:六价铬 分光光度法;第 4 部分:砷、汞 原子荧光分光光度法。第 3 部分在上一节六价铬检测方法中已经介绍,此处不再重复。该系列的其他三部分标准方法都适用于纺织材料及其产品,样品的前处理都使用酸性汗液萃取,只是测定的元素和对应的检测仪器不同。

GB/T 17593.1—2006 的测试原理是使用酸性汗液萃取后,在对应的原子吸收波长下,用石墨炉原子吸收分光光度计测定萃取液中镉、钴、铬、铜、镍、铅和锑的吸光度,用火焰原子吸收分光光度计测定萃取液中铜、锑和锌的吸光度,对照标准工作曲线确定相应重金属离子的含量,计算出纺织品中酸性汗液可萃取重金属的含量。

GB/T 17593.2—2006 的测试原理是使用酸性汗液萃取后,用电感耦合等离子体原子发射光谱仪(ICP)测定纺织品中可萃取的砷、镉、钴、铬、铜、镍、铅和锑 8 种重金属含量。

GB/T 17593.4—2006 是专门针对砷和汞的检测方法。由于砷和汞的单体和部分化合物的性质不太稳定,对纺织产品上砷和汞的限量值非常低,常用的分析技术因分析的灵敏度、重现性、分析成本等原因而不适用。因此,在纺织品有害重金属含量测定方法系列标准的制定中,专门采用原子荧光分光光度法测定砷和汞。砷的测定的基本原理:用酸性汗液萃取试样后,加入硫脲—抗坏血酸将五价砷转化为三价砷,再加入硼氢化钾使其还原成砷化氢,由载气带入原子化器中并在高温下分解为原子态砷。在 193.7nm 荧光波长下,对照标准曲线确定砷含量。汞的测定的基本原理:用酸性汗液萃取试样后,加入高锰酸钾,将汞转化为二价汞,再加入硼氢化钾使其还原成原子态汞,由载气带入原子化器中,在 253.7nm 荧光波长,对照标准曲线确定汞的含量。

GB/T 17593 系列标准虽然都是针对纺织品上有害重金属的测定,但由于所涉及的重金属的来源、性质、存在状态和限量值等存在不同,而必须采用不同的分析技术。不同的分析技术也由于适用性、灵敏度、可靠性、方便性和分析成本等因素而被有选择地运用于不同重金属元素的测定。随着经济的发展，技术力量的提高，GB/T 17593.2—2006 规定的电感耦合合等离子体原子发射光谱法(ICP)具有快速、方便、灵敏度高的优点而被广泛采用。

三、检测过程中存在的干扰和解决方法

(一)酸性汗液盐分对仪器检测的干扰

从仪器工作条件方面来讲，人工酸性汗液因含有大量磷酸盐、氯化钠及组氨酸盐等，使酸性汗液中钠离子含量很高，使得测试样液的基底复杂，带来的干扰效应十分显著，在测试时背景值极高，使灵敏度下降，同时严重影响结果的准确性。尽管理论上可能通过扣除背景的方法消除背景干扰，但由于背景值太高，仪器的背景扣除方法实际上很难彻底扣除背景，从而造成方法对某些金属检测的不适应，使得分析结果偏差较大。

大量的高盐基体的存在，会改变试样的某些物理性质，引起进样、蒸发状况的变化。基体效应引起的干扰，在性质上可以是物理干扰，也可以是化学干扰或光谱干扰。同时，大量的高盐基体的存在，对仪器设备的损伤较大，要注意仪器设备的保养。

(二)解决的方法

1. 基体匹配

原子吸收分光光度法(AAS)的基体干扰，在火焰法中大量基体原子化使被测元素基态原子被冲淡(稀释)，降低被测元素吸收值。消除这种干扰的方法是在火焰原子吸收分光光度法(FAAS)中，在标准溶液中加入纯基体或分离基体，基体量不高时改用标准加入法。基体也可以用电解、沉淀分离或用离子交换萃取被测元素，使其与基体分离。

2. 稀释

采用稀释法，将样品溶液稀释，可以降低高盐基体的浓度，减少对检测结果的影响，此方法简单方便，易操作。但是考虑到仪器检出限的限制，其应用的范围有限，对待测元素含量不高的样品，不适用。

3. 内标法

内标法是消除物理干扰的最好方法。测量分析线和内标元素谱线的强度比，以内标元素的谱线来控制分析元素由于物理干扰而引起的强度变化。内标元素可以是，样品中某一含量固定的基体元素，或定量加入的其他元素(通常采用该方法)。

4. 标准加入法

当不能抑制样品基体的物理或化学干扰时，或当没有空白而不能使样品的基体与标样相匹配时，需采用标准加入法。

(1)在三个等量的同一样品中，按照一定增量分别加入标准溶液；

(2)分别对原样品和三个加标样品进行测量。

(3)按照线性拟合得出 X 截距和 Y 截距，X 截距的绝对值为被测分析物的含量。

标准加入法可克服基体效应，但不能克服谱线干扰。

5. 加入基体改进剂

消除石墨炉原子吸收分光光度法(GFAAS)中的基体干扰经常采用加入基体改进剂，作用是，使基体转化为易挥发的化合物，被测元素形成较稳定的化合物，以防止被测元素基态原子在灰化阶段损失和消除基体干扰；使基体形成难解离的化合物，并且降低被测元素的原子化温度。

第六节　镍释放量的检测方法与检测标准

一、镍释放量的相关法规

在纺织品的金属辅料中,如纽扣、拉链、铆钉和金属装饰物等,镍是最常用的合金元素,因其良好的物理化学性能,不仅能提高合金的亮度和白度,还能提高其机械性能。然而,某些含镍的材料直接和长期与皮肤接触,其释放出的镍离子会被皮肤所吸收,从而引起过敏反应。因此,纺织品金属辅料中镍释放量的检测也被列入纺织产品生态安全性能检测的项目中。

(一)REACH 法规和欧盟标准

欧盟 REACH 法规(EC No. 1907/2006)附录 XⅦ 第 27 项明确规定:①任何穿刺耳洞和人体部分的穿刺类部件,镍的释放量不得超过 $0.2\mu g/(cm^2 \cdot week)$;②对与人体皮肤直接和长期接触的制品,如耳环、项链、手镯和手链、脚链、戒指、表壳、表带或其他用于收紧的物件、用于服装上的铆钉、按钮或纽扣、拉链和金属标记物等,这些制品与皮肤直接和长期接触部分的镍释放量不得超过 $0.5\mu g/(cm^2 \cdot week)$;③在第②中所指定的制品,如表面有非镍镀层,其镀层应保证与皮肤直接和长期接触部分在正常使用的两年内,镍释放量不得超过 $0.5\mu g/(cm^2 \cdot week)$。不符合上述要求的产品不得投放市场。同时,该条款明确规定了镍释放量检测的协调标准。

2016 年 1 月 15 日,欧盟官方公报(OJ)发布 2016/C 014/04,公布 REACH 法规附件 XⅦ 第 27 项镍释放量的最新协调标准清单,用于镍释放量检测的标准有:EN 1811:2011+A1:2015《人体穿刺部件以及直接和长期与人体皮肤接触的物品镍释放的参考方法》、EN 12472:2005+A1:2009《涂层覆盖材料镍释放量测定的磨损和腐蚀模拟方法》、EN 16128:2011《眼镜架和太阳镜与皮肤近距离和长时间接触的部分的镍释放的参考试验方法》。

EN 1811:2011+A1:2015 取代了之前的 EN 1811:2011。与 EN 1811:2011 相比较,EN 1811:2011+A1:2015 删除了对于镍释放量的不确定的结论。EN 1811:2011,对于处在灰色区域的镍释放值[$0.28<x<0.88\mu g/(cm^2 \cdot week)$ 或 $0.11<x<0.35\mu g/(cm^2 \cdot week)$]将会给出不确定的结论。EN 1811:2011+A1:2015 给出了清楚的符合性评估。详情见表 4-11 和表 4-12。

表 4-11　穿刺类物品[限值:$0.2\mu g/(cm^2 \cdot week)$]

镍释放值 [$\mu g/(cm^2 \cdot week)$]	EN 1811:2011	EN 1811:2011+A1:2015
<0.11	合格	合格
0.11~0.35	不确定	合格
≥0.35	不合格	不合格

表 4-12　非穿刺类物品[限值:$0.5\mu g/(cm^2 \cdot week)$]

镍释放值 [$\mu g/(cm^2 \cdot week)$]	EN 1811:2011	EN 1811:2011+A1:2015
<0.28	合格	合格
0.28~0.88	不确定	合格
≥0.88	不合格	不合格

(二)我国的镍释放相关标准

我国 GB 28480—2012《饰品有害元素限量的规定》,在条款 4.1 中对镍释放量有要求,规定:①用于耳朵或人体的任何其他部位穿孔,在穿孔愈合过程中使用的制品,镍释放量必须小于 $0.2\mu g/(cm^2 \cdot week)$;②对与人体皮肤长期直接接触的制品,如耳环、项链、手镯、手链、脚链、戒指、表壳、表链、表扣、按扣、搭扣、铆钉、拉链和金属标牌等,这些制品与皮肤长期接触部分的镍释放量必须小于 $0.5\mu g/(cm^2 \cdot week)$;③上述②中所指定的制品,如表面有镀层,其镀层应保证与皮肤直接和长期接触部分在正常使用的两年内,镍释放量小于 $0.5\mu g/(cm^2 \cdot week)$。

GB 28480—2012 并非直接针对纺织产品,但因涉及许多纺织品辅料,如按扣、搭扣、铆钉、拉链和金属标牌等,也适用于纺织产品生态安全性能的监控。GB 28480—2012 中指定的检测方法为:GB/T 19719—2005《首饰　镍释放量的测定　光谱法》和 GB/T 28485—2012《镀层饰品　镍释放量的测定　磨损和腐蚀模拟法》。GB/T 19719—2005 修改采用了 EN 1811:1998,GB/T 28485—2012 修改采用 EN 12472:2005+ A1:2009,技术内容上并无实质差异,因此在测试结果上具有等同的效果。

二、GB/T 30158—2013 和 GB/T 30156—2013

2013 年,国家质量监督检验检疫局发布了国家标准 GB/T 30158—2013《纺织制品附件镍释放量的测定》和 GB/T 30156—2013《纺织制品涂层附件　腐蚀和磨损的方法》,这是我国专门针对纺织制品附件镍释放量的测定标准。GB/T 30158—2013 和 GB/T 30156—2013 分别修改采用了欧盟标准 EN 1811:2011 和 EN 12472:2005+A1:2009,测试原理和测试方法分别与 EN 1811:2011 和 EN 12472:2005 相同,技术内容上并无实质差异。

下面分别以 GB/T 30158—2013 和 GB/T 30156—2013 为例,详细介绍纺织品附件中镍释放量的测试方法。

(一)GB/T 30158—2013

1. 原理

将用于测试镍释放量的附件样品放置于人工汗液中一星期[(168±2)h],用原子吸收分光光度仪、电感耦合等离子体发射光谱仪,或者其他合适的分析仪器测定释放溶液中镍的浓度,结合样品面积计算出附件的镍的释放量。镍的释放量用微克每平方厘米每周[$\mu g/(cm^2 \cdot week)$]表示。

2. 试剂

除非另有说明,所用试剂均为分析纯,且应不含有镍。试验用水应符合 GB/T 6682 中规定的三级水或以上级别的水。氯化钠;DL-乳酸:大于 88%(质量分数),$\rho=1.21g/mL$;尿素;氢氧化钠:固体,纯度 98%以上;1mol/L 氢氧化钠溶液:称取(4±0.01)g 氢氧化钠置于 100mL 容器中,加入 50mL 水,搅拌并冷却至室温,将溶液移入 100mL 容量瓶,用超纯水定容至刻度;0.1mol/L 氢氧化钠溶液;移取 25mL 氢氧化钠溶液到 250mL 容量瓶中,用超纯水稀释至刻度;盐酸:32%(体积分数),$\rho=1.16g/mL$;0.1mol/L 盐酸:移取 10mL 盐酸到 100ml 容量瓶中,用水稀释至刻度;

硝酸,$\rho=1.40g/mL$,65%(质量分数);稀硝酸(质量分数约 5%):将 30mL 硝酸移入预先装有 350mL 超纯水的 500mL 烧杯,搅拌并冷却至室温,将溶液移入 1000mL 容量瓶,用超纯水定容至刻度;脱脂溶液:称取 5g 阴离子型表面活性剂(例如:十二烷基苯磺酸钠或烷芳基磺酸钠)溶解于1000mL水中,其他中性的商业洗涤剂经稀释后也可使用;蜡或漆:选用合适的蜡或漆,在试样的非测试表面涂上一层或多层,防止在进行镍释放量试验时,镍从非测试表面逸出;镍标准储备液(100μg/mL):称取0.448g硫酸镍($NiSO_4 \cdot 6H_2O$)溶于水,移入1000mL容量瓶中,稀释至刻度。也可购买有证国家标准溶液进行配制。

注意:除另有规定外,标准储备溶液在常温(15~25℃)下,保存期为6个月,当出现浑浊、沉淀或颜色有变化等现象时,应重新配制。

3. 仪器与设备

pH计:测量精度至少为0.05;分析仪器:仪器对镍的检测限至少为0.01mg/L。推荐使用电感耦合等离子体发射光谱仪、石墨炉原子吸收分光光度仪或其他合适的分析仪器;带温控的水浴或烘箱:控温能力为(30±2)℃;测量器具:用于测量样品的测试面积,如精度为0.01mm的游标卡尺;天平:精度为万分之一;带盖的容器:容器和盖均以不含镍且耐酸的非金属材料(如玻璃、聚丙烯、聚四氟乙烯、聚苯乙烯等)制成,采用合适的方式使样品悬浮于人工汗液中,应避免试样测试部位接触容器的底部或壁,所用汗液应能全部覆盖试样。

注意:为了消除玻璃容器中镍的干扰,建议容器在实验前,采用稀硝酸溶液浸泡4h以上,用水冲洗干净,干燥。

4. 样品前处理

(1)样品测试前准备。见该标准的附录B。

(2)样品测试面积。

①样品测试面积的确定。样品测试面积应为表面直接与皮肤频繁接触的附件的面积,单位为cm^2。为达到必要的分析灵敏度,被测样品测试面积至少$0.2cm^2$。必要时完全相同的样品可以一起测试以达到该最小面积。当样品由均一性材料制成时,样品的整个面积都应被考虑,无论其是否频繁与人体皮肤接触。

注意:样品测试面积计算参见该标准原文的附录A。

②样品测试面积以外面积的保护。为避免从样品非测试表面上释放出镍,这类表面应除去或加以保护,使其不接触人工汗液。在去除油脂后,涂上一层或多层能防止镍释放的蜡或漆。

(3)样品脱脂。在室温下,将样品置于脱脂溶液中轻轻搅动2min,以水冲洗、晾干。去除油脂后的样品,应使用塑料镊子或戴清洁的防护手套进行后续试验。

注意:清洗步骤的目的是去除外来的油脂和皮肤的分泌物,不是去除防护涂层。

5. 步骤

(1)人工汗液的制备。人工汗液为含有下列成分的水溶液:氯化钠,0.5%(质量分数);乳酸,0.1%(质量分数);尿素,0.1%(质量分数);1mol/L氢氧化钠溶液和0.1mol/L氢氧化钠溶液。

将(1.00±0.01)g尿素,(5.00±0.05)g氯化钠和(1.00±0.01)g乳酸置于1000mL烧杯中,加入水900mL,搅拌至试剂完全溶解。用1mol/L氢氧化钠溶液调节人工汗液pH至5.50±0.05,然后逐滴加入0.1mol/L氢氧化钠溶液,直至pH稳定在6.50±0.05。10min后再测试人工汗液的pH,确保仍在6.50±0.05范围内。将人工汗液转移至1000mL容量瓶,以水稀释至刻度,人工汗液配制后应在当天内使用。

注意:pH调试过程中可逐滴加入0.1mol/L的盐酸,使pH降低。

(2)释放过程。将试样采用合适的方式置于带盖的容器内,按照试样测试面积约每平方厘米 1mL 的比例加入人工汗液。试样测试面积应全部浸入人工汗液中,但用蜡或漆保护的表面不必浸入。无论试样测试面积大小,人工汗液至少为 0.5mL。用密闭的盖子封盖容器,以免汗液蒸发。记录试样测试面积和使用人工汗液体积。将容器静置于温度恒定的水浴或烘箱内,于(30±2)℃下,静置(168±2)h 不要搅动。之后,将试样缓慢地从人工汗液中取出,并适当地翻转,以收集包括试样孔洞内的所有人工汗液,不要冲洗试样。将收集到的人工汗液定量转移至适当的容量瓶中。为防止释放出的镍再沉淀,向容量瓶内加入适量的稀硝酸溶液,以水稀释至刻度,使溶液中硝酸浓度约为 1%,此溶液即为测试溶液。容量瓶大小的选定应考虑测定镍时,所用仪器的灵敏度,测试溶液的最后体积至少为 2mL。

注意:测试溶液建议避免过滤,以免发生溶液污染而影响结果。

(3)测定。选用合适的仪器对测试溶液进行镍浓度测试,由于不同仪器试验条件不同,因此不可能给出普通的参数,该标准的附录 C 所列试验条件已被证明对测试是合适的。

①校准溶液。采用镍标准储备液配制成系列校准溶液,校准溶液基体应与测试溶液尽量保持一致,校准溶液的浓度范围应包括测试溶液中镍的浓度。

②试样数量。只要可能,至少用 3 份平行样品进行测定。

③空白试验。与试样同时进行空白试验,空白试验过程按上述释放过程步骤进行。

④质量控制。可采用质量控制参考片对测试结果进行质量控制,具体实验过程按上述释放过程步骤进行。质量控制参考片应满足该标准附录 D 的要求。

6. 结果的计算

按式(4-8)计算样品的镍释放量,以微克每平方厘米每周[μg/(cm² · 周)]表示。

$$d = \frac{(C_1 - C_0) \times V}{1000a} \tag{4-9}$$

式中:a 为试样测试面积(cm²);V 为测试溶液的体积(mL);c_1 为一周后测试溶液中的镍浓度(μg/L);c_0 为一周后空白试验溶液中的镍浓度(μg/L)。

取测定结果的算术平均值作为试验结果,计算结果按 GB/T 8170—2018 修约到小数点后两位。

7. GB/T 30158—2013 中几个重要的附录

(1)附录 A(资料性附录):样品测试面积的计算和试验容器选择。样品测试面积的计算是影响测试结果的重要因素,样品测试面积的测量可按以下方法进行。

①测试面积测量方法。

a. 测试面积测量。选定好样品可能直接与皮肤频繁接触的表面的几何形状,然后根据其形状选取合适的数学公式计算其面积。测试面积应使用合适的测量器具进行测量。对于形状不规则的表面,可测量其投影面积进行试验。

b. 简化计算测试面积。如果可能,使用常见的几何体来分解并计算样品的测试面积,如立方体、棱柱体、圆柱体、圆锥体或球体。

②镍释放测试的试验容器。样品的试验容器应选用能满足使测试液体积(mL)与测试面积(cm²)比例接近 1:1 的合适容器。对于那些由于其面积或形状原因不能达到 1:1 比例的,可参考表 4-13 所给出的比例。

表 4-13　测试液体积与测试面积参考比例

表面积（cm^2）	测试液体积（mL）
0~5	按测试面积与体积 1：1 取
5~10	10
10~25	25
25~50	50
>50	100

（2）附录 B（规范性附录）：进行镍释放测试前的准备要求。

①概述。本附录为进行镍释放测试前对测试样品的准备要求。

②要求与原理。对样品进行镍释放的测试，首先需要选择最有可能直接与皮肤频繁接触样品表面，然后确定采用何种镍释放的测试方法。在进行测试前，需先测定所选定表面的表面积并选择合适的仪器设备测定测试溶液中镍的浓度。

③镍释放测试方法的确定。直接与皮肤频繁接触的不含涂层的样品可直接按本标准方法进行测定。直接与皮肤频繁接触的含涂层且涂层中不含镍的样品先根据 GB/T 30156—2013 进行前处理，再按本标准方法进行测定。直接与皮肤频繁接触的含涂层且涂层中含镍的样品可直接按本标准方法进行测定，或先按 GB/T 30156—2013 进行处理后再按本标准方法进行测定。

注意：可采用 X 射线荧光光谱、扫描电镜—能谱或其他合适的方法来确定样品的涂层中是否含有镍。

④直接与皮肤频繁接触测试表面的确定。本标准的基本要求是进行测试的样品的镍释放量必须具有代表性。没有直接与皮肤频繁接触的样品表面不应作为测试面积进行选取。进行镍释放测定的表面应确定是均质还是非均质材料制成，可通过视觉观察得出。对于均质物品，不用考虑表面是否直接与皮肤频繁接触，可对整个样品表面进行镍释放量的测定。对于非均质物品，镍释放量的测定需选取具有代表性表面进行。参考以下情形：

情形 1：直接与皮肤频繁接触的表面由不同材料组成或存在不同表面处理方式时，应进行拆卸成或剪成各自含有均质的分部分。各分部分根据均质材料样品进行测试。计算各分部分的镍释放量，进行面积加权后得到直接与皮肤频繁接触部分的平均释放量。应尽可能计算直接与皮肤频繁接触未掩盖部分的面积。

情形 2：当样品既不符合上述情形 1，又不能被拆卸或剪切时，将整个样品按均质样品进行测试，以平均镍释放量表示最终结果。在没有其他选择的情况下，平均镍释放量是可以得到的最佳评估。

（3）附录 C（资料性附录）：仪器参考工作条件。

①石墨炉原子吸收分光光度仪。表 4-14 是参考横向加热石墨炉工作条件，其他型号仪器可以参考使用。

表 4-14 横向加热石墨炉工作条件

步骤	升温程序	温度(℃)	时间(s)	载气流速(L/min)
1		85	5.0	3.0
2	蒸发过程	95	40.0	3.0
3		120	10.0	3.0
4		800	5.0	3.0
5	灰化过程	800	1.0	3.0
6		800	2.0	3.0
7		2400	1.0	0
8	原子化过程	2400	2.0	0
9		2400	2.0	3.0

注 推荐用 1000~1500μg/L 的硝酸钯为基体改进剂,进样方式为共进,进样量为 5μg/L,灰化温度可提高至 850℃。

②电感耦合等离子发射光谱仪。表 4-15 是参考电感耦合等离子体发射光谱仪工作条件,其他型号仪器可以参照使用。

表 4-15 电感耦合等离子体发射光谱仪工作条件

高频功率发生器	入射功率(W)	1120
气路系统	观测高度(mm)	10
	等离子气流量(L/min)	15
	辅助气(L/min)	1.5
	雾化器流量(L/min)	0.8
	蠕动泵转速(r/min)	15
	清洗时间(s)	10
数据处理系统	仪器稳定延时(s)	15
	进样延时(s)	20
	一次性读数时间(s)	5
	长波部分积分时间(s)	5
	积分次数	3
分析波长(nm)		Ni 231.604

(4)附录 D(规范性附录):质量控制参考片的要求。

为满足本标准的测试要求,各实验室对质量控制参考片的测试结果应分布在[0.19,0.49]μg/(cm²·week)的范围之间,区间左右两端分别为实验室可接受结果的上下区间边界。质量控制参考片不可重复使用。

参考片的组分,下列合金成分证明是合适的:

为准确地生产质量控制参考片,至少配制需要 1kg 合金。将金(纯度不低于 99.99%)、铜(纯度不低于 99.9%)、镍(纯度不低于 99.9%)和锌(纯度不低于 99.9%)的称量精确至±0.1g,

以获得如下组分(表4-16):

表4-16   参考片的组分

元素	Au	Cu	Ni	Zn
质量分数(%)	76.0	16.0	6.0	2.0

此外,还可以采用24%(质量分数)预先制作好的合金组分(表4-17)和76%(质量分数)的金生产参考片。

表4-17   预先制作好的合金组分

元素	Cu	Ni	Zn
质量分数(%)	66.7	25.0	8.3

参考片中金含量的质量偏差不超过±0.1%,铜、镍、锌的质量偏差不超过±0.2%,合金的维氏硬度应为(190±5)HV。

质量控制参考片应采用上述的合金制成,尺寸为(图4-7):直径(12.0±1.0)mm;厚度(0.5±0.1)mm;中央孔径(1.0±0.2)mm。

注意:整个操作过程应避免材料表面沾染镍。

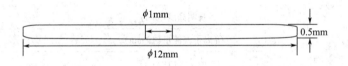

图4-7   质量控制参考片的尺寸

(二)GB/T 30156—2013

1. 原理

试样暴露于腐蚀性环境中处理后,放置于装有磨损介质的滚筒中。磨损介质由研磨膏和细颗粒磨料配置而成。使试样与磨损介质发生滚动摩擦。磨损后的试样用GB/T 30158—2013进行镍释放量检测。

2. 试剂

除非有特别注明,所有能与试样接触的试剂都不得含有镍,所用试剂均为分析纯,试验用水应符合GB/T 6682—2008中规定的三级水。DL-乳酸:纯度大于85%;氯化钠;褐煤酸酯蜡-E蜡(CAS号:73138-45-1);十八烷酸(硬脂酸)(CAS号:57-11-4);液体石蜡(CAS号:8042-47-5):轻质,密度为0.84~0.86g/L;三乙醇胺(CAS号:102-71-6);二氧化硅(石英)(CAS号:14808-60-7):粒径≤200μm;脱脂溶液:0.5%(质量分数)十二烷基苯磺酸纳(CAS号:25155-30-0)的水溶液,或对市售的中性清洁剂进行适当稀释后使用;腐蚀介质:50gDL-乳酸和100g氯化钠溶于1000mL水中,摇匀;研磨膏:含有(以质量分数计)6%~8%的褐煤酸酯蜡-E蜡,3%的十八烷酸,30%~35%的液体石蜡,2%的三乙醇胺,48%的二氧化硅,6%~9%的水。

3. 设备和材料

总则:所有能与试样接触的材料都不得含有镍。容器:带有盖子和用于悬挂试样的装置,由惰性材料(例如玻璃或塑料)制成;烘箱:实验室烘箱,能够保持温度在(50±2)℃;塑料镊子;细颗粒磨料:椰子壳、核桃壳、花生壳和杏壳,按照质量1:1:1:1比例混合,经过研磨并筛选,保证混合物的颗粒大小在0.8~1.3mm;磨损装置:由滚筒和试样架组成,应符合以下要求:滚筒横截面和试样架均为正六边形,内切圆直径为190mm,滚筒和试样架可围绕其水平方向的轴旋转,见图4-8;试样架用于安装试样,确保试样之间以及试样与滚筒和试样架之间在转动

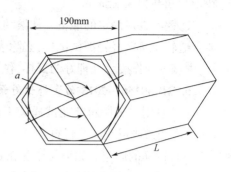

图4-8 滚筒示意图
L—滚筒长度,根据需要设计;a—旋转轴心

过程中不得相互接触,参见图4-9;滚筒转速为(30±2) r/min,并能按顺时针和逆时针两个方向转动。

4. 步骤

(1)样品制备。在对试样腐蚀和磨损处理之前,需把其不同零部件拆分开。用塑料镊子或干净的防护手套对试样进行脱脂处理。将试样置于室温的脱脂溶液里轻微搅动2min,用水冲洗干净后,置于滤纸上吸湿干燥。

注意:此步骤目的是去除试样表面的油脂和皮肤分泌物,而不是去除试样表面的保护性镀层。

(2)腐蚀程序。将试样悬挂于容器中的腐蚀介质上方2~4cm处,将容器密闭放入50℃烘箱内,恒温保持2h。将容器从烘箱中取出,在通风橱中取出试样,用水冲净。试样放于滤纸上,在室温下干燥1h后,立即执行磨损程序。

注意:此步骤目的是腐蚀试样表面的金属镀层、清漆、塑料等涂层。

(3)磨损程序。

①制备磨损介质。称取足够填充到滚筒中至一半高度的细颗粒磨料,按每千克细颗粒磨料中加入7.5g的比例称取好相应的研磨膏。使用合适的个人防护手套,先向总重量10%的细颗粒磨料中加入研磨膏,用手搅拌均匀,直至细颗粒磨料表面无明显的研磨膏。再加入剩余的细颗粒磨料一起放入滚筒中,转动滚筒5h使混合物搅拌均匀。如果磨损介质在1周内没有使用,在下次使用之前,应转动滚筒1h使磨损介质重新混合均匀。通过此程序,将颗粒表面覆盖上研磨膏,形成的磨损介质用于磨损。磨损介质未使用时,应密闭保存。磨损介质在经历2次磨损程序后,每千克细颗粒磨料中再加入7.5g研磨膏。带防护手套,用于拌匀磨损介质,直到细颗粒磨料表面无明显的研磨膏,再放置滚筒中转动5h。磨损介质在使用4次磨损程序后,应废弃。

②固定试样。试样需要分别固定在试样架内部,避免在滚筒转动时试样之间相互碰撞、试样与筒壁或其他部件的碰撞,从而损坏试样。该标准的附录A给出了不同纺织制品金属附件固定方式及示例。

③磨损试样。将固定好试样的试样架放入滚筒中,然后装半筒磨损介质。盖上滚筒并将滚筒水平放置在磨损设备中。转动滚筒,转速为(30±2) r/min,运行2.5h±5min后以反方向转动,

转动时间共为 5h±5min。

④镍释放量测定的准备。从滚筒中取出试样架,拆卸试样架后取出试样。用一块软布或其他合适软质材料轻轻擦拭试样,去除表面残留的磨损介质。检查试样是否有意外的损坏,如损坏,则该试样作废。处理好的试样,供 GB/T 30158—2013 进行镍释放量检测。

5. GB 30156—2013 的资料性附录 A——不同纺织制品金属附件固定方式

(1)总则。试样固定在试样架上面,把试样架置于六角形滚筒内。固定材料可为硅橡胶片、硅橡胶条或尼龙绳等材料。

(2)试样的固定。如果仅需测试试样单面,测试面应朝向滚筒旋转中心。如果试样较长,样品的长度方向与滚筒的轴线平行。待磨损的试样距离筒壁 10~30mm。

注意:直接和长期接触皮肤的试样面为测试面。

(3)不同纺织制品金属附件固定方式示例。

①拉链。仅检测拉链头。采用合适的方法,把尼龙绳或硅橡胶条缠绕、固定在拉头的支芯上,分别从拉头的啮合口和导入口抽出固定材料的末端,将拉头固定在试样架上。

②工字扣。将工字扣的面扣和底扣分开,独立测试。利用面扣和底扣的凸起部分,用尼龙绳缠绕后固定在试样架上。

③四合扣。将四合扣的扣面、簧面、底面和高脚分开。扣面和高脚用尼龙绳缠绕凸起部位而固定在试样架上,簧面和底扣用细尼龙绳穿过中间的孔,采用图 4-9 的方式固定在试样架上。

④气眼、绳扣、吊扣。用细尼龙绳穿过气眼、绳扣或吊扣的中间的孔,参考图 4-9 的方式固定在试样架上。在固定气眼、绳扣或吊扣时,平面朝向转动轴,凸出部分朝向壁面。

⑤装饰链。见图 4-9,将硅橡胶条穿过试样架塑料片的孔部,连接装饰链进行固定。

⑥标牌。利用标牌上的缝纫线孔,或用锥子等合适工具在标牌长度方向的两端中心钻两个小孔,用细尼龙绳穿过小孔后固定在试样架上,见图 4-9。

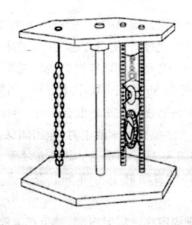

图 4-9 不同纺织制品金属附件固定在试样架上的示意图

三、镍释放检测过程中的样品面积的判定和计算

样品测试面积的判定和计算是影响测试结果的重要因素,是镍释放测试测量不确定度的主要来源之一。然而,常见的很多样品,其几何形状不规则,难以准确判定和计算其面积。因此,如何确定样品的待测面积,成为该测试的难点之一。

标准 GB/T 30158—2013 的基本要求是进行测试的样品的镍释放量必须具有代表性。没有直接与皮肤频繁接触的样品表面不应作为测试面积进行选取。进行镍释放测定的表面应确定是均质还是非均质材料制成,可通过视觉观察得出。

(1)若样品看起来是均质材料,可以考虑将它整体当做测试样品(无论它是否是所有表面都长期与皮肤直接接触),因为在实施"隔离"非接触面的过程中,可能会引入一些误差。

(2)若样品看起来是由几种不同的金属/合金组成的,则只考虑将长期与皮肤直接接触的面积作为测试面积。可将非测试面积剥离或使用最少两层清漆将其隔离。

四、新型面积计算仪的应用——3D 面积测量仪

近年来,随着计算机视觉技术、光电传感技术、图像处理技术及软件控制等技术不断进步和飞跃发展,3D 面积测量仪应运而生,极大地方便了各行业的面积测量工作,广泛应用于食品接触材料面积检测、玩具、纺织品配件、饰品等表面积测量,其他迁移或镍释放检测以及复杂物体表面积测量领域。采用 3D 面积测量仪实现了对镍释放测试表面积的快速精确测量。

3D 面积测量仪的主要特点如下:

(1)在极短的时间内获取物体表面积的高密度 3D 数据,采用 360°高精度旋转载物台,基于多视角点云的自动拼接技术,完成对物体 360°无死角测量;

(2)依据测量数据,建立物体的 3D 模型,对模型任意选定部分进行 CAD 分析计算,得到物体选中部分精确的面积及尺寸数据;

(3)测量速度快,数据处理瞬间完成,全自动拼接,无须人工干预;

(4)测量效率高,准确性高,可实现小零件的批量测量;

(5)一键化操作,对物体表面积、体积、距离、整体表面积,任意选择部分进行快速测量,一键计算其表面积、体积等参数;

(6)对多个测量对象,可实现对任意对象的单独显示及编辑;对单一对象多个测量面,可自动统计整体的测量面积。

参考文献

[1]ANTIMONY TOXICITY. International Journal of Environmental Research and Public Health[J]. Published online, 2010, 7(12):4267-4277.

[2]王建平,陈荣圻. REACH 法规与生态纺织品[M]. 中国纺织出版社,2009.

[3]王翔朴,王营通,李珏声. 卫生学大辞典[M]. 青岛:青岛出版社,2000.

[4]崔伟,郭成吉,罗杰. 浅析铬与人体健康[J]. 微量元素与健康,2008,25(6):66.

[5]陈荣圻. 含铅汞铬镉无机颜料的限用及其替代[J]. 印染,2013,39(17):49-53.

[6]傅科杰,杨力生. 童鲁波. 纺织品中残留重金属的来源因素分析[J]. 检验检疫科学,2004,4(14):25-27.

[7]刘志广. 仪器分析[M]. 北京:高等教育出版社,2007.

[8]邓勃. 原子吸收光谱分析的原理、技术和应用[M]. 北京:清华大学出版社,2004.

[9]王秀萍. 仪器分析技术[M]北京:化学工业出版社. 2003.

[10]华丽,吴懿平. 微波辅助电感耦合等离子体光谱法进行 RoHS 限定的重金属检[J]. 光谱学与光谱分析,

2013,28(11):2665-2607.

[11]郎秀婷.IC/ICP-MS法测定纺织品中可萃取六价铬[J].印染,2017(15):44-46.

[12]王欣,陈丽琼,霍巨垣,等.深色皮革中六价铬的LC-ICP-MS测定[J].印染,2014(21):29-33.

[13]喻志瑶,侯丽华,闫丽丽,等.皮革中六价铬检测方法研究进展[J].西部皮革,2017,39(6):29-31.

[14]林韫,李啸峰,肖晓峰.金属饰品中镍释放量测定的不确定度评定[J].广州化工,2016,4(16):152-154.

[15]柳映青,牛增元,叶湖水.纺织品安全评价及检测技术[M].北京:化学工业出版社,2016.

第五章　功能性添加剂或加工助剂引入的有害物质检测方法与检测标准

　　纺织产品的生产工艺流程,可分为纤维和纺纱、漂白和前处理、染色、印花、后整理加工和最终产品多个阶段。每个阶段都会涉及不同种类的化学品。纤维种植过程中使用的杀虫剂,纺纱中使用的浆料和助剂(包括油剂和润滑剂);漂白和前处理中使用的漂白剂;染色用的各种染料;印花工序中使用的印花色浆、印花黏合剂;在后整理阶段,赋予产品抗菌功能的抗菌剂,防水、防污和防油的"三防"功能性整理中使用的含氟整理剂;在阻燃增效处理中加入的阻燃剂;在湿处理工序中使用的表面活性剂、柔顺剂;在最终产品中为使纺织品或皮革制品达到防皱、防缩等效果,加入的整理剂和助剂;运输或储存中使用的防霉剂;涂层、层压制品、薄膜及塑胶材料中的增塑剂;用于户外或特种需求的特殊材料中的加工助剂;等等。在这些工艺中的加工助剂和赋予产品功能性处理的添加剂中,涉及各种对人体健康或环境有害的物质。

　　对于功能性添加剂或加工助剂而引入的有害物质,列入纺织产品生态安全性能监控范围的检测项目有:有机锡化合物、含氯苯酚、氯化苯和氯化甲苯、甲醛、邻苯二甲酸酯、阻燃剂、短链氯化石蜡、烷基酚/烷基酚聚氧乙烯醚、全氟辛烷类化合物。

第一节　有机锡的检测方法和检测标准

一、有机锡化合物的定义和种类

　　有机锡化合物(organotin compounds)是锡与碳元素直接结合形成的金属有机化合物,通式为:$R_nSnX_{(4-n)}$,$n=1~4$,简称单、二、三和四有机锡化合物,其中 X 为阴离子,如卤素、无机酸或有机酸等;R 为烃基,如甲基、丙基、丁基、辛基、苯基等,其基本结构有一取代体、二取代体、三取代体和四取代体(指 R 的数目)。有机锡化合物一般为无色油状液体或固体,具有腐败青草气味和强烈的刺激性。常温下易挥发,不溶或难溶于水,易溶于有机溶剂,部分种类可被漂白粉或高锰酸钾分解形成无机锡。目前,被列入纺织产品生态安全性能管控的部分有机锡化合物见表 5-1。

表 5-1　有机锡化合物

名称	缩写	名称	缩写
Dibutyltin／二丁基锡	DBT	Tetrabutyltin／四丁基锡	TeBT
Dimethyltin／二甲基锡	DMT	Tetraethyltin／四乙基锡	TeET
Dioctyltin／二辛基锡	DOT	Tributyltin／三丁基锡	TBT
Diphenyltin／二苯基锡	DPhT	Tricylcohexyltin／三环乙基锡	TCyHT

续表

名称	缩写	名称	缩写
Dipropyltin／二丙基锡	DPT	Trimethyltin／三甲基锡	TMT
Monomethyltin／一甲基锡	MMT	Trioctyltin／三辛基锡	TOT
Monobutyltin／一丁基锡	MBT	Triphenyltin／三苯基锡	TPhT
Monooctyltin／一辛基锡	MOT	Tripropyltin／三丙基锡	TPT
Monophenyltin／一苯基锡	MPhT		

二、有机锡化合物的来源与危害

(一)有机锡化合物的来源

大量的有机锡化合物应用于工农业生产活动。有机锡化合物作为 PVC 的稳定剂,在工业中有重要用途,也是污染环境的主要来源。在运输行业中用作防污涂料,作用是在船体周围释放有毒的有机锡,防止海洋附着生物如海草类、海洋软体类动物及海绵等对船体、海洋建筑、钻井平台等的污染损害。这是水质和海洋沉积物中有机锡污染的来源之一。在农业中用作农药,例如,四烷基有机锡化合物作为生物杀伤剂使用,是除草剂和杀菌剂中的有效成分。目前,有机锡化合物也被广泛应用于消费品中。在纺织品和皮革中的应用,一般分为三种:作为催化剂用于生产聚氨酯;作为 PU 产品的黏合剂;为长期储存作为生物灭杀剂添加,或作为除臭剂添加。经有机锡卤化物改性后的棉花,其防腐、抗菌和抗酶的性能均有很大提高。例如,用于鞋的内底、袜子和运动衣的抗菌整理等,因其抗菌功能,可防止袜类、鞋类以及运动服装等在被汗液浸湿后导致的不良气味。其他纺织品中,如卫生巾、尿布、帐篷、地毯以及合成纤维服装等也会使用有机锡来实现相关功能。2000 年初,德国汉堡汉斯康筹实验室在足球服内测出三丁基锡(TBT),绿色和平组织在婴儿尿布里发现三丁基锡。通过日常检测的结果统计来看,在纺织产品中,高风险有机锡的材质是皮革、涂层和软塑胶等。

(二)有机锡化合物的毒性及危害

通式中,$n=3$ 的有机锡化合物最毒,三取代有机锡毒性的主要作用机理是扰乱线粒体功能。通式中 $n=2$ 的有机锡化合物的毒性居次,其生物效应也是由于它们阻碍了线粒体内氧的摄取引起的。通式中 $n=1$ 的有机锡化合物对哺乳动物没有重要的危害作用。另外,无机锡化合物通常也没有毒性,因为在生理条件下金属锡元素不起作用,而氧化锡也不会溶解。基本可以认为其毒性顺序为,三取代有机锡>二取代有机锡>一取代有机锡;同一取代系列中,烷基 R 越大,化合物毒性越大;当 X 是易解离的无机离子时,对毒性影响不大,但若 X 是较大的难解离的有机基团时,则会延缓毒性作用的表现。该类化合物的毒性对人类健康危害不容忽视。三丁基锡(TBT)还可引起人类和哺乳动物大脑神经元的损伤,二丁基锡(DBT)则会对淋巴系统产生强烈的毒性,并显著抑制细胞的免疫作用。浓度水平为 $1\sim10\mu g/L$ 的三丁基锡(TBT)或三苯基锡(TPhT)可以抑制雌性生物卵巢细胞的芳化酶活性及产生雌二醇的能力,并提高新生儿发生畸形的风险;浓度水平为 $2\sim20\mu g/L$ 时,三丁基锡和三苯基锡将促进与雄性激素相关的基因表达与前列腺癌细胞增殖。欧盟化学品管理机构(ECHA)官网对 TBT 的危害警告信息是,吸入可致命,长期或重复接触会导致机体损伤,尤其对水生生物毒害更大并影响深远,会造成对生育力和未出生婴儿的损伤,有可能造成基因缺陷以及皮肤过敏反应。

有机锡化合物会造成环境污染和生物体损害,含有有机锡化合物的纺织品与人体接触后会产生毒性,影响人体身体健康。

三、有机锡化合物的法规和相关标准

(一)欧盟 REACH 法规的要求

欧盟 REACH 法规附件XVII第 20 项,对有机锡化合物的规定:

(1)三取代有机锡化合物,例如,三丁基锡化合物(TBT)和三苯基锡化合物(TPhT)在 2010 年 7 月 1 日后不得在任何物品(或物品的部件)中使用超过 0.1%(以锡的重量计)。

(2)二丁基锡化合物(DBT)在 2012 年 1 月 1 日之后不得在面向公众供应的混合物和物品(或物品的部件)中含量超过 0.1%(以锡的重量计)。

(3)二辛基锡化合物(DOT)在 2012 年 1 月 1 日之后,不得向公众提供或由公众使用含量超过 0.1%(以锡重量计)的物品(或物品的部件):与皮肤接触的纺织品、手套、与皮肤接触的鞋和鞋的部件、墙和地板覆盖层、儿童护理品、尿布、女性卫生用品和双组分室温硫化成型工具(RTV-2 成型工具)。

(二)其他相关法规和限制要求

其他有机锡化合物的相关法规和生态纺织品限制要求如表 5-2 所示。

表 5-2　有机锡化合物相关限制标准

相关标准	有机锡化合物	限制要求(mg/kg)			
团体标准 T/CNTAC 8—2018	二丁基锡+二苯基锡	≤1000(按锡的质量计)			
	三丁基锡+三苯基锡	≤1000(按锡的质量计)			
Eco-Label	TBT, TPhT, DBT, DOT	禁止使用			
Standard 100 by OEKO-TEX ®(2019)	—	Ⅰ 婴幼儿	Ⅱ 直接接触皮肤	Ⅲ 非直接接触皮肤	Ⅳ 装饰材料
	TBT, TPhT	<0.5	<1.0	<1.0	<1.0
	DBT,DMT,DOT,DPhT,DPT,MBT,MOT,MMT,MPhT,TeBT,TeET,TCyHT,TMT,TOT,TPT	<1.0	<2.0	<2.0	<2.0
GB/T 18885—2009	TBT	≤0.5	≤1.0	≤1.0	≤1.0
	DBT	≤1.0	≤2.0	≤2.0	≤2.0
	TPhT	≤0.5	≤1.0	≤1.0	≤1.0
ZDHC	—	A 组:原材料和成品供应商		B 组:化学品供应商,商业制剂	
	二丁基锡(DBT)	不得有意使用		20	
	单、双和三甲基锡衍生物			5	
	单、双和三丁基锡衍生物			5	
	单、双和三苯基锡衍生物			5	
	单、双和三辛基锡衍生物			5	

四、有机锡化合物的检测技术

(一)有机锡化合物检测技术的发展

早期有机锡化合物的检测多用于水质分析,是水质监控的一项重要指标。在纺织品中有机锡化合物的检测方法出现之前,实验室通常参考水或废水中部分有机锡化合物的检测方法,如国际标准 ISO 17353:2004《水质 部分有机锡化合物的测定 气相色谱法》及德国标准方法 DIN 38407-13:2007《水、废水和淤泥的统一检验法公共材料组(F 组) 第 13 部分:通过气相色谱测定选择的有机成分》。这两个标准适用的测试样品是水或废水,样品的预处理程序不一定适用于纺织样品的预处理,但气相色谱分析技术却被许多实验室参照采用。

2006 年 5 月,国家标准 GB/T 20385—2006《纺织品 有机锡化合物的测定》正式发布,该标准是国际上第一个关于纺织品上有机锡化合物测定的标准方法,此标准已于 2006 年 12 月实施。此后,纺织品上有机锡化合物测定方法的研究不断发展。

(二)纺织样品的预处理方法

纺织样品的预处理程序,目前存在两种不同的方式:一是模拟产品实际的使用条件(如与人体皮肤接触),采用酸性汗液作为萃取液进行样品萃取,如 GB/T 20385—2006。由于酸性汗液为水性溶液,而有机锡化合物不溶或难溶于水,因此酸性汗液不能对有机锡化合物进行有效萃取。二是采用合适的有机溶剂作为萃取液,对样品进行充分萃取,如 ISO/TS 16179:2012。采用有机溶剂为萃取剂,在一定量的络合剂的作用下,对有机锡化合物进行充分的萃取。这两种萃取方式由于考虑的目的不同,测定结果没有可比性。

纺织样品的萃取有较多的方法供选择,例如:液液萃取、超声波萃取、微波萃取、固相微萃取等。固相微萃取技术是近年新兴的萃取技术,在一根纤细的熔融石英纤维表面,涂布一层聚合物并将其作为"萃取头",将"萃取头"通过直接浸没的方式,进行固相微萃取法,或顶空固相微萃取法进行采样,聚合物涂层对样品进行选择性脱附后,可用于检测。该技术在一个简单过程中同时完成了取样、萃取和富集,是对液体样品中痕量有机污染物萃取方法的重要发展,此方法也可用于有机锡化合物的萃取,并且取得了很好的效果。该方法具有快速、灵敏、方便、无溶剂及易于自动化等优点。

(三)气相色谱法在有机锡化合物检测中的运用

在检测技术方面,气相色谱法检测有机锡的技术已经十分成熟,是用于纺织品中有机锡化合物检测最常见的手段。基本操作流程包括样品提取、样液衍生、净化,再用合适的检测器与色谱联用进行分析。气相色谱分析在操作温度下能挥发气化的物质,而大多数有机锡化合物不易挥发,因此采用气相色谱分析此类化合物时,需要进行衍生化,使其转化为易挥发的物质。目前,有机锡化合物的衍生化反应有三种方式:

(1)氢化衍生法。在酸性条件下,利用氢化反应将有机锡化合物转变为相应的氢化物,常用的衍生化试剂有 $NaBH_4$ 与 KBH_4。由于有机锡的氢化衍生物不稳定、易挥发,该方法目前应用的很少;

(2)格氏试剂衍生反应。用格氏试剂衍生时必须在绝对无水的有机溶剂中进行,而且这种方式在衍生反应过程产生有害气体,且衍生反应完成后还须将多余的衍生试剂分解后才能用有机溶剂提取,条件较为苛刻,操作也较为烦琐;

（3）四乙基硼酸钠衍生反应。在水溶液中加入四乙基硼酸钠，直接进行乙基化衍生，这种衍生化反应方法得到越来越多的应用，其优点是衍生和萃取可一步完成，无需分解过量的衍生试剂，大大简化了反应过程，节省了分析时间，并且形成的衍生物很稳定。对比格林试剂和四乙基硼酸钠这两种衍生化试剂的衍生化效率，四乙基硼酸钠能获得更低的检测限。

适用气相色谱分析的检测器有多种类型，包括质谱（MS）、火焰光度法（FPD）、脉冲火焰光度检测器（PFPD）等见诸报道。GC-MS 在有机锡化合物分析中的应用非常广泛，检测限可以达到 ppb 级，灵敏度高、定量准确、重现性好。现有标准 GB/T 20385—2006《纺织品 有机锡化合物的测定》、GB/T 22932—2008《皮革和毛皮 化学试验 有机锡化合物的测定》和 ISO/TS 16179：2012《鞋类 鞋和鞋部件中可能存在的临界物质 鞋材料中有机锡化合物的测定》等都采用 GC-MS 分析技术。

（四）液相色谱分析技术在有机锡化合物检测中的研究

液相色谱可用于有机锡化合物的分离。液相色谱不受样品挥发度和热稳定性的限制，非常适合相对分子质量较大、难气化、不易挥发或对热敏感的物质的分离分析，因此用液相色谱对有机锡化合物进行分析时，不需要衍生化等，只需将有机锡化合物从样品基质中释放出来，简化了样品前处理步骤，节省了分析时间，所以液相色谱建立的方法更加简便、快速。液相色谱有几种分离模式，其中离子交换色谱应用最广泛，在离子交换液相色谱中，最重要的问题是单丁基锡与固定相有强烈的相互作用，要取得单丁基锡、二丁基锡、三丁基锡的分离须使用复杂的流动相或梯度洗脱。反相液相色谱用简单的流动相就可对有机锡分析。其他的模式如正相色谱、离子对色谱、胶束色谱用于有机锡的分析相对来说较少。而高效液相色谱串联质谱联用技术（HPLC-MS/MS）用于检测有机锡化合物含量，可达到较高的灵敏度，在检测实验室中运用越来越广泛。

另外，有文献提出采用 ICP-MS 直接测定纺织品酸性汗液提取液中锡含量，可快速筛查纺织品中有机锡化合物，从而实现缩短检测周期、降低测试成本的目的。其他见诸报道的分析仪器还包括联用技术，例如 GC-AES、GC-ICP-MS、HPLC-ICP-MS 等。

五、有机锡化合物的相关检测标准

（一）国内外主要纺织品中有机锡化合物的检测标准

国内外现行的纺织品中有机锡化合物的检测标准主要有：ISO/TS 16179：2012《鞋类 鞋和鞋部件中可能存在的关键物质 鞋材料中有机锡化合物的测定》、GB/T 20385—2006《纺织品 有机锡化合物的测定》、GB/T 22932—2008《皮革和毛皮 化学试验 有机锡化合物的测定》。

以上检测标准的测试原理基本类似，样品经试剂萃取后，在酸性环境下四乙基硼酸钠衍生，液液萃取衍生物，用 GC-MS 测试。不同的检测标准基于不同的检测目的和材质，所用的萃取溶剂不同，在检测技术上也存在一些细节的不同，表 5-3 对这几个主要检测标准进行了对比。

表 5-3　有机锡化合物检测标准方法的对比表

测试标准	萃取溶剂	衍生剂	衍生条件	络合剂	检测仪器	定量方式
ISO/TS 16179：2012	甲醇、乙醇混合液	四乙基硼化钠	pH＝4.5 缓冲溶液环境	环庚三烯酚酮	GC-MS	内标法

续表

测试标准	萃取溶剂	衍生剂	衍生条件	络合剂	检测仪器	定量方式
GB/T 20385—2006	酸性汗液	四乙基硼化钠	pH=4.0缓冲溶液环境	未使用沉淀剂	GC-FID GC-MS	外标法
GB/T 22932—2008	酸性汗液	四乙基硼化钠	pH=4.0缓冲溶液环境	未使用沉淀剂	GC-MS	外标法

ISO/TS 16179:2012采用的是有机溶剂萃取样品,而我国的两个标准都是采用酸性汗液萃取。如前面所述,由于酸性汗液和有机溶剂对样品中有机锡化合物萃取的效率不同,所得的测试结果也不同。所以不同的检测方式之间会存在测试结果的差异。

下面以ISO/TS 16179:2012为例,详细介绍有机锡化合物的测试程序及操作细节。

(二)ISO/TS 16179:2012

1. 范围

本测试方法适用于所有类型的鞋类材料。

2. 测试原理

用甲醇和乙醇的混合液提取鞋类材料样品中的有机锡化合物。在中强度酸性条件下以环庚三烯酚酮作为络合剂,极性和高沸点的有机锡化合物与四乙基硼酸钠[$NaB(Et)_4$]发生衍生化反应,生成相应的具有挥发性的四烷基化合物。采用气相色谱质谱仪检测有机锡化合物含量,本方法适用于表5-4所列的目标化合物。

表5-4　有机锡目标化合物

化合物种类	化合物	化学索引号
单取代有机锡化合物	三氯一丁基锡(MBT)	1118-46-3
	三氯一辛基锡(MOT)	3091-25-6
双取代的有机锡化合物	二氯二丁基锡(DBT)	683-18-1
	二氯二辛基锡(DOT)	3542-36-7
三取代有机锡化合物	一氯三丁基锡(TBT)	1461-22-9
	一氯三苯基锡(TPhT)	639-58-7
	一氯三环己基锡(TCyHT)	3091-32-5
四取代有机锡化合物	四丁基锡(TeBT)	1461-25-2

3. 化学试剂

除非另有说明,所用试剂均为分析级。实验用水为三级水,符合ISO 3696:1987要求。

乙醇,甲醇,异辛烷,冰醋酸,乙酸钠,四氢呋喃,环庚三烯酚酮,四乙基硼酸钠;三氯一庚基锡(MHT,CAS 59344-47-7,内标物);二氯二庚基锡(DHT,CAS 74340-12-8,内标物);一氯三丙基锡(TPT,CAS 2279-76-7,内标物);四丙基锡(TePT,CAS 2176-98-9,内标物)。

4. 仪器设备

实验室常规玻璃器皿。分析天平,精确至0.1mg;螺纹试管(50mL);pH计;超声波水浴;振荡器(至少 50 次/min);微量移液器(10~500μL);移液器(1~10mL);离心机;气相色谱质谱仪(GC-MS)。

5. 测试样品的准备

测试样品限于鞋类样品上取到的单一材料,如皮革、纺织物、聚合物、涂层材料或其他。将样品制成直径小于 4mm 的碎片待用。

6. 溶液配置程序

(1)四乙酸硼酸钠的配制。四乙酸硼酸钠在空气中易燃,需要在隔绝空气的条件下配制。称取 2.0g 四乙基硼酸钠溶解于四氢呋喃并定容至 10mL 容量瓶,冰箱中保存不超过三个月,未使用时尽量减少溶剂挥发。可预先称量好四乙基硼酸钠,或在市场上购买已配置好的商品溶液。

(2)标准溶液配制。

①标液概况。有机锡化合物在市场上销售的是有机锡氯化物的形式,校正曲线和计算结果是"mg/kg 的有机锡阳离子"作浓度单位。根据表 5-5 称取相应质量的有机锡氯化物,配置 1000mg/L 有机锡阳离子的标准溶液。

表 5-5　有机锡氯化物的质量(用有机锡阳离子计算获得质量因子)

化合物	质量因子	有机锡氯化物的标物质量(mg),相当于 1000mg/L 有机锡阳离子的溶液浓度(在 100mL 容量瓶中)
目标化合物		
MBT	0.623	160.5
MOT	0.686	145.8
DBT	0.767	130.4
DOT	0.830	120.5
TBT	0.891	112.2
TPhT	0.908	110.1
TCyHT	0.912	109.6
TeBT	1.000	100.0
内标物		
MHT (ISTD)	0.672	148.8
DHT (ISTD)	0.817	148.8
TPT (ISTD)	0.875	122.4
TePT (ISTD)	1.000	100.0

②内标—储备液(1000mg/L 有机锡阳离子)。根据表 5-5,分别称取相应质量(精确至 0.1mg)的有机锡化合物标准品到 100mL 容量瓶,用甲醇定容,得到 1000mg/L 内标储备液。冰箱中最多保存 1 年。

③内标—工作液(10mg/L 有机锡阳离子)。移液枪准确移取 1.0mL 的内标储备液到 100mL 容量瓶,用甲醇定容,得到 10mg/L 四种内标的混合内标工作溶液。

④目标化合物—储备液(1000mg/L 有机锡阳离子)。根据表 5-5,分别称取相应质量精确至(0.1mg)的有机锡化合物标准品到 100mL 容量瓶,用甲醇定容得到 1000mg/L 目标化合物的储备液。冰箱中最多保存 1 年,如未使用,尽量减少溶剂挥发。

⑤目标化合物—工作液(10mg/L 有机锡阳离子)。用移液枪准确移取 1.0mL 的目标化合物-储备液到 100mL 容量瓶,用甲醇定容。得到 10mg/L 目标化合物的混合标准工作溶液。

注:内标工作溶液和目标化合物工作溶液,均可以在市场上购得。需要留意氯化物或阳离子的具体浓度,再用适当的溶液稀释到 10mg/L。

(3)环庚三烯酚酮溶液的配制。用分析天平称取 0.5g 环庚三烯酚酮到玻璃烧杯中,加入大约 20mL 的甲醇溶解,转移至 100mL 容量瓶中并定容。此溶液 4℃冷藏下保存,有效期一个月。

(4)乙酸钠缓冲溶液的配制(0.2mol/L)。称取 16.4g 乙酸钠溶解于 1L 水中,混匀,用冰醋酸调节溶液 pH 至 4.5。

(5)校正曲线。

①选择制备 100μg/L,200μg/L,300μg/L,400μg/L 和 500μg/L 标液浓度;

②取五支 50mL 试管,加入 20mL 甲醇/乙醇混合液(体积比 80/20),用移液枪添加 20μL,40μL、60μL、80μL 和 100μL 混合标准工作溶液,加入 100μL 混合内标工作溶液,8mL 乙酸钠缓冲溶液,调节溶液 pH 至 4.5,然后加 100μL 衍生化试剂,在振荡器上振荡 30min。添加 2mL 异辛烷后振荡 30min,静置分层,取异辛烷相上进行 GC-MS 分析。

7. 样品溶液制备

(1)称取(1.0±0.1)g 准备好的样品置于 50mL 螺纹试管中,准确至 0.1mg。

(2)加入 20mL 甲醇与乙醇的混合液(体积比 80/20),确保所有样品被溶剂完全浸没。加入 100μL 混合内标工作溶液,加入 1mL 环庚三烯酚酮溶液,在温度为 60℃条件下超声 1h。如果需要,使用离心机离心,将上清液转移到另一个干净试管中。

(3)加入 8mL 乙酸钠缓冲溶液,调节溶液 pH 至 4.5,然后加 100μL 衍生化试剂,在振荡器上振荡 30min。添加 2mL 异辛烷后振荡 30min,静置分层,取异辛烷相上进行 GC-MS 分析。

(4)空白溶液的制备方法,和样品采用相同的处理步骤。

8. 气相色谱分析

(1)气相色谱分析参数设置。可按表 5-6 中 GC-MS 仪器参数设置。

表 5-6　GC-MS 仪器条件

色谱柱		DB-5MS(30m×250mm 内径 ID,0.25mm 膜厚)
升温程序	初始温度(℃)	40
	初始时间(min)	1
	升温速率 1	20℃/min 升至 280℃
升温程序	升温速率 2	10℃/min 升至 300℃
	后运行温度(℃)	300
	后运行时间(min)	2

续表

载气	氮气
流速（mL/min）	1.0
进样量（L）	1
进样口温度（℃）	275
传输线温度（℃）	300
分流模式	脉冲不分流
数据采集模式	SIM & SCAN

（2）定性测定。通过比对样品中和标准中目标化合物的保留时间,样品保留时间对比标准品保留时间差异应在±1%内。使用全扫描模式来检测目标化合物,选择三组诊断离子(一组定量,另两组定性),详见表5-7。质谱采集使用全扫描(SCAN)和选择离子(SIM)同时运行的方式。或在阳性结果确认时,先使用SIM模式采集再SCAN验证。

表5-7　有机锡化合物和内标物的特性诊断离子

化合物（乙酰化）	组别1	组别2	组别3
MHT（内标物）	277/275	179/177	151/149
MBT	235/233	179/177	151/149
MOT	291/289	179/177	151/149
DHT（内标物）	347/345	249/247	151/149
DBT	263/261	179/177	151/149
DOT	375/373	263/261	151/149
TPT（内标物）	249/247	235/233	193/191
TBT	291/289	263/261	179/177
TCyHT	233/231	315/313	369/367
TPhT	351/349	197/195	—
TePT（内标物）	249/247	165/163	207/205
TeBT	291/289	235/233	179/177

9. 定量计算

（1）计算出标准物质的峰面积,内标物峰面积,样品中检出的有机锡峰面积。

（2）用式(5-1)计算出每种有机锡的相应浓度的响应因子DRF。

$$\mathrm{DRF} = \frac{CS_{\mathrm{Sn}} \times AR_{\mathrm{is}}}{AS_{\mathrm{Sn}} \times CR_{\mathrm{is}}} \tag{5-1}$$

式中：CS_{sn}为标准中有机锡阳离子的浓度（μg/L）；AR_{is}为对应内标物的峰面积；AS_{sn}为标准物质有机锡阳离子的峰面积；CR_{is}为对应内标物的浓度（500g/L）。

（3）用式(5-2)计算每一种有机锡化合物在不同浓度水平的平均DRFa。

$$\mathrm{DRF}_a = \frac{1}{n} \sum_{i=1}^{n} \mathrm{DFR}_i \tag{5-2}$$

理论上,每种有机锡化合物的DRF应该是一致的,实际可能观察到轻微差异。

（4）用式（5-3）计算样品溶液中有机锡的含量。

$$C_{Sn} = \frac{A_{Sn} \times DRF_a \times C_{is}}{A_{is}}$$ (5-3)

式中：C_{Sn} 为样品溶液中有机锡阳离子的含量（μg/L）；A_{Sn} 为有机锡峰面积；C_{is} 为对应内标物的浓度（500μg/L）；A_{is} 为对应内标物峰面积。

（5）用式（5-4）计算样品中有机锡的含量。

$$M_{Sn} = C_{Sn} \times V / M_1$$ (5-4)

式中：M_{Sn} 为样品中有机锡的含量（μg/kg）；C_{Sn} 为样品溶液中有机锡的浓度（μg/L）；V 为异辛烷溶液的体积（2mL）；M_1 为样品的质量（g）。

10. 检出限和定量限

该方法的检出限是 50μg/kg，定量限是 200μg/kg。

六、检测方法的技术难点与解析

（一）标准品配制

测试有机锡时，标准品用的是有机锡的含氯化物形式，计算结果时是用"有机锡阳离子"来表述的。比如，二氯二丁基锡（dibutyltin dichloride），简写为 $BuSnCl_2$，是 Bu_2Sn^{2+} 的氯化物形式，最终计算时是以 Bu_2Sn^{2+} 来计的。所以在标准品配制时需要计算标准溶液里有机锡阳离子的浓度。在前面所述的标准溶液配制中，表5-5 提供了 ISO/TS16179：2012 中要求测试的八种有机锡阳离子的质量因子，即有机锡阳离子相对分子质量与有机锡化合物相对分子质量的比值。仍以二氯二丁基锡为例，当称取 0.0652g 二氯二丁基锡时，对应的二丁基锡阳离子的质量是 0.0652g×0.767＝0.05g，定容 50mL 得到二丁基锡阳离子浓度为 1000mg/L 的标准溶液。

有机锡化合物是有毒的，有些甚至是剧毒的，常温下易挥发。如果购买的标准品是液体的或固体的纯标物，配制时要注意安全操作，做好个人防护，戴好防护面罩和护目镜，穿好工衣和橡胶手套，在通风橱中使用分析天平称量，事先准备好相应玻璃器皿和溶剂，动作要迅速准确。现在，商业可购买到的高浓度混合标准溶液也很容易获得，购买此类标准物质，配制工作标准溶液时相对安全简单，但要注意标液的有效保存期限。在紫外线照射下，C—Sn 键易断裂，所以所有标准品要避光保存，配制时要注意避光操作，使用棕色玻璃瓶配制和储存，测试过程中也要使用棕色玻璃器皿。

（二）衍生剂四乙基硼酸钠的配制

四乙基硼酸钠是一种空气敏感性物质，与空气接触极易发生爆炸或着火。所以，配制过程尽量在一个密封的隔绝空气的装置内。配制时，先将分析天平放置于密封体系内，通过小的侧孔拉出天平电源线，侧孔用胶布等密封好，接好电源后，打开天平。称量时用到的玻璃器皿和用具，如烧杯和称量勺等，以及四乙基硼酸钠试剂和四氢呋喃溶剂等也事先放置于装置内。打开惰性气体供入装置，从装置前端排气几分钟，降低含氧量至着火点氧气含量的最低要求，封闭排气孔，停止供气。通过装置内的操作手臂装置进行称量和溶解操作。将装有四乙基硼酸钠试剂的试剂瓶密封后，打开装置前端开口，取出溶解液稀释至 20% 的含量。

通常情况下，很多实验场所并没有配置上述的惰性气体隔绝空气装置，这种情况下，建议实验室购买小包装的四乙基硼酸钠分装试剂。在密封包装的状态下采用注射装置将四氢呋喃溶剂注入包装瓶中，溶解试剂后，打开包装，转移溶液至较大烧杯中，并多次洗脱包装瓶，并将洗液一起并入烧杯中，采用减量法获得包装中四乙基硼酸钠试剂的质量，稀释溶剂至 20% 的浓度。

(三)衍生化反应过程

有机锡化合物在一定的 pH 下,与四乙基硼酸钠发生衍生化反应,氯元素被取代,生成对应的乙基化衍生物。衍生化反应时的 pH 影响衍生反应效率,pH 太高,有机锡化合物易分解,pH 小于 2,乙基化试剂会生成硼氢化钠。有文献曾对有机锡检测过程中衍生化反应条件的 pH 和衍生时间对衍生反应效率的影响做过实验研究,选取 pH 范围在 2.5~5.5 中的七个点,2.5、3.0、3.5、4.0、4.5、5.0、5.5 进行比较试验。在 pH 为 3.5 和 4.0 时,均出现了最大响应值;MBT、DBT、TBT、和 DOT 在 pH 为 4.5 时响应值开始下降。所以,有些标准测试方法选择 pH=4.0 的衍生条件,有些测试标准选择 pH=4.5 的衍生条件。

衍生化反应时间是影响衍生化反应效率的另一重要因素。研究衍生化反应时间对反应效率的影响,发现反应进行 5min 时已达到最大值。而大部分检测标准的衍生化时间是 30min。衍生化反应过程需注意避光操作。

对于萃取液是水相的一些测试标准,有机溶液萃取后的有机层需要加入无水硫酸钠脱水后方可进行 GC-MS 分析。

对于一些基质比较复杂的样品,对应的检测标准也要求对萃取液进行净化处理,使用硅胶柱净化处理,例如 ISO 17353:2004 及 DIN 38407 水中有机锡的检测。

(四)仪器分析的注意事项

注意仪器的日常维护,经常检查载气气压,检查整个流路的漏气情况,按要求更换进样口衬垫,按时清洗进样衬管,定期清洗 MS 源和老化色谱柱。保持 GC-MS 的良好工作状态。做好质量控制手段,以确定仪器状态和实验过程得到有效控制。

下面以一阳性结果样品的色谱图举例进行质谱确认。图 5-1 是一个聚氨酯样品经前处理及衍生后得到样品液上机后得到的色谱图。由图可知,在保留时间 6.715min 和 7.836min 都出现了与目标物 MBT 和 DBT 保留时间吻合的色谱峰,需对这两个色谱峰进行质谱确认。由质谱图 5-2 可以看到,MBT 的典型定性离子 179,151,177 都很明显,并且相互的权重比也与标准品质谱图完全吻合,判定为阳性结果;同样对 DBT 的保留时间色谱图进行质谱确认,由质谱图5-3可以看到,DBT 的典型定性离子 261,179,151 都很明显,并且相互的权重比也与标准品质谱图完全吻合,判定为阳性结果。

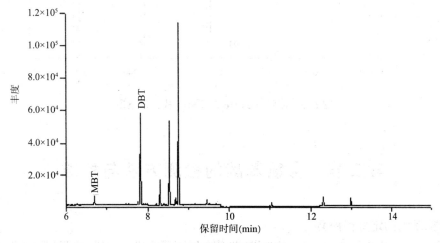

图 5-1　阳性样品色谱图

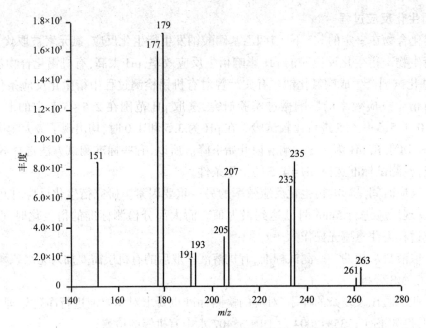

图 5-2　阳性样品 MBT 的 SIM 模式质谱图

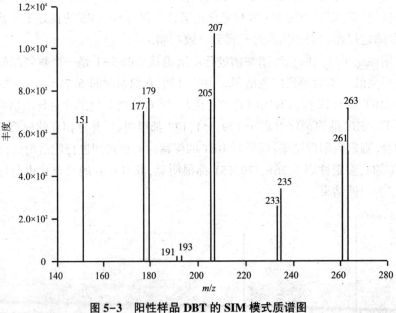

图 5-3　阳性样品 DBT 的 SIM 模式质谱图

第二节　含氯苯酚的检测方法与标准

一、含氯苯酚的定义和种类

含氯苯酚是由苯酚的苯环上的氢原子被若干个氯原子取代的物质,按照氯原子取代个数分为一氯苯酚、二氯苯酚、三氯苯酚、四氯苯酚和五氯苯酚。其中由于氯原子取代的位置不同,不同取代数的含氯苯酚(除五氯苯酚外)含有多个同分异构体,见表5-8。

表5-8　含氯苯酚的种类

名称	英文名称	CAS No.	分子式	结构式
2-氯苯酚	2-Chlorophenol	95-57-8	C_6H_5OCl	
3-氯苯酚	3-Chlorophenol	108-43-0	C_6H_5OCl	
4-氯苯酚	4-Chlorophenol	106-48-9	C_6H_5OCl	
2,3-二氯苯酚	2,3-Dichlorophenol	576-24-9	$C_6H_4OCl_2$	
2,4-二氯苯酚	2,4-Dichlorophenol	120-83-2	$C_6H_4OCl_2$	
2,5-二氯苯酚	2,5-Dichlorophenol	583-78-8	$C_6H_4OCl_2$	
2,6-二氯苯酚	2,6-Dichlorophenol	87-65-0	$C_6H_4OCl_2$	
3,4-二氯苯酚	3,4-Dichlorophenol	95-77-2	$C_6H_4OCl_2$	
3,5-二氯苯酚	3,5-Dichlorophenol	591-35-5	$C_6H_4OCl_2$	
2,3,4-三氯苯酚	2,3,4-Trichlorophenol	15950-66-0	$C_6H_3OCl_3$	
2,3,5-三氯苯酚	2,3,5-Trichlorophenol	933-78-8	$C_6H_3OCl_3$	
2,3,6-三氯苯酚	2,3,6-Trichlorophenol	933-75-5	$C_6H_3OCl_3$	

名称	英文名称	CAS No.	分子式	结构式
2,4,5-三氯苯酚	2,4,5-Trichlorophenol	95-95-4	$C_6H_3OCl_3$	
2,4,6-三氯苯酚	2,4,6-Trichlorophenol	88-06-2	$C_6H_3OCl_3$	
3,4,5-三氯苯酚	3,4,5-Trichlorophenol	609-19-8	$C_6H_3OCl_3$	
2,3,4,5-四氯苯酚	2,3,4,5-Tetrachlorophenol	4901-51-3	$C_6H_2OCl_4$	
2,3,4,6-四氯苯酚	2,3,4,6-Tetrachlorophenol	58-59-0	$C_6H_2OCl_4$	
2,3,5,6-四氯苯酚	2,3,5,6-Tetrachlorophenol	935-95-5	$C_6H_2OCl_4$	
五氯苯酚	Pentachlorophenol	87-86-5	C_6HOCl_5	

二、纺织产品上含氯苯酚的来源与危害

含氯苯酚及其钠盐等具有良好的杀菌效果,是纺织品、织造浆料和印花色浆中普遍采用的一种防霉防腐剂,主要通过阻止真菌生长和抑制细菌的腐蚀作用来达到防腐功能。然而,包括苯酚在内,所有氯化苯酚产物都具有毒性。从急性毒性半致死量 LD_{50} 可知:邻氯苯酚为670mg/kg,间氯苯酚为570mg/kg,对氯苯酚为670mg/kg,2,4,5-三氯苯酚为820mg/kg,为低毒物。其他的含氯苯酚毒性更大,如2,4-二氯苯酚为110mg/kg,五氯苯酚的 LD_{50} 值:雄兔146mg/kg、雌兔175mg/kg、老鼠27mg/kg,属于剧毒物。而它们的原料苯酚的 LD_{50} 为530mg/kg,也是有毒化合物。若通过呼吸吸入后会引起血压下降、尿失禁、发烧、内脏机能紊乱和痉挛,直

至致死;通过皮肤吸收后引起肺、肝、肾的损害和接触皮炎等症状。一般条件下,含氯苯酚化学性质比较稳定,不易被氧化,也难以水解,且具有蓄积作用,在生物体内的富集浓度远超其在水中的浓度,因此已受到国内外法律法规及纺织品生态标准的限定。

三、含氯苯酚的相关法规与要求

欧共体指令 76/769/EEC 列入优先控制的"黑名单"中的 131 个化学品,五氯苯酚和 2,4-二氯苯酚都在其中,美国 EPA 于 1997 年提出的 70 种属环境激素的化学物质,上述两个含氯苯酚也名列其中。德国禁用化学品令附录 15 中规定五氯苯酚含量不得超过 5mg/kg。

(一)REACH 法规附件ⅩⅦ的要求

欧盟 REACH 法规附件ⅩⅦ第 22 项对五氯苯酚及其盐和酯类物质的限制条件为:不得作为一种物质,或作为其他物质或混合物的成分,其浓度按重量计等于或大于 0.1% 时,不得投放市场或使用。在附件ⅩⅦ第 22 项中列出的含氯酚及其盐和酯类物质见表 5-9。

表 5-9　REACH 附件ⅩⅦ 第 22 项中五氯苯酚及其盐和酯类物质

中文名称	英文名称	CAS No.	EC No.	分子式
L-焦谷氨酸-五氯苯酯	Perchlorophenyl 5-oxo-L-prolinate	28990-85-4	249-360-2	$C_{11}H_6Cl_5NO_3$
五氯苯酚酯类物质	Pentachlorophenol esters	—	—	—
五氯苯酚盐类物质	Pentachlorophenol salts	—	—	—
N_2-苄基-N_2-羧基-L-谷氨酰胺五氯苯酯	N2-benzyl pentachlorophenyl N2-carboxy-L-(2-aminoglutaramate)	13673-51-3	237-155-0	$C_{19}H_{15}Cl_5N_2O_5$
N-苄氧羰基-L-异亮氨酸五氯苯酯	Perchlorophenyl N-(benzyloxycarbonyl)-L-isoleucinate	13673-53-5	237-156-6	$C_{20}H_{18}Cl_5NO_4$
N-(4-甲氧基)苄氧羰基-L-丝氨酸五氯苯酯	Pentachlorophenol N-{[(4-methoxy-phenyl)methoxy]carbonyl}-L-serinate	23234-97-1	245-508-5	$C_{18}H_{14}Cl_5NO_6$
五氯苯酚	Pentachlorophenol	87-86-5 85380-74-1	201-778-6	C_6HCl_5O
五氯苯酚钠盐	Sodium pentachlorophenolate	131-52-2	205-025-2	C_6Cl_5NaO
五氯苯酚锌盐	Zinc bis(pentachlorophenolate)	2917-32-0	220-847-1	$C_{12}Cl_{10}O_2Zn$
月桂酸五氯苯酯	Pentachlorophenyl aurate	3772-94-9	223-220-0	$C_{18}H_{23}Cl_5O_2$
五氯苯酚钾盐	Potassium pentachlorophenolate	7778-73-6	231-911-3	C_6Cl_5KO
S-苄基-N-苄氧羰基-L-半胱氨酸五氯苯酯	Perchlorophenyl S-benzyl-N-(benzyloxycarbonyl)-L-cysteinate	13673-54-6	237-157-1	$C_{24}H_{18}Cl_5NO_4S$

(二)其他相关法规和生态纺织品限制要求

其他相关法规和生态纺织品限制要求如表 5-10 所示。

表 5-10 相关法规和生态纺织品限制要求

相关标准	含氯苯酚	限制要求(mg/kg)			
团体标准 T/CNTAC 8—2018	五氯苯酚(PCP)	≤5			
	四氯苯酚(TeCP)总量: 2,3,5,6-四氯苯酚 2,3,4,6-四氯苯酚 2,3,4,5-四氯苯酚	≤5			
Eco-Label	含氯酚及其盐和酯	禁止使用			
	—	I 婴幼儿	II 直接 接触皮肤	III 非直接 接触皮肤	IV装饰材料
Standard 100 by OEKO-TEX ® (2019)	五氯苯酚(PCP)	<0.05	<0.5	<0.5	<0.5
	四氯苯酚(TeCP)总量	<0.05	<0.5	<0.5	<0.5
	三氯苯酚(TrCP)总量	<0.2	<2.0	<2.0	<2.0
	二氯苯酚(DCP)总量	<0.5	<3.0	<3.0	<3.0
	一氯苯酚(MCP)总量	<0.5	<3.0	<3.0	<3.0
	邻苯基苯酚(OPP)	<10	<25	<25	<25
GB/T 18885—2009	五氯苯酚(PCP)	≤0.05	≤0.5	≤0.5	≤0.5
	四氯苯酚(TeCP)总量	≤0.05	≤0.5	≤0.5	≤0.5
	邻苯基苯酚(OPP)	≤50	≤100	≤100	≤100
美国 AAFA	五氯苯酚(PCP)、其盐类 以及衍生物	不得使用(纺织品和皮革); ≤5(木质材料)			
	四氯苯酚(TeCP)、及盐类 以及衍生物	不得检出(≤0.5)			

有害化学物质"零排放"计划(ZDHC)的生产限用物质清单 1.1 版(即 MRSL1.1)中,对于含氯苯酚的限量为:A 组原材料和成品供应商指南,不得有意使用含氯苯酚;B 组化学品供应商商业制剂限制要求,四氯苯酚和五氯苯酚的总和不得超过 20mg/kg,除四氯苯酚和五氯苯酚的其他含氯苯酚总和不得超过 50mg/kg。

四、含氯苯酚的检测分析技术

含氯苯酚的样品前处理方法主要有超声萃取法、水蒸气蒸馏法、微波萃取法、索氏提取法、固相萃取法等;采用的分析仪器有液相色谱紫外检测器(HPLC-UV)、气相色谱质量选择检测器(GC-MS)、气相色谱电子捕获检测器(GC-ECD)、气相色谱串联质谱检测器(GC-MS/MS)和液相色谱串联质谱检测器(LC-MS/MS)等。

考虑到实验室成本及各取代含氯苯酚的定性及定量准确性,商业检测实验室多采用 GC-MS 作为分析仪器,而从含氯苯酚的化学结构可以看出,其苯环主体被一个羟基和若干氯原子取代,分子的极性较强,不利于色谱的分离分析,因此使用气相色谱作为分析仪器的方法都采用了柱前衍生方法用来降低极性。通过乙酸酐使含氯苯酚乙酰化,在降低其汽化温度的同时,有效消除色谱峰的拖尾现象,提高色谱分析的有效性。以五氯苯酚为例,其乙酰化反应如图5-4所示。

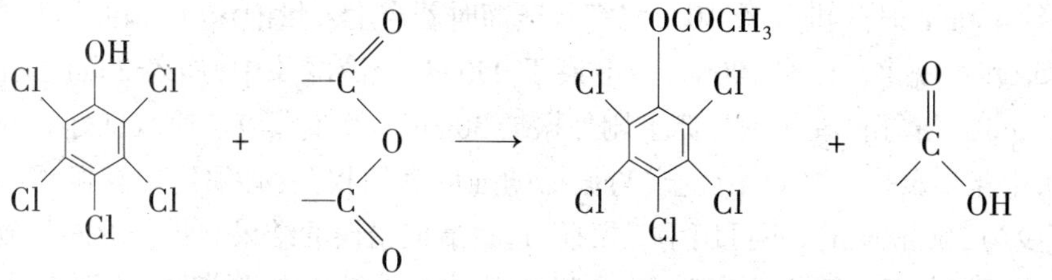

图5-4　五氯苯酚乙酰化反应图

在乙酰化的过程中,含氯苯酚的盐和酯也会参与反应,因此最终得到的应为含氯苯酚本身及其盐和酯的总量。

五、含氯苯酚相关的国内外常用检测标准

含氯苯酚相关的国内外常用检测标准有:EN ISO 17070:2015《皮革—化学测试　四氯苯酚、三氯苯酚、二氯苯酚、一氯苯酚及异构体和五氯苯酚含量的测定》、GB/T 18414.1—2006《纺织品　含氯苯酚的测定　第1部分:气相色谱质谱法》、GB/T 18414.2—2006《纺织品　含氯苯酚的测定　第2部分:气相色谱法》、GB/T 22808—2008《皮革和毛皮　化学试验　五氯苯酚含量的测定》。

(一)EN ISO 17070:2015

1. 适用范围和基本原理

该标准规定了测定皮革中四氯苯酚(TeCP)、三氯苯酚(TriCP)、二氯苯酚(DiCP)、一氯苯酚(MoCP)及它们的同分异构体,五氯苯酚(PCP)及其盐和酯含量的方法。

注意:其溴代苯酚异构体也可用此方法进行测定。

测定时,先用水蒸气蒸馏皮革样品,正己烷萃取后用乙酸酐乙酰化,所得的含氯苯酚乙酸酯,用气相色谱电子俘获检测器(GC-ECD)或气相色谱质谱检测器(GC-MS)进行分析,外标法定量和内标法校验。

2. 试剂和标准溶液的配制

蒸馏水(ISO 3693:1987,3级水);三乙胺;正己烷;碳酸钾;乙酸酐;无水硫酸钠;丙酮;硫酸:1mol/L;含氯苯酚异构体混合物/丙酮溶液:100μg/mL;四氯邻甲氧基苯酚/丙酮溶液(TCG):内标,100μg/mL。

3. 仪器与设备

水蒸气蒸馏装置;机械摇床;容量瓶;锥形瓶;250mL分液漏斗或其他适用于有机相与水相分离且能经受剧烈振荡的容器;气相色谱仪,配有电子俘获检测器(ECD)或质量选择检测器(MSD)。

4. 测试步骤

(1)取样及样品的制备。如果可能,按ISO 2418:2017的要求取样,并按ISO 4044:2017的要求将皮革样品粉碎,若无法按 ISO 2418:2017 要求取样(如鞋子、服装等最终产品),需在测试报告中给出取样细节。

(2)水蒸气蒸馏。准确称取约 1.0g 皮革样品于水蒸气蒸馏瓶中,加入 1mol/L 硫酸 20mL和 0.1mL TCG 溶液,安装在水蒸气蒸馏装置上蒸馏,用盛有 5g 碳酸钾的 500mL 容量瓶作为接收瓶,收集的溶液约 450mL 时停止蒸馏,用水定容。蒸馏时若产生大量泡沫,应调低热源能量。

(3)液—液萃取和乙酰化。移取 100mL 蒸馏液于 250mL 分液漏斗中,加入 20mL 正己烷、0.5mL 三乙胺和 1.5mL 乙酸酐,在机械摇床上剧烈振摇 30min。该步骤应于通风良好处或通风橱中进行。由于衍生化步骤是一个两相反应,与振摇的强度密切相关,必须使用高振摇频率的机械摇床(频率至少为 200 r/min),不可用手工振摇,这将造成错误的结果。将分液漏斗放置在机械摇床上,振摇前须先释压。两相分离后,将有机相转移至 100mL 锥形瓶中,在水相中再加入 20mL 正己烷,再振摇。合并正己烷相于 100mL 锥形瓶中,用无水硫酸钠脱水约 10min。然后用滤纸过滤定量至 50mL 容量瓶中,用正己烷洗涤和定容待测。

(4)乙酰化含氯苯酚和四氯邻甲氧基苯酚(TCG)校准化合物的制备。

①用于测定回收率的含氯苯酚和 TCG 标样的衍生化。为计算回收率,将 100μL 含氯苯酚混合溶液和 100μL TCG 溶液移入水蒸气蒸馏装置中,加入 1mol/L 硫酸 20mL,按上述处理样品相同的方法,制备 PCP 和 TCG 混标。最后测得的回收率应大于 90%。

②含氯苯酚和 TCG 标样的衍生化。在 30mL 的 0.1mol/L 碳酸钾溶液中,按与样品相同的方法乙酰化 20μL 的含氯苯酚混合溶液和 20μL TCG 溶液,然后将有机相转移至 50mL 容量瓶中。该标准溶液用于计算,气相色谱中各化合物的最终浓度为 0.04μg/mL。

(5)毛细管气相色谱分析。可使用多种类型的气相色谱设备,下列仪器参数已被证明是可行的。

①GC-ECD。毛细管气相色谱柱:石英毛细管,中等极性,如 95%二甲基/5%二苯基聚硅氧烷,50m×0.32mm×0.25μm;检测器温度:280℃;进样系统:分流/不分流 60s;进样体积:2.0μL;进样温度:250℃;载气:氦气;升温程序:80℃保持 1min,6℃/min 升至 280℃保持 10min。

②GC-MS。毛细管气相色谱柱:5%苯基甲基硅氧烷,如 DB-5MS 或相当者,30m×0.25mm×0.25μm;进样系统:不分流 2min;进样体积:2.0μL;进样温度:250℃;载气:氦气,流速 1.2mL/min;升温程序:60℃,15℃/min 升至 100℃,8℃/min 升至 220℃,50℃/min 升至 300℃保持 1min。质谱条件:传输线 300℃;离子源 230℃;四极杆 150℃;溶剂延迟 4min。SIM 模式下的分组时间及质荷比 m/z 见表 5-11。

表 5-11 含氯苯酚 SIM 模式下的分组时间及质荷比 m/z

序号	含氯苯酚	质荷比 m/z	SIM 模式下的分组时间(min)
1	MoCP	128,130	0~7.1
2	DiCP	162,164,166	7.1~9
3	TriCP	196,198,200	9~11.6
4	TeCP	230,232,234	11.6~13.8
5	PCP	264/266/268	13.8 至结束
6	TCG(内标)	260/262/264	13.8 至结束

5. 结果计算

比较同时进行分析的样品单峰面积与标样的峰面积并进行计算。按式(5-5)和式(5-6)，以质量因子 ω_{CP} 来计算含氯苯酚的浓度。

$$\omega_{CP} = \frac{A_{CP-S} \times c_{CP-ST} \times A_{TCG-St} \times V \times \beta}{A_{CP-St} \times A_{TCG-S} \times m} \tag{5-5}$$

式中：A_{CP-S} 为样品峰面积；A_{CP-St} 为含氯苯酚标准品的峰面积；A_{TCG-S} 为样品中内标 TCG 的峰面积；A_{TCG-St} 为标准品中内标 TCG 的峰面积；c_{CP-ST} 为标准溶液中含氯苯酚的浓度($\mu g/mL$)；m 为样品质量(g)；V 为最终样品定容体积(mL)；β 为稀释因子。

最终的测定结果以样品的干重($\omega_{CP-干}$)计，见式(5-6)。

$$\omega_{CP-干} = \omega_{CP} \times D \tag{5-6}$$

式中：D 为干重转换因子，$D = 100/(100-\omega)$；ω 为按 ISO 4684:2005 测得的挥发物质含量。

(二)GB/T 18414.1—2006

1. 适用范围和基本原理

该标准规定了采用气相色谱质量选择检测器(GC-MS)测定纺织品中含氯苯酚(2,3,5,6-四氯苯酚和五氯苯酚)及其盐和酯的方法。该标准适用于纺织材料及其产品。

该标准方法采用碳酸钾溶液提取试样，提取液经乙酸酐乙酰化后用正己烷提取，用配有质量选择检测器的气相色谱仪(GC-MS)测定，采用选择离子检测进行确证，外标法定量。

2. 试剂和标准溶液的配制

正己烷；乙酸酐；无水碳酸钾；无水硫酸钠：650℃灼烧 4h，冷却后储存于干燥器中备用；碳酸钾溶液：0.1mol/L 水溶液；硫酸钠溶液：20g/L。

2,3,5,6-四氯苯酚标准品和五氯苯酚标准品：纯度均大于等于 99%；标准储备溶液：分别准确称取适量的 2,3,5,6-四氯苯酚标准品和五氯苯酚标准品，用碳酸钾溶液配置成浓度为 100mg/mL 的标准储备液；混合标准工作溶液：根据需要用碳酸钾溶液稀释成适合浓度的混合标准工作溶液。(注：标准储备溶液在 0~4℃冰箱中保存有效期 6 个月，混合标准工作溶液在 0~4℃冰箱中保存有效期 3 个月。)

3. 仪器与设备

气相色谱仪：配有质量选择检测器(MS)；超声波发生器：工作频率 40kHz；离心机：4000r/min；150mL 分液漏斗；100mL 磨口塞锥形瓶；10mL 磨口塞离心管。

4. 测试步骤

(1)提取。取代表性样品，将其剪碎至 5mm×5mm 以下，混匀。称取 1.0g(精确至 0.01g)试样，置于 100mL 具塞锥形瓶中，加入 80mL 碳酸钾溶液，在超声波发生器中提取 20min。将提取液抽滤，残渣再用 30mL 碳酸钾溶液超声提取 5min，合并滤液。

(2)乙酰化。将滤液置于 150mL 分液漏斗中，加入 2mL 乙酸酐，振摇 2min，准确加入 5.0mL 正己烷，再振摇 2min，静置 5min，弃去下层。正己烷相再加入 50mL 硫酸钠溶液洗涤，弃去下层。将正己烷相移入 10mL 离心管中，加入 5mL 硫酸钠溶液，振摇 1min，以 4000r/min 离心 3min，正己烷相供气相色谱/质谱确证和测定。

(3)标准工作溶液的乙酰化。准确移取一定体积的适用浓度的标准工作溶液于 150mL 分液漏斗中,用碳酸钾溶液稀释至110mL,加入2mL乙酸酐,再按上述(2)乙酰化步骤进行乙酰化处理。

(4)GC-MS 分析。以下条件已被证明是可行的。毛细管气相色谱柱:DB-17MS,30m×0.25mm×0.1μm 或相当者;色谱柱温度:50℃保持2min,30℃/min 升至220℃保持1min,6℃/min 升至260℃保持1min;进样口温度:270℃;色谱—质谱接口温度:260℃;载气:氦气,纯度≥99.999%,1.4mL/min;电离方式:EI;电离能量:70eV;测定方式:SIM,见表5-12;进样方式:不分流进样,1.2min 后开阀;进样体积:1μL。

测定及阳性结果的确认:根据样液中被测物浓度,选定浓度水平相近的标准工作溶液,分别对标准溶液与样液等体积参插进样测定,标准溶液和待测样液中四氯苯酚乙酸酯和五氯苯酚乙酸酯的响应值均在仪器检测的线性范围内。如果样液与标准溶液的色谱图中,在相同保留时间有谱峰出现,则根据表5-12中选择离子的种类及其丰度比进行确证。

表5-12 含氯苯酚乙酸酯定量和定性选择离子

名称	保留时间(min)	特征碎片离子(amu)	
		定量	定性
2,3,5,6-四氯苯酚乙酸酯	8.815	232	230,234,272
		丰度比(100∶77∶50∶23)	
五氯苯酚乙酸酯	10.038	266	264,268,308
		丰度比(100∶62∶64∶14)	

5. 结果计算与测定低限

试样中含氯苯酚含量按式5-7计算,结果精确到小数点后两位。

$$X_i = \frac{A_i \times c_i \times V}{A_{is} \times m} \tag{5-7}$$

式中:X_i 为试样中含氯苯酚 i 的含量(mg/kg);A_i 为样液中含氯苯酚乙酸酯 i 的峰面积(或峰高);A_{is} 为标准工作溶液中含氯苯酚乙酸酯 i 的峰面积(或峰高);c_i 为标准工作溶液中含氯苯酚 i 的浓度(mg/L);V 为样液体积,mL;m 为最终样液代表的试样量(g)。

该方法中对 2,3,5,6-四氯苯酚和五氯苯酚的测定低限均为 0.05mg/kg。

(三)GB/T 18414.2—2006

1. 适用范围和基本原理

该标准规定了采用气相色谱电子俘获检测器(GC-ECD)测定纺织品中含氯苯酚(2,3,5,6-四氯苯酚和五氯苯酚)及其盐和酯的方法。该标准适用于纺织材料及其产品。

该标准方法采用丙酮提取试样,提取液浓缩后用碳酸钾溶液溶解,经乙酸酐乙酰化后以正己烷提取,用配有电子俘获检测器的气相色谱仪(GC-ECD)测定,外标法定量。

2. 试剂和标准溶液的配制

丙酮,其他试剂和标准溶液同 GB/T 18414.1—2006。

3. 仪器与设备

气相色谱仪:配有电子俘获检测器(ECD);超声波发生器:工作频率40 kHz;50mL 提取器:由硬质玻璃制成,具密闭瓶塞;旋转蒸发器;150mL 分液漏斗;5mL 单标线吸量管,符合 GB/T

12808—2015 中 A 类;20mL 玻璃筒形漏斗。

4. 测试步骤

(1)提取。取代表性样品,将其剪碎至5mm×5mm 以下,混匀。称取 1.0g(精确至0.01g)试样,置于提取器中,加入 20mL 丙酮,充分混匀后于超声波发生器中提取15min,如试样在吸收溶剂后膨胀太大,可增加丙酮用量。将丙酮溶液转移至浓缩瓶,残渣再分别用 20mL 丙酮提取两次,并入浓缩瓶。将浓缩瓶置于旋转蒸发器上浓缩至近干,用 30mL 碳酸钾溶液分三次将残液转移至分液漏斗中。

(2)乙酰化。将滤液置于 150mL 分液漏斗中,加入 1mL 乙酸酐,振摇 2min,准确加入5.0mL 正己烷,再振摇 2min,静置 5min,弃去下层。正己烷相用硫酸钠溶液洗两次(每次用量20mL),静置分层后弃去下层。在玻璃筒形漏斗中加脱脂棉和约 1g 无水硫酸钠,将正己烷层穿过无水硫酸钠转移至试管中。此溶液待测。

(3)标准工作溶液的乙酰化。准确移取一定体积的混合标准工作溶液于分液漏斗中,加入碳酸钾溶液至总体积约 30mL,再按上述乙酰化步骤进行乙酰化处理。

(4)GC-ECD 分析。以下条件已被证明是可行的。毛细管气相色谱柱:DB-17MS,30m×0.25mm×0.25μm;色谱柱温度:170℃保持 1min,5℃/min 升至 220℃,20℃/min 升至 260℃保持2min;进样口温度:260℃;检测器温度:280℃;载气:氮气,纯度≥99.999%,流量 1mL/min;进样量:1μL,无分流。

GC-ECD 测定及阳性结果的确认:根据样液中被测物浓度,选定浓度相近的标准工作溶液,分别对标准溶液与样品溶液参插进样分析。标准溶液和样品溶液中 2,3,5,6-四氯苯酚乙酸酯和五氯苯酚乙酸酯的响应值均应在仪器检测的线性范围内。按照上述条件所得 2,3,5,6-四氯苯酚乙酸酯的相对保留时间为 6.503min,五氯苯酚乙酸酯的相对保留时间为 9.290min。

5. 结果计算与测定低限

试样中含氯苯酚含量按式(5-8)计算,结果精确到小数点后两位。

$$X_i = \frac{A_i \times c_i \times V}{A_{is} \times m} \tag{5-8}$$

式中:X_i 为试样中含氯苯酚 i 的含量(mg/kg);A_i 为样液中含氯苯酚乙酸酯 i 的峰面积(或峰高);A_{is} 为标准工作溶液中含氯苯酚乙酸酯 i 的峰面积(或峰高);c_i 为标准工作溶液中含氯苯酚 i 的浓度(mg/L);V 为样液体积(mL);m 为最终样液代表的试样量(g)。

该方法中对 2,3,5,6-四氯苯酚和五氯苯酚的测定低限均为 0.02mg/kg。

(四)GB/T 22808—2008

该标准在技术上等同于 EN ISO 17070:2006(IULTCS/IUC 25)《皮革 化学测试 五氯苯酚含量的测定》,与 EN ISO 17070:2015 版的主要区别有以下几点:

1. 适用范围

GB/T 22808—2008 标准适用于皮革和毛皮,EN ISO17070:2015 适用于皮革。

2. 含氯苯酚种类

GB/T 22808—2008 标准仅对五氯苯酚进行测定,EN ISO17070:2015 的使用范围中增加了四氯苯酚、三氯苯酚、二氯苯酚及一氯苯酚的测定,并同时指出含溴苯酚及其衍生物也可以使用该方法进行测定。

3. 标准品

GB/T 22808—2008 标准中采用五氯苯酚乙酸酯作为标准品,通过换算(0.04mg 五氯苯酚乙酸酯相当于 0.0346mg 五氯苯酚)得到最终五氯苯酚的结果;EN ISO 17070:2015 中则直接采用含氯苯酚作为标准品,与样品采用同样的衍生方式得到含氯苯酚乙酸酯标准曲线并进行相应计算。

六、检测过程中的技术分析

(一)含氯苯酚类物质的定性与定量方法

除 EN ISO 17070:2015 标准方法外,其他含氯酚测试方法,适用于 2,3,5,6-四氯苯酚和五氯苯酚及其盐和酯,并未涉及其他含氯苯酚及其盐和酯化合物信息。在实际操作中,由于该家族化合物可以在相同技术条件下同时进行分析测定,所以在许多实验室,对其他含氯苯酚及其盐和酯化合物的测试一般都是同时进行的。一氯苯酚至五氯苯酚的气相色谱质谱法可选择的特征离子可参考 EN ISO 17070:2015 标准,见表 5-11。

需要特别注意的是,除五氯苯酚以外,其他的含氯苯酚化合物都含有多个同分异构体,测试时需要通过保留时间予以区分。图 5-5 为使用气相色谱法(DB-5MS 毛细管柱)的色谱图,由图可知含氯苯酚化合物的出峰时间。

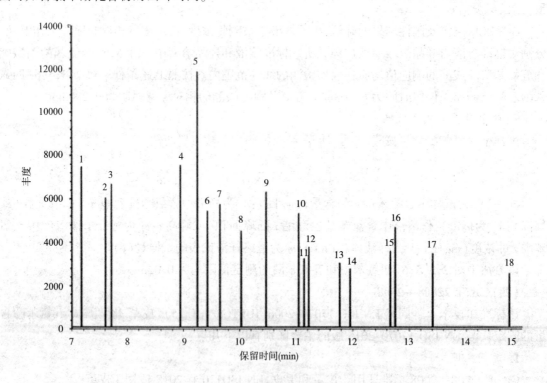

图 5-5 一氯苯酚至五氯苯酚化合物气相色谱图

1—2-氯苯酚 2—3-氯苯酚 3—4-氯苯酚 4—2,6-二氯苯酚 5—2,4-二氯苯酚 & 2,5-二氯苯酚 6—3,5-二氯苯酚
7—2,3-二氯苯酚 8—3,4-二氯苯酚 9—2,4,6-三氯苯酚 10—2,3,6-三氯苯酚 11—2,3,5-三氯苯酚
12—2,4,5-三氯苯酚 13—2,3,4-三氯苯酚 14—3,4,5-三氯苯酚 15—2,3,5,6-四氯苯酚
16—2,3,5,6-四氯苯酚 & 2,3,4,6-四氯苯酚 17—2,3,4,5-四氯苯酚 18—五氯苯酚

使用 GC-ECD 分析样品时,如果在保留时间附近出现可疑峰,难以判断时,可使用 GC-MS 分析,借助质谱图分析确证。GC-ECD 的优势是含氯化合物的响应值高,样品的检测限低。GC-MS 的优势是借助保留时间和质谱解析对可疑样品作判断。

(二)各标准方法的比较

ENISO 17070:2015 在样品的萃取和乙酰化操作步骤的具体细节上给予了充分的关注,并强调由于乙酰化反应是在两相中进行的,必须激烈振摇,以保证反应充分进行。此外,ENISO 17070:2015 标准对目标物的定性定量,允许选择 GC-MS 和 GC-ECD 中的一种,由于采用的是相同的样品提取方法,无论最终采用 GC-MS 还是 GC-ECD 方法进行定量和定性分析,其结果都具有可比性。表 5-13 列出了常见的含氯酚标准方法之间的主要区别。

表 5-13　常见含氯酚标准方法的主要区别

标准编号	适用范围	前处理方法	分析仪器	定量方式
GB/T 18414.1—2006	纺织材料及其产品中的 2,3,5,6-四氯苯酚和五氯苯酚	碳酸钾超声萃取后乙酰化,用正己烷液液萃取	GC-MS	含氯苯酚标准品经过乙酰化后,通过其峰面积或峰高外标法定量
GB/T 18414.2—2006	纺织材料及其产品中的 2,3,5,6-四氯苯酚和五氯苯酚	丙酮超声萃取后转移至碳酸钾溶液,乙酰化后用正己烷液液萃取	GC-ECD	含氯苯酚标准品经过乙酰化后,通过其峰面积或峰高外标法定量
EN ISO 17070:2015 IULTCS/IUC 25	皮革中的四氯苯酚、三氯苯酚、二氯苯酚、一氯苯酚及同分异构体和五氯苯酚及其盐和酯	水蒸气蒸馏后,用正己烷萃取并乙酰化	GC-MS,GC-ECD	含氯苯酚标准品经过乙酰化后,通过峰面积进行外标法定量和内标法校验
GB/T 22808—2008	皮革、毛皮中的五氯苯酚及其盐和酯	水蒸气蒸馏后,用正己烷萃取并乙酰化	GC-MS,GC-ECD	将五氯苯酚乙酸酯换算至游离五氯苯酚含量,峰面积进行外标法定量和内标法校验

GB/T 18414.1—2006 和 GB/T 18414.2—2006 同属一个方法标准的两个部分,虽然适用对象完全相同,但两个提取方法存在差异,标准中未给出足够的理由告知为何要有这样的差异,而提取方法不同将导致分析结果缺乏可比性。有研究认为 GB/T 18414.2—2006 采用丙酮提取,有机物的浸润和溶解作用比碳酸钾溶液更好,因此该方法的样品提取方法效率高。GB/T 18414.1—2006 的 GC-MS 法对五氯苯酚的定性更为方便准确,但由于质谱响应的灵敏度较小,相对偏差较大,在低浓度时测定结果精密度不如 GC-ECD,随着浓度的升高,标准偏差减小,因此适用于较高浓度五氯苯酚的含量测定,而 GC-ECD 法测定低浓度五氯苯酚含量的结果更为可靠。由此建议,在实际检测工作中将两个国标方法结合使用,即用丙酮作提取剂,用 GC-MS 定性,GC-ECD 定量,可得到更为准确可靠的结果。倘若结合这两种方法进行检测工作,需要在出具的检测报告中,特别注明提取方法和使用仪器分别采用的是哪一部分。

(三)低浓度含氯苯酚的干扰

在较低的浓度下,全扫描模式下无法调取足够的质谱信息用以定性,图 5-6 显示了样品采用 ENISO 17070:2015 标准测试时,DB-5MS 分析 2,3,4,6-四氯苯酚附近有杂质峰干扰的情况。

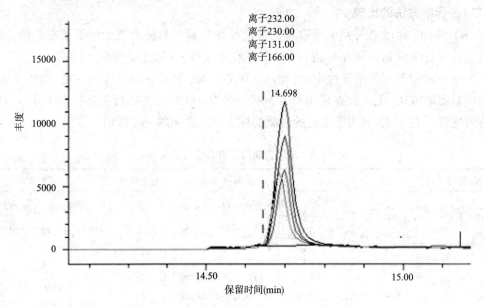

图 5-6　样品使用 DB-5MS 分析的色谱图

若附近有杂质峰干扰,可考虑采用更换固定相比例略有不同的毛细管色谱柱(如原先使用 5%苯基—甲基聚硅氧烷固定相,可改用 35%苯基—甲基聚硅氧烷固定相,变更色谱柱后未被杂质峰干扰的色谱图如图 5-7 所示)或采用其他衍生试剂(如五氟苄基溴,衍生后未发现杂质峰干扰的色谱图如图 5-8 所示)进行确认,以避免杂质峰对样品峰定量产生干扰。

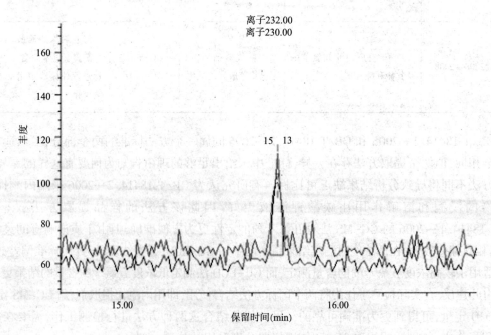

图 5-7　样品使用 DB-35MS 分析的色谱图

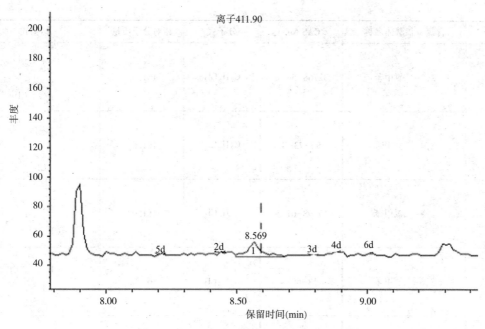

图 5-8　样品使用五氟苄基溴衍生后的色谱图

第三节　氯化苯及氯化甲苯

一、氯化苯及氯化甲苯的定义和种类

氯化苯,别名氯苯、氯代苯;氯化甲苯,别名氯甲苯;为苯环上的氢被氯取代的产物,按取代氯的个数不同,氯化苯有一氯苯、二氯苯、三氯苯、四氯苯、五氯苯和六氯苯;氯化甲苯有一氯甲苯、二氯甲苯、三氯甲苯、五氯甲苯。从理论上讲氯化苯和氯化甲苯应有 30 多种(含异构体),但实际存在的仅 20 多种,其中的四氯甲苯实际是对氯三氯甲苯。因此,实际列入监控检测范围的共有 23 种含氯有机载体(表 5-14)。

表 5-14　列入监控检测范围的含氯有机载体

序号	含氯有机载体名称	CAS No.	分子式	相对分子质量	结构式
1	2-氯甲苯	95-49-8	C_7H_7Cl	126.59	
2	3-氯甲苯	108-41-8	C_7H_7Cl	126.59	
3	4-氯甲苯	106-43-4	C_7H_7Cl	126.59	

续表

序号	含氯有机载体名称	CAS No.	分子式	相对分子质量	结构式
4	2,3-二氯甲苯	32768-54-0	$C_7H_6Cl_2$	161.03	
5	2,4-二氯甲苯	95-73-8	$C_7H_6Cl_2$	161.03	
6	2,5-二氯甲苯	19398-61-9	$C_7H_6Cl_2$	161.03	
7	2,6-二氯甲苯	118-69-4	$C_7H_6Cl_2$	161.03	
8	3,4-二氯甲苯	95-75-0	$C_7H_6Cl_2$	161.03	
9	2,3,6-三氯甲苯	2077-46-5	$C_7H_5Cl_3$	195.48	
10	2,4,5-三氯甲苯	6639-30-1	$C_7H_5Cl_3$	195.48	
11	四氯甲苯	5216-25-1	$C_7H_4Cl_4$	229.92	
12	2,3,4,5,6-五氯甲苯	877-11-2	$C_7H_3Cl_5$	263.36	
13	1,2-二氯苯	95-50-1	$C_6H_4Cl_2$	147.00	
14	1,3-二氯苯	541-73-1	$C_6H_4Cl_2$	147.00	

续表

序号	含氯有机载体名称	CAS No.	分子式	相对分子质量	结构式
15	1,4-二氯苯	106-46-7	$C_6H_4Cl_2$	147.00	
16	1,2,3-三氯苯	87-61-6	$C_6H_3Cl_3$	181.45	
17	1,2,4-三氯苯	120-82-1	$C_6H_3Cl_3$	181.45	
18	1,3,5-三氯苯	108-70-3	$C_6H_3Cl_3$	181.45	
19	1,2,3,4-四氯苯	634-66-2	$C_6H_2Cl_4$	215.89	
20	1,2,3,5-四氯苯	364-90-2	$C_6H_2Cl_4$	215.89	
21	1,2,4,5-四氯苯	95-94-3	$C_6H_2Cl_4$	215.89	
22	五氯苯	608-93-5	C_6HCl_5	250.34	
23	六氯苯	118-74-1	C_6Cl_6	284.78	

二、纺织产品中含氯有机载体的来源与危害

氯化苯及氯化甲苯常常用于载体染色工艺,该工艺是聚酯纤维纯纺及混纺产品常用的染色工艺。载体是染色时在染浴中添加的有机化合物的总称,是一种促染助剂。聚酯纤维由于其超分子结构相当紧密,链段上无活性基团,用分散染料染色时,必须在一定的压力下,高于其玻璃

化温度几十度的温度(高于水的沸点)下染色,即所谓的高温高压染色。高温高压染色不仅能耗高,而且对设备也有特殊要求,同时,由于是间歇性染色工艺,不利于控制产品的质量。含氯有机载体在聚酯染色工艺中所起的作用是在降低聚酯纤维的玻璃化温度,在分子链解冻的情况下进一步疏松和膨化纤维的超分子结构,使分散染料在相对较低的温度下进入纤维内部而使纤维上染。某些廉价的含氯芳香族化合物,如三氯苯、二氯甲苯是高效的染色载体,且氯苯类染色载体具有容易去除,对耐日晒色牢度无不良影响的优点,所以在聚酯染色工艺中得到广泛的应用。另外,氯化苯及氯化甲苯也常在色酚S、蒽醌类、多环酮类、吲哚啉、异吲哚啉、苯并咪唑酮、喹吖啶酮和酞菁的合成和颜料化过程中使用。

研究表明,这些含氯芳香族化合物会影响人的中枢神经系统、引起皮肤过敏并刺激皮肤和黏膜,对人体有潜在的致畸和致癌性。且由于含氯芳香族化合物十分稳定,在自然条件下不易分解,对环境也十分有害。

三、含氯有机载体的主要限量法规

(一)REACH 法规附件 XVII中的限制

欧盟 REACH 法规附件 XVII中将 1,2,4-三氯苯和 1,4-二氯苯列入了限用物质清单序列第49 和第 64 项,限制条件如表 5-15 所示。

表 5-15   欧盟 REACH 附件 XVII中 1,2,4-三氯苯和 1,4-二氯苯限用条件

序号	限制物质	CAS No.	限制条件
49	Trichlorobenzene 三氯苯	120-82-1	除以下用途外,作为一种物质或混合物的组成部分,其浓度按重量计算等于或大于 1%的,不得投放市场或使用: 合成中间物 作为氯化反应的封闭化学应用中的工艺溶剂 用于制备 1,3,5-三氨基-2,4,6-三硝基苯(TATB)
64	1,4-Dichlorobenzene 1,4-二氯苯	106-46-7	厕所、家庭、办公室等室内用空气清新剂或除臭剂中,作为一种物质或混合物的组成部分,其浓度按重量计算等于或大于 1%的,不得投放市场或使用

(二)其他相关法规和生态纺织品限制要求

其他相关法规和生态纺织品限制要求如表 5-16 所示。

表 5-16   相关法规和生态纺织品限制要求

相关标准	含氯苯	限制要求(mg/kg)			
Eco-Label	二氯苯(酯)化合物	禁止使用			
Standard 100 by OEKO-TEX ® (2019)	分类等级	I 婴幼儿	II 直接接触皮肤	III 非直接接触皮肤	IV装饰材料
	氯化苯和氯化甲苯总量*	<1.0	<1.0	<1.0	<1.0
GB/T 18885—2009	氯化苯和氯化甲苯总量*	≤1.0	≤1.0	≤1.0	≤1.0

续表

相关标准	含氯苯	限制要求（mg/kg）	
美国 AAFA	五氯苯	≤10	
	六氯苯	禁止	
有害物质零排放 （ZDHC）	分类	A组： 原材料和成品供应商指南	B组： 化学品供应商商业制剂限制
	1,2-二氯苯		1000
	除1,2-二氯苯以外的其他氯代苯和氯代甲苯*	不得有意使用	总计≤200

* 氯化苯及氯化甲苯总量即一氯苯、二氯苯、三氯苯、四氯苯、五氯苯、六氯苯及一氯甲苯、二氯甲苯、三氯甲苯、五氯甲苯含量之和。

四、氯化苯及氯化甲苯的检测标准

国际上针对纺织品中氯化苯及氯化甲苯的检测方法并不多。纺织品上氯化苯及氯化甲苯有机载体的检测，技术难度不大，二氯甲烷作为含氯苯的良好溶剂可以用于样品的萃取，而分离、定性和定量分析可以运用成熟的 GC-ECD 或 GC-MS 技术。

目前已公布发行的检测标准有：中国 GB/T 20384—2006《纺织品　氯化苯和氯化甲苯残留量的测定》和德国 DIN 54232—2010《纺织品　氯苯及氯甲苯载体的测定》。这两个测试方法的测试原理类似，采用的都是超声萃取的方式，所用萃取溶剂皆为二氯甲烷，分析仪器都为气相色谱/质谱联用仪。主要的不同点在于定量方式的不一致，GB/T 20384—2006 采用外标法定量，而 DIN 54232—2010 采用内标法定量，内标物为 2,4,5,6-四氯间二甲苯。

以下将选取纺织产品中氯化苯和氯化甲苯检测方法 GB/T 20384—2006 做详细介绍。

（一）GB/T 20384—2006

1. 范围

本标准规定了采用气相色谱质谱检测器法（GC-MS）检测纺织产品上氯化苯和氯化甲苯残留量的方法。本标准适用于纺织产品。

2. 原理

用二氯甲烷在超声波浴中萃取试样上可能残留的氯化苯和氯化甲苯，采用气相色谱质谱检测器法（GC-MS）对萃取物进行定性、定量测定。

3. 试剂和材料

除非另有说明，所用试剂均为分析纯。

二氯甲烷；标准储备溶液（2000mg/L），有效期一年；标准中间溶液（80mg/L），标准中间溶液（10mg/L），每三个月配制；标准工作溶液（0.1mg/L），每月配制。

注意：所有标准溶液需在 4℃ 下避光保存，可根据需要配制成其他合适的浓度。

4. 仪器

气相色谱仪：配有质量分析检测器（GC-MS）；超声波发生器：工作频率 40kHz；提取器：如 50mL 带旋盖的玻璃试管；0.45μm 聚四氟乙烯薄膜过滤头。

5. 分析步骤

（1）样品的制备和萃取。取 10g 有代表性的试样，剪碎至 5mm×5mm 以下，混匀，从混合试样中称取 2g，精确至 0.01g，置于提取器。准确加入 10mL 二氯甲烷，超声波浴中萃取 20min。用 0.45μm 聚四氟乙烯薄膜过滤至小样品瓶中，供 GC-MS 分析。

（2）GC-MS 分析。

①GC-MS 仪器条件。以下参数已被证明对测试是合适的。色谱柱：DB-5MS，30m×0.25mm×0.25μm 或相当者；进样口温度：220℃；质谱检测器：EI 离子源，SIM 方式；质谱检测器接口温度：280℃；柱温：40℃保持 5min，20℃/min 升到 180℃保持 3min，30℃/min 升到 270℃保持 10min；载气：氦气（纯度≥99.999%），流量 1mL/min；进样体积：1μL；进样方式：无分流进样。

②GC-MS 分析结果。分别取试样溶液、标准工作溶液和标准内控溶液进样测定，通过比较试样与标样色谱峰的保留时间和质谱选择离子进行定性，外标法定量。采用上述条件时，氯化苯和氯化甲苯标样的 GC-MS 定性选择特征离子和保留时间见表 5-17，总离子流图见图 5-9。

表 5-17　氯化苯和氯化甲苯标样的 GC-MS 定性选择特征离子

序号	氯化苯或氯化甲苯名称	CAS No.	特征碎片离子（amu）		保留时间（min）
			目标离子	特征离子	
1	2-氯甲苯	95-49-8	91	126,63	8.23
2	3-氯甲苯	108-41-8	91	126,63	8.23
3	4-氯甲苯	106-43-4	91	126,63	8.32
4	2,3-二氯甲苯	32768-54-0	125	160,89	10.35
5	2,4-二氯甲苯	95-73-8	125	160,89	10.11
6	2,5-二氯甲苯	19398-61-9	125	160,89	10.11
7	2,6-二氯甲苯	118-69-4	125	160,89	10.11
8	3,4-二氯甲苯	95-75-0	125	160,89	10.35
9	2,3,6-三氯甲苯	2077-46-5	159	194,123	11.63
10	2,4,5-三氯甲苯	6639-30-1	159	194,123	11.53
11	四氯甲苯	5216-25-1	193	195,123	12.26
12	2,3,4,5,6-五氯甲苯	877-11-2	229	264,193	15.06
13	1,2-二氯苯	95-50-1	146	148,111	9.24
14	1,3-二氯苯	541-73-1	146	148,111	8.92
15	1,4-二氯苯	106-46-7	146	148,111	9.06
16	1,2,3-三氯苯	87-61-6	180	182,145	10.89
17	1,2,4-三氯苯	120-82-1	180	182,145	10.63
18	1,3,5-三氯苯	108-70-3	180	182,145	10.23
19	1,2,3,4-四氯苯	634-66-2	216	214,218	12.17
20	1,2,3,5-四氯苯	364-90-2	216	214,218	11.81

续表

序号	氯化苯或氯化甲苯名称	CAS No.	特征碎片离子(amu)		保留时间(min)
			目标离子	特征离子	
21	1,2,4,5-四氯苯	95-94-3	216	214,218	11.81
22	五氯苯	608-93-5	250	252,215	13.30
23	六氯苯	118-74-1	284	286,282	15.47

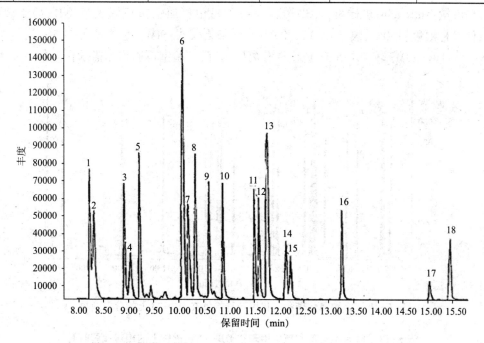

图 5-9　氯化苯和氯化甲苯标样的 GC-MS 总离子流

1—2-氯甲苯、3-氯甲苯(8.23min)　2—4-氯甲苯(8.32min)　3—1,3-二氯苯(8.92min)　4—1,4-二氯苯(9.06min)

5—1,2-二氯苯(9.24min)　6—2,4-二氯甲苯、2,5-二氯甲苯、2,6-二氯甲苯(10.11min)　7—1,3,5-三氯苯(10.23min)

8—3,4-二氯甲苯、2,3-二氯甲苯(10.35min)　9—1,2,4-三氯苯(10.63min)　10—1,2,3-三氯苯(10.89min)

11—2,4,5-三氯甲苯(11.53min)　12—2,3,6-三氯甲苯(11.63min)　13—1,2,3,5-四氯苯、1,2,4,5-四氯苯(11.81min)

14—1,2,3,4-四氯苯(12.17min)　15—四氯甲苯(12.26min)　16—五氯苯(13.30min)

17—2,3,4,5,6-五氯甲苯(15.06min)　18—六氯苯(15.47min)

6. 结果计算

(1)试样中各种氯化苯和氯化甲苯的含量按式(5-9)计算,结果保留小数点后两位。

$$X_i = \frac{A_i \times C_i \times V}{A_{is} \times m} \tag{5-9}$$

式中: X_i 为试样中氯化苯或氯化甲苯 i 的含量(mg/kg); A_i 为试样中氯化苯或氯化甲苯 i 的峰面积(或峰高); A_{is} 为标准工作液中氯化苯或氯化甲苯 i 的峰面积(或峰高); C_i 为标准工作液中氯化苯或氯化甲苯 i 的浓度(mg/L); V 为试样萃取液的体积(mL); m 为试样量(g)。

(2)测定结果以各种氯化苯或氯化甲苯的总和表示,按式(5-10)计算,结果保留小数点后两位。

$$X = \sum X_i \tag{5-10}$$

本方法的测定低限为 0.05mg/kg。

(二) 检测过程中的技术分析

1. 色谱峰的分离度

GB/T 20384—2006《纺织品　氯化苯和氯化甲苯残留量的测定》方法中所采用的色谱柱DB-5MS 石英毛细管柱,部分同分异构体无法完全分离。

如果想使各同分异构体得到更好的分离,可选用 DB-23(30m×0.25mm×0.25μm)色谱柱,仪器参数。进样口温度:250℃;柱温:起始温度50℃,以10℃/min 升到250℃,保持5min;载气:He 气;柱流量:1mL/min;进样量:1μL;分流比:1∶1;色谱质谱接口温度:250℃;离子源温度:230℃;四极杆温度:150℃;离子化:EI,70eV;数据采集模式:SIM。色谱图见图 5-10,保留时间见表 5-18。DB-23MS 较 DB-5MS 色谱柱分离度更好,实验室可以根据需求任选其一使用。

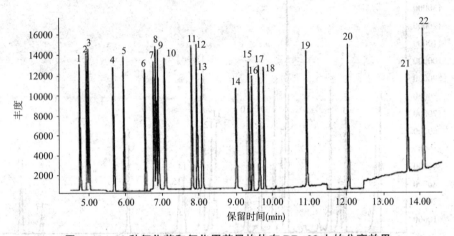

图 5-10　22 种氯化苯和氯化甲苯异构体在 DB-23 上的分离效果

表 5-18　22 种氯化苯和氯化甲苯在 DB-23 色谱柱上的相对保留时间

含氯有机载体名称	出峰序号	保留时间(min)
2-氯甲苯	1	4.79
3-氯甲苯	2	4.98
4-氯甲苯	3	5.04
2,3-二氯甲苯	11	7.86
2,4-二氯甲苯	9	6.95
2,5-二氯甲苯	10	7.13
2,6-二氯甲苯	8	6.88
3,4-二氯甲苯	12	8.00
2,3,6-三氯甲苯	16	9.49
2,4,5-三氯甲苯	15	9.40
2,3,4,5,6-五氯甲苯	21	13.70
1,2-二氯苯	6	6.58
1,3-二氯苯	4	5.71
1,4-二氯苯	5	5.99

续表

含氯有机载体名称	出峰序号	保留时间(min)
1,2,3-三氯苯	14	9.05
1,2,4-三氯苯	13	8.13
1,3,5-三氯苯	7	6.82
1,2,3,4-四氯苯	19	10.97
1,2,3,5-四氯苯	17	9.68
1,2,4,5-四氯苯	18	9.80
五氯苯	20	12.09
六氯苯	22	14.13

2. 测试中可能存在的污染及干扰

氯苯和氯甲苯是良好的溶剂,在很多测试方法中被广泛用作溶剂,所以本方法测试中所用器皿、器材需与此类方法所用器具分开洗涤,也不宜与用氯苯做溶剂的测试方法共用设备,避免交叉污染。测试中需做空白实验加以监控。

二氯甲烷对某些分散染料同样具有良好的溶解性能,所以二氯甲烷萃取染色的聚酯样品所得的萃取液颜色较深。萃取的染料、分散剂、整理剂以及所含的杂质,对后续的色谱分析可能造成严重干扰。因此,萃取颜色很深时,必须使用吸附剂对样品进行预处理以除去这些可能的干扰。硅酸镁载体(Florisil PR,60/100)已证明是一种有效的吸附剂,且不会影响含氯有机载体的回收率。

3. 假阳性结果的鉴别

GB/T 20384—2006仪器进样口温度为220℃,实验中发现,某些化合物可能分解成二氯苯,造成假阳性结果。当二氯苯检出时,确认结果是否为假阳性至关重要。通过大量的实验,降低进样口温度可以避免样品溶液中的某些化合物分解成二氯苯。二氯苯的沸点为179℃,将进样口温度设置为180℃,既可以保证溶液中二氯苯的气化也可以避免样液的分解。分别在两个进样口温度(220℃和180℃)下分析二氯苯的标液和样品溶液,比较样品溶液与标液中的二氯苯在220℃和180℃下的响应信号,通过考察其变化幅度来确认是否为假阳性,如果样品溶液中二氯苯在180℃进样口温度下的响应强度较220℃时有大幅下降,而标液的响应信号却无明显变化,则认为该结果为假阳性。

例如,某样品在220℃进样口温度下检出1,4-二氯苯(peak1)和1,2-二氯苯(peak2),其保留时间、离子丰度比、峰形与标液匹配较好,如图5-11所示。为确认阳性结果是否是因进样口温度过高样品中其他成分分解所致,故将进样口温度降低至180℃重新进样测试。结果发现,在不同的进样口温度下1,4-二氯苯(peak1)的响应信号无明显变化,而1,2-二氯苯(peak2)的响应信号却大幅下降(见图5-12);相同浓度的标准样品响应信号也无明显变化(图5-13、图5-14),表5-19对样品及标准样品中1,4-二氯苯和1,2-二氯苯的响应信号的变化进行了详细的比较,说明该样品检出的1,2-二氯苯为假阳性结果,1,4-二氯苯确认为阳性结果。

表 5-19 不同进样口温度下样品与标品的响应强度比

响应强度	进样口温度 220℃	进样口温度 180℃	响应强度比 $A_{180℃}/A_{220℃}$
样品中 1,2-二氯苯响应强度	37960	4876	12.8%
20μg/L 1,2-二氯苯标品响应强度	5808	5788	99.6%
样品中 1,4-二氯苯响应强度	2227	2155	96.8%
20μg/L 1,4-二氯苯标品响应强度	6053	6226	102.8%

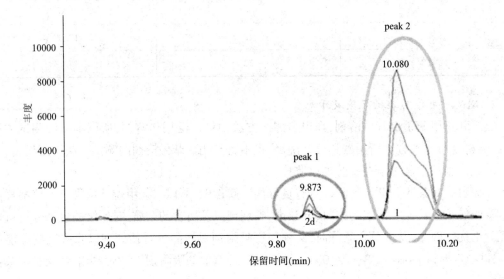

图 5-11 进样口温度 220℃时样品的色谱图

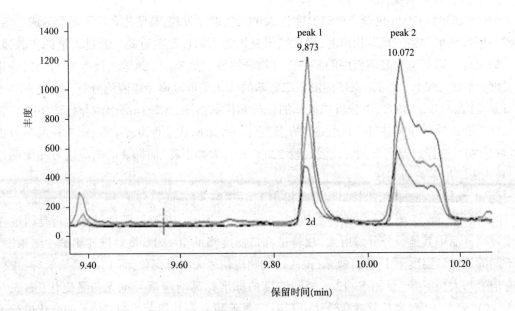

图 5-12 进样口温度 180℃时样品的色谱图

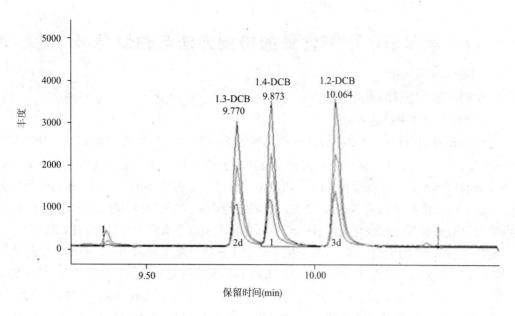

图 5-13 进样口温度 220℃时 20mg/L 标准样品的色谱图

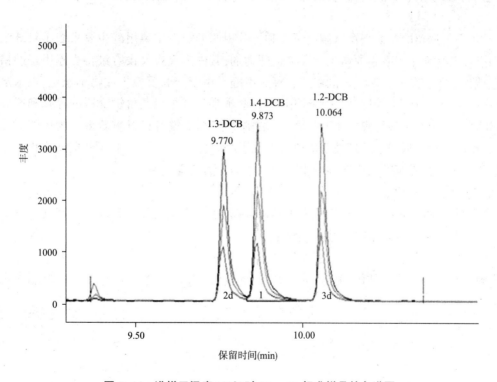

图 5-14 进样口温度 180℃时 20mg/L 标准样品的色谱图

第四节　甲醛含量的检测方法与检测标准

一、纺织产品中甲醛的来源与危害

(一)纺织产品中甲醛的来源

甲醛(formaldehyde),又称蚁醛,是一种天然存在的有机化合物,化学式 CH_2O(HCHO),相对分子质量 30.03,常温下是无色、有毒,具有较强挥发性与刺激性气味的气体。易溶于水和乙醇、丙酮等有机溶剂。质量浓度为 40%的水溶液,称甲醛水,俗称福尔马林(formalin),是有刺激气味的无色液体,能起到杀菌、防腐和使蛋白质凝结等作用。甲醛具有很活泼的化学性质,可以发生加成反应、催化氢化和歧化反应,因此,甲醛在化学工业中有着十分重要的作用。

甲醛在纺织行业的应用广泛,主要应用于纺织工业的纤维生产和印染后整理。甲醛化学反应性能活泼,价格低廉,将其直接作为反应剂或用其作为原料与其他物质先合成 N-羟甲基化合物类反应剂,再与纤维素纤维羟基之间进行共价键交联,可以显著提高助剂在织物上的耐久性。在纺织印染和后整理中,甲醛主要用于染色印花助剂,如固色剂、剥色或脱色剂、分散剂、涂料印花黏合剂和交联剂、印花浆料防腐剂等;后整理助剂,如免烫整理剂、拒水拒油剂、阻燃剂、柔软剂等。

纺织品上残留的甲醛来源有游离甲醛和释放甲醛两类。游离甲醛主要来源于对纤维进行的醛化处理,如使用甲醛为原料生产印染整理助剂,其中未反应又没有进行去除甲醛的精细化处理,或处理不充分而仍然残留的甲醛。释放甲醛是由于交联反应生成物不稳定,在水溶液中发生水解,以及在运动、光照、摩擦等作用下,有些本来与纤维以共价键交联的羟基和甲醛会因结合键断裂而重新呈现游离状态,N-羟甲基酰胺的半缩醛键都可以重新分解为甲醛。虽然各界在无甲醛整理或低甲醛整理技术的研发方面已经取得了一定的进展,但短时间内仍无法成为主流,甲醛的使用在某些纺织产品的生产加工中仍无法完全避免。

(二)甲醛的危害性

甲醛是一种剧毒物质,美国工业卫生学家会议、职业安全与保健管理局将其列为可疑致癌物。甲醛对皮肤有刺激作用;少数人接触甲醛后会发生皮肤瘙痒,严重的能引发皮炎。甲醛还是多种过敏症的显著诱发物质,能引发气管炎、哮喘和嗅觉、肝、肺、免疫功能异常。对生物细胞的原生质有害,可与生物体内的蛋白质结合,改变蛋白质结构并将其凝固,其杀菌防腐作用即由此而来。

纺织品中甲醛的危害形式有两种:溶于汗液,通过与皮肤接触作用于人体;释放于空气中,通过空气间接作用于人体,影响人体健康。

二、纺织品甲醛含量的相关法规和限量要求

(一)日本 112 号法案

甲醛是国际上最早以法规形式限制在纺织品服装上使用的物质,日本 1973 年通过"家用产品有害物质控制法",即通常所说的"日本 112 号法案",日本厚生省于 1974 年发布第 34 号令,确定甲醛为有害物质。规定纺织品中甲醛限量为:24 个月以内的婴儿用品,包括尿布、尿布套、

围兜、内衣裤、睡衣裤、手套、袜子、外衣、帽子和出生后 24 个月内的婴幼儿被褥等,吸光度($A-A_0$)<0.05;24 个月以上至成人的内衣裤、手套、袜子、假发、假睫毛、假须、袜带等的黏合剂,甲醛含量 75mg/kg 以下;成人衬衣等 300mg/kg 以下;成人外衣 1000mg/kg 以下。该法令于 1975 年 10 月 1 日生效。

此后,世界各国陆续接受了日本关于甲醛含量的限定,通过立法或标准的形式对纺织产品上的游离或水解甲醛的释放量进行限制,其技术要求都源自于日本 112 号法案,水萃取法甲醛遂成为当今纺织产品有害物质管控的最常用指标之一。

(二)REACH 法规附件 XVII 第 72 项附录 12 中对甲醛的限制

2018 年 10 月 10 日,欧盟发布法规(EU)2018/1513 对 REACH 法规附件 XVII 进行修订,新增了第 72 项专门针对服饰和鞋类产品的条款,相应增加的附录 12 列出所限物质清单,其中对甲醛的限制为 75mg/kg,同时在条款中指出:对于夹克、外套和衬垫中的甲醛,由于目前缺少替代品的相关信息,限值在 2020 年 11 月 1 日至 2023 年 11 月 1 日期间将为 300mg/kg,其后将按限值 75mg/kg 进行限制。

(三)其他相关法规和限制要求

其他相关法规和限制要求见表 5-20。

表 5-20　纺织产品中甲醛的相关法规和限制要求

法规/测试标准	管控范围	限值(mg/kg)
GB 18401—2010 国家纺织品产品基本安全技术规范	A 类:婴幼儿纺织产品	≤20
	B 类:直接接触皮肤的纺织产品	≤75
	C 类:非直接接触皮肤的纺织产品	≤300
欧盟的 Eco-Label	三岁及以下婴幼儿用品	≤16
	直接接触皮肤的产品	≤16
	有限接触皮肤的服装和内衣	≤75
Standard 100 by OEKO-TEX® (2019)	Ⅰ婴幼儿纺织品	<16
	Ⅱ直接接触皮肤的纺织品	<75
	Ⅲ非直接接触皮肤的纺织品	<150
	Ⅳ装饰材料	<300

三、纺织产品上甲醛含量的测定方法

(一)甲醛含量的两种测定方法

纺织品上甲醛含量的测定早已成为一项常规的检测项目,因此,对应的测试方法也已相当成熟。甲醛含量的测定按样品制备方法的不同分为两类:液相萃取法和气相萃取法。液相萃取法测得的是样品中游离的和经水解后产生的游离甲醛的总量,用以考察纺织品在穿着和使用过程中因出汗或淋湿等因素可能造成的游离甲醛逸出对人体造成损害的评估。而气相萃取法测得的则是样品在一定的温湿度条件下释放到空气中的游离甲醛含量,用以考察纺织品在储存、运输、陈列或压烫过程中可能释放出的甲醛量,评估其对环境和人体可能造成的危害。

介于以上两种对甲醛游离或释放考察的目的不同,目前关于纺织品上甲醛含量测定的标准

方法基本上分成两类：①液相法，即水萃取法，先以水直接萃取样品，而后测定水萃取液中游离和水解甲醛的总量，其代表性标准有 JIS L1041:2011《树脂加工纺织品试验方法》和 ISO 14184-1:2011《纺织品　甲醛的测定　第 1 部分：游离和水解甲醛（水萃取法）》。②气相吸收法，即密封瓶法，将样品悬挂在盛有水的密封瓶内的上方，在一定温度条件下放置一段时间，释放出的甲醛被水吸收，测定水吸收液中的甲醛含量。其代表性标准有美国的 AATCC TM 112:2014《织物释放甲醛的测定：密封瓶法》和 ISO 14184-2—2011《纺织品　甲醛的测定　第 2 部分：释放的甲醛（蒸汽吸收法）》

　　这两类测定方法由于测定的原理不同，一个测定的是纺织品上游离和水解的甲醛，一个测定的是释放到环境中的甲醛，测得的甲醛结果差异很大，没有可比性。目前对于纺织产品上甲醛含量的法规限制，都是针对游离和水解的甲醛含量，而对于释放到环境中的甲醛量目前则没有法规限制。因此，选择采用何种测试方法必须根据测试考核的目的、法规限制和买家的要求等来确定，方法选错，所得结果没有可供参考的相关性来进行折算或进行评估，必须进行重新检测。

（二）甲醛含量的检测技术

　　分光光度法是目前最常用的测定甲醛含量的检测技术，该技术已相当成熟，具有操作简便、成本较低、准确度与灵敏度较高等优点。但分光光度法在操作过程中易受外界因素的影响，若在水萃取过程中样品脱色，对显色造成干扰，则会影响测试结果的准确性。高效液相色谱法被运用到纺织品中的甲醛测试，可避免颜色的干扰，具有更高的准确度和精密度。中国标准 GB/T 2912.3—2009《纺织品　甲醛的测定　第 3 部分：高效液相色谱法》采用了高效液相色谱法测定甲醛的含量。

四、纺织产品上甲醛含量测定的检测标准

　　目前，关于纺织产品上甲醛含量测定的国内外检测标准有：日本标准 JIS L1041:2011《树脂加工纺织品的试验方法》、JIS L1096:2010《织物和针织物的试验方法》，国际标准 ISO 14184-1:2011《纺织品　甲醛的测定　第 1 部分：游离和水解的甲醛（水萃取法）》、ISO 14184-2:2011《纺织品　甲醛的测定　第 2 部分：释放的甲醛（蒸汽吸收法）》，英国标准 BS 6806:2002（R2015）《纺织品　铬变酸法测定甲醛的总含量和游离部分（水萃取法）的含量》，美国标准 AATCC TM112:2014《纺织品中甲醛释放量的测定　密封瓶法》，中国标准 GB/T 2912.1—2009《纺织品　甲醛的测定　第 1 部分：游离和水解的甲醛（水萃取法）》、GB/T 2912.2—2009《纺织品　甲醛的测定　第 2 部分：释放的甲醛（蒸汽吸收法）》、GB/T 2912.3—2009《纺织品　甲醛的测定　第 3 部分：高效液相色谱法》。

（一）JIS L1041:2011

　　JIS L1041:2011 对游离甲醛的测定分为 JIS 法和 ISO 法。JIS 法又分为 A 法（2.5g 法），是一种简易方法，适用于 24 个月及以下婴幼儿的纺织产品；B 法（1g 法），是一种精密的测定方法，适用于除 A 法以外的其他纺织产品。ISO 法，是参照国际标准 ISO14184-1 水萃取法和 ISO14184-2 蒸汽吸收法，在 JIS L1041 中是作为附件 A 和附件 B 介绍的。

1. JIS L1041 A 法（2.5g 法）

（1）取样：将试样剪成碎片，准确称取 2.50g。

(2)萃取:将试样放入锥形瓶中,加100mL蒸馏水,塞紧瓶塞,充分振荡使样板完全浸润,在(40±2)℃的水浴锅中振荡萃取1 h,萃取结束后,用玻璃过滤器趁热将萃取液用过滤器过滤,收集萃取液。

(3)显色:取5mL萃取液于试管中再加5mL乙酰丙酮溶液,加盖摇动使充分混合,放在(40±2)℃的水浴中30min,取出放置30min。同时在另一个试管中放5mL蒸馏水再加5mL乙酰丙酮,操作同萃取液,作为空白对照,在波长412~415nm下测量吸光度A_1。另外再取5mL萃取液放入试管中加5mL蒸馏水代替乙酰丙酮,用10mL蒸馏水作空白,操作同前,测量吸光度A_0。双甲酮确证测得的吸光度是来自于甲醛显色。

(4)计算:按式(5-11)计算测试结果,结果保留小数点后两位。

$$A_F = A_1 - A_0 \qquad\qquad (5-11)$$

式中:A_F相当于2.50g试样中游离甲醛的吸光度;A_1为萃取液加乙酰丙酮溶液的吸光度(水加乙酰丙酮做空白);A_0为萃取液加蒸馏水的吸光度(蒸馏水做空白)。

日本法规112法令规定婴幼儿纺织产品,吸光度$(A_1-A_0)<0.05$。

2. JIS L1041 B法(1g法)

(1)取样:将试样剪成碎片,准确称取1.00g。

(2)萃取:同JIS L1041 A法萃取步骤。

(3)显色:取5mL萃取液放入试管中,再加5mL乙酰丙酮溶液,加盖摇动使充分混合,放在(40±2)℃的水浴中30min,取出放置30min。同时在另一个试管中放5mL蒸馏水再加5mL乙酰丙酮,操作同萃取液,作为空白对照,在波长412~415nm下测量吸光度A_2。另外再取5mL萃取液放入试管中,加5mL蒸馏水代替乙酰丙酮,用10mL蒸馏水作空白,操作同前,测量吸光度A_0。取5mL甲醛标准溶液(已知溶度K),加5mL乙酰丙酮溶液,操作同前,用5mL蒸馏水加5mL乙酰丙酮溶液做空白,测量吸光度A_s。双甲酮确证测得的吸光度是来自于甲醛显色。

(4)计算:按式(5-12)计算测试结果,结果保留小数点后两位。

$$A_p = K \times \frac{A_2 - A_0}{A_s} \times 100 \times \frac{1}{m} \qquad\qquad (5-12)$$

式中:A_p为试样游离甲醛含量(mg/kg);K为甲醛标准溶液的质量溶度(μg/mL);A_2为萃取液加水测得的吸光度(蒸馏水做空白);A_s为甲醛标准溶液加乙酰丙酮测得的吸光度(水加乙酰丙酮做空白);m为试样质量(g)。

此方法测得的是样品中游离的和水解的甲醛总量。

(二)ISO 14184-1:2011

1. 适用范围与原理

该标准规定了通过水萃取法,测定游离甲醛和部分因水解而被萃取出的甲醛含量的方法,适用于任何形态的纺织品。该标准适用的纺织品上游离和水解甲醛含量检测范围为16~3500mg/kg,检出低限为16mg/kg。低于检出低限的测定结果应报告为"未检出"。测试原理为纺织品试样在40℃水浴中萃取一定时间,萃取液经乙酰丙酮显色后,用比色法测定甲醛含量。

2. 试剂和仪器

蒸馏水(三级水,ISO 3696:1987);乙酰丙酮试剂(纳氏试剂):溶解150g醋酸铵于800mL水中,加入3mL冰醋酸和2mL乙酰丙酮,转移至1000mL容量瓶中,用水稀释至刻度,储存于棕色瓶中;甲醛溶液:约37%(质量浓度);双甲酮的乙醇溶液:溶解1g(5,5-二甲基环己烷-1,3-二酮)于乙醇中,乙醇稀释至100mL,现配现用。

各种常规玻璃仪器;分光光度计(波长412nm);比色管;水浴:(40±2)℃;玻璃砂芯漏斗:孔径为40~100μm;天平:精确度0.2mg。

注意:乙酰丙酮试剂在储存开始的12h内颜色会逐渐变深,使用前需静置12h。此试剂的有效期至少为6周。但若存放时间过长,其灵敏度会轻微受到影响,建议每周做一个校准曲线,以纠正标准曲线所发生的轻微变化。

3. 标准溶液的制备和校准

(1)储备溶液的配制:将3.8mL的甲醛溶液(37%)用1000mL水稀释,配置成1500mg/L的甲醛储备溶液。需要标定此储备溶液的甲醛浓度,记录此标准储备溶液的准确浓度,此溶液可储存4周,用于配制各标准稀释溶液。

(2)稀释:若以1g试样和100mL水计,试样中甲醛的对应浓度应为标准溶度准确浓度的100倍。

(3)校准溶液的配制:先用标准储备溶液,用水稀释配制成标准溶液S2,该溶液含甲醛浓度为75mg/L。用此标准溶液分别用水稀释配制出下列浓度的校准溶液,至少选取其中的5个浓度的溶液作为校准溶液。

0.15μg/mL的甲醛溶液=15mg甲醛/kg织物;0.30μg/mL的甲醛溶液=30mg甲醛/kg织物;0.75μg/mL的甲醛溶液=75mg甲醛/kg织物;1.50μg/mL的甲醛溶液=150mg甲醛/kg织物;2.25μg/mL的甲醛溶液=225mg甲醛/kg织物;3.00μg/mL的甲醛溶液=300mg甲醛/kg织物;4.50μg/mL的甲醛溶液=450mg甲醛/kg织物;6.00μg/mL的甲醛溶液=600mg甲醛/kg织物。

计算$y = a + bx$的一阶回归曲线,此曲线将用于所有的测量。如果试样含有超过500mg/kg的较高浓度的甲醛,应稀释试样溶液。

4. 试样的准备

无须调湿,因为预调湿可能会影响样品甲醛含量的变化。测试前,应将样品储存于容器内。

注意:可以将样品储存于一个聚丙烯袋中,外包铝箔,以防甲醛从聚丙烯袋的微孔中逸散。另外,避免织物上残留的催化剂或其他化合物可能在直接接触铝箔时与其发生反应。

从样品上剪取两份试样,并将其剪碎,从中称取1g试样(精确至10mg)。如果甲醛含量较低,增加试样量至2.5g,以达到足够的准确度。将每份精称的试样置于250mL具塞烧瓶中,加入100mL水,塞紧瓶塞,置于40℃的水浴中60min,每5min振摇烧瓶一次,用玻璃砂芯漏斗将过滤至另一烧瓶中。

发生争议时,用调湿过的平行试样来计算校正系数,并以此来校准试样的质量。具体方法是:从样品上剪取试样,立即称量并在调湿(按ISO 139:2005)后再称量,计算校正系数,并用于计算样品溶液的试样调湿后的质量。

5. 测试步骤

移取5mL过滤的试样溶液于比色管中,同时移取5mL标准甲醛溶液于另一个比色管中,向每个比色管中加入5mL乙酰丙酮试剂,摇动。先将比色管置于(40±2)℃的水浴中(30±5)min,然后在室温下再放置(30±5)min,同时取5mL水加入5mL乙酰丙酮试剂按同样的程序处理,作为空白试剂,用 10mm 的比色池,在 412nm 波长下,以水为参比,用分光光度计测定吸光度。如果预计织物上的甲醛萃取量高于 500mg/kg 的水平,或用 5∶5 的比例进行试验所得结果高于 500mg/kg 的水平,应稀释萃取液,使吸光度落在标准曲线的范围之内(计算结果时,应考虑稀释因子)。

考虑到试样溶液中杂质和褪色的影响,另取一比色管,加入 5mL 试样溶液,再加 5mL 水(而不是乙酰丙酮试剂),按上述同样的处理方法进行处理,并按上述同样的条件测定其吸光度,但以水作为空白。至少进行两次平行试验。

注意:显色后的溶液(黄色)直接在阳光下暴露一段时间后会引起部分褪色。因此,如果在显色后不能及时进行测定(如超过 1h),且又有强烈阳光照射的情况下,应对比色管采取保护措施(如用不含甲醛的遮盖物进行遮挡)。如果无阳光的直接照射,显现的颜色通常是稳定的(至少可以过夜)。

如果怀疑吸收并非来自甲醛而是其他的被萃取出来的着色剂,应用双甲酮进行确证试验。

注意:双甲酮可与甲醛发生反应(生成无色的亚甲基四甲酮,再加入乙酰丙酮就不会与甲醛反应生成浅黄色的化合物),即不再发生甲醛的显色结果。

双甲酮确证试验:在一比色管中加入 5mL 试样溶液(必要时应稀释),再加入 1mL 双甲酮的乙醇溶液,振摇,在(40±2)℃的水浴中放置(10±1)min;加入 5mL 乙酰丙酮试剂,振摇,继续在(40±2)℃的水浴中放置(30±5)min;将比色管从水浴中取出,在室温下再放置(30±5)min;用相同程序制备控制溶液测定溶液的吸光度,但用水代替试样溶液,在 412nm 波长下甲醛的吸收将会消失。

6. 计算和结果的表示

试样按式(5-13)校准其吸光度。

$$A = A_s - A_b - A_d \tag{5-13}$$

式中:A 为校正后的吸光度;A_s 为试样测得的吸光度;A_b 为空白试剂测得的吸光度;A_d 为空白试样测得的吸光度(仅在有褪色或杂质存在时)。

用校正后的吸光度,在标准工作曲线上查得甲醛的浓度,按式(5-14)计算每一试样萃取出的甲醛的含量(W_F):

$$W_F = c \times 100 / m \tag{5-14}$$

式中:F 为样品上萃取得的甲醛含量(mg/kg);C 为标准工作曲线上查得的甲醛浓度(μg/mL);m 为试样的质量(g)。

计算两次测定结果的算术平均值。如果结果小于 16mg/kg,报告为"未检出"。

ISO 14184-1:2011 附录 A 给出了甲醛储备溶液的标定方法。

(三)国际标准 ISO 14184-2:2011

1. 适用范围与原理

该标准规定了通过在加速的储存条件下,以蒸汽吸收的方法,测定任何形态的纺织品上释放出的甲醛量的方法。该标准适用于释放甲醛的量在 20~3500mg/kg 范围内的织物,其检出低限为 20mg/kg。低于检出低限的测定结果应报告为"未检出"。测定原理为:将一已称重的试样悬挂在一盛有水的密封广口瓶内上方,然后将密封瓶置于稳定受控的保温箱内一段时间,随后用比色法测定被水吸收的甲醛的量。

2. 试剂和仪器

试剂:蒸馏水(3 级水,ISO 3696:1987);乙酰丙酮试剂(纳氏试剂):同 ISO 14184-1:2011。

仪器:玻璃广口瓶如图 5-15(0.95~1.01L),配有气密密封盖;小型金属丝网架如图 5-16,也可用其他合适的方法将试样悬挂在瓶内的水面上方,如用双股缝线围成一个圈,将已折成两半的试样悬挂在水面上方,而双股线头则系牢于瓶子顶部的瓶盖上;保温箱:恒温控制在(49±2)℃;分光光度计(波长 412nm);试管或比色管;水浴:(40±2)℃;天平:精度 0.2mg。

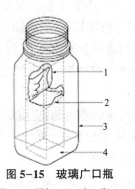
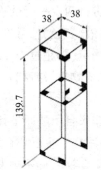

图 5-15　玻璃广口瓶　　　　　　图 5-16　小型金属丝网架

1—织物　2—网架　3—广口瓶　4—水

3. 标准溶液的制备与校准

标准溶液的配制同 ISO14184-1:2011,只是在稀释部分不同,本标准的稀释是以 1g 试样和 50mL 水计,试样中甲醛的对应浓度应为标准溶度准确浓度的 50 倍。用含甲醛浓度为 75mg/L 的标准溶液 S2 分别用水稀释配制出下列浓度的校准溶液,至少选取其中的 5 个浓度的溶液作为校准溶液。

0.15μg/mL 的甲醛溶液=7.5mg 甲醛/kg 织物;0.30μg/mL 的甲醛溶液=15mg 甲醛/kg 织物;0.75μg/mL 的甲醛溶液=37.5mg 甲醛/kg 织物;1.50μg/mL 的甲醛溶液=75mg 甲醛/kg 织物;2.25μg/mL 的甲醛溶液=112.5mg 甲醛/kg 织物;3.00μg/mL 的甲醛溶液=150mg 甲醛/kg 织物;4.50μg/mL 的甲醛溶液=225mg 甲醛/kg 织物;6.00μg/mL 的甲醛溶液=300mg 甲醛/kg 织物。

计算 $y=a+bx$ 的一阶回归曲线,此曲线将用于所有的测量。如果试样含有超过 500mg/kg 的较高浓度的甲醛,应稀释试样溶液。

4. 测试步骤

在密封瓶底部注入 50mL 水,在瓶中的水面上方用金属丝网架或其他方式悬挂一份试样,将瓶密封,并将其置于保温箱中,在(49±2)℃的恒温下保持(20±0.25)h 后取出,冷却(30±5)min,从瓶中取出试样和丝网架或其他悬挂支撑物,重新盖紧瓶盖,摇晃,以合并任何在瓶壁上的冷凝物。

取适量的试管或比色管,各移入 5mL 乙酰丙酮试剂,另再取一个试管,也加入 5mL 乙酰丙酮试剂作试剂空白用,从每个密封瓶中移取 5mL 吸收液加入试管中,同时向作试剂空白的试管中移入 5mL 水,混匀,将试管置于(40±2)℃的水浴中(30±5)min 后,取出,冷却,用 10cm 的比色池,在 412nm 波长下,以试剂空白为参比,用比色计或分光光度计测定吸光度,从标准工作曲线上查得样品溶液的甲醛浓度(μg/mL)。

5. 计算

按式(5-15)计算每一试样释放出的甲醛的含量(mg/kg)。

$$F = c \times 50/m \tag{5-15}$$

式中:F 为样品上释放出的甲醛含量(mg/kg);c 为标准工作曲线上查得的样品溶液甲醛浓度(mg/L);m 为试样的质量(g)。计算两次测定结果的算术平均值。如果结果小于20mg/kg,报告为"未检出"。

ISO 14184-2:2011 附录 B 给出了一个可供选择的铬变酸的测定方法,其原理是:在酸性条件下,甲醛会与铬变酸(变色酸)生成紫红色化合物,该有色化合物的最大吸收波长为570nm,由此可用比色法测定甲醛含量。

(四)BS 6806:2002(R2015)

本标准规定了两种测定纺织品中甲醛的方法:总甲醛法;用变色酸和硫酸测定并定量游离和水溶性的甲醛法。本方法可适用于任何含有甲醛的纺织品。

该方法与前述的 ISO 1418-1:2011 和 ISO 14184-2:2011 不兼容,不能直接比较。

总甲醛法的测定原理:将一种已知重量的纺织品样品浸在一定体积的 6 M 硫酸溶液中至少4h,以确保甲醛完全水解。过滤后的滤液经铬变酸和浓硫酸处理,在水浴中加热 30min,产生深紫红色。然后将溶液冷却,稀释到一定体积后,用分光光度计在 570nm 波长处测量其吸光度。在相同的条件下,通过标定曲线得到与所测吸光度相对应的甲醛量。

游离和水溶性甲醛的测定原理:将一种已知重量的纺织品样品浸在一定体积的含有润湿剂的纯净水中20min。过滤后的滤液经铬变酸和浓硫酸处理,在水浴中加热 30min,产生深紫红色。然后将溶液冷却,稀释到一定体积后,用分光光度计在 570nm 波长处测量其吸光度。在相同的条件下,通过标定曲线得到了与所测吸光度相对应的甲醛量。

由于在铬变酸方法中要用到浓硫酸,在操作上存在一定风险,必须严格执行防范措施以保护操作人员和所使用的分光光度计。此方法目前各实验室采用的不多,使用的不普遍。

(五)GB/T 2912—2009

GB/T 2912—2009 分为三部分:第 1 部分 GB/T 2912.1:游离和水解的甲醛(水萃取法)、第 2 部分 GB/T 2912.2:释放的甲醛(蒸汽吸收法)、第 3 部分 GB/T 2912.3:高效液相色谱法。

该标准系列的第 1 部分和第 2 部分,分别与 ISO 14184-1:2011 和 ISO 14184-2:2011 测定的原理和测试程序基本一致,具体测试步骤见前面 ISO14184-1:2011 和 ISO14184-2:2011 部分。

第 3 部分高效液相色谱法是 2009 版新增加的内容,考虑到采用水萃取法测定纺织品上游离和水解甲醛含量时,部分有色纺织品可能褪色,给比色分析造成干扰,给测试带来不便,鉴于高效液相色谱分析技术良好的色谱分离技术,在 GB/T 2912—1998 修订中,增加了采用高效液相色谱法的部分。

(1)高效液相色谱法的原理:试样在 40℃的水浴中萃取一定时间,萃取液用 2,4-二硝基苯肼进行衍生化,生成 2,4-二硝基苯腙,采用高效液相色谱—紫外检测器(HPLC-UV)或二极管阵列检测器(HPLC-DAD)测定 2,4-二硝基苯腙,对照标准工作曲线,计算出样品的甲醛含量。

(2)样品预处理:测定游离和水解的甲醛,按 GB/T 2912.1—2009 中第 7 章的规定执行;测定释放的甲醛,按 GB/T 2912.2—2009 中的第 7 章和 8.1 的规定进行。

（3）衍生化试剂：称取 2,4-二硝基苯肼 0.05g，用适量的含 0.5%（v/v）醋酸的乙腈溶解后，置于 100mL 棕色容量瓶中，用水稀释至刻度。此试剂须现配现用。

（4）衍生化：准确移取 1.0mL 的萃取液和 2.0mL 衍生化试液于 10mL 具塞试管中，混合均匀后在（60±2）℃水浴中静置反应 30min。此溶液冷却至室温后用 0.45μm 的滤膜过滤，供 HPLC-UV 或 HPLC-DAD 分析。

（5）液相色谱分析条件：色谱柱：C18 250mm×4.6mm×5μm 或相当；流动相：乙腈/水（65/35）；流速：1.0mL/min；柱温：30℃；检测器：UV 或 DAD；检测波长：355nm；进样量：20μL。

（6）定性定量分析：经衍生化的样品溶液，按上述分析条件进样测定，以保留时间定性，以色谱峰面积定量。计算结果，若结果小于 5.0 mk/kg，试验结果报告"<5.0mg/kg"。

五、纺织产品上甲醛含量的检测过程中的问题分析

（一）胶黏剂对甲醛含量的影响

纺织品在生产制作的过程中，经常使用胶黏剂将纺织品黏合在各种材料上。而胶黏剂本身常常含有甲醛，这将会直接影响带胶黏剂纺织品的甲醛的测定结果。在测试过程中，可能因取样部位不同，或取样人员的手法不同，取样的试样上所带有的胶黏剂的量不同，而导致检测结果的不同。因此，在检测带胶黏剂的纺织品甲醛含量的过程中，测试人员应特别注意取样环节，采取多次测试或对不同部位取样的测试结果进行比较分析，以识别纺织品上的胶水是否对测试结果有显著的影响。

（二）样品本身脱色对吸光度的影响

众所周知，纺织制品款式各异，为达到美观或其他设计效果，产品会用到各种颜色的染料。在水萃取法处理过程中，样品经水浸泡后某些颜色脱落，会影响样品在分光光度计上的吸光度，干扰测试结果。对于样品脱色严重，萃取液浑浊甚至出现乌黑玷污等情况无法用比色法测定时，可以根据情况使用 2,4-二硝基苯肼（DNPH）对萃取液进行衍生，再使用高效液相色谱仪对测试结果进行验证和确认。

（三）萃取液衍生显色存在假阳性

实践工作中，部分样品的萃取液在加入显色剂（乙酰丙酮以及醋酸铵的水溶液）后，会呈现与标准溶液显色相似的颜色，显色结果可能来自甲醛以外的显色反应，即测试结果可能假阳性，需要进行进一步确认。当测试过程中出现可疑的阳性样品时，必须进行双甲酮的确认试验，确认样品显色是否来自甲醛的显色，而且要根据分光光度计的读数对萃取液进行适当的稀释。

（四）甲醛本身的物性

甲醛是一种可挥发的物质，从产品生成、储存、送样到检测，每一个过程中样品所处的环境、时间和包装状态，都与最终测试结果密切相关，都可能造成同一样品由于不同包装、不同批次或不同环境因素而造成测试结果有很大的差异。因此要注意样品在密封、干燥、室温环境中保存。

六、皮革制品上甲醛含量的检测标准

关于皮革产品中的甲醛含量的限制，中国强制性国家标准 GB 20400—2006 中对皮革和毛皮制品有明确规定，对游离甲醛的限制为：A 类（婴幼儿纺织产品）≤20mg/kg；B 类（直接接触皮肤的产品）≤75mg/kg；C 类（非直接接触皮肤的产品）≤300mg/kg（白羊剪绒≤600mg/kg）。

另外,在 Leather Standard 100 by OEKO-TEX ®中对游离和水解甲醛的要求为:Ⅰ 婴幼儿产品<10mg/kg;Ⅱ 直接接触皮肤的产品<75mg/kg;Ⅲ 非直接接触皮肤的产品<300mg/kg;Ⅳ 装饰材料<300mg/kg。

皮革制品中的甲醛含量的测定方法,测定原理和检测技术同纺织品中甲醛含量的测定方法基本一致,只是由于皮革样品在萃取过程中,皮革中的有色物质或其他物质容易被萃取出来而使萃取液浑浊或引起颜色干扰,影响比色法的测定。因此,在皮革样品的甲醛测定中,更多地采用高效液相色谱法。

目前皮革类产品中游离和水解甲醛含量测定的主要检测标准有:ISO 17226-1:2018《皮革　甲醛含量的化学测定　第 1 部分:高效液相色谱法》、ISO 17226-2:2018《皮革　甲醛含量的化学测定　第 2 部分:比色分析法》、GB/T 19941—2005《皮革和毛皮　化学试验　甲醛含量的测定》。

(一)ISO 17226-1:2018

1. 范围和原理

该标准规定了高效液相色谱法测定皮革中游离和释放甲醛的方法。这是一个优先选择不受有色萃取物干扰的方法。该方法中被定量的甲醛包括游离的甲醛和在标准规定的条件下通过水解从皮革上萃取到的甲醛。

该标准指出,与 ISO 17226-2 相比较,这两个测定方法会给出相同的趋势但测试结果不一定相同。有争议时,ISO 17226-1 优先于 ISO 17226-2。

测试原理:样品在 40℃下用洗涤剂溶液进行洗提,洗提液与 2,4-二硝基苯肼混合,其中的醛和酮与之反应各生成其腙类化合物,然后通过反相高效液相色谱将其分离,在 360nm 波长下进行检测和定量。

2. 试剂和仪器

(1)试剂。商业化甲醛标准溶液;十二烷基磺酸钠(洗涤剂)溶液:0.1%;二硝基苯肼(DNPH)溶液:0.3g DNPH(2,4-二硝基苯肼)溶于 100mL 浓磷酸(85%)中(DNPH 从 25%的乙腈水溶液中重结晶获得);乙腈。

(2)仪器。玻璃纤维(GF8)或玻璃砂芯过滤器(G3,直径 70~100mm);水浴:(40±0.5)℃,配备振摇或搅拌装置;温度计:20~50℃,精度为 0.1℃;含 UV 检测器的 HPLC 装置,360nm;过滤膜:0.45μm;分析天平:精度 0.1mg。

3. 测定步骤

(1)称取(2±0.1)g 皮革样品于合适的容器中,移取 50mL 洗涤剂溶液于 100mL 具塞三角烧瓶并加热至 40℃,放入已称量的皮革试样,塞上玻璃塞,置于(40±0.5)℃的水浴上搅拌或平稳振摇(60±2)min,随即用玻璃纤维或砂芯过滤器,热的萃取溶液真空抽滤于具塞烧瓶中,盖紧塞子,冷却滤液至室温。不改变皮革试样与溶液的浴比,萃取和分析应在同一工作日完成。

(2)衍生化。移取 4.0mL 乙腈、5.0mL 经过滤的萃取液和 0.5mL 二硝基苯肼(DNPH)溶液于 10mL 容量瓶中,用去离子水稀释至刻度,用手轻摇,混合各组分,随后静置 60min,但最多不要超过 180min,0.45μm 过滤膜过滤后,HPLC 分析。

(3)HPLC 分析条件。色谱柱:C18 反相色谱柱;流速:1.0mL/min;流动相:乙腈/水(60:40);紫外检测波长:360nm;进样量:20μl。

4. 计算

按式(5-16)计算皮革样品中甲醛含量。

$$W_F = \rho_s \times F/m \qquad\qquad (5-16)$$

式中:W_F 为样品中甲醛含量(mg/kg);ρ_s 为标准工作曲线上计得的样品溶液中甲醛浓度(μg/10mL);F 为稀释因子(mL);m 为试样的质量(g)。

(二)ISO 17226-2:2018

1. 范围和原理

该标准规定了基于比色法测定皮革中游离和释放甲醛的方法,该方法中被定量的甲醛包括游离的甲醛和在规定的条件下通过水解从皮革上萃取到萃取液中的甲醛。该方法不是测定甲醛的优选方法,因其他的化合物,如被萃取出的染料等会在412nm波长处干扰测试。与 ISO 17226-1 比较,这两种分析方法会给出同样的趋势,但不一定给出相同的结果。因此,当有争议时,应优先使用 ISO 17226-1。

原理:皮革样品在40℃下用洗涤剂溶液洗脱出来。洗脱液用乙酰丙酮处理,甲醛会反应产生黄色和化合物(3,5-二乙酰基-1,4-二氢二甲基吡啶),在412nm波长处测定此化合物的吸光度。试样吸光度值所对应的甲醛含量,可通过校准曲线上获得。

2. 试剂和仪器

大部分试剂与 ISO 17226-1 相同,此处只列出不同的试剂和仪器。

溶液 1:150g 醋酸铵+3mL 冰醋酸+2mL 乙酰丙酮,溶于1000mL 水中(每日新鲜配制,避光保存);溶液 2:150g 醋酸铵+3mL 冰醋酸,溶于1000mL 水中;双甲酮溶液:5g 双甲酮溶于1000mL 水中(有文献称双甲酮不易溶于纯水,故可先用少量乙醇溶解,而后用水定容);分光光度计:检测波长412nm,建议比色池光程为20mm。

3. 测定步骤

取得萃取液后,移取 5mL 经过滤的萃取液与25mL 具塞三角烧瓶中,加入 5mL 溶液 1,用玻璃塞盖紧,在(40±1)℃下振荡溶液(30±1)min,避光冷却后,在412nm 波长下测定吸光度,记为E_p,空白溶液选用 5mL 洗涤剂溶液与 5mL 溶液 1 的混合溶液作为参比。

部分样品经萃取后所得的萃取液有初始颜色,可能干扰测定。为了消除这种影响,可移取 5mL 经过滤的萃取液于25mL 具塞三角烧瓶中,加入 5mL 溶液 2,按照上述程序处理,测得的吸光度记为E_g。E_p 与 E_g 之差即为萃取液中甲醛产生的吸光度。

当溶液吸光度过大,计算得到的甲醛浓度过高(>100mg/kg)时,需要取更少的萃取液,用水稀释至5mL 再进行测定,以确保仪器读数落在标准曲线范围之内。

为了避免实际中存在的甲醛干扰测定,可按如下步骤检验试剂空白。取 5mL 洗涤剂溶液加入 5mL 溶液 1 混合反应,然后在412nm 的波长下测定吸光度,参比溶液选用 5mL 洗涤剂与5mL 水的混合溶液。在20mm 比色池中,测得的试剂空白吸光度应不大于 0.025,在40mm 比色池中的吸光度应不大于 0.050,在50mm 比色池中的吸光度应不大于 0.063。

在样品中还可能会存在其他可与乙酰丙酮反应生成黄色的化合物,此时需要进行双甲酮确认。取 5mL 经过滤的萃取液与 1mL 双甲酮混合,在(40±1)℃下加热(10±1)min,再加入 5mL 溶液 1,在(40±1)℃下振荡(30±1)min,冷却至室温;另以 5mL 溶液 2 替代溶液 1 按同样的程序制备一空白样作为参比溶液,在412nm 波长下,测定其吸光度。当皮革样品测试中发现有甲醛存在时,此吸光度应小于0.05(20mm比色池),否则需按ISO 17226-1:2018规定的程度重新测定以排除干扰。若无法重新测定,则需在测试报告中注明,以表明在分析中可能受到其他物质的干扰而存在假阳性的可能性。

甲醛标准工作曲线的绘制:移取3mL已经标定的甲醛标准储备溶液于盛有100mL水的1000mL容量瓶中,混合并用水稀释至刻度,再充分混匀,此溶液即为用于绘制标准工作曲线的甲醛标准溶液(浓度约为6μg/mL)。

分别移取此标准溶液3mL、5mL、10mL、15mL、20mL和25mL于50mL容量瓶中,用水稀释至刻度,这些溶液的甲醛浓度涵盖0.4~3.0μg/mL的范围(相当于皮革样品在规定条件下测得的甲醛含量范围为9~75mg/kg,若浓度过高,取更少量的萃取液重新测定)。

从上述六个溶液中,各移取5mL于25mL的锥形瓶中与5mL溶液1混合,将混合物加热至(40±1)℃,并在此温度下振摇(30±1)min。避光冷却至室温,以5mL溶液1加5mL水混合物为空白样,在412nm测定各溶液的吸光度。在测量前,先用同样经上述条件处理的5mL溶液1加5mL水的混合物作为空白样,将分光光度计调零。

以溶液的浓度(μg/mL)为x轴,吸光度为y轴绘制标准工作曲线。

4. 计算

按式(5-17)计算皮革样品中甲醛含量。

$$W_p = \frac{(E_p - E_g) \times V_o \times V_f}{F \times m \times V_a} \tag{5-17}$$

式中:W_p为样品中甲醛含量(mg/kg),精确至0.1mg/kg;E_p为与乙酰丙酮反应后过滤萃取液的吸光度;E_g为过滤萃取液自身的吸光度;V_0为萃取液体积(mL),标准条件为50mL;V_a从过滤萃取液取样的体积(mL),标准条件为5mL;V_f为与乙酰丙酮反应后的体积(mL),标准条件为10mL;F为标准曲线的斜率即(mL/μg);m为皮革试样的质量(g)。

(三)皮革制品上甲醛含量测定过程中出现的问题

皮革比纺织品更容易玷污萃取液,某些皮革样品的萃取液浑浊不清,使用分光光度法测定皮革中的甲醛含量时,萃取液背景对测试结果的影响非常大。建议使用高效液相色谱法测定,这些背景颜色的干扰物质,经过和2,4-二硝基苯肼(DNPH)的衍生反应,在色谱柱中逐步洗脱分离,可以较好地对皮革中的甲醛进行测定。

使用高效液相色谱法测定皮革中的甲醛含量时,因皮革脱落杂质较多,颜色也较深,对色谱柱寿命以及谱图有一定的影响。柱前安装保护柱,仪器分析前用0.45μm滤膜过滤,可以较好地保护高效液相色谱仪以及色谱柱。

高效液相色谱法测定皮革中的甲醛的标准色谱图应为DNPH以及甲醛-DNPH两个明显的峰,当溶液含有其他颜色时,可能会在其他保留时间内有出现杂峰。测试人员在进行定量数据分析前,应准确查看可疑峰的光谱图,与甲醛-DNPH的标准光谱图进行比对,以确保排除假阳性。另外,极个别样品衍生所得的色谱图干扰物质与目标物同时流出,这时目标组分的峰呈不对称畸形,影响峰的积分以及定量结果。当干扰组分与目标组分重叠,出现峰畸形的情况时,应使用分光光度法对数据进行确认。皮革中的甲醛测定由于造革工艺复杂的问题,对每个测试方法都有一定的考验,遇到特殊的假阳性或假阴性状况时,应按上述情况对测试结果进行逐步确认,以便得到准确的测试结果。

第五节　邻苯二甲酸酯类增塑剂的检测方法与标准

一、邻苯二甲酸酯类物质的结构与用途

(一) 邻苯二甲酸酯类物质的结构

邻苯二甲酸酯(Phthalic Acid Esters,别名酞酸酯)是苯二甲酸酐与醇反应的产物,是邻苯二甲酸形成的酯的统称,即在苯环邻位含有两个对称的或者不对称的甲酸烃酯。一般为无色或者淡黄色透明油状液体,具有芳香气味,常溶于醚类、醇类、酮类、苯类、烃类和氯代烃类等有机溶剂,不溶于水,化学结构如图 5-17,其中的 R、R′代表烷基、芳基或其他碳氢基团。

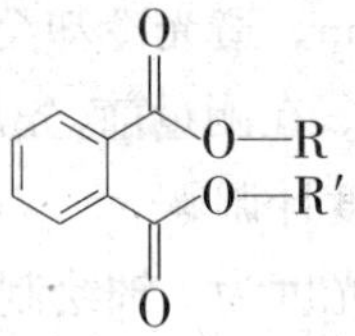

图 5-17　邻苯二甲酸酯化学结构

(二) 邻苯二甲酸酯的用途与危害

邻苯二甲酸酯是一类广泛使用的增塑剂,主要用于塑料加工过程中,特别是 PVC 材料中,能够增加产品柔韧性、可塑性或膨胀性。由于邻苯二甲酸酯类增塑剂具有良好的弹性、耐牢性和低成本等优势被广泛应用于玩具及儿童用品、食品接触材料、化妆品和纺织品等各类产品中。

在纺织工业中,邻苯二甲酸酯的应用主要在于两个方面:一是作为聚酯纤维分散染料染色的匀染剂和染色载体(俗称膨化剂),二是在涂料和发泡印花中作为增塑剂以改善手感。另外,在纺织产品上,邻苯二甲酸酯可能存在于胶浆印花、软塑料附件、人造革以及防水防寒等 PU 或 PVC 功能性涂层中。

有研究表明,邻苯二甲酸酯是一类典型的环境激素和人类的生殖毒性物质。其毒性作用主要表现为非急性毒性和累积性。邻苯二甲酸酯的分子结构与生物内源性雌激素有相似性,进入人体后与相应的激素受体结合,产生与激素相同的作用,干扰体内激素正常水平,影响生殖发育。长期接触可能对人体造成慢性毒性,对人和动物产生生殖毒性,表现出雌雄性差异。

(三) 列入"黑名单"的邻苯二甲酸酯类物质

对于邻苯二甲酸酯类物质的生殖毒性和环境激素的研究以及毒性的评估一直进行中,被认定或怀疑为生殖毒性和环境激素的邻苯二甲酸酯的范围在不断扩大。目前被列入"黑名单"的邻苯二甲酸酯物质达到 20 多种,见表 5-21。

表 5-21　归类为生殖毒性或环境激素的邻苯二甲酸酯

物质名	英文名	缩写	CAS No.	结构式
邻苯二甲酸丁基苄基酯	Butylbenzyl-phthalate	BBP	85-68-7	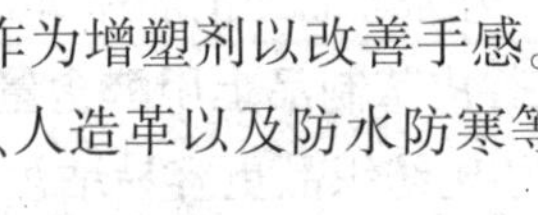

续表

物质名	英文名	缩写	CAS No.	结构式
邻苯二甲酸二丁酯	Dibutyl-phthalate	DBP	84-74-2	
邻苯二甲酸二乙酯	Diethyl-phthalate	DEP	84-66-2	
邻苯二甲酸二甲酯	Dimethyl-phthalate	DMP	131-11-3	
邻苯二甲酸二(2-乙基己基)酯	Di-(2-ethylhexyl)phthalate	DEHP	117-81-7	
邻苯二甲酸二(2-甲氧乙基)酯	Di-(2-methoxyethyl)-phthalate	DMEP	117-82-8	
邻苯二甲酸二 $C_6 \sim C_8$ 支链烷基酯(富 C_7)	Di-C6-8-branched al-kylphthalates,C7 rich	DIHP	71888-89-6	
邻苯二甲酸二($C_7 \sim C_{11}$ 支链与直链)烷基酯	Di-C7-11-branched and linear alkyl-phthalates	DHNUP	68515-42-4	
邻苯二甲酸二环己酯	Di-cyclohexyl phthalate	DCHP	84-61-7	
邻苯二甲酸二己酯(支链和直链)	Di-hexyl phthalate, branched and linear	DHxP	68515-50-4	

物质名	英文名	缩写	CAS No.	结构式
邻苯二甲酸二异丁酯	Di-iso-butyl phthalate	DIBP	84-69-5	
邻苯二甲酸二异癸酯	Di-iso-decyl phthalate	DIDP	26761-40-0；68515-49-1	
邻苯二甲酸二异己酯	Di-iso-hexyl phthalate	DIHxP	71850-09-4	
邻苯二甲酸二异辛酯	Di-iso-octyl phthalate	DIOP	27554-26-3	
邻苯二甲酸二异壬酯	Di-iso-nonyl phthalate	DINP	28553-12-0；68515-48-0	
邻苯二甲酸二丙酯	Di-n-propyl phthalate	DPrP	131-16-8	
邻苯二甲酸二己酯	Di-n-hexyl phthalate	DHP（DHEXP）	84-75-3	
邻苯二甲酸二正辛酯	Di-n-octyl phthalate	DNOP	117-84-0	

物质名	英文名	缩写	CAS No.	结构式
邻苯二甲酸二壬酯	Di-n-nonyl phthalate	DNP	84-76-4	
邻苯二甲酸二戊酯	Di-pentyl phthalate	DPP (DPENP)	131-18-0	
邻苯二甲酸,二-C$_6$~C$_{10}$烷基酯	1,2-Benzene-dicarboxylic acid, di-C6-10 alkyl-esters	—	68515-51-5	
邻苯二甲酸,二-C$_6$,C$_8$,C$_{10}$烷基酯	1,2-Benzene-dicarboxylic acid, mixed decyl and hexyl and octyl diesters	—	68648-93-1	—

二、邻苯二甲酸酯类物质的限制

(一)REACH 法规的限制要求

2018 年 12 月 19 日,欧盟委员会公布了(EU) 2018/2005,该决议规定所有物品中的塑化材料都要符合 REACH 法规附件Ⅻ第 51 项中的 4 种邻苯二甲酸酯(DIBP,DEHP,DBP 和 BBP)的限制要求,此法规 2019 年 1 月 7 号生效。至此,REACH 附件Ⅻ第 51 项中受限制的邻苯二甲酸酯由原来的 3 种(DEHP,DBP 和 BBP)增加到 4 种(即增加 DIBP),禁止在玩具和儿童用品中使用含量超过 0.1%的这 4 种邻苯二甲酸酯。目前含有 3 种邻苯二甲酸酯(DEHP,DBP,BBP)(单一种或总和的浓度)超过 0.1%的玩具和儿童护理用品不得投放市场。2020 年 7 月 7 日起,含有这 4 种邻苯二甲酸酯(DEHP,DBP,BBP,DIBP)(单一种或总和的浓度)超过 0.1%的玩具、儿童护理用品和其他物品,不得投放市场。

REACH 法规附件Ⅻ第 52 项限制 3 种邻苯二甲酸酯(DINP,DIDP 和 DNOP),规定在可以被儿童放入口中的玩具和儿童护理用品不得使用浓度超过 0.1%的这 3 种邻苯二甲酸酯。

此外,REACH 法规附件ⅪⅤ《需授权物质清单》中,邻苯二甲酸酯的种类已增加到 11 种,列入 SVHC 清单中的邻苯二甲酸酯的种类也有 15 种。

(二)美国消费品法案(CPSC)的限制要求

美国消费品法案(CPSC)在 2018 年 4 月 25 日起生效的 16 CFR 1308《禁止儿童玩具和儿

童护理用品含有特定邻苯二甲酸酯:某些塑料的测定》中,管控的邻苯二甲酸酯由 6 种增加到 8 种,规定玩具和儿童护理用品的组成部分不得含有超过 0.1%的这 8 种邻苯二甲酸酯:邻苯二甲酸二(2-乙基)己酯(DEHP)、邻苯二甲酸二丁酯(DBP)、邻苯二甲酸丁苄酯(BBP)、邻苯二甲酸二异壬酯(DINP)、邻苯二甲酸二异丁酯(DIBP)、邻苯二甲酸二戊酯(DPENP)、邻苯二甲酸二己酯(DHEXP)、邻苯二甲酸二环己酯(DCHP)。

(三)GB 31701—2015《婴幼儿及儿童纺织产品安全技术规范》的限制要求

我国于 2015 年 5 月发布的强制性国家标准 GB 31701—2015《婴幼儿及儿童纺织产品安全技术规范》中对婴幼儿纺织产品限制 6 种邻苯二甲酸酯,规定邻苯二甲酸二(2-乙基)己酯(DEHP)、邻苯二甲酸二丁酯(DBP)和邻苯二甲酸丁基苄基酯(BBP)的含量不得超过 0.1%;邻苯二甲酸二异壬酯(DINP)、邻苯二甲酸二异癸酯(DIDP)和邻苯二甲酸二辛酯(DNOP)的含量不得超过 0.1%。

(四)受管控的邻苯二甲酸酯类物质

被限制使用的邻苯二甲酸酯类物质,其中被列入美国 AAFA 的 RSL 的有 20 种,被列入 ZDHC 的 MRSL 的有 19 种,被列入 Standard 100 by OEKO-TEX ® 的更是高达 25 种,各限制要求中受管控的邻苯二甲酸酯类物质具体见表 5-22。

表 5-22　受管控的邻苯二甲酸酯类物质

邻苯二甲酸酯名称	CAS No.	简称	REACH 附件 XVII 51/52 项	REACH SVHC	美国 CPSIA	Eco-Label	OEKO-TEX®	AAFA RSL	ZDHC MRSL
邻苯二甲酸二丁酯	84-74-2	DBP	+	+	+	+	+	+	+
邻苯二甲酸苄丁酯	85-68-7	BBP	+	+	+	+	+	+	+
邻苯二甲酸二乙基己酯	117-81-7	DEHP	+	+	+	+	+	+	+
邻苯二甲酸二异壬酯	28553-12-0; 68515-48-0	DINP	+	−	+	+	+	+	+
邻苯二甲酸二辛酯	117-84-0	DNOP	+	−	+	+	+	+	+
邻苯二甲酸二异癸酯	26761-40-0; 68515-49-1	DIDP	+	−	+	+	+	+	+
邻苯二甲酸二甲酯	131-11-3	DMP	−	−	−	+	+	+	+
邻苯二甲酸二乙酯	84-66-2	DEP	−	−	−	+	+	+	+
邻苯二甲酸二戊酯	131-18-0	DPP (DPENP)	−	+	+	−	+	+	+
邻苯二甲酸二壬酯	84-76-4	DNP	−	−	−	−	+	−	−
邻苯二甲酸二环己酯	84-61-7	DCHP	−	+	−	−	+	−	−
邻苯二甲酸二丙酯	131-16-8	DPRP	−	−	−	−	+	−	−
邻苯二甲酸二异丁酯	84-69-5	DIBP	+	+	+	+	+	+	−
邻苯二甲酸二己酯	84-75-3	DHP (DHEXP)	−	+	+	+	+	+	+

续表

邻苯二甲酸酯名称	CAS No.	简称	REACH 附件 XVII 51/52 项	REACH SVHC	美国 CPSIA	Eco-Label	OEKO-TEX®	AAFA RSL	ZDHC MRSL
邻苯二甲酸二异辛酯	27554-26-3	DIOP	−	−	−	−	+	−	−
邻苯二甲酸二甲氧基乙酯	117-82-8	DMEP	−	+	−	−	+	+	+
邻苯二甲酸二异戊酯	605-50-5	DIPP	−	+	−	−	+	+	+
邻苯二甲酸二戊酯(直链和支链)	84777-06-0	DPP	−	+	−	−	+	+	+
邻苯二甲酸正戊基异戊基酯	776297-69-9	NPIPP	−	+	−	−	+	+	+
邻苯二甲酸二烷基(C$_7$~C$_{11}$支链和直链)酯	68515-42-4	DHNUP	−	+	−	+	+	+	+
邻苯二甲酸二异戊酯	42925-80-4	/	−	−	−	−	+	−	−
邻苯二甲酸二烷基(C$_6$~C$_8$,富C$_7$)酯	71888-89-6	DIHP	−	+	−	+	+	+	+
邻苯二甲酸二己酯(支链和直链)	68515-50-4	DHXP	−	+	−	−	+	+	+
邻苯二甲酸二异己酯	71850-09-4	DIHXP	−	+	−	−	+	+	+
邻苯二甲酸二烷基(C$_6$~C$_{10}$)酯	68515-51-5	/	−	+	−	−	+	+	+
邻苯二甲酸二(混合癸基、己基、辛基)酯	68648-93-1	/	−	+	−	−	+	+	+

注 "+"代表有限制要求,"−"代表无限制要求。

三、对邻苯二甲酸酯的检测方法的研究

对邻苯二甲酸酯检测方法的研究主要集中于两个方面,样品前处理和仪器分析方法。样品前处理方法主要有:索氏抽提、超声波萃取、摇床萃取、微波萃取和固相萃取等。由于样品基质复杂,为降低样品基质对仪器分析带来的干扰及出于对设备的保护,也有许多新兴的富集和净化处理方式被结合和进一步发展,如液液萃取柱层析、固相萃取(SPE)和固相微萃取(SPME)等。仪器分析方法有红外光谱法(FTIR)、气相色谱法(GC)、液相色谱法(HPLC)、气质联用(GC-MS)和液相色谱质谱联用仪(HPLC-MS)等,GC-MS、HPLC-MS 在邻苯二甲酸酯的检测应用中比较广泛。

(一)样品前处理方法

1. 索氏提取

索氏提取是一种传统的前处理方法,利用溶剂回流及虹吸原理,实现溶剂对固体混合物中

目标组分的反复抽提。选择的溶剂对目标物溶解度大,对杂质的溶解度小,来达到提取分离的目的。在索氏提取器中,固体物质连续不断地被溶剂萃取,萃取出的物质富集在烧瓶中。此法花费时间长,溶剂用量大,自动化程度较低,需耗费较大的劳动强度。为加快抽提速度,目前市场已有自动化程度较高的快速抽提仪,GB/T 22048—2015 采用该方法。

2. 超声波萃取

超声波萃取和传统萃取技术相比,具有快速、价廉、高效的特点。超声波提取是利用超声波具有的机械效应、空化效应和热效应,通过增大介质分子的运动速度,增大介质的穿透力而提取有效成分。此方法已被大多数标准所采纳。如 GB/T 20388—2016、ISO 14389:2014、GB/T 32440—2015、ISO/TS 16181:2011 和 GB/T 22931—2008 等。

3. 摇床萃取

此方法是使用合适的溶剂溶解基质,通过机械振摇的方式将基质中的待测物质提取至溶剂中。溶剂的选择非常重要。美国 CPSC-CH-C1001-09.4 采用此方法作为邻苯二甲酸酯的前处理方式。

4. 微波萃取

微波萃取可通过微波场作用于萃取组分,加速其分子热运动,缩短目标组分由样品内部扩散到萃取溶剂界面的时间,对固体以及液体都有较好的萃取效果。GB/T 32440—2015、ISO/TS 16181:2011 将此方法作为前处理方式之一供选择。

5. 固相萃取(SPE)

SPE 是目前广泛应用的的样品富集、提纯和分离技术,基于传统的液液萃取方法,结合相似相溶原理和 HPLC、GC 中的固定相而逐渐发展起来。SPE 具有溶剂用量少、便捷、安全和高效等特点。根据相似相溶原理,SPE 可分为反相 SPE、正相 SPE、离子交换 SPE 和吸附 SPE 四种。SPE 大多用来处理液体样品萃取、浓缩和净化其中的半挥发性和不挥发性化合物,用于固体样品时,必须先将样品制备成液体。

(二)仪器分析方法的研究进展

除了目前广泛使用的 GC-MS 和 HPLC-MS 作为邻苯二甲酸酯的分析设备外,快速筛选方法亦不失为提高分析效率的有效手段。

GB/T 35772—2017《聚氯乙烯制品中邻苯二甲酸酯的快速检测方法 红外光谱法》是采用傅立叶红外光谱仪(FTIR)对邻苯二甲酸酯总含量不少于1%的聚氯乙烯材料做定性和定量检测。此标准的原理是:制备一系列含邻苯二甲酸酯类增塑剂的标样,用红外光谱仪采集标样的红外光谱数据,根据标样红外光谱图的特征峰建立偏最小二乘(PLS)化学计量模式,然后对未知样品量进行红外光谱扫描,采用 $1580cm^{-1}$ 和 $1600cm^{-1}$ 环骨架特征吸收峰进行定性,再采用化学计量模式测定未知样品中的邻苯二甲酸酯类增塑剂总含量。

大气压固体分析探头离子源(ASAP, Atmospheric pressure solids analysis probe)是近年出现的一种新型常压直接离子化分析技术。基于电晕放电,以电场电离产生初级离子,离子气流喷射表面热解为技术特点。无须复杂的前处理或色谱分离,可将探头毛细管末端的样品解吸并电离,产生的离子直接进入质谱。单个样品检测6种邻苯二甲酸酯在1min内可完成筛查。

四、邻苯二甲酸酯的检测标准

(一)国内外现行使用的主要检测标准

玩具和儿童护理用品中经常使用到纺织材料,因此,这些法令和相对应的检测方法同样适用于儿童用的纺织品以及用于制造儿童护理用品的纺织材料。针对玩具和儿童护理用品,国内外现行使用的检测标准有:ISO 8124-6:2018《玩具安全 第6部分:玩具和儿童用品中特定邻苯二甲酸酯类 含量的测定》,EN 14372:2004《儿童护理用品 餐具和喂养用具 安全要求和测试 条款6.3.2:邻苯二甲酸酯类含量的测定》,CPSC-CH-C1001-09.4:2018《邻苯二甲酸酯类测定的标准操作程序》,GB/T 22048—2015《玩具及儿童用品中特定邻苯二甲酸酯增塑剂的测定》。

针对纺织产品,国内外现行使用的检测标准如下。

ISO 14389:2014《纺织品 邻苯二甲酸酯含量的测定 四氢呋喃法》、ISO/TS 16181:2011《鞋类 鞋和鞋类部件中可能存在的有风险物质 鞋类材料中邻苯二甲酸酯的测定》、GB/T 20388—2016《纺织品 邻苯二甲酸酯的测定》、GB/T 32440—2015《鞋类和鞋类部件中存在的限量物质 邻苯二甲酸酯的测定》、GB/T 22931—2008《皮革和毛皮 化学试验 增塑剂的测定》。

我国在邻苯二甲酸酯的检测标准化方面,基本与国际上检测方法保持一致。GB/T 20388—2016是修改采用ISO 14389:2014;GB/T 32440—2015是等同采用ISO/TS 16181:2011;GB/T 22048—2015是修改采用ISO 8124-6:2014。但2018年新颁布的ISO 8124-6:2018扩展了测试物质和前处理方式,增加了DIBP及超声波萃取。此外,在附录中增加用铝箔穿孔率来检查超声波性能,检验超声波发生器是否适用于该方法的前处理。

(二)主要检测标准的方法比较

测定邻苯二甲酸酯含量的检测标准原理基本相同,均采用以下测试步骤,称取一定量样品,加入有机溶剂萃取,用气相色谱质谱联用仪(GC-MS)分析,最后计算邻苯二甲酸酯的含量。不同标准对于提取方式、溶剂、定量方法等有所不同,见表5-23。

表5-23 主要检测标准的方法比较

标准方法	前处理	萃取溶剂	仪器	定量方式
ISO 8124-6:2018 GB/T22048—2015	快速抽提/ 索氏提取	二氯甲烷	GC-MS	外/内标法
EN 14372:2004	索氏抽提	乙醚	GC-MS	外标法
CPSC-CH-C1001-09.4:2018	摇床/超声波萃取	四氢呋喃+ 正己烷/乙腈	GC-MS	内标法
ISO 14389:2014 GB/T 20388—2016	超声波萃取	四氢呋喃+ 正己烷/乙腈	GC-MS	内标法
ISO/T S16181:2011 GB/T 32440—2015	超声波/微波萃取	正己烷+丙酮	GC-MS	内标法
GB/T 22931—2008	超声波萃取	三氯甲烷	GC-MS	外标法

(三)常用检测标准的介绍

1. 美国消费品安全委员会(CPSC)官方测试方法 CPSC-CH-C1001-09.4—2018

于 2018 年 4 月 25 日起生效的 CPSC-CH-C1001-09.4—2018《邻苯二甲酸酯测定的标准操作程序》,替代 CPSC-CH-C1001-09.3—2010。与 2010 年版相比,新修订的操作程序有以下几点技术性的变化:增加待测物 DIBP、DPENP 和 DHEXP,并删除了 DIDP;删除供选择的红外预扫描方法;增加乙腈作为沉淀剂;增加 GC-MS/MS、LC-MS 或 LC-MS/MS 作为定性选择的设备,并更新了 GC 仪器参数。

(1)适用范围和基本原理。该标准适用于 CPSIA 16C. F. R 1307 章节 108 中"儿童玩具和儿童护理用品中"8 种邻苯二甲酸酯的测定。

该标准选用四氢呋喃溶解试样,再使用正乙烷、乙腈等溶剂作为沉淀剂以沉淀样品溶液中的聚合物,用气相色谱质谱(GC-MS)测定。

(2)试剂、仪器及设备。四氢呋喃;正己烷;乙腈;含有邻苯二甲酸盐的参考标准物质 CRM(如 NIST SRM 2860);苯二甲酸苄酯(内标物);邻苯二甲酸二丁酯;邻苯二甲酸二异丁酯;邻苯二甲酸二正戊酯;邻苯二甲酸二正己酯;邻苯二甲酸二环己酯;邻苯二甲酸二(2-乙基己基)酯;邻苯二甲酸苄基丁基酯;邻苯二甲酸二异壬酯标准品。低温研磨机(或者将样品粉碎成粉末的合适替代品);超声波水浴锅;气相色谱质谱联用仪(GC-MS)。

标准品配制:将苯二甲酸苄酯直接加入沉淀溶剂(乙腈或正己烷)中,配制成 30μg/mL 的内标溶液。再根据需要用沉淀剂将标准品稀释成适当浓度的混合标准工作溶液。

(3)测定步骤。

①制样。分析前,将每个样品部件切成尺寸不大于 2mm 的小块,样品也可以研磨成有代表性的粉末。准备足量的样品。

②萃取。称量(0.05±0.005)g 样品至可密封的玻璃瓶中,加入 5mL 的四氢呋喃,(对于质量大于 0.05g 的样品,每 0.1g 样品加入 10mL 四氢呋喃或合适的量以溶解样品),摇动、搅动或混合样品至少 30min 使其溶解。再加入 10mL 乙腈或正己烷,沉淀样品溶液中聚合物。剧烈摇动并使聚合物沉降至少 5min。将上清液转移至 GC 小瓶进行分析。如果使用正己烷,在转移前可用 0.45μm PTFE 过滤膜过滤。

注意:可对样品进行超声处理以加速其溶解,对于仍不完全溶解的,需再延长 2h 的混合时间。

(4)GC-MS 分析。下列条件被证明是可行的。色谱柱:DB-5MS 30m×0.25mm×0.25μm;升温程序:150℃保持 1min,以 30℃/min 升温至 280℃,再以 15℃/min 升温至 310℃;进样口温度:290℃;进样口模式:20∶1 分流;载气流速:1mL/min;恒定流量(He 或 H$_2$ 气体)。

GC-MS 测定及阳性结果确认:选取浓度相近的邻苯二甲酸酯混合工作溶液,按上述条件,分别对混合工作溶液和样液等体积穿插进样,混合工作溶液和被测样液中邻苯二甲酸酯的响应均应在仪器检测的线性范围内。若样液与混合工作溶液的选择离子色谱图中,在相同的相对保留时间有色谱峰出现,则根据表 5-24 选择离子的种类及其丰度比进行确认。表中用黑体数字表示的离子为 SIM 监测离子。

表 5-24 选择离子模式 SIM 设置

化合物分组	预计保留时间(min)	对应离子(m/z)	与149(m/z)的相对丰度
SIM 组 1	4.5~5.3	—	—
BB（内标）	4.69	91.1,**105**,194,212	—
DIBP	4.91	149,167,205,**223**	223:9.6
DBP	5.25	149,167,205,**223**	223:4
SIM 组 2	5.5~7.0	—	—
DPENP	5.88	149,219,**237**	237:6.1
DHEXP	6.53	149,233,**251**	251:4.5
BBP	6.66	91.1,149,**206**	206:27
SIM 组 3	7.0 至结束	—	—
DEHP	7.18	149,167,**279**	279:32
DCHP	7.33	149,167,**249**	249:4.5
DINP	7.8~8.9	149,167,**293**	293:26

分析参考标准物质 CRM 以确保校准的准确性,分析 CRM,计算得到的结果应该在 CRM 标准值的±15%范围以内。否则重新制备新标准溶液并运行校准。

(5)结果的计算。内标物响应被校正后,用式(5-18)计算:

$$邻苯二甲酸酯含量=[(C×V)/(W×1000)]×100% \tag{5-18}$$

式中:C 为样品中邻苯二甲酸酯在 GC-MS 上的浓度(μg/mL);V 为邻苯二甲酸酯萃取步骤添加的溶剂总量(mL);W 为样品重量(mg)。

2. GB/T 20388—2016《纺织品 邻苯二甲酸酯的测定 四氢呋喃法》

(1)适用范围和基本原理。该标准适用于可能含有某些邻苯二甲酸酯的纺织产品。

该标准以四氢呋喃为溶剂采用超声波发生器,将试样中的塑化聚合物全部或部分溶解,使用合适的溶剂(乙腈、正己烷等)对溶解的聚合物进行沉淀,萃取邻苯二甲酸酯。萃取液经离心分离和稀释定容后,用气相色谱质谱联用仪(GC-MS)测定邻苯二甲酸酯,采用内标法定量。适用于可能含有某些邻苯二甲酸酯的纺织产品,与 ISO 14389:2014 等同。

(2)试剂、设备及仪器。四氢呋喃;沉淀剂(如乙腈或正己烷);邻苯二甲酸二环己酯(内标物);邻苯二甲酸二异壬酯;邻苯二甲酸二(2-乙基己)酯;邻苯二甲酸二正辛酯;邻苯二甲酸二异癸酯;邻苯二甲酸丁苄酯;邻苯二甲酸二丁酯;邻苯二甲酸二异丁酯;邻苯二甲酸二戊酯;邻苯二甲酸二 C_6~C_8 支链烷基酯,富 C_7(DIHP)及邻苯二甲酸二甲氧基乙酯标准品;气相色谱质谱联用仪(GC-MS);可控温超声波发生器[频率为(40±5)kHz];水浴装置;旋转蒸发仪;离心装置。

标准配制:沉淀剂为标准配制溶剂,将邻苯二甲酸酯标准品及内标物配制成浓度为 1000mg/L 的储备溶液,再根据需要用沉淀剂稀释成适当浓度的混合标准工作溶液。标准储备溶液于 0~4℃ 保存,有效期 12 个月;标准工作溶液于 0~4℃ 保存,有效期 6 个月;如果质量控制中出现问题则缩短保存时间。

（3）测定步骤。

①提取。取代表性试样，剪碎至不大于 5mm×5mm 规格，混匀后平行称取两份试样，各 (0.30±0.01)g，分别置于两个 40mL 的反应瓶中，加入 10mL 含有内标的四氢呋喃。反应瓶放入超声波发生器中，于(60±5)℃下萃取 1h±5min（塑化聚合物完全或部分溶解）。取出反应瓶，静置萃取液，冷却至室温。逐滴加入 20mL 含有内标的沉淀剂，剧烈振摇反应瓶（可放在漩涡振荡器上）至少 30s，静置(30±2)min 使聚合物沉淀。以不小于 700g 的相对离心力分离至少 10min，使悬浮在有机相中的聚合物沉淀至瓶底，以获得澄清的有机溶液。分别吸取这两份有机溶液到色谱进样瓶中，用于 GC-MS 分析。注意：当邻苯二甲酸酯含量非常低时，可增加试样质量或采用旋转蒸发仪浓缩萃取液。

②GC-MS 分析。色谱柱：DB-5MS 30m×0.25mm×0.1μm 或相当；升温程序：初始温度 100℃ 保持 1min，以 15℃/min 升至 180℃，保持 1min，以 5℃/min 升至 300℃，保持 10min；进样口温度：300℃；接口温度：280℃；流量 1.2mL/min；进样方式：分流，或不分流进样（1.5min 后开阀）。

③测定及阳性结果确认。选取浓度相近的邻苯二甲酸酯混合工作溶液，按上述条件，分别对混合工作溶液和样液等体积穿插进样，混合工作溶液和被测样液中邻苯二甲酸酯的响应均应在仪器检测的线性范围内，样液与混合工作溶液的选择离子色谱图中，在相同的相对保留时间有色谱峰出现，则根据表 5-25 选择离子的种类进行确认。

表 5-25　11 种邻苯二甲酸酯和内标物的特征离子和测定低限

序号	物质名称	特征离子			测定低限 (μg/g)
		目标离子	Q1	Q2	
1	邻苯二甲酸二丁酯（DBP）	149	150	205	40.0
2	邻苯二甲酸丁苄酯（BBP）	149	206	150	40.0
3	邻苯二甲酸二(2-乙基己)酯（DEHP）	149	167	279	40.0
4	邻苯二甲酸二正辛酯（DNOP）	279	167	261	40.0
5	邻苯二甲酸二异壬酯（DINP）	293	149	127	200.0
6	邻苯二甲酸二异癸酯（DIDP）	307	149	141	200.0
7	邻苯二甲酸二异丁酯（DIBP）	149	167	223	40.0
8	邻苯二甲酸二戊酯（DPP）	149	219	237	40.0
9	邻苯二甲酸二 C6~C8 支链烷基酯，富 C7（DIHP）	265	149	99	200.0
10	邻苯二甲酸二甲氧基乙酯（DMEP）	149	207	59	200.0
11	邻苯二甲酸二环己酯（DCHP）	149	167	249	200.0

（4）结果计算。试样中每种邻苯二甲酸酯以内标校准后，按式（5-19）计算，结果精确到

$$\omega_c = V \times (b \times F - a)/m \times 10000 \tag{5-19}$$

式中：ω_c 为单个邻苯二甲酸酯占试样中塑化组分的质量百分率（%）；V 为稀释前邻苯二甲酸酯溶液的总体积（mL）；b 为萃取液中单个邻苯二甲酸酯的浓度（mg/L）；F 为稀释因子；a 为空白试验中对应邻苯二甲酸酯的浓度（mg/L）；m 为试样中塑化组分质量或试样总质量（g），如果无法获得试样中塑化组分质量，则在试验报告中说明。

3. GB/T 32440—2015《鞋类 鞋类和鞋类部件中存在的限量物质 邻苯二甲酸酯的测定》

(1)适用范围和基本原理。该标准适用于各种鞋材邻苯二甲酸酯的检测,也可用于检测其他增塑剂,而不仅仅限于该标准涵盖的7种物质。

该标准用正己烷/丙酮混合液萃取鞋材中的邻苯二甲酸酯,如皮革、纺织品、高聚物、涂层材料等。用气质联用仪进行定性定量检测。

(2)试剂、设备及仪器。正己烷;丙酮;正己烷/丙酮混合液(体积比80∶20);邻苯二甲酸二环己酯(内标物);邻苯二甲酸二异壬酯;邻苯二甲酸二(2-乙基己基)酯;邻苯二甲酸二辛酯;邻苯二甲酸二异癸酯;邻苯二甲酸丁苄酯;邻苯二甲酸二丁酯;邻苯二甲酸二异丁酯标准品,用正己烷作溶剂制备各邻苯二甲酸酯的标准工作溶液以及内标物溶液;索氏提取装置;超声波水浴;微波萃取器;蒸汽浴或旋转蒸发仪;气质联用仪(GC-MS)。

(3)测定步骤。

①制样。试样从鞋上的单一材料中制取,如皮革纺织品、涂层材料或其他材料,并制成直径(边长)约4mm或更小的试样。若将试样研磨更佳。

②超声萃取。准确称量(2.0±0.1)g样品放入配有特氟龙塞子的50mL烧瓶中,加入40mL正己烷/丙酮混合物润湿样品。在50℃超声波水浴中萃取1h,把萃取液过滤或离心后转移到50mL容量瓶中,正己烷定容。

③微波萃取。准确称量(2.0±0.1)g样品放入配有特氟龙塞子的容器。加足够量的正己烷/丙酮混合物彻底润湿试样。用微波萃取器萃取邻苯二甲酸酯。下列参数可作为优化萃取的参考条件,功率:600W,时间:15min,温度:100℃,压力:1MPa。萃取液转移到50mL容量瓶中,正己烷定容。

取一定量的试样溶液放入GC样品瓶中,加入适量内标物进行GC-MS分析。如需要,取原试样溶液稀释后加内标物再重复分析过程。

④GC-MS分析。以下操作条件已证明适用于测试。根据所用的仪器确定适当的操作条件。色谱柱:DB-5MS,30m×0.032mm×0.25μm或相当者;进样口模式:20∶1分流;进样口温度:250℃;传输线温度:290℃;升温程序:150℃保持1min,再以8℃/min升至250℃,以3℃/min升至290℃保持5min。增塑剂中邻苯二甲酸酯的典型定量离子见表5-26。

表5-26 邻苯二甲酸酯的典型定量离子

邻苯二甲酸酯	定量离子	定性离子1	定性离子2
邻苯二甲酸二丁酯(DBP)	149	223	205
邻苯二甲酸丁苄酯(BBP)	149	206	238
邻苯二甲酸二(2-乙基己)酯(DEHP)	149	167	279
邻苯二甲酸二辛酯(DNOP)	149	279	261
邻苯二甲酸二异壬酯(DINP)	293	149	127
邻苯二甲酸二异癸酯(DIDP)	307	149	141
邻苯二甲酸二环己酯(DCHP)	149	167	249
邻苯二甲酸二异丁酯(DIBP)	149	223	205

(4)结果的计算。以标准曲线判定每种邻苯二甲酸酯的含量 P，以百分数表示，以内标物的峰面积对其进行校正。

$$P=\frac{V\times(c_a-c_b)}{m}\times10000\times100\% \tag{5-20}$$

式中：V 为容量瓶体积（mL）；c_b 为每个邻苯二甲酸酯的空白样浓度（μg/mL）；m 为样品修正质量（g）；c_a 为稀释校正后试样的每个邻苯二甲酸酯浓度（μg/mL）。

4. GB/T 22048—2015《玩具及儿童用品中特定邻苯二甲酸酯 增塑剂的测定》

(1)适用范围和基本原理。本标准适用于含有塑料、纺织品、涂层材料的玩具及儿童用品，规定了玩具及儿童用品中邻苯二甲酸二丁酯(DBP)、邻苯二甲酸丁苄酯(BBP)、邻苯二甲酸二(2-乙基己基)酯(DEHP)、邻苯二甲酸二正辛酯(DNOP)、邻苯二甲酸二异壬酯(DINP)和邻苯二甲酸二异癸酯(DIDP)共6种邻苯二甲酸酯增塑剂的测定方法。

本标准的测试原理：将玩具和儿童用品的样品制备成试样后，用二氯甲烷在索氏(Soxhlet)抽提器或者溶剂萃取器中对试样中的邻苯二甲酸酯进行提取，提取液定容后用气相色谱质谱联用仪(GC-MS)进行定性及定量分析。

(2)试剂、仪器和设备。二氯甲烷，苯甲酸苄酯(BB，内标物)或者邻苯二甲酸酯二戊酯(DAP，内标物)；邻苯二甲酸酯标准物质，纯度不低于95%；气相色谱质谱联用仪(GC-MS)；索氏(Soxhlet)抽提器；溶剂萃取器(又称脂肪抽提器)；浓缩仪；固相萃取柱(SPE)：1g 二氧化硅胶体/6mL。

标准配制：用二氯甲烷作溶剂配制成 DBP、BBP、DEHP、DNOP 浓度为 0.1g/L，DINP、DIDP 浓度为 0.5g/L 的标准储备溶液；BB 或 DAP 浓度为 0.25g/L 的内标储备溶液。再根据需要用二氯甲烷配制成适合浓度的标准工作溶液。

注意：标准储备溶液宜在 0~4℃冰箱中保存，有效期 3 个月。标准工作溶液宜在 0~4℃温度范围保存，有效期 1 个月。

(3)测试步骤。

①称重。称取尺寸不超过 5mm 的均匀碎片或样品约 1.0g(精确至 0.001g)放入抽提纸筒。若无法获得 1g 试样，最少应称取 0.1g 试样。对于单一实验室样品中单一材料的取样量不足 10mg 时免除测试。

②方法 A(索氏抽提)。将试样置于索氏抽提器中，圆底烧瓶中加入 120mL 二氯甲烷，提取 6h，每小时回流次数不少于 4 次，必要时，可使用冷冻循环装置进行冷却回流。冷却后，用合适的浓缩仪浓缩至剩下约 10mL 左右的提取液，建议控制旋转蒸发器水浴温度在 40~50℃，保持压力在 30~45kPa。

③方法 B(快速提取)。将试样置于溶剂萃取器的抽提纸筒中，在萃取瓶中加入 80mL 二氯甲烷，于 80℃下浸提 1.5h，再淋洗 1.5h，可使用冷冻循环装置进行冷却回流。最后浓缩至约 10mL。

以上样品溶液经有机相微孔滤膜过滤后，采用 GC-MS 测定。如提取液出现黏稠或浑浊，可先用固相萃取柱净化处理。净化前先用 3mL 二氯甲烷预洗活化萃取柱，然后上样，再用 3mL 二氯甲烷淋洗三次并收集洗脱液。

④定容。对于外标法：转移提取液至 25mL 容量瓶中，用二氯甲烷定容；对于内标法：加入

1mL 内标储备溶液,并用二氯甲烷定容。内标浓度建议与标准工作溶液中的内标物浓度一致。

⑤GC-MS 工作条件。由于测试结果取决于所使用的仪器,以下仪器参数可供参考。色谱柱:DB-5 MS,30m×0.25mm×0.25μm;升温程序:80℃保持0.5min,以25℃/min升温至300℃保持4.5min;进样量:1.0μL;分流进样,分流比20∶1;进样口温度:300℃;接口温度:290℃;离子源温度:230℃。

测定方式:全扫描模式(TIC)定性,质量扫描范围:$m/z = 50 \sim 500$,选择离子监测(SIM)定量。邻苯二甲酸酯的保留时间和特征离子见表5-27。

表5-27　邻苯二甲酸酯的保留时间和特征离子

名称	保留时间(min)	选择离子 m/z	丰度比
BB(内标)	7.4	105,91,212,194	100∶46∶17∶9
DBP	8.1	149,150,223,205	100∶9∶5∶4
DAP(内标)	8.9	149,150,237,219	100∶10∶6∶3
BBP	9.6	149,91,206,238	100∶72∶23∶3
DEHP	10.3	149,167,279,150	100∶50∶32∶10
DNOP	11.3	149,279,150,261	100∶18∶10∶3
DINP CAS No. 28553-12-0	10.7~13.0	149,127,293,167	100∶14∶9∶6
DIDP CAS No. 26761-40-0	11.0~14.5	147,141,307,150	100∶21∶16∶10

注　选择离子中带下划线的数字为第一定量离子,斜体数字为第二定量离子。

(4)测定及阳性结果确认。通过对比试样和标准工作溶液中目标物的保留时间和特征离子的相对丰度(表5-27)来进行定性分析。样品中目标物的保留时间与标准工作溶液中目标物的保留时间的偏差在±0.5%或±0.1min 范围内。特征离子的相对丰度与标准工作溶液中目标物的相对丰度一致(相对丰度 > 50%,允许±10%的偏差;相对丰度 20%~50%,允许±15%的偏差;相对丰度 10%~20%,允许±20%的偏差;相对丰度 ≤10%,允许±50%的偏差)。

注意:GC-MS 对不同 CAS 登记号的 DINP、DIDP 标准物质的响应不同,实验室应尽可能选择与试样中相近的标准物质,同时在报告中标明 DINP 和 DIDP 的 CAS 登记号。由于不可分离的同分异构体的存在,DNOP、DINP 和 DIDP 的出峰存在部分重叠,通过选用 $m/z = 279$ (DNOP),$m/z = 293$(DINP),$m/z = 307$(DIDP)的定量离子,可在最大程度上减少相互之间的干扰。

(5)结果计算。样品中特定邻苯二甲酸酯的含量按式(5-21)计算,保留三位有效数字。对于内标法,将内标物响应校正后,适用下式:

$$W_s = \frac{(A-b)}{a} \times \frac{V}{m} \times D \times \frac{1}{10000} \times 100\% \tag{5-21}$$

式中:W_s 为试样中特定邻苯二甲酸酯的含量(%);A 为试液中邻苯二甲酸酯的峰面积或峰面积之和;b 为校正曲线的纵坐标截距;a 为校正曲线的斜率 (L/mg);V 为试液定容体积(mL);m 为试样质量(g);D 为稀释倍数。

五、检测过程中的应注意事项

由于邻苯二甲酸酯类物质的存在广泛性,待测样品基质复杂多样,如何在分析过程中有效避免试验过程中的污染,并对疑似目标邻苯二甲酸酯的排除,特别重要。

(一)试剂或材料引入污染

经验表明,在萃取溶剂和样品小瓶瓶盖的塑胶衬垫中有可能含有 DEHP 或 DBP。样品上机分析前,通常使用医用注射器过滤样品溶液,而部分注射器材料为 PVC,将注射器针管分为无色针筒、白色推杆、黑色胶塞三部分分别进行检测分析,结果发现含有不同浓度的 DBP 及 DEHP。故每次分析检测时,必须核查测试过程中使用到的各种物料是否存在污染。

GB/T 20388—2016、GB/T 32440—2015 和 GB 22048—2015 都提到尽量避免使用塑料器皿,且玻璃器皿在使用前需清洗干净,清洗后的玻璃器皿宜再依次使用 0.1mol/L 的硝酸、水和丙酮冲洗,并在完全干燥后使用。

(二)样品净化及仪器维护

如果样品基质复杂,仅用滤纸或 0.45μm 过滤膜过滤并不能有效去除基质干扰物。样品滤液的净化过程直接影响气相色谱衬管和分流平板的污染程度。当衬管内壁或分流平板上的污染物积累到一定程度时,会吸附样品造成色谱峰的拖尾、分裂甚至鬼峰,影响检测准确度。因此,在滤纸和滤膜过滤后,仍有基质干扰的滤液,可采用固相萃取柱(SPE)进一步净化。定期维护,清洗或更换气相色谱的衬管、分流平板,切割分析柱的进样口端,清洗离子源对气相色谱—质谱准确检测非常重要。

(三)定量离子的选择

在应用 GC-MS 法同时测定 DBP、BBP、DNOP、DEHP、DINP 和 DIDP 六种邻苯二甲酸酯含量过程中,增塑剂中的 DBP、BBP、DEHP、DNOP 色谱峰分离比较完全,可以采用提取 149 离子的峰面积就可以准确定量。但 DINP、DIDP 两种邻苯二甲酸酯类增塑剂有大量的同分异构体存在,沸点较高,沸程也较宽,在试验中无论如何优化分离方法都是一组色谱群峰,且两者的色谱峰有部分重合,得到的峰信号相应也较其他四种低。

另外,DNOP 的沸点介于 DINP、DIDP 两种邻苯二甲酸酯之间,出峰时间与 DINP、DIDP 重叠。虽然它们的结构相似,质谱碎片相似,但仍可以通过 DNOP、DINP、DIDP 三种邻苯二甲酸酯的定量离子 279、293、307 进行判断。尽管这三个定量离子不是灵敏度最高的质谱碎片,但都为一定特征性的碎片,用这些离子提取色谱峰可以排除其他峰的干扰。因此,在定量中可以通过 SCAN 全扫描方式得到总离子流图,然后提取相应的特征离子峰 279、293、307 进行准确定量。

(四)标准品的纯度

某些邻苯二甲酸酯,如欧盟指令要求的 DINP(CAS No. 28553-12-0 或 68515-48-0)和 DIDP(CAS No. 26761-40-0 或 271-49-1),根据化学文摘编号(CAS No.),理论上可以找出相对应的化合物。然而,由于此类化合物存在多种异构体,高纯度的标准品很难获得。如 CAS No. 68515-48-0 的 DINP 实际上是三类同分异构体(DIOP、DINP、DIDP)的混合物,其中主要成分为 DINP。而 CAS No. 68515-49-1 的 DIDP 是三类同分异构体(DINP、DIDP、DIUP)的混合物。在定量分析时需注意使用的是哪一种标准品。

（五）干扰峰的排查

在遇到疑似目标邻苯二甲酸酯,无法定性的时候,可以使用其他极性类型柱子或仪器,调整升温程序,进一步稀释和加标回收等方式来排除干扰。以上排查方式可同时使用一种或两种,目的是将杂质的干扰降至最低,准确定性定量目标化合物。

第六节　禁用阻燃剂的测试方法与标准

阻燃(Flame Retardant)是纺织品最基本的安全要求,许多国家对某些特定的纺织产品,如童装、床上用品等都有强制的阻燃功能要求。此外,在装饰用、产业用、军用、消防用等多个纺织品服装应用领域,阻燃的要求相当普遍。

阻燃剂是具有阻碍或防止火势蔓延功能的化学品或化学成分。阻燃剂包括,但不限于卤系阻燃剂、磷系阻燃剂、氮系阻燃剂、硼系阻燃剂和纳米级阻燃剂。在纺织产品中以卤系和磷系阻燃剂的应用最为普遍。

一、卤系和磷系阻燃剂的应用和生态毒性问题

（一）卤系阻燃剂

卤系阻燃剂主要是指溴系阻燃剂,是目前最大的阻燃剂品种,主要用于涤纶、腈纶织物以及塑料制品等,具有阻燃效率高、效果好、对基质的性能影响小等优点。溴系阻燃剂按其化合物结构可分为多溴联苯、多溴联苯醚、四溴双酚A,六溴环十二烷和溴代多元醇类等。

多溴联苯(PBBs)和多溴联苯醚(PBDEs)分别是指从一溴到十溴的10个同系组化学物质,共有209种同系物。PBBs和PBDEs都相对比较稳定,在环境中不易降解,具有较强的亲脂性。多溴联苯(PBBs)和多溴联苯醚(PBDEs)广泛应用于纺织、家具、建材和电子等产品的阻燃。

多溴联苯(PBBs)和多溴联苯醚(PBDEs)在燃烧及高温热裂解时,会产生剧毒、致癌的多溴代二苯并二噁烷和多溴代二苯并呋喃。有毒理学研究表明,PBBs和PBDEs是一类致畸、致癌、致突变,并且具有内分泌干扰毒性的物质。五溴联苯醚已被欧盟正式确认为持久性有机污染物(POPs),被禁止生产和使用。PBBs和八溴联苯醚、十溴联苯醚被列入REACH法规附件XVII的限制物质清单中。

六溴环十二烷属添加型阻燃剂,用于聚苯乙烯泡沫塑料、聚乙烯、聚丙烯、聚碳酸酯、不饱和聚酯,也是聚丙烯纤维专用阻燃剂,具有优良的阻燃效果。在PBBs和PBDEs被限制使用后,曾作为替代物被大量使用。六溴环十二烷对人类和环境存在潜在的长期的危害,已被列入《关于持久性有机污染物的斯德哥尔摩公约》POPs(Persistent Organic Pollutants)名单。六溴环十二烷作为溴系阻燃剂,其污染能力有很高的持久性,并且容易积累在人体内,会妨碍大脑和骨骼,损害人体的激素系统。另外,六溴环十二烷在焚烧处理时也会释放出多溴代二苯并二噁英(PBDD)和多溴代二苯并呋喃(PBDF)剧毒物。

（二）磷系阻燃剂

磷系阻燃剂主要包括磷酸酯阻燃剂、含氮磷酸酯阻燃剂和含卤磷酸酯阻燃剂,它们大都属于添加剂阻燃剂。磷酸三酯类阻燃剂是由烷烃、芳香烃和卤代烷烃取代磷酸分子中的氢而形成

的一类化合物。复合磷系阻燃剂主要是氮—磷、氮—磷—氯、氯代磷酸酯等,同一阻燃物质中含有多种阻燃元素,阻燃元素的协同效应使聚合物材料的阻燃效果大大提升。磷系阻燃剂在燃烧时生成的偏磷酸覆盖于材料表面,起到隔绝氧和可燃物的作用,达到阻燃效果。因其具有阻燃、增塑双重功能,产生的毒性气体和腐蚀性比卤系阻燃剂少,被广泛应用于各种材料的阻燃,包括塑料、橡胶、纸张、木材、涂料和纺织品等,在阻燃领域具有非常重要的地位,其用量仅次于卤系阻燃剂。

近年对磷系阻燃剂毒理学和环境化学的研究表明,其具有生物累积性,可通过食物链富集,对动物和人类产生潜在的肝肾毒性、神经毒性、生殖毒性、致癌性以及干扰内分泌等危害。最早受到禁用的阻燃剂是三(吖丙啶基)氧化膦(TEPA),剧毒物质,并有致癌性。1977 年美国癌症研究所发现三-(2,3-二溴丙基)磷酸酯(TRIS)具有致癌性和剧毒,因而被禁止使用。2010 年 1 月,欧洲化学品管理局又将三-(2-氯乙基)磷酸酯(TCEP)列入第二批授权物质清单,同年 9 月宣布将三-(1,3-二氯丙基)磷酸酯(TDCP)列入欧盟的致癌物质清单中。随着研究的深入,越来越多的磷系阻燃剂被列入禁用或限用范围。

(三) 被列入禁用或限用的磷系和卤系阻燃剂的种类

目前被列入禁用或限用的磷系和卤系阻燃剂多达几十种,表 5-28 中所列为禁用或限用的磷系和卤系阻燃剂的名称及简写。

表 5-28　禁用或限用的卤系和卤素系阻燃剂

物质名称	英文名	CAS No.	缩写
多溴联苯	Polybrominated biphenyles	59536-65-1	PBBs
一溴联苯	Monobromobiphenyl	Various, 2052-07-5	MonoBB
二溴联苯	Dibromobiphenyl	Various, 57422-77-2	DiBB
三溴联苯	Tribromobiphenyl	Various, 59080-34-1	TriBB
四溴联苯	Tetrabromobiphenyl	Various, 60044-24-8	TetraBB
五溴联苯	Pentabromobiphenyl	Various, 59080-39-6	PentaBB
六溴联苯	Hexabromobiphenyl	Various, 60044-26-0	HexaBB
七溴联苯	Heptabromobiphenyl	Various, 88700-06-5	HeptaBB
八溴联苯	Octabromobiphenyl	Various, 67889-00-3	OctaBB
九溴联苯	Nonabromobiphenyl	Various, 69278-62-2	NonaBB
十溴联苯	Decabromobiphenyl	13654-09-6	DecaBB
多溴联苯醚	Polybrominated diphenyl ethers	various	PBDEs
一溴联苯醚	Monobromodiphenyl ether	Various, 6876-00-2	MonoBDE
二溴联苯醚	Dibromobiphenyl ether	Various, 2050-47-7	DiBDE
三溴联苯醚	Tribromobiphenyl ether	Various, 189084-60-4	TriBDE
四溴联苯醚	Tetrabromobiphenyl ether	Various, 5436-43-1	TetraBDE
五溴联苯醚	Pentabromobiphenyl ether	Various, 32534-81-9	PentaBDE

续表

物质名称	英文名	CAS No.	缩写
六溴联苯醚	Hexabromobiphenyl ether	Various，207122-15-4	HexaBDE
七溴联苯醚	Heptabromobiphenyl ether	Various，207122-16-5	HeptaBDE
八溴联苯醚	Octabromobiphenyl ether	Various，337513-72-1	OctaBDE
九溴联苯醚	Nonabromobiphenyl ether	Various，22753-52-2	NonaBDE
十溴联苯醚	Decabromobiphenyl ether	1163-19-5	DecaBDE
2,2-双(溴甲基)-1,3-丙二醇	2,2-bis(bromomethyl)-1,3-propanediol	3296-90-0	BBMP
二-(2,3-二溴丙基)磷酸酯	Bis(2,3-dibromopropyl)-phosphate	5412-25-9	BIS
四溴双酚 A	Tetrabromobisphenol A	79-94-7	TBBPA
六溴环十二烷及其所有已鉴定的主要非对映异构体(α-,β-,γ-)	1,2,5,6,9,10-Hexabromocyclo-dodecane	25637-99-4； 3194-55-6； 134237-50-6； 134237-51-7； 134237-52-8	HBCDD
三-(2,3-二溴丙基)磷酸酯	Tri-(2,3-dibromopropyl)-phosphate	126-72-7	TRIS
三(2-氯乙基)磷酸酯	Tris(2-chloroethyl) phosphate	115-96-8	TCEP
三-(2-氯异丙基)磷酸酯	Tris(2-chloroisopropyl)-phosphate	13674-84-5	TCPP
三(氮环丙基)氧化膦	Tri-(1-aziridinyl)-phosphine oxide	545-55-1	TEPA
三(1,3-二氯-2-丙基)磷酸酯	Tris-(1,3-dichloro-2-propyl)-phosphate	13674-87-8	TDCPP
磷酸三(二甲苯)酯	Trixylylphosphate	25155-23-1	TXP
磷酸三苯酯	Triphenylphosphate	115-86-6	TPP
磷酸三甲苯酯	Tricresyl phosphate	1330-78-5	TCP
2,2-二(氯甲基)-三亚甲基-双[双(2-氯乙基)]磷酸酯	2,2-Bis(chloromethyl)-trimethylene bis-[bis(2-chloroethyl)] phosphate	38051-10-4	V6
异丙基化磷酸三苯酯	Isopropylated triphenylphosphate	68937-41-7	IPTPP
磷酸三邻甲苯酯	Tri-o-cresyl phosphate	78-30-8	—

除了磷系和卤系阻燃剂外,被禁用的阻燃剂还有硼系阻燃剂硼酸、三氧化二硼、无水四硼酸二钠、水合硼酸钠,八硼酸钠以及三氧化二锑等其他阻燃剂。另外,短链氯化石蜡($C_{10} \sim C_{13}$)也可作为阻燃剂,被禁止使用。本章第七节将单独介绍短链氯化石蜡。

二、对纺织产品中阻燃剂的法规限制和生态纺织品的标准要求

(一)相关法规要求

79/663/EEC、83/264/EEC 以及 2003/11/EC 指令规定在纺织品和服装上全面禁用或限用三(2,3-二溴丙基)磷酸酯(TRIS)、三(氮环丙基)氧化膦(TEPA,又名 APO)、多溴联苯、五溴联苯醚($C_{12}H_5Br_5O$)和八溴联苯醚($C_{12}H_2Br_8O$)等阻燃剂。随着 76/769/EEC 的废止,这些物质都被纳入了 REACH 法规附件 XVII。目前 REACH 法规附件 XVII 中,被限制使用的阻燃剂有 7 种,但其中的五溴联苯醚和短链氯化石蜡因被纳入欧盟持久性有机污染物(POPs)法规的附录 I 而被移除了。因为根据规定,一旦被认定为持久性有机污染物,必须停止生产和销售。

美国佛蒙特州在 2013 年 7 月 1 日通过了一项修订消费品中的阻燃剂要求的法案。该法案要求自 2014 年 7 月 1 日起,任何零售商不得销售含 TCEP 或 TDCPP 且含量超过 0.1%(质量百分比)的阻燃剂的儿童用品或住宅用软垫家具。此后,美国各州相继通过立法禁止销售含有某些阻燃剂的软体家具和儿童用品。

欧盟玩具标准 EN71-9 中对 3 岁及以下儿童玩具中的纺织品禁止使用三-邻甲苯基磷酸酯(CAS No. 78-30-8)和三(2-氯乙基)磷酸酯(TECP)阻燃剂。日本法规 112《含有害物质家庭用品控制法》禁止纺织产品,如睡衣、床上用品、窗帘以及地毯中使用三(氮环丙基)氧化膦(TEPA)、三(2,3-二溴丙基)磷酸酯(TRIS)和二(2,3-二溴丙基)磷酸酯(BIS)阻燃剂。

(二)相关法规和标准限制阻燃剂物质的比较

在纺织产品生态安全性能的相关标准中,对阻燃剂限制的范围不断扩大,Eco-Label 限制的阻燃剂有 9 种。Standard 100 by OEKO-TEX ® 不但将许多同系物加入限制清单,而且随着 SVHC 候选物质清单的扩大,又增加了不少物质,如硼酸系列等。ZDHC 的 MRSL 和 AAFA 的 RSL 也有类似的情况,我国的团体标准 T/CNTAC 8 限制的阻燃剂有 10 种。表 5-29 列出各标准所限制的阻燃剂。

表 5-29　各标准所限制的阻燃剂

阻燃剂名称	CAS No.	简称	REACH 附件 XVII	Eco-Label	ZDHC MRSL	OEKO-TEX ®	AAFA RSL	T/CNTAC 8
多溴联苯(一至十溴联苯)	59536-65-1	PBB	+	+	+	+	+	+
一至三溴联苯醚	/	/	-	-	-	+	-	+
四溴联苯醚	40088-47-9	tetraBDE						
五溴联苯醚	32534-81-9	pentaBDE	*	+	+	+	+	+
六溴联苯醚	36483-60-0	hexaBDE	-	-	-	+	+	-

续表

阻燃剂名称	CAS No.	简称	REACH 附件XVII	Eco- Label	ZDHC MRSL	OEKO- TEX ®	AAFA RSL	T/CNTAC 8
七溴联苯醚	68928-80-3	heptaBDE	-	-	-	+	+	-
八溴联苯醚	32536-52-0	octaBDE	+	+	+	+	+	+
十溴联苯醚	1163-19-5	decaBDE	+	+	+	+	+	+
四溴双酚A	79-94-7	TBBPA	-	-	+	+	-	-
六溴环十二烷	25637-99-4	HBCDD	+	+	+	+	+	+
2,2-双（溴甲基）-1,3-丙二醇	3296-90-0	BBMP	-	-	+	+	-	-
双(2,3-二溴丙基)磷酸酯	5412-25-9	BIS	-	-	+	+	+	+
硼酸	10043-35-3	/	-	-	-	+	-	-
三氧化二硼	1303-86-2	/	-	-	-	+	-	-
无水四硼酸二钠	1330-43-4	/	-	-	-	+	-	-
水合硼酸钠	12267-73-1	/	-	-	-	+	-	-
八硼酸二钠	12008-41-2	/	-	-	-	+	-	-
三(2,3-二溴丙基)磷酸酯	126-72-7	TRIS	+	+	+	+	+	+
三(2-氯乙基)磷酸酯	115-96-8	TCEP	-	+	+	+	+	+
三(1,3-二氯-2-丙基)磷酸酯	13674-87-8	TDCPP	-	-	+	+	+	+
三(氮环丙基)氧化膦	545-55-1	TEPA	+	+	+	+	+	+
磷酸三（二甲苯)酯	25155-23-1	TXP	-	-	-	+	-	-
短链氯化石蜡	85535-84-8	SCCP	*	+	+	+	+	+

注　1. 带＊号的因已被纳入欧盟持久性有机污染物(POPs)法规附录Ⅰ而被从REACH法规附件XVII中移除。

　　2. "+"代表有限制要求，"-"代表无限制要求。

三、阻燃剂的相关检测标准

溴系阻燃剂和磷系阻燃剂是纺织产品中禁用阻燃剂中的两大类,对阻燃剂检测方法的研究也主要集中在这两类阻燃剂。目前大多数检测标准根据这两类阻燃剂的不同性质,采用不同的萃取溶剂,不同的检测技术,建立不同的测试方法,分别测定溴系阻燃剂和磷系阻燃剂。对于溴系阻燃剂,主要采用甲苯作为萃取液,气相色谱质谱联用法(GC—MS)作为检测技术的测定方法。而对于磷系阻燃剂,则采用丙酮为萃取液,高效液相色谱串联质谱仪(HPLC—MS/MS)进行检测分析。

(一)国内外现行使用的主要检测标准

对于 PBBs 和 PBDEs 的检测最初主要针对环境和生物体,参考的是美国 EPA 测试方法。2006 年欧盟 RoHS 法规的出台,在电子电器产品中限制 PBBs 和 PBDEs 的使用,国际电工委员会(IEC)制定了关于电子电气产品中限用有害物质的测试方法,推出了相应的检测标准 IEC26231:2008。该标准对 PBBs 和 PBDEs 的测定方法采用甲苯作为萃取液,用索氏抽提法抽提,用气相色谱质谱法(GC—MS)定性和定量测定 PBBs 和 PBDEs 的含量。目前该标准的更新版本为 IEC26231—6:2015。

2009 年我国发布实施了 GB/T 24279—2009《纺织品中禁/限用阻燃剂的测定》,这是第一个关于纺织产品上禁用阻燃剂测定的国家标准。该标准测定纺织品中三(2,3—二溴丙基)磷酸酯、多溴联苯、三(氮环丙基)氧化膦、五溴联苯醚和八溴联苯醚等 17 种阻燃剂的含量。测试原理为,试样用正己烷—丙酮作为萃取液,经超声提取两次,提取液浓缩定容后,用气相色谱质谱法(GC—MS)测定和确证,外标法定量。此标准将溴系阻燃剂和磷系阻燃剂合在一起,采用同一个的测定方法。由于萃取溶剂对不同阻燃剂的萃取效果不同,正己烷—丙酮对于溴系阻燃剂的萃取效果相对较差,气相色谱质谱法(GC—MS)的测定条件并不适用于所有的阻燃剂,故此方法对某些溴系阻燃剂的检出限较高,如八溴联苯醚和六溴十二烷等物质的检出限达到 100mg/kg,这一方法在日常试验中存在较大的局限性。2018 年 12 月 28 日,此标准被更新替代,新标准 GB/T 24279 分为两个部分:第 1 部分为溴系阻燃剂,第 2 部分为磷系阻燃剂。即 GB/T 24279.1—2018《纺织品 某些阻燃剂的测定 第 1 部分:溴系阻燃剂》和 GB/T24279.2—2018《纺织品 某些阻燃剂的测定 第 2 部分:磷系阻燃剂》。这两个新标准分别使用翻译法等同采用国际标准 ISO 17881—1:2016 和 ISO 17881—2:2016,在测试方法和检测技术上与国际标准相同。新标准于 2018 年 12 月 28 日发布,2019 年 7 月 1 日开始实施。

2012 年 10 月 23 日,国家质量监督检验检疫局发布了 SN/T 3228—2012《进出口纺织品中有机磷阻燃剂的检测方法》,此标准适用于纺织材料及其产品中有机磷阻燃剂的检测,规定了进出口纺织品中三(氮环丙基)氧化膦(TEPA)、三(2—氯乙基)磷酸酯(TCEP)、三(1,3—二氯—2—丙基)磷酸酯(TDCPP)、二(2,3—二溴丙基)磷酸酯(DDBPP)、三(邻甲苯基)磷酸酯(TOCP)和三(2,3—二溴丙基)磷酸酯(TRIS)6 种有机磷阻燃剂含量的气相色谱火焰光度检测器(GC—FPD)、气相色谱质谱/选择离子监测(GC—MS/SIM)、气相色谱串联质谱(GC—MS/MS)测定方法。该标准选用丙酮作为萃取液,样品提取采用超声或微波萃取方法。

此后,国家质量监督检验检疫局在 2013 年发布 SN/T 3508—2013《进出口纺织品中六溴环十二烷的测定 液相色谱质谱/质谱法》,规定了纺织品中 α-六溴环十二烷、β-六溴环十二烷和 γ-六溴环十二烷的测定方法。测试原理为:纺织品样品以正己烷—丙酮(体积比 1:1)混合液为萃取溶剂,加速溶剂萃取,固相萃取柱净化后,液相色谱质谱/质谱法进行测定,外标法定量。2014 年发布 SN/T 3787—2014《进出口纺织品中三(氮环丙基)氧化膦和五种磷酸酯类阻燃剂的测定 液相色谱串联质谱法》。该标准测试原理为:样品经甲醇超声提取,提取液经浓缩和定容后,用液相色谱串联质谱测定,外标法定量。该标准测定的五种磷酸酯类阻燃剂为:三(氮环丙基)氧化膦(TEPA)、磷酸三(2-二氯丙基)酯(TCPP)、磷酸三(β-氯乙基)酯(TCEP)、磷酸三(2,3-二溴丙基)酯(TRIS)和磷酸三(1,3-二氯异丙基)酯(TDCP)。

欧洲玩具测试标准 EN 71-10:2005 和 EN 71-11:2005,乙腈作萃取液,超声萃取,用液相色谱二极管阵列质谱联用仪(LC-DAD-MS)测定玩具纺织品中阻燃剂的含量。

2016 年 2 月 1 日,国际标准 ISO 17881-1:2016《纺织品　某些阻燃剂的测定　第 1 部分:溴系阻燃剂》和 ISO 17881-2:2016《纺织品　某些阻燃剂的测定 第 2 部分:磷系阻燃剂》正式发布,这是由我国中纺标作为项目牵头单位制定的有关纺织品中禁/限用阻燃剂测定的国际标准。这两项国际标准的发布,填补了国际标准中纺织品阻燃剂测试标准的空白,是我国纺织品领域实质性参与国际化标准工作的一项重要成果。ISO 17881 将溴系阻燃剂和磷系阻燃剂分成两个测定标准,ISO 17881-1:2016 测定纺织品中的溴系阻燃剂,甲苯作萃取溶剂,超声萃取,气相色谱质谱联用仪(GC-MS)检测分析。ISO 17881-2:2016 测定纺织品中的磷系阻燃剂,丙酮作萃取溶剂,超声萃取,高效液相色谱串联质谱仪(HPLC-MS/MS)检测分析。

(二)阻燃剂检测的标准方法之间的比较

针对现行使用的标准方法,从萃取溶剂、提取方式、分析仪器和定量方式这几方面进行对比,具体见表 5-30。

表 5-30　纺织品中阻燃剂测定方法的比较

标准方法	测定的阻燃剂	萃取溶剂	提取方式	分析仪器	定量方式
ISO 17881-1:2016 GB/T 24279.1—2018	一至十溴联苯、四至十溴联苯醚、六溴环十二烷	甲苯	超声萃取 室温,30min	GC-MS	内标
ISO 17881-2:2016 GB/T 24279.2—2018	三(2,3-二溴丙基)磷酸酯(TRIS)、三(氮环丙基)氧化膦 (TEPA)、磷酸三(2-氯乙基)酯(TCEP)	丙酮	超声萃取 40℃,40min	LC-MS/MS	外标
EN 71-10 & EN 71-11:2005	五溴联苯醚、十溴联苯醚、三邻甲苯磷酸酯、三(2-氯乙基)磷酸酯	乙腈	超声萃取 40℃,60min	LC-DAD-MS	外标
SN/T 3228—2012	三(氮环丙基)氧化膦(TEPA)、三(2-氯乙基)磷酸酯(TCEP)、三(1,3-二氯-2-丙基)磷酸酯(TDCPP)、二(2,3-二溴丙基)磷酸酯(DDBPP)、三(邻甲苯基)磷酸酯(TOCP) 和三(2,3-二溴丙基)磷酸酯(TRIS)	丙酮	超声萃取 40℃,25min 微波萃取 76℃,30min	GC-NPD 或 GC-MS 或 GC-MS/MS	外标
SN/T 3508—2013	α-六溴环十二烷、β-六溴环十二烷和 γ-六溴环十二烷	正己烷:丙酮=1:1	加速溶剂萃取	LC-MS/MS	外标
SN/T 3787—2014	三(氮环丙基)氧化膦(TEPA)、磷酸三(2-二氯丙基)酯(TCPP)、磷酸三(β-氯乙基)酯(TCEP)、磷酸三(2,3-二溴丙基)酯(TRIS)和 磷酸三(1,3-二氯异丙基)酯(TDCP)	甲醇	超声萃取 室温,30min	LC-MS/MS	外标

下面以 ISO17881-1 和 ISO17881-2 为例,详细介绍溴系和磷系阻燃剂的测定方法。

(三) ISO 17881-1:2016《纺织品 某些阻燃剂的测定 第 1 部分:溴系阻燃剂》

1. 适用范围和测试原理

该标准适用于各种形式的纺织产品。采用甲苯作为萃取溶剂,通过超声波发生器萃取,气相色谱质谱联用仪(GC-MS)进行检测分析,内标法定量。本方法测定的溴系阻燃剂见表5-31。

表 5-31 标准 ISO 17881-1:2016 测定的溴系阻燃剂

溴系阻燃剂名称	CAS No.	溴系阻燃剂名称	CAS No.
一溴联苯(MonoBB)	2052-07-5	二溴联苯(DiBB)	57422-77-2
三溴联苯(TriBB)	59080-34-1	四溴联苯(TetraBB)	60044-24-8
五溴联苯(PentaBB)	59080-39-6	六溴联苯(HexaBB)	60044-26-0
七溴联苯(HeptaBB)	88700-06-5	八溴联苯(OctaBB)	67889-00-3
九溴联苯(NonaBB)	69278-62-2	十溴联苯(DecaBB)	13654-09-6
四溴联苯醚(TetraBDE)	5436-43-1	五溴联苯醚(PentaBDE)	32534-81-9
六溴联苯醚(HexaBDE)	207122-15-4	七溴联苯醚(HeptaBDE)	207122-16-5
八溴联苯醚(OctaBDE)	337513-72-1	十溴联苯醚(DecaBDE)	1163-19-5
六溴环十二烷(HBCDD)	25637-99-4		

因为溴阻燃剂有许多种的同分异构体,此方法不能涵盖所有的这些物质,测定这些溴阻燃剂的同分异构体可以参考本方法的测定原理。

2. 设备及仪器

气相色谱质谱联用仪(GC-MS);超声波发生器:工作频率 35～45kHz;旋转蒸发仪:水浴温度50℃;40mL 带盖螺口棕色玻璃容器,如试管;100mL 玻璃浓缩瓶;0.45μm 滤膜,如聚四氟乙烯;电子天平,精度 0.1mg。

3. 主要试剂和标准品

内标物(IS):十氯联苯,CAS No.2051-24-3;表 5-31 中各溴阻燃剂的标准品;甲苯。

4. 标准溶液配置

(1)内标配制。准确称取适量的内标物,用甲苯配制成 10μg/mL 的内标溶液。

(2)标准储备溶液。分别称取适量的上述 17 种标准品和内标物,用甲苯制成 1000μg/mL 标准储备溶液。某些商业购买的标准品可能配置在不同的溶剂中。

(3)标准工作溶液。配置含 17 种标准物质和内标物的混合工作溶液,基于测试的样品含量,稀释到合适的浓度范围,选择至少五个工作溶液浓度,构建校准曲线,在 GC-MS 上运行分析。

5. 样品前处理

称取有代表性的样品 1.0g(精确到0.01g)已剪碎(5mm×5mm),置于50mL 带盖的螺口试管中,加入 20mL 甲苯,室温超声萃取 30min,将提取溶液过滤后收集于100mL 的浓缩瓶中。加入 10mL 甲苯到残渣中,在室温下再次超声萃取 15min,过滤后合并提取液于 100mL 浓缩瓶中,用旋转蒸发仪50℃水浴蒸至近干,用甲苯内标溶液溶解并定容至2mL,提取液用 0.45μm 滤头过滤后,转移到棕色进样小瓶中待测。

6. 仪器分析(GC-MS)条件

气相色谱质谱仪的条件见表5-32,选择检测的特征离子和检出限见表5-33。为控制污染情况,在运行样品溶液前,先分析空白溶液。如果阻燃剂的含量很低,必要时增加样品重量来提高响应。如果样品中阻燃剂的含量超过仪器的线性响应范围,必要时则进行适当的稀释。

表5-32　气相色谱质谱联用仪条件

色谱柱	VF-5HT柱,15m×0.0.25mm×0.1μm,或相当者
程序升温	初始温度100℃保持2min;20℃/min升至310℃,保持5min
进样口	温度280℃
传输线温度	300℃
载气	氦气,纯度 > 99.999%,1.5mL/min
质谱离子源	EI,70eV
检测模式	选择离子检测模式
出样口	不分流,喷流1min
进样体积	1.0μL

表5-33　表5-33　特征离子及检出限

序号	目标物质	特征离子		检出限 (μg/g)
		定量离子	定性离子	
1	一溴联苯(MonoBB)	152	234,232,152	5
2	二溴联苯(DiBB)	152	312,310,152	5
3	三溴联苯(TriBB)	230	392,390,230	5
4	四溴联苯(TetraBB)	310	470,310,308	5
5	五溴联苯(PentaBB)	388	550,390,388	5
6	六溴联苯(HexaBB)	468	628,468,466	5
7	七溴联苯(HeptaBB)	546	705,546,544	10
8	八溴联苯(OctaBB)	544	785,546,544	10
9	九溴联苯(NonaBB)	705	864,705,703	10
10	十溴联苯(DecaBB)	783	944,783,781	10
11	四溴联苯(TetraBDE)	326	488,486,326	5
12	五溴联苯(PentaBDE)	404	564,406,404	5
13	六溴联苯(HexaBDE)	484	643,484,482	5
14	七溴联苯(HeptaBDE)	562	722,562,456	5
15	八溴联苯(OctaBDE)	642	801,642,639	5
16	十溴联苯(DecaBDE)	799	959,799,797	10
17	六溴环十二烷(HBCDD)	157	319,239,157	10
18	十氯联苯(内标)	498	498,428,214	—

7. 计算

将试样中阻燃剂以质量分数 X_i 表示,单位为 μg/g,按式(5-22)计算。

$$X_i = (C_i - C_0) \times V/m \tag{5-22}$$

式中:X_i 为试样中阻燃剂含量(μg/g);C_i 为从标准曲线上读取的试样溶液中阻燃剂的浓度(μg/mL);C_0 为从标准曲线上读取的空白溶液中阻燃剂的浓度(μg/mL);V 为试样最终定容体积(mL);m 为试样质量(g)。

(四)ISO 17881-2:2016《纺织品 某些阻燃剂的测定 第2部分:磷系阻燃剂》

1. 适用范围和测试原理

该标准适用于各种形式的纺织品。通过超声波发生器萃取,丙酮作为萃取溶剂,采用高效液相色谱串联质谱仪(HPLC-MS/MS)进行检测分析,外标法定量。

测定的磷系阻燃剂为:三-(2,3-二溴丙基)磷酸酯(TRIS),CAS No. 126-72-7;三-(氮环丙基)-氧化膦(TEPA),CAS No. 545-55-1;磷酸三(2-氯乙基)酯(TCEP),CAS No. 115-96-8。

2. 仪器和设备

高效液相色谱串联质谱仪(HPLC-MS/MS);超声波发生器:工作频率 35~45KHz;旋转蒸发仪:水浴温度 40℃;电子天平:精度 0.1mg;0.45μm 滤膜,如聚四氟乙烯;40mL 带盖的螺口玻璃容器,如试管;100mL 浓缩瓶。

3. 主要试剂和标准品

三-(2,3-二溴丙基)磷酸酯(TRIS),CAS No. 126-72-7;4.2 三-(氮环丙基)-氧化膦(TEPA),CAS No. 545-55-1;磷酸三(2-氯乙基)酯(TCEP),CAS No. 115-96-8;丙酮(色谱级);乙腈(色谱级);乙酸铵水溶液(10mol/L)。

4. 标准溶液配制

分别称取适量各标准品,用乙腈制成 1000μg/mL 标准储备溶液。配置含三种标准物质混合工作溶液,基于测试的样品含量,稀释到合适的浓度范围,选择至少五个工作溶液浓度,构建校准曲线,在 LC-MS/MS 上运行分析。

5. 样品前处理

称取有代表性的 1.0g(精确到 0.01g)已剪碎(5mm×5mm)样品,置于 40mL 带盖的螺口试管中,加入 20mL 丙酮,于 40℃超声萃取 40min,将提取溶液过滤后收集于 100mL 的浓缩瓶中。加入 20mL 丙酮到残渣中,在 40℃超声再次萃取 20min,过滤后合并提取液于 100mL 浓缩瓶中,用旋转蒸发仪 40℃水浴蒸至近干,用 2mL 乙腈溶解并定容至 2mL,提取液用 0.45μm 滤头过滤,装入棕色进样小瓶中待测。

6. 仪器分析(HPLC-MS/MS)条件

色谱柱 Pursuit XRs C18,100mm×2.0mm×0.5μm;柱温:30℃;流量:0.2mL/min;进样量:5.0μL;梯度程序见表 5-34。检测模式:四极串联质谱,MRM(Multiple Reaction Monitoring)多反应监测模式;离子化模式:ESI(Electro spray ionizing)电喷雾法,正离子检测模式;解离电压:5500V;喷雾温度:400℃;喷雾气体:氮气。选择的监测离子和检出限见表 5-35。

表 5-34 液相梯度程序

时间(min)	流动相 A:10mmol/L 乙酸铵水溶液(%)	流动相 B:乙腈(%)
0	90	10
3	30	70
10	20	80
12	5	95
17	5	95
17.1	90	10
25	90	10

表 5-35 选择的监测离子和检测限

阻燃剂	母离子 m/z	子离子 m/z	检出限 (μg/g)
TRIS	698,6	99.1[a]	1
		299.2	
TEPA	174,0	131.0[a]	1
		90.0	
TCEP	284,9	99.0	1
		63.0[a]	

[a] 为定量离子。

为控制污染情况,在运行样品溶液前,先分析空白溶液。如果阻燃剂的含量很低,必要时增加样品重量来增加响应。如果样品中阻燃剂的含量超过仪器的线性响应范围,必要时则进行适当的稀释。

7. 计算

试样中阻燃剂以质量分数 X_i 表示,按式(5-23)计算。

$$X_i = (C_i - C_0) \times V/m \tag{5-23}$$

式中:X_i 为试样中阻燃剂含量(μg/g);C_i 为从标准曲线上读取的试样溶液中阻燃剂的浓度(μg/mL);C_0 为从标准曲线上读取的空白溶液中阻燃剂的浓度(μg/mL);V 为试样最终定容体积(mL);m 为试样称取的质量(g)。

四、关于禁用阻燃剂检测技术的研究

(一)萃取溶剂的选择

采用不同种类的溶剂萃取时,萃取效率相差较大。因此选择溶剂要考虑到溶剂和目标物的溶解性,还要考虑到溶剂与基质的相互作用。对于溴系阻燃剂,GB/T 24279—2009 中采用正己烷—丙酮混合溶剂,部分阻燃剂溶解性不好,例如十溴联苯、十溴联苯醚等。甲苯对溴系阻燃剂溶解效果相对较好,回收率高,更适合用作溴系阻燃剂的萃取溶剂。对于磷系阻燃剂而言,选择的溶剂较多,如甲醇、丙酮、正己烷和乙腈。EN 71-9:2005 用乙腈作为萃取液,SN/T 3228—2012 和 ISO 17881-2:2016 都选择丙酮作为萃取溶剂。

(二)样品提取方法的选择

对固体样品中待测组分的提取方法有多种,传统的有索氏提取法,其他的有液液萃取、固相萃取、超声波辅助萃取、微波辅助萃取、加速溶剂提取等。在目前阻燃剂测试方法中,普遍采用超声波萃取,方法简单,提取速度快,适用于各种溶剂。如前面提到的标准方法:GB/T 24279—2009、ISO 17881-1:2016、ISO 17881-2:2016、SN/T 3228—2012 和 EN 71-10:2005,都采用超声波萃取法,SN/T 3228—2012 同时也可选择微波萃取法。

(三)检测技术的选择

早期的阻燃剂检测技术,有采用气相色谱电子捕获检测器(GC-ECD)检测样品中的 PBBs 和 PBDEs,气相色谱氮磷检测器(GC-NPD)和气相色谱火焰光度检测器(GC-FPD)检测有机磷阻燃剂。随着气质联用技术(GC-MS)和液质联用技术(LC-MS/MS)的广泛使用,GC-MS 和 LC-MS/MS 检测技术普遍应用于纺织品中阻燃剂的测定。对于溴系阻燃剂,主要集中在 GC-MS 检测技术,而对于有机磷阻燃剂,主要采用液质联用(LC-MS/MS)检测技术,如 ISO 17881-2:2016 和 EN71-10:2005。也有采用气相色谱质谱(GC-MS)、气相色谱串联质谱(GC-MS/MS)测定方法的,如 SN/T 3228—2012。

(四)质谱条件的选择

在选择质谱条件时,通常考虑采集模式、采集时间窗口以及进样口温度等条件。试验中发现,质谱的离子源温度以及四极杆温度对色谱峰形存在较大影响。离子源温度 300℃、四极杆温度 200℃条件下,对比离子源温度 230℃、四极杆温度 150℃,色谱峰形更尖锐,响应值更高,峰宽更窄,更有利于定量分析。同时,多溴联苯和多溴联苯醚为高沸点化合物,提高离子源和四极杆温度不容易造成污染。

(五)色谱柱的选择

色谱柱的选择对目标物的分离和响应比较关键。GB/T 24279—2009 选择的色谱柱为 30m 的 DB-5MS,对磷系阻燃剂的检测响应比较好,对于某些溴阻燃剂如十溴联苯、十溴联苯醚,即使采用较高浓度标准溶液,进样浓度达到 100mg/L,在仪器上仍未检测到明显的响应。如果使用 15m 短柱,相同阻燃剂在较低质量浓度下就得到了较高的响应值。使用 15m 的 DB-HT5 色谱柱时,某些溴阻燃剂如十溴联苯、十溴联苯醚响应值高,色谱峰形尖锐。ISO 17881-1:2016 溴系阻燃剂的测定,选择的色谱柱 VF-5HT 为 15m。而 SN/T 3228—2012 选择 30m 的 DB-5MS 色谱柱,用气相色谱测定有机磷阻燃剂,效果较好。

(六)十溴联苯醚见光分解和热解

十溴联苯醚见光会部分分解为九溴联苯醚和八溴联苯醚,所以在测试过程中所使用的玻璃仪器,最好是棕色玻璃或者用铝箔纸包裹避光。十溴联苯醚在高温条件下也会分解成九溴联苯醚和八溴联苯醚。因此,前处理若用索氏抽提,加热电炉温度不能太高。在 GC-MS 分析检测时,进样口温度太高,十溴可能分解成九溴和八溴,造成九溴和八溴数据偏高,所以需要使用 HPLC 检测进行结果确认,以避免造成结果的误差。

(七)多溴联苯(PBB)和多溴联苯醚(PBDE)同分异构体

多溴联苯和多溴联苯醚两组化合物,根据苯环上溴原子的个数和所在位置的不同,可各组成 209 种同分异构体,在数据分析时需要根据特征离子的分布观察,评估是否有多种同分异构体的存在,避免出现假阳性。

第七节　短链氯化石蜡的检测方法与标准

氯化石蜡（Chlorinated Paraffins，CPs）是一组人工合成的直链正构烷烃氯代衍生物，其碳链长度为 10~30 个碳原子，氯原子取代数 1~13 个不等（氯质量分数为 16%~78%）。室温下，除氯化程度为 70% 的氯化石蜡为白色固体外，其余的氯化石蜡为黏稠的无色或淡黄色液体，难溶于水，易溶于正己烷、甲苯、二氯甲烷等有机溶剂。氯化石蜡按碳链长度分为三类：碳链长度为 10~13 个碳原子的为短链氯化石蜡（Short-Chain Chlorinated Paraffins，SCCP）；14~17 个碳原子的为中链氯化石蜡（Medium-Chain Chlorinated Paraffins，MCCPs）；20~30 个碳原子的为长链氯化石蜡（Long-Chain Chlorinated Paraffins，LCCPs）。

在氯化石蜡中，与 MCCPs 和 LCCPs 相比，SCCP 对生态环境和人类健康的危害较大，是一类具有持久性、生物积累性、远距离环境迁移能力和生态毒性的持久性有机污染物特性的物质，越来越受到国际社会的关注。

一、短链氯化石蜡的应用和毒性问题

（一）短链氯化石蜡的应用

短链氯化石蜡是一类结构复杂的混合物，氯化程度为 16%~78%，分子式为：$C_xH_{(2x-y+2)}Cl_y$，其中 $x=10~13$，$y=1~13$。对 SCCP 的溶解度、蒸汽压等物理化学性质的研究发现，SCCP 可在水和空气之间传递，熔点和溶解度会随着碳链长度和氯含量的增加而增加，蒸汽压则随着碳链长度和氯含量的增加而趋于下降。

短链氯化石蜡具有热稳定性、可变的黏性、低蒸汽压等性质，既有良好的增塑性能、阻燃性能和拒水性能，又有优良的电绝缘性和好的经济性，因此其用途非常广泛。通常用作纺织品、橡胶及塑料的阻燃剂，非服用纺织品的防水剂，皮革加脂剂，油漆及其他涂料的塑化剂以及金属加工油剂的添加剂。

（二）短链氯化石蜡的生态毒性问题

有机污染物在大气、水和土壤等环境介质中发生迁移转化的途径包括土壤中的吸附和解吸作用、大气中的挥发作用、在水中发生的水解作用和光解作用等理化作用和生物体内的富集和降解等生物作用。20 世纪 90 年代以来，随着短链氯化石蜡在多种环境介质和偏远地区不断被检出，其作为持久性有机污染物的特性逐渐为人们所认识。毒理学和生态毒理学研究已证明，短链氯化石蜡在环境中具有高持久稳定性、很强的生物蓄积性以及远距离环境的迁移性。

1. SCCP 在环境中的持久性

SCCP 化学性质稳定，没有特定的吸色基团。有数据显示，SCCP 在大气中的半衰期为 1.9~7.2 天，并且与碳链长度成反比。在水相中，其水解速度、可见光或近紫外辐射下的光解速度、氧化速度以及挥发速度，在环境温度下都非常缓慢。有研究发现，SCCP 在无微生物水环境中降解的可能性较小。在有适当微生物的环境中，氯含量较低（氯含量低于 50%）的 SCCP 可能会慢慢地生物降解，然而绝大多数 SCCP 在此环境下无法完成降解。

2. SCCP 的生物积累性

生物累积性是判断化合物是否为持久性有机污染物 POPs 的重要依据。SCCP 有很强的脂溶性,不易被生物降解,易于通过各种途径进入并储存在脂肪组织当中,并且能够通过食物链传递并生物放大,含量随着营养级的增加而增大。

3. SCCP 的远距离迁移性

所谓长距离迁移性,是指物质能够随着大气的全球运动做长距离的、全球尺度的大规模迁移。SCCP 中氯化程度较低,碳链较短的组分具有挥发性,在室温下就能挥发进入大气或附着在大气中的颗粒物质上,由于具有持久性,所以能在大气环境中远距离迁移而不会被全部降解。在周围环境介质的影响,SCCP 不会永久停留在大气中,会在一定条件下沉降进入各种环境介质,然后经过重复多次的挥发沉降导致 SCCP 分布到各地,甚至导致在北极地区也出现 SCCP 的污染。

4. SCCP 的生物毒性

根据欧盟化学物质信息系统(ESIS)显示,短链氯化石蜡(SCCP)属于第三类致癌(R40),长期接触可能引起皮肤干裂(R66),并对水生生物有剧毒,可能对水生环境造成长期有害影响(R50/53)的物质,认为是具有 PBT(持久性、生物累积性、有毒物质)的一类新型化合物。氯化石蜡的毒性变化是碳链越短,毒性越强。

二、各国相关法规和生态纺织品中对短链氯化石蜡的限制

从 20 世纪 90 年代起,随着 SCCP 在环境介质及生物体内不断地被检测出,SCCP 作为一种对生态环境构成威胁的持久性有机污染物,日益受到国际社会的关注,许多国家及国际环境组织开始对其生产和使用进行限制和禁用。

(一)相关法规要求

2002 年 6 月 25 日,欧盟发布 2002/45/EC 指令,要求各成员国于 2004 年 1 月 6 日起禁止销售和使用短链氯化石蜡(SCCP),金属加工液和皮革处理液中 SCCP 含量不得超过 1%。2005 年,美国及加拿大也采取相应措施,限制了 SCCP 的生产和使用,荷兰则禁止销售和使用 SCCP。2007 年,挪威在《Prohibition on Certain Hazardous Substances in Consumer Products》(消费性产品中禁用特定有害物质,PoHS)中对氯化石蜡进行管控。

2008 年短链氯化石蜡(SCCP)被列入 REACH 法规第一批 SVHC 清单。REACH 法规附件ⅩⅦ限制使用物质清单中,SCCP 被列入第 42 项。2012 年 6 月,欧盟委员会修订了(EU)No. 850/2004 指令,在(EU)No. 519/2012 指令中将 SCCP 纳入持久性有机污染物(POPs)。根据规定,一旦被认定为持久性有机污染物,则不仅是限制使用的问题,而是必须停止生产和销售。因此,SCCP 作为限制物质放在附件ⅩⅦ中已成为多余,欧盟委员会条例(EU)No. 126/2013 中将其从附件ⅩⅦ中删除,而是作为持久性有机污染物被禁止生产和使用。

2004 年 11 月 11 日,我国正式加入《关于持久性有机污染物的斯德哥尔摩公约》。2006 年,在瑞典日内瓦召开的联合环境规划署持久性有机污染物审查委员会第二次会议上,将 SCCP 列入受控清单,这意味着 SCCP 在我国开始禁用或严格限用。我国的团体标准 T/CNTAC 8 将 SCCP 列入有害阻燃剂,限制要求为有害阻燃剂的总量不得超过 50mg/kg。

(二)生态纺织品标准要求

在各种生态纺织品的标准中,短链氯化石蜡(SCCP)作为纺织品中的有害阻燃剂被列入受控范围。Eco-Label 规定在阻燃增效整理中,禁止使用短链氯化石蜡(SCCP)。Standard 100 by OEKO-TEX ® 的 2019 年新版更是在已经被受控多年的短链氯化石蜡的基础上,将中链氯化石蜡加进了受控的范围,这两类限制物质被列入新增的限制因素"氯化石蜡"项下,限量值规定对所有类别产品,短链和中链氯化石蜡的总量<50mg/kg。美国的 2019 版 AAFA《限制物质清单》对短链氯化石蜡(SCCP)限制值为 0.1%(以重量计)。有害化学物质零排放计划(ZDHC),对于纺织品和合成革加工的《生产限用物质清单》(MRSL)中 SCCP 作为阻燃剂:A 类(原料和成品供应商指南)不故意使用,B 类(化学品供应商的商业制剂)限制值为 50mg/kg;而对于皮革加工的《生产限用物质清单》(MRSL)中,短链氯化石蜡(SCCP)单独作为脂肪液化剂列出,限制值为 250mg/kg。

三、纺织品中短链氯化石蜡(SCCP)的检测方法

有关短链氯化石蜡检测方法的早期研究主要集中在土壤和水质等环境监测方面,随着 REACH 法规和其他相关法规对短链氯化石蜡的禁止使用,生态纺织品相关标准将短链氯化石蜡纳入监控项目之一。近些年,对纺织品中短链氯化石蜡检测方法的研究日益增多,对纺织品中短链氯化石蜡检测方法的研究主要集中在以下几个方面。

(一)短链氯化石蜡(SCCP)的前处理技术

1. 样品提取方法的选择

常用的提取技术包括索氏提取、加速溶剂萃取、超声波萃取、微波萃取等。对于土壤、底泥、生物样品等环境和食品样品,加速溶剂萃取技术作为索氏提取的替代技术,已经广泛应用于 SCCP 的提取。超声波萃取技术因其操作方便、萃取耗时短、回收率较高等优点被广泛应用于纺织和皮革制品的样品提取。现有的纺织品和皮革中短链氯化石蜡(SCCP)的检测标准,如 ISO 18219:2015《皮革　皮革中氯化烃的测定　用色谱法测定短链氯化石蜡(SCCP)》和 SN/T 4083—2014《进出口纺织品短链氯化石蜡的测定》,均采用超声波萃取技术进行样品的提取。

2. 萃取剂的选择

短链氯化石蜡(SCCP)带有极性和非极性官能团、高亲油性,能很好地溶于有机溶剂。根据相似相容原理,SCCP 可溶于与其极性相近的有机溶剂中。目前常用的有机溶剂有正己烷、甲苯、二氯甲烷、乙腈、甲醇、乙醇、丙酮、乙酸乙酯、四氢呋喃等。选取正己烷、二氯甲烷、乙酸乙酯、丙酮和甲醇五种不同溶剂,在最佳超声波萃取条件下对不同浓度的 SCCP 加标纺织样品进行测试,比较不同萃取液的萃取效果。结果表明,正己烷对样品中的 SCCP 的萃取效果优于其他四种溶剂。由于有机物的溶解度大小主要取决于同种分子和异种分子之间的引力,而分子的极性对分子间的引力影响较大,因 SCCP 极性较小,结合相似相容原理,正己烷与 SCCP 的极性最为相近,因此相对经济环保的正己烷成为 SCCP 萃取剂的首选。ISO 18219:2015 和 SN/T 4083—2014 均选用正己烷作为萃取剂。

3. 净化技术的选择

在样品提取液中,通常会有大量的共提物,如一些脂肪、有机氯化合物等,这些物质会对

SCCP 的分析检测造成严重的干扰,影响结果的准确性。样品净化是将提取步骤中的干扰物从基质中去除,或将目标物从共同提取出的非目标物中分离出来。前处理中对样品提取液进行净化是 SCCP 分析中的一个至关重要的步骤。目前在纺织产品和皮革制品中常用净化 SCCP 的方法有固相材料净化法和浓硫酸净化法。

根据固相材料净化原理,针对不同净化对象采用不同的固相填料。不同质量的填料,其吸附容量不同,填料质量越大,其吸附容量就越大。同时为了将 SCCP 尽量从固定相中彻底洗脱并进行分析,必须选择合适的,而且能够较好分离其他干扰组分的淋洗液。若淋洗液极性小,则洗脱不完全,回收率不高;洗脱液极性大,洗脱带来其他杂质,对 SCCP 的分析造成干扰。

(1)净化萃取柱的选择。对市场常见的固相萃取柱:弗洛里硅土柱(Florisil)、硅胶上键合乙基柱(Ethyl)、中性氧化铝柱(Alumnia-N)和硅胶上键合十八烷基柱(C18-H)进行比较,发现经过活化的 Florisil 硅土柱净化后,得到的杂质峰较少,SCCP 的响应值更高。故可选用 Florisil 硅土柱进行净化。

(2)洗脱剂的选择。根据短链氯化石蜡的性质,考虑到 SCCP 结构复杂,同分异构体较多,选择正己烷和二氯甲烷按一定体积配比作为洗脱剂,对目标物质进行洗脱。经实验测试表明,选择正己烷:二氯甲烷体积比为 1:1 的混合液作为洗脱剂比较合适。

目前,对于纺织品中短链氯化石蜡的萃取净化,常选择的条件为:正己烷为萃取液,在 60℃超声水浴中超声萃取 60min,收集萃取液,经预先用 10mL 正己烷活化的 Florisil 硅土柱进行净化,以正己烷和二氯甲烷混合试剂(体积比 1:1)洗脱后,氮吹浓缩后,正己烷定容,GC-MS 检测。检测标准 ISO 18219:2015 正是采用此方法。

另外,对于某些皮革制品或基体较为复杂的纺织品样品,试样经超声波提取后,提取液浑浊或有沉淀物产生,则可采用浓硫酸净化方法。即将提取液用浓硫酸进行磺化至溶液澄清,取上层有机溶液待测。由于浓硫酸的氧化能力较强,不仅可去除提取液中的沉淀物,也可去除皮革制品或纺织品助剂中的含氮、氧等杂原子有机卤素化合物以及易被氧化的不饱和有机卤素化合物,净化效果更佳。此外,有研究采用硫酸化硅胶作为净化手段,或将此手段和活性氧化铝、弗洛里硅土等手段联合使用,或使用复合材料柱,可达到更好的净化效果。

(二)短链氯化石蜡(SCCP)的仪器分析技术

在仪器分析技术上,SCCP 各同系物组分的物理化学性质比较相近,色谱不能将其完全分离,往往以"五指峰"为特征的共流色谱峰出现,这给 SCCP 的定量检测带来巨大挑战。目前常用于 SCCP 检测的技术包括气相色谱技术和液相色谱技术。

1. 气相色谱技术

(1)色谱柱的选择。由于 SCCP 本身的极性不强,用于其分离的色谱柱极性也往往较弱,目前非极性(DB-1 及类似柱)或弱极性柱(DB-5 及类似柱)使用最多。检测标准 ISO 18219:2015 和 SN/T 4083—2014 均采用的色谱柱为 DB-5(25m×0.25mm×0.25μm)或等同柱。

(2)检测器的选择。气相色谱仪器分析技术中,各种检测器的灵敏度和不同的选择性决定了其应用范围。

电子捕获检测器(ECD),具有价格低廉、对氯化物的灵敏度高等特点,使其成为检测分析工业品中氯化石蜡(CPs)总量的常规检测器。但用 ECD 检测器观测不到化合物的结构信息,不能分辨样品里的 SCCP、MCCPs 和 LCCPs。在纺织品中 SCCP 的检测中,GC-ECD 可作为筛选手段进行初步的样品分析。

电子轰击质谱(EI-MS),在电子轰击(EI)电离模式下,SCCP 产生大量的离子碎片,质谱图比较杂乱,难以获得 SCCP 不同组分的有效信息,不能通过碎裂片段的质谱信息将 SCCP 和其他链长如 MCCPs 和 LCCPs 准确分辨出,造成对 SCCP 检测结果的影响。

电子捕获负电离子源质谱(ECNI-MS),与电子轰击电离(EI)相比,负化学电离对 SCCP 化学结构轰击成碎片的程度较低,因此在 ECNI 电离模式下,裂解 SCCP 能产生最小的裂解率,进而质谱能捕获到保留更多化合物信息的一系列 $[M-Cl]^-$ 和 $[M-HCl]^-$ 等负离子。采用 GC-ECNI-MS 方法用于 SCCP 分析时,不仅灵敏度高,而且选择性强,可以同时对 SCCP 和 MCCP 进行分析,并可以获得有助于进一步分析 SCCP 的同系物组成和氯含量等信息。目前纺织相关检测标准里较多使用 GC-ECNI-MS 检测技术,如 ISO 18219:2015。

为了降低在 ECNI 模式下 CPs 的含氯量对响应因子的影响,化学离子源常选用甲烷作为反应气,可以有效避免 CPs 同系物之间的相互干扰。

2. 液相色谱技术

对于液相色谱,由于 SCCP 的离子化效率太差,运用传统的电喷雾源串联四极杆质谱不太适合实际样品的检测,而大气压化学电离源(APCI)的电离模式比较适合运用到离子化比较差的物质上,其特点在 SCCP 的检测中得到体现。近几年随着 LC-MS/MS 的普遍推广,采用 LC-APCI-MS/MS,以三氯甲烷为流动相,在正相色谱柱上进行分离的方法,被运用到纺织品和皮革中 SCCP 的检测方法中。标准 ISO18219:2015 提及可以采用液相色谱质谱法 LC-MS 或 LC-MS/MS,但实验室需证明其准确度与 GC-ECNI-MS 相当。

四、国内外关于短链氯化石蜡检测标准

(一)国内外现行使用的检测标准

由于 SCCP 是由各种异构体、同系物及对映体等组成的复杂混合物,这给 SCCP 的检测工作带来极大的挑战。目前国际上现行使用的只有针对皮革制品的检测标准 ISO 18219:2015《皮革 皮革中氯化烃的测定 色谱法测定短链氯化石蜡(SCCP)》。

在我国,目前还没有针对纺织产品中短链氯化石蜡测定的国家检测标准,只有出入境检验检疫行业标准:SN/T 2570—2010《皮革中短链氯化石蜡残留量检测方法气相色谱法》和 SN/T 4083—2014《进出口纺织品短链氯化石蜡的测定》。

国际标准 ISO18219:2015 和两个 SN/T 标准的检测原理不同,ISO 标准是采用 GC-ECNI-MS 直接测定 SCCP 的含量,而 SN/T 标准是将 SCCP 还原为直链烷烃,采用装有氯化钯催化氢化反应衬管的气相色谱氢火焰检测器(GC-FID)进行定量检定,SN/T 4083—2014 中采用 GC-MS(负化学源)法只是作为定性筛选分析。

(二)ISO 18219:2015 和 SN/T 4083—2014 主要技术参数的对比

对 ISO 18219:2015 和 SN/T 4083—2014 主要技术参数进行了对比,见表5-36。

表 5-36　ISO 18219：2015 和 SN/T 4083—2014 的主要技术参数比较

标准参数	ISO 18219：2015	SN/T 4083—2014
适用范围	加工和未加工的皮革	纺织品及其制品
测试原理	试样用正己烷在 60℃ 超声水浴中提取 60min，SPE 净化后，提取液用 GC-ECNI-MS 分析。液质联用（LC-MS）或（LC-MS/MS）可以使用，实验室需证明其准确性与 GC-ECNI-MS 相当	试样经正己烷超声提取后定容，采用 GC-MS（负化学源）法进行定性筛选分析；需要时进一步采用装有氯化钯催化氢化反应衬管的，气相色谱氢火焰离子化检测器测定，并结合 $C_{10} \sim C_{13}$ 直链烷烃测定结果辅助定性，外标法定量
标准品	SCCP 不同氯含量的混合标准品 100μg/mL： SCCP C10~C13，55.5% Cl； SCCP C10~C13，63% Cl。	SCCP 标准品 100μg/mL：C10~C13，CAS No：85535-84-8；平均含氯量分别为 51.5%、55.5% 和 63%。四种直链烷烃标准品： 正十烷 $C_{10}H_{22}$ CAS No. 124-18-5 正十一烷 $C_{11}H_{24}$ CAS No. 1120-21-4 正十二烷 $C_{12}H_{26}$ CAS No. 112-40-8 正十三烷 $C_{13}H_{28}$ CAS No. 629-50-5
内标	1,1,1,3,10,11-六氯十一烷 CAS No. 601523-28-8,1000μg/mL	无内标
样品前处理	称 0.5g 皮革试样放入密封的试管，加入 9.9mL 正己烷和 0.1mL 内标。60℃ 超声水浴中超声提取 60min	取有代表性试样，剪碎至 5mm×5mm 以下。称取试样 1.0g 置于 150mL 锥形瓶中，加入 50mL 正己烷，室温下超声提取 30min
净化方式	SPE 固相萃取柱，柱填料：SiOH，6mL，500mg	砂芯漏斗过滤
净化处理	10mL 正己烷润洗 SPE 柱活化，正己烷提取液倒入洗脱，5mL 正己烷/二氯甲烷（1∶1）淋洗，收集至 20mL 试管，氮吹浓缩至 1mL，0.45μm PTFE 过滤至 GC 小瓶，待测	将提取液过砂芯漏斗至 100mL 鸡心瓶中，用 30mL 正己烷分三次清洗试样，合并洗液至鸡心瓶，40℃ 水浴下减压浓缩至近干，用 2mL 的正己烷定容，待测
检测仪器	GC-ECNI-MS（定量分析）	GC-MS（负化学源）（定性分析）
色谱柱	DB-5，25m×0.25mm×0.25μm	DB-5MS，30m×0.25mm×0.25μm
进样口温度	250℃	300℃
升温程序	120℃ 起始，以 12℃/min 升至 300℃ 并维持 5min	70℃ 起始，以 20℃/min 升至 240℃，再以 10℃/min 升至 300℃ 并维持 8min
MS 测试条件	离子源温度：150℃ 四极杆温度：120℃ 传输线温度：300℃	离子源温度：150℃ 四极杆温度：150℃
化学离子源（CI）	反应气：甲烷（CH₄） 流量阀：40%	—

续表

标准参数	ISO 18219:2015	SN/T 4083—2014
进样量	1μL,不分流	1μL,不分流
定量离子	347,361,375,389	—
定性离子	349,363,377,391	278,313,327,341,347,361,375,381,389,395,409,417,423,431,445,459,479
定量计算	内标法,根据标准曲线计算 SCCP 的总量	采用装有氯化钯催化氢化反应衬管,气相色谱氢火焰检测器(GC-FID)将 SCCP 还原为直链烷烃进行测定,外标法定量
气相色谱条件(GC-FID)	—	色谱柱:DB-5,30m×0.25mm×0.25μm,或等效柱;柱温:50℃起始,以 10℃/min 速度升至 220℃,维持 1min;进样口温度:300℃;检测器温度:300℃;载气:氢气,流量为 1.0mL/min;燃烧气:氢气,流量为 45mL/min;助燃气:空气,流量为 450mL/min;尾吹气:高纯氮气,流量为 60mL/min;进样量:1μL,不分流

SN/T4083—2014 的定性分析:按表 5-36 中 GC-MS 的分析条件,对 SCCP 标准工作溶液和待测样液进行分析,若在标准工作溶液保留时间段,样液色谱峰呈现火焰峰型(五指峰型),则定性筛选结果为阳性,需进一步进行辅助定性和定量分析。

SN/T4083—2014 的定量分析:按表 5-36 中 GC-FID 的分析条件,对直链烷烃混合标准溶液和样液穿插进样测定,如未出现 C_{10}、C_{11}、C_{12} 和 C_{13} 直链烷烃色谱峰,则进一步定性结果为阴性;如出现各直链烷烃色谱峰,则根据样液中 C_{10}、C_{11}、C_{12} 和 C_{13} 直链烷烃的含量情况,选定峰面积相近的直链烷烃标准工作溶液,采用单点外标法定量。分别计算直链烷烃和短链氯化石蜡的含量。

五、短链氯化石蜡(SCCP)检测技术的研究进展

GC-ECNI-MS 法因具有出色的选择性和灵敏度而成为应用程度最高的 SCCP 分析方法,但该方法存在仪器响应信号随 SCCP 中氯含量的不同而变化,不适用于氯原子数低于 5 个的 SCCP 化合物分析,定量准确度依赖标准样品的选择,定量离子受到 MCCPs 的干扰等缺陷,对准确定性定量造成一定的影响。近年来,大量研究通过优化仪器参数或设计定量分析方法来减小或消除 GC-ECNI-MS 方法在 SCCP 分析时的系统误差,提高定性定量分析的准确度。

1. 短柱气相色谱检测技术

在色谱柱的选择上,可采用一种短柱色谱柱对 SCCP 进行分析,以使 SCCP 在尽可能短的时间内大量共流出,可以大幅度提高 SCCP 的检出灵敏度。但该类型的色谱柱基本起不到化合物色谱分离的效果,对前处理技术提出了很高的要求,需要在前处理净化步骤中去除所有的可能干扰物质,以消除各种有机物对于 SCCP 的干扰。此方法在实际测试中运用并不普及,目前应用最多的仍是非极性固相涂层的毛细管色谱柱。

2. 二维气相色谱检测技术

为了更好地达到分离效果,GC×GC 二维气相色谱开始应用于 SCCP 的分离。GC×GC 的正交分离是通过线性程序升温方法和固定相极性的改变两者共同作用而实现的。有研究采用全二维气相色谱(GC×GC)与 ECNI 四极杆飞行时间质谱(qTOF-MS)联用分析氯化石蜡,一维色

谱柱采用30m的DB-1色谱柱,通过改变二维色谱柱的极性,优化了氯化石蜡(CPs)不同组分在二维色谱柱的分离效果,二维色谱图中可以分辨出按照碳链长度和氯原子数分布的色谱峰。不同碳链长度的CPs出峰有一定的时间顺序,短中长链的CPs能实现部分分离。由于GC×GC二维气相色谱的分析速度特别快,对检测器的采集速度提出了更高的要求。目前应用于CPs分析的二维色谱检测器有微电子捕获检测器(μECD)、飞行时间质谱(TOF-MS)和四极杆质谱(qMS),均不是实验室常用的检测器,此方法的普及性较差。

3. ECNI 反应气

反应气的选择直接影响GC-ECNI-MS方法的选择性和灵敏度。常用于SCCP检测的反应气为甲烷。为降低在ECNI模式下CPs的含氯量对响应因子的影响,有研究采用甲烷和二氯甲烷混合气作为反应气,在甲烷反应气中引入二氯甲烷组成混合反应气后,抑制了其他碎片离子的生成,基本上只产生[M+Cl]加和离子。由于其他常见的含氯干扰化合物在二氯甲烷/甲烷混合反应气条件下生成[M+Cl]加和离子的丰度较低或不生成[M+Cl]加和离子,所以,该方法能有效地消除前处理过程中没有完全净化分离的含氯化合物的干扰,提高了方法的选择性。该方法的仪器响应信号与SCCP的氯原子数量关系不大,四氯或五氯SCCP化合物与六氯SCCP化合物的仪器响应值相近,避免了定量结果对标准样品选择的依赖性,同时使该方法适用于低氯原子数SCCP化合物的检测。但是,二氯甲烷/甲烷混合反应气,在电离过程中容易形成炭黑残留物,覆盖在离子源上,连续分析72h导致离子化效率降低,仪器的响应值下降。因此,该方法不适用于对批量样品进行分析。

4. 定量分析方法

在定量分析方法上,传统方法可以获得样品的SCCP浓度及其同系物组成结构信息,但是结果的准确度严重依赖标准样品的选择。有研究提出新型的定量分析方法,该方法分别计算氯含量不同的多个SCCP标准样品的相对峰面积、实测氯含量和总响应因子,以标准样品的实测氯含量和总响应因子建立定量标准曲线,并根据定量标准曲线计算样品中SCCP的含量。该方法通过建立SCCP的实测氯含量和总响应值之间的线性定量关系,使定量准确度不再受限于标准样品的选择,但是计算过程非常复杂。多元线性回归方法简化了计算流程,同时使定量准确度不受标准品的选择,但是只能测得SCCP的总量。

5. 其他检测方法

采用高分辨质谱(HRMS)可有效消除其他含氯物质和来自MCCPs的干扰,但HRMS仪器价格昂贵。

有报道一种新的快速测定环境样品中CPs的方法,该方法以APCI-QTOF-HRMS作为分析设备,采用不经色谱分离直接进样的方法检测SCCP。方法的灵敏度达到了0.03~1.2ng/μg,该方法的最大特点是分析速度快,单个样品的分析时间在3min左右。

第八节　烷基酚/烷基酚聚氧乙烯醚的检测方法与标准

表面活性剂(surface active agent)被定义为溶解在介质中具有减少介质表面张力能力的物质,表面活性剂的添加能增加介质的延展性和润湿性。根据表面活性剂分子的组成与解离基团的特性,可以将表面活性剂主要分为阳离子表面活性剂、阴离子表面活性剂、非离子表面活性剂和两性表面活性剂四种。烷基酚聚氧乙烯醚是最常用的非离子表面活性剂。

一、烷基酚聚氧乙烯醚和烷基酚的结构与应用

(一)烷基酚聚氧乙烯醚和烷基酚的结构

烷基酚聚氧乙烯醚(alkylphenol ethoxylate),简称 APEO,主要由烷基链、芳香环及乙氧基团三部分组成,是由烷基酚(AP)和环氧乙烷(EO)于一定的压力(0.147~0.294MPa)、温度(170±30℃)和碱性催化剂(氢氧化钾或氢氧化钠)的作用下,按照一定的比例,通过阴离子型聚合反应而成的。结构式为:

$$R—\langle\ \rangle—O(CH_2CH_2O)_nH$$

其中,R 为烷基,n 为 EO 聚合度,聚合生成的产物是一系列聚合度不相同的同系混合物。常用 APEO 的 n 值一般介于 1~20 间,n 越大,溶液越黏稠。随着 n 的增加,产物由液体转向半固体甚至固体,颜色由淡黄色变成白色。EO 聚合度与产品性能有很大的关系,影响着其理化性质,如溶解性、表面活性和其他的物化特性,不同聚合度的 APEO 应用范围也各不相同。

烷基酚聚氧乙烯醚作为典型的聚乙二醇型非离子表面活性剂,同时具有多碳烷基链与苯基结构的"疏水基团"和醚基活泼的含氧"亲水基团"。在烷基酚聚氧乙烯醚中应用最为广泛的就是壬基酚聚氧乙烯醚(NPEO)和辛基酚聚氧乙烯醚(OPEO)。其化学结构见表 5-37。

表 5-37　烷基酚聚氧乙烯醚的结构

化合物名称	分子式	结构式
壬基酚聚氧乙烯醚	$C_{15}H_{24}O \cdot (C_2H_4O)_n$	C_9H_{19} 苯环-O(CH₂CH₂O)ₙH
辛基酚聚氧乙烯醚	$C_{14}H_{22}O \cdot (C_2H_4O)_n$	C_8H_{17} 苯环-O(CH₂CH₂O)ₙH

烷基酚作为烷基酚聚氧乙烯醚的合成原料,也是烷基酚聚氧乙烯醚的代谢分解产物。壬基酚聚氧乙烯醚(NPEO)和辛基酚聚氧乙烯醚(OPEO)相对应的烷基酚为壬基酚(NP)和辛基酚(OP),其化学结构见表 5-38。

表 5-38　烷基酚的结构

化合物名称	CAS No.	分子式	结构式
壬基酚	104-40-5	$C_{15}H_{24}O$	C_9H_{19} 苯环-OH
辛基酚	1806-26-4	$C_{14}H_{22}O$	C_8H_{17} 苯环-OH

(二)烷基酚聚氧乙烯醚与烷基酚的应用

市面上经常使用的烷基酚聚氧乙烯醚以壬基酚聚氧乙烯醚(NPEO)居多,占烷基酚聚氧乙烯醚使用量的80%以上,其次是辛基酚聚氧乙烯醚(OPEO),占15%以上,十二烷基聚氧乙烯醚(DPEO)和二壬基酚聚氧乙烯醚(DNPEO)各1%左右,其他一些烷基酚聚氧乙烯醚由于用途特殊而较少被使用。

烷基酚聚氧乙烯醚作为常用的非离子表面活性剂,因其具有良好的分散增溶、乳化渗透等功能,广泛应用于化工、印染、石油、制药、冶金等工业,主要作为洗涤剂和整染助剂。其在纺织工业的前处理和后处理中均有建树,前处理剂一般涉及耐碱渗透剂、螯合分散剂、氧漂的退浆和稳定等;而后处理剂则涉及柔软、防皱、防水、抗菌和防静电等方面的助剂。

而烷基酚作为合成烷基酚聚氧乙烯醚的原料,其在非离子表面活性剂及阴离子表面活性剂的制备、工业用分散剂和乳化剂等领域亦有广泛的应用。在纺织工业中,其作为印染助剂、防老抗氧剂、改性和稳定剂等被广泛使用。

二、烷基酚/烷基酚聚氧乙烯醚的生态毒性

由于烷基酚聚氧乙烯醚具有良好的性能,良好的配伍能力和适中的市场价格,故在纺织印染加工过程中,会在各个环节使用到烷基酚聚氧乙烯醚,从而涉及在印染加工过程中的乳化、润湿、渗透、分散和洗涤等环节,均有存在烷基酚聚氧乙烯醚的风险。纺织面料若处理不当,会有过量的残留,带来质量安全隐患和风险。虽然通过大量的水洗能够降低面料上烷基酚聚氧乙烯醚的残留,但同时会污染水体环境,且有部分含烷基酚聚氧乙烯醚的助剂会因为水洗不净或不能水洗而残留在纺织面料上,从而对接触的皮肤造成威胁。

而烷基酚相较于烷基酚聚氧乙烯醚而言,由于烷基等"疏水基团"的比例更大,导致其具有低水溶性,因此更加稳定而不易降解,在生物体内具有更高的累积性,对人体健康造成不利的影响。具体而言,烷基酚聚氧乙烯醚和烷基酚主要具有以下几种危害。

(一)生物降解速度慢

对于非离子表面活性剂而言,欧盟发布关于洗涤剂的生物降解指令82/242/EEC中指出,环保型的表面活性剂的最初生物降解率不应当低于80%。所谓最初生物降解率,就是表观的生物降解至失去原有表面活性剂性质的代谢产物。而当生物降解至原始分子完全消失,均转化为二氧化碳和水,则达到其生物最终降解率。例如:壬基酚聚氧乙烯醚(聚氧乙烯结构数 $n=9$)的最初生物降解率为4%~80%,未能达到标准要求,而壬基酚聚氧乙烯醚(聚氧乙烯结构数 $n=2$)的最初生物降解率更低至2%~40%。因为烷基酚聚氧乙烯醚的生物降解过程,就是聚氧乙烯结构因生物降解而减少的过程,每减少一个聚氧乙烯结构,则"亲水基团"的比例降低,分子的水溶性降低而不利于生物降解,因此聚氧乙烯结构越高,生物降解速度越慢。伴随着生物降解深入和氧化降解,代谢物的毒性逐步增加,除了产生高毒性烷基酚之外,还会伴随氧化降解生成毒性较强的羧酸类化合物。对水体造成污染,并且净化十分缓慢。

(二)类雌性激素

烷基酚聚氧乙烯醚和烷基酚均为被国际市场列为环境激素,会危害人体内分泌功能,造成"雌性效应"和畸变,并可通过生物链在动物和人体内积聚。虽然近年来有机构进行取样测试,得出烷基酚聚氧乙烯醚及其代谢的雌激素效应非常低,但亦有研究发现,人体中存在烷基酚

会影响人体正常的生殖和发育,影响男性精子的质量和数量,并导致生殖器官异常等情况,故烷基酚聚氧乙烯醚和烷基酚对于人体内分泌的危害不应忽视。

(三) 其他毒性

烷基酚聚氧乙烯醚较其他表面活性剂具有较强急性毒性、鱼毒性、细菌和藻类毒性;烷基酚聚氧乙烯醚对人体眼睛和皮肤均有较强的刺激性,为烷基多糖苷的数倍至数十倍;烷基酚聚氧乙烯醚的致变异性是在其生产过程中环氧乙烷聚合时发生的副反应所生成的二噁烷与未反应的环氧乙烷所致。二噁烷是已经认定的致癌物,而环氧乙烷也被怀疑为致癌物质。

三、烷基酚/烷基酚聚氧乙烯醚的管控法规

(一) OSPAR 公约

早在 20 世纪 80 年代提出的《东北大西洋海洋环境保护公约》,即 OSPAR 公约,明确规定需优先管控 15 类化学物质,其中就包括烷基酚聚氧乙烯醚及其化合物。尽管当时并没有明确的法规提出限制烷基酚聚氧乙烯醚和烷基酚的使用,但各国对此公约均十分重视,将烷基酚聚氧乙烯醚和烷基酚加入非正式协议要求停止或限制其使用,这是对烷基酚聚氧乙烯醚和烷基酚管控的开端。

(二) 欧盟法规

1993 年 3 月 23 日发布的欧盟理事会第 793/93/EC 号法令中,就要求对壬基酚(NP)和壬基酚聚氧乙烯醚(NPEO)的环境风险进行评估。2001 年 3 月,欧盟委员会的健康与环境风险科学委员会(Scientific Committee on Health and Environmental Risks,简称 SCHER)确认了风险的存在,并要求降低这种风险。2003 年 6 月 18 日,欧洲议会和欧盟理事会通过决议(2003/53/EC),限制 NP 和 NPEO 的使用和排放,规定如果产品或排放物中 NP 或 NPEO 的含量≥0.1%,不得用于工业洗涤(除非循环使用或焚毁)、家用洗涤、纺织及皮革加工工艺(除非不排放污水或经严格处理)、纸浆和造纸生产、化妆品、杀虫剂和生物杀灭剂的配方。虽然该指令只是针对生产过程而非最终产品,但其是第一个提出在纺织行业中烷基酚聚氧乙烯醚和烷基酚限值要求的法规。

2008 年 6 月,上述欧盟指令被转换成 REACH 法规附件XVII第 46 项。2016 年 1 月 13 日,欧盟发布新的指令(2016/26/EC),对 REACH 法规附件XVII进行补充完善,增加第 46a 项,规定若纺织产品或者纺织产品的某个组件中含有壬基酚聚氧乙烯醚(NPEO)的质量分数≥0.01%,且可预见该产品在正常生命周期中会被水洗,则此类纺织产品在 2021 年 2 月 3 日之后将不被允许投入市场。并在第 46a 项中列出了以下四种 NPEO 的异构体:4-壬基酚聚氧乙烯醚(CAS No. 26027-38-3);异壬基酚聚氧乙烯醚(CAS No. 37205-87-1);4-壬基酚(支链)聚氧乙烯醚(CAS No. 127087-87-0);壬基酚(支链)聚氧乙烯醚(CAS No. 68412-54-4;37205-87-1)。该法规新增条款有效地弥补了原有法规的漏洞,有益于严格监控纺织品中含有的壬基酚聚氧乙烯醚的含量。

2017 年 1 月 12 日,欧洲化学品管理局正式决定将支链与直链的 4-庚基苯酚和 4-叔戊基苯酚加入 SVHC 候选清单中,成为第十六批 SVHC 候选物质。这意味着对烷基酚聚氧乙烯醚和烷基酚的使用具有更加严苛的要求,并将持续增加相关物质的受控限制。

(三) 纺织产品生态安全性能相关标准

2018 年,我国发布的团体标准 T/CNTAC 8—2018 对 NPEO 进行了限制,限制要求采纳

REACH 法规附件 XVII 的要求,为 100mg/kg。此外,欧盟的 Eco-Label、Standard 100 by OEKO-TEX ®,美国 AAFA 以及有害化学物质零排放(ZDHC)都陆续将 AP 或 APEO 纳入管控范围。表 5-39 列出各生态纺织品相关标准对 AP/APEO 的限制要求。

表 5-39 生态纺织品相关标准对 AP/APEO 的限制要求

法规/标准	管控范围	管控物质		限值(mg/kg)
T/CNTAC 8—2018	家用、装饰用和服用纺织产品	壬基酚聚氧乙烯醚(NPEO)		≤100
Eco-Label (2014/350/EU)	针对所有产品的助剂配制和工艺配方	壬基酚,混合同分异构体	25154-52-3	总和≤25
		4-壬基酚	104-40-5	
		4-壬基酚 (支链)	84852-15-3	
		辛基酚	27193-28-8	
		4-辛基苯酚	1806-26-4	
		对特辛基苯酚	140-66-9	
		烷基酚聚氧乙烯醚及衍生物		
		辛基酚聚氧乙烯醚	9002-93-1	
		壬基酚聚氧乙烯醚	9016-45-9	
		p-壬基酚聚氧乙烯醚	26027-38-3	
Standard 100 by OEKO-TEX ® (2019)	I 婴幼儿 II 直接接触皮肤 III 非直接接触皮肤 IV 装饰材料	辛基酚(OP),壬基酚(NP),庚基酚(HpP),戊基酚(PeP)		总和<10
		辛基酚(OP),壬基酚(NP),庚基酚(HpP),戊基酚(PeP),辛基酚聚氧乙烯醚(OPEO),壬基酚聚氧乙烯醚(NPEO)		总和<100
AAFA RSL 第 20 版 (2019)	服装、鞋类和家纺产品	壬基酚(NP)		≤1000
		壬基酚聚氧乙烯醚(NPEO)		≤100
ZDHC MRSL1.1	纺织品、合成革和皮革加工	壬基苯酚(NP)混合同分异构体 辛基苯酚(OP)混合同分异构体 辛基酚聚氧乙烯醚(OPEO) 壬基酚聚氧乙烯醚(NPEO)		A组:不得有意使用 B组:NP/OP ≤250 NPEO/OPEO ≤500

四、烷基酚聚氧乙烯醚/烷基酚检测方法

对于烷基酚聚氧乙烯醚和烷基酚的检测分析技术已经比较成熟,检测方法为将纺织产品中的烷基酚聚氧乙烯醚和烷基酚使用合适的溶剂进行提取,提取后的萃取液经净化处理后在仪器上进行测定。

(一)样品前处理技术

对于纺织品中的烷基酚和烷基酚聚氧乙烯醚(AP/APEO)测定,样品的前处理最常用的方法为索氏提取,微波萃取或超声波萃取,提取溶剂都为甲醇。之所以选择甲醇作为溶剂,一方面是由于甲醇对纺织品中目标物的提取效率较高,另一方面是因为相较于其他溶剂,甲醇毒性较小,对环境较友好。除直接提取外,也有研究利用衍生化法或裂解剂对烷基酚聚氧乙烯醚进行前处理。用甲苯磺酸作裂解剂处理烷基酚聚氧乙烯醚的试样,试样断键彻底,甚至苯环都可能打开,得不到特征峰。而氢碘酸作裂解剂的反应较复杂,得到的特征峰可以对 APEO 定性判断。然而,无论是衍生化还是裂解处理 APEO,都额外增加了前处理步骤,过程不易受控,都不如直接提取便捷有效。

(二)仪器分析技术

目前常用的烷基酚和烷基酚聚氧乙烯醚(AP/APEO)的检测方法有 GC-MS,HPLC-FLD、LC-MS 及 LC-MS/MS 法。GC-MS 常用于检测分子质量小的有机化合物,APEO 为系列聚合物,聚合度高的 APEO 分子质量大而且难气化,用 GC-MS 测定需要先进行衍生化,操作烦琐且定量不准确。目前 GC-MS 多应用于 AP 和短链 APEO (如 NP_1EO,NP_2EO)的分析。

由于烷基酚聚氧乙烯醚相对分子质量比较大,极性较大,采用 HPLC 进行测定是一种比较有效的手段。HPLC 测定纺织品中烷基酚聚氧乙烯醚分正相色谱法和反相色谱法两大类,液相的检测器常采用荧光检测器,亦有采用二极管阵列检测器。烷基酚聚氧乙烯醚是不同聚合度的同系物,以及多种同分异构体的混合物。正相 HPLC 检测 APEO,多采用氨基硅烷柱,可以通过选择不同的液相固定相将其分离开,其操作相对较简单,分析速度较快。反相 HPLC 测定烷基酚聚氧乙烯醚多采用 C18 柱,其缺点是不能区分聚合度不同的烷基酚聚氧乙烯醚,无法进行烷基酚聚氧乙烯醚准确定性,要结合正相 HPLC 或 HPLC-MS 加以分析。APEO 存在 π-π* 键有荧光,也可以采用荧光检测器检测。同时因为其结构中含有苯环,在紫外光区有吸收,也可以采用二极管阵列检测器检测。

利用高效液相核磁共振法分析烷基酚聚氧乙烯醚,既结合了液相色谱分离优点,又吸收了核磁共振定性的准确性,增加核磁共振光谱定性,即使复杂样品体系也不易出现假阳性,适用于纺织品及纺织助剂中微量 APEO 的测定。但此设备成本高,较难普及。

高效液相色谱质谱法检测烷基酚聚氧乙烯醚 APEO,灵敏度高、选择性好,可同时检测多种物质,不但可以有效地分离高分子量段的 APEO,还可以得到其分子层面的结构信息,并具有试验步骤简单、样品预处理时间比较短等优点。目前有研究采用大气化学电离(APCI)和电喷雾电离(ESI)的 LC-MS 来测定 APEO,电喷雾液相质谱对于极性和离子化合物有很高的灵敏度,可以很好地用来分析 APEO。随着 LC-MS/MS 在各大实验室的普及,LC-MS/MS 分析 APEO 将会被更多的标准所采用。

五、烷基酚聚氧乙烯醚和烷基酚的主要检测标准

(一)国内外现行使用的检测标准

国际标准化组织(ISO)在 2016 年颁布 ISO 18254-1:2016 采用 LC-MS 或 LC-MS/MS 分析纺织品中烷基酚聚氧乙烯醚 APEO,随后在 2018 年颁布 ISO 18254-2:2018,采用了正相色谱柱和 HPLC 荧光检测器分析 AP 和 APEO,不但增加了适用的分析物,也提供了另一种仪器分析的

可能性。紧接着在 2019 年又新颁布了 ISO 21084:2019,提出了专对于烷基酚 AP 类物质的检测方法,采用气相色谱串联质谱联用仪(GC-MS/MS)和液相色谱荧光检测器以及质谱检测器的测定方法。

我国先后颁布和更新了在纺织品、皮革及鞋类产品中烷基酚和烷基酚聚氧乙烯醚 AP/APEO 的国家检测标准,如 GB/T 23322—2018 和 GB/T 35532—2017,以及出入境检验检疫标准 SN/T 2583—2010 和 SN/T 1850.1—2006、SN/T 1850.2—2006、SN/T 1850.3—2010。

目前国内外现行使用的检测标准主要有:ISO 18254-1:2016《纺织品 烷基酚聚氧乙烯醚(APEO)的检测和测定方法 第 1 部分:高效液相色谱质谱法》、ISO 18254-2:2018《纺织品 烷基酚聚氧乙烯醚(APEO)的检测和测定方法 第 2 部分:正相液相色谱法》、ISO 21084:2019《纺织品中烷基酚 AP 的测定方法》、GB/T 23322—2018《纺织品 表面活性剂的测定 烷基酚和烷基酚聚氧乙烯醚》、GB/T 35532—2017《胶鞋 烷基酚含量实验方法》、SN/T 2583—2010《进出口纺织品及皮革制品中烷基酚类化合物残留量的测试 气相色谱质谱法》、SN/T 1850.1—2006《纺织品中烷基苯酚类和烷基苯酚聚氧乙烯醚类的测定 第 1 部分:高效液相色谱法》、SN/T 1850.2—2006《纺织品中烷基苯酚类和烷基苯酚聚氧乙烯醚类的测定 第 2 部分:高效液相色谱质谱法》和 SN/T 1850.3—2010《纺织品中烷基苯酚类和烷基苯酚聚氧乙烯醚类的测定 第 3 部分:正相高效液相色谱法和液相色谱串联质谱法》

上述各检测标准分析方法列入表 5-40 中。

表 5-40 烷基酚聚氧乙烯醚/烷基酚常见的纺织品检测标准

常见测试标准	待测物质	前处理方法	分析仪器
ISO 18254-1:2016	NPEO/OPEO	甲醇超声萃取	LC-MS, LC-MS/MS
ISO 18254-2:2018	NPEO/OPEO	甲醇超声萃取	NPLC-MS, NPLC-FLD, NPLC-CAD, NPLC-ELSD
ISO 21084:2019	4-n-OP,4-tert-OP, 4-n-NP,4-NP	甲醇超声萃取	GC-MS/MS, LC-MS/MS, LC-FLD
GB/T 23322—2018	NPEO/OPEO/NP/OP	甲醇超声萃取	LC-MS, LC-MS/MS
GB/T 35532—2017	NP/OP	甲醇超声萃取	GC-MS
SN/T 2583—2010	NP/OP/十二烷基苯酚	正己烷超声提取	GC-MS
SN/T 1850.1—2006	NPEO/OPEO/NP/OP	甲醇索氏提取	HPLC
SN/T 1850.2—2006	NPEO/OPEO/NP/OP	甲醇索氏提取	LC-MS/MS
SN/T 1850.3—2010	NPEO/OPEO/NP/OP	甲醇索氏提取	正相 HPLC,LC-MS/MS

下面以 ISO 18254-1:2016 和 GB/T 23322—2018 为例,详细介绍烷基酚和烷基酚聚氧乙烯醚的测定方法。

(二)ISO 18254-1:2016

1. 适用范围和测试原理

该标准用于测定纺织产品可萃取烷基酚聚氧乙烯醚(壬基酚聚氧乙烯醚和辛基酚聚氧乙烯醚)。使用甲醇萃取纺织产品中的烷基酚聚氧乙烯醚,液相色谱质谱联用仪(LC-MS 或 LC-MS/MS)定性定量特定聚氧乙烯基单元结构长度的烷基酚聚氧乙烯醚。

2. 主要试剂和标准品

辛基酚聚氧乙烯醚(OPEOs)CAS No. 9002-93-1,壬基酚聚氧乙烯醚(NPEOs)CAS No. 68412-54-4,以上两个标准品品牌为 Sigma-Aldrich ®,提及品牌名意为加强不同实验室间测试结果可比较性,其他供应商的标准品可能导致不同结果。

甲醇,乙腈 和 30%体积比的甲酸,10mM 醋酸铵,pH=3.6。

标准品配制:用甲醇配置制标准品溶液及相应浓度的标准曲线,浓度可根据各实验室仪器配置不同而调整。

3. 设备及仪器

超声波水浴锅(70℃±5℃),pH 计(精度 0.1pH),0.45μm 过滤膜,带电子喷雾装置的高效液相色谱质谱联用仪(HPLC-ESI-MS),带有保护柱的反相色谱柱。

4. 样品前处理

将纺织品样品剪成约 5mm×5mm 的碎片,混合均匀;称取其中 1g,精确至 10mg,置于玻璃萃取容器中;加入 20mL 的甲醇;将玻璃容器放入 70℃ 的超声水浴仪中萃取 60min±5min;超声后冷却至室温;将萃取液使用带 0.45μm 针式滤器过滤约 1mL 至小瓶;LC-MS 分析测定。

5. 仪器参数

液相色谱质谱及液相色谱串联质谱联用仪的仪器参数及定量特征离子见表 5-41～表 5-44。

表 5-41 LC-MS 操作条件

流动相	A:pH=3.6 的 10mmol/L 醋酸铵水溶液　B:乙腈
梯度	0～1min:40%～60%乙腈 1～5min:60%～98%乙腈 5～10min:98%乙腈
流速(μL/min)	300
进样量(μL)	5
柱温箱温度(℃)	40
扫描模式	API-ES SCAN 模式
扫描质量范围(amu)	100～1100
出口电压(V)	80
电子倍增器与阀值	150
干燥气温度(℃)	300
喷雾气压力(bar)	2.4(35psi)
气流量(L/min)	10
毛细管电压(V)	3000

表 5-42　LC-MS 检测中烷基酚聚氧乙烯醚的定量特征离子及参数

NPEO	目标碎片离子(m/z)	OPEO	目标碎片离子(m/z)
NPEO（$n=16$）	942	OPEO（$n=16$）	928
NPEO（$n=15$）	898	OPEO（$n=15$）	884
NPEO（$n=14$）	854	OPEO（$n=14$）	840
NPEO（$n=13$）	810	OPEO（$n=13$）	796
NPEO（$n=12$）	766	OPEO（$n=12$）	752
NPEO（$n=11$）	722	OPEO（$n=11$）	708
NPEO（$n=10$）	678	OPEO（$n=10$）	664
NPEO（$n=9$）	634	OPEO（$n=9$）	620
NPEO（$n=8$）	590	OPEO（$n=8$）	576
NPEO（$n=7$）	546	OPEO（$n=7$）	532
NPEO（$n=6$）	502	OPEO（$n=6$）	488
NPEO（$n=5$）	458	OPEO（$n=5$）	444
NPEO（$n=4$）	414	OPEO（$n=4$）	400
NPEO（$n=3$）	370	OPEO（$n=3$）	356
NPEO（$n=2$）	326	OPEO（$n=2$）	312

表 5-43　LC-MS/MS 操作条件

流动相	A：pH=3.6 的 10mmol/L 醋酸铵水溶液　B：乙腈
梯度	0~1min：70%乙腈 1~5min：95%乙腈 5~7min：70%乙腈
流速（μL/min）	250
进样量（μL）	5
柱温箱温度（℃）	40
检测器及扫描模式	ESI 电喷雾，正/负离子检测器
扫描质量范围（amu）	100~1100
毛细管电压（V）	3000
脱溶剂温度（℃）	100
脱溶剂气体	氮气
喷雾气压力（eV）	30

表 5-44　LC-MS/MS 检测中烷基酚聚氧乙烯醚的定量特征离子及参数

NPEO	碎片离子（m/z）		碰撞能	OPEO	碎片离子（m/z）		碰撞能
	一级	二级	（eV）		一级	二级	（eV）
NPEO（$n=15$）	898	133	33	OPEO（$n=15$）	884	133	33
NPEO（$n=14$）	854	133	32	OPEO（$n=14$）	840	133	33
NPEO（$n=13$）	810	133	31	OPEO（$n=13$）	796	133	31
NPEO（$n=12$）	766	133	30	OPEO（$n=12$）	752	133	30
NPEO（$n=11$）	722	133	28	OPEO（$n=11$）	708	133	30
NPEO（$n=10$）	678	133	29	OPEO（$n=10$）	664	133	30
NPEO（$n=9$）	634	133	26	OPEO（$n=9$）	620	133	25
NPEO（$n=8$）	590	133	26	OPEO（$n=8$）	576	560	23
NPEO（$n=7$）	546	133	22	OPEO（$n=7$）	532	515	22
NPEO（$n=6$）	502	485	20	OPEO（$n=6$）	488	359	19
NPEO（$n=5$）	458	441	17	OPEO（$n=5$）	444	315	17
NPEO（$n=4$）	414	271	13	OPEO（$n=4$）	400	271	14
NPEO（$n=3$）	370	227	13	OPEO（$n=3$）	356	227	12
NPEO（$n=2$）	326	183	11	OPEO（$n=2$）	312	183	12

6. 计算

先使用式（5-24）计算单个聚合度烷基酚聚氧乙烯醚的质量分数 R，从而得出各个聚合度烷基酚聚氧乙烯醚的浓度。单个聚合度烷基酚聚氧乙烯醚的质量分数 R_0：

$$R_0(\%) = \frac{A_0}{A_{0T}} \times 100 \tag{5-24}$$

式中：A_0 表示单个聚合度烷基酚聚氧乙烯醚的峰面积响应值；A_{0T} 表示聚合度为 2~16 的烷基酚聚氧乙烯醚的峰面积响应值的总和。

而单个聚合度烷基酚聚氧乙烯醚的浓度 C_0（mg/L）：

$$C_0 = \frac{R_0 \times C_{std}}{100} \tag{5-25}$$

式中：C_{std} 表示烷基酚聚氧乙烯醚工作溶液的浓度（mg/L）。

制备不同浓度的烷基酚聚氧乙烯醚标准溶液，并在液相色谱质谱联用仪上进行测定，建立烷基酚聚氧乙烯醚的工作曲线，得出响应值与浓度的对应关系，其中工作曲线的线性相关系数应高于 0.990。

则样品中烷基酚聚氧乙烯醚的含量 C_s（mg/kg）可以通过以下公式进行测定：

$$C_s = \left(\sum \frac{C \times V}{M} \right) \times D_F \tag{5-26}$$

式中：C 表示单个聚合度烷基酚聚氧乙烯醚浓度的总和，即 $C = \Sigma NPEO_i \times R_i$（mg/L）；$i$ 表示每种不同聚合度的烷基酚聚氧乙烯醚；R_i 表示每种聚合度 i 的烷基酚聚氧乙烯醚在工作溶液中的质量分数;V 表示样品萃取液体积(mL);M 表示样品的质量(g);D_F 表示稀释系数。

壬基酚聚氧乙烯醚与辛基酚聚氧乙烯醚的结果计算均适用于上述公式。

(三)GB/T 23322—2018《纺织品　表面活性剂的测定　烷基酚和烷基酚聚氧乙烯醚》

2018 年 GB/T 23322 进行新的修订,相较于 2009 版,技术性改变有以下几个方面:增加了烷基酚的分析方法,增加了 LC-MS 测定方法,附录中增加亲水作用色谱测定方法。将反相高效液相色谱荧光检测器法,正相高效液相色谱荧光检测器法从正文移至附录 A 和附录 B。

1. 适用范围和测试原理

该标准适用于各类纺织品中烷基酚(AP)和烷基酚聚氧乙烯醚(AP_nEO,$n=2\sim16$)的测定。采用甲醇超声提取试样中的 AP 和 APEO,提取液经浓缩和净化后,用液相色谱质谱仪、液相色谱串联质谱仪或液相色谱荧光检测器测定,外标法定量。

2. 主要试剂和标准品

甲醇,乙腈,正己烷,异丙醇,二氯甲烷都为 HPLC 级。甲醇/水溶液(体积比 3:2),甲醇/二氯甲烷溶液(体积比 1:4),辛基酚标准品(OP,CAS No. 140-66-9,纯度≥97%),壬基酚标准品(NP,CAS No. 25154-52-3,优级纯),辛基酚聚氧乙烯醚标准品(OP_nEO,CAS No. 9002-93-1,平均聚合度 $n=9$,优级纯),壬基酚聚氧乙烯醚标准品(NP_nEO,CAS No. 9016-45-9,平均聚合度 $n=9$,纯度≥99%)。

标准品配制:用甲醇(正相色谱柱法用异丙醇)配制 OP、NP、OP_nEO 和 NP_nEO 标准品储备液,且甲醇(异丙醇)根据仪器条件稀释成不同浓度点的标准工作溶液。

3. 仪器和设备

液相色谱质谱仪,配有电喷雾离子源(ESI);高效液相色谱仪,配有荧光检测器;超声波水浴锅,可控温至 (70 ± 2)℃;旋转蒸发仪或氮吹仪;固相萃取柱,填料为亲脂性二乙烯苯和亲水性 N-乙烯基吡咯烷酮共聚物,60mg,3mL,使用前依次用 2mL 甲醇、4mL 水活化。

4. 试样的提取和净化

取代表性试样,剪成约 5mm×5mm 的碎片,混匀。称取 1g 剪碎的试样(精确至 0.01g),置于 50mL 离心管中,加入 30mL 甲醇,在 (70 ± 2)℃下超声提取 (60 ± 5)min。用旋转蒸发仪在 40℃ 以下将提取液浓缩至近干,准确加入 2mL 甲醇溶解残渣,过 0.22μm 滤膜后,供液相色谱质谱测定。

当试样(如蚕丝类)中杂质干扰测试结果时,采用以下净化方法。用 10mL 甲醇/水溶液溶解上述浓缩瓶中的残渣,全部转移至固相萃取柱中,控制流速为 $1\sim2$mL/min。弃去流出液,减压抽干 10min,用 5mL 甲醇—二氯甲烷溶液洗脱,收集洗脱液。将洗脱液在 40℃ 以下用氮气吹干,准确加入 2mL 甲醇溶解残渣,过 0.22μm 滤膜后,供液相或液相色谱质谱测定。

5. 测定

标准原文给出了液相色谱质谱法(LC-MS)和液相色谱串联质谱法(LC-MS/MS)的参考色谱和质谱条件,仪器参数及定量特征离子参数见表 5-45~表 5-51。

在标准原文的附录 A、附录 B 和附录 C 分别给出了 AP/APEO 的反相高效液相色谱测定方法、正相高效液相色谱测定方法和亲水作用色谱(HILIC)测定方法。这三种测定方法的样品前处理相同,同上述试样的提取和净化过程,不同的只是各仪器的操作条件和仪器参数不同。

表 5-45 表 5-45 LC-MS 操作条件

色谱柱	C18 柱,3.5μm,2.1mm×150mm,或相当者
流动相	AP 分析流动相为甲醇—水—乙腈(19∶75∶6),等度洗脱;AP$_n$EO 梯度洗脱条件参见表 5-46
流速(mL/min)	0.3
进样量(μL)	10
柱温(℃)	35
离子源	电喷雾离子源
扫描方式	选择离子扫描
扫描极性	AP 采用负离子扫描模式,质量扫描范围:m/z 200~225,选择监测离子 m/z 205(OP),m/z 219(NP);AP$_n$EO 采用正离子扫描模式,质量扫描范围:m/z 150~1000,选择监测离子 m/z 361.5+△44(OPEO,$n=3\sim16$),m/z 361.5+△44(NPEO,$n=3\sim16$)
毛细管电压(V)	4500
干燥气	高纯氮气
干燥气温度(℃)	350
干燥气流速(L/min)	10

表 5-46 LC-MS 梯度洗脱条件

时间(min)	甲醇(%)	水(%)	乙腈(%)
0	19	75	6
12.00	10	84	6
12.50	19	75	6
17.50	19	75	6

表 5-47 LC-MS//MS 操作条件

色谱柱	C18 柱,5.0μm,4.6mm×150mm,或相当者
流动相	AP 梯度洗脱条件参见表 5-48,AP$_n$EO 梯度洗脱条件参见表 5-49
流速(mL/min)	0.6
进样量(μL)	5
柱温(℃)	30
离子源	电喷雾离子源
扫描极性	AP 采用负离子扫描,AP$_n$EO 采用正离子扫描
扫描方式	多反应监测(MRM)
雾化气、碰撞气	高纯氮气

表 5-48　　AP 分析 LC-MS/MS 梯度洗脱条件

时间（min）	水（%）	甲醇（%）
0	80	20
2.00	20	80
4.00	20	80
4.10	80	20
8.00	80	20

表 5-49　　AP_nEO 分析 LC-MS/MS 梯度洗脱条件

时间（min）	0.005mol/L 乙酸铵（%）	甲醇（%）
0	80	20
2.00	20	80
4.00	20	80
4.10	80	20
8.00	80	20

表 5-50　质谱参考条件监测离子对及电压参数

气帘气压力（CUR）（kPa）	172.4（25 psi）
雾化气压力（GS1）（kPa）	289.6（42 psi）
辅助气流速（GS2）（kPa）	310.3（45 psi）
离子源温度（TEM）（℃）	540
碰撞气（CAD）（kPa）	41.4（6 psi）
离子对、电喷雾电压（IS）、去簇电压（DP）、碰撞气能量（CE）及碰撞室出口电压（CXP）	见表 5-51

表 5-51　AP/APEO 标准品的 LC-MS/MS 法保留时间和多反应监测（MRM）条件

待测物	保留时间（min）	定性和定量离子对（m/z）	电喷雾电压 IS（V）	去簇电压 DP（V）	碰撞气能量 CE（V）	碰撞室出口电压 CXP（V）
OP	4.29	205.2/132.9 *	−4500	−85	−33	−5
		205.2/93.0	−4500	−85	−63	−5
NP	4.50	205.2/132.9 *	−4500	−85	−42	−5
		219.2/146.9	−4500	−85	−37	−5
OP_2EO	3.75	312.2/182.5 *	5500	50	19	10
		312.2/113.3	5500	50	22	10
OP_3EO	3.72	356.0/227.3 *	5500	50	18	10
		356.0/165.5	5500	50	26	10

续表

待测物	保留时间 （min）	定性和定量离子对 （m/z）	电喷雾电压 IS （V）	去簇电压 DP （V）	碰撞气能量 CE （V）	碰撞室出口电压 CXP（V）
OP$_4$EO	3.69	400.5/383.5*	5500	70	23	10
		400.5/271.5	5500	70	34	10
OP$_5$EO	3.69	444.6/427.5	5500	74	24	10
		444.6/315.4*	5500	74	28	10
OP$_6$EO	3.66	488.6/471.4*	5500	90	27	10
		488.6/359.4	5500	90	39	10
OP$_7$EO	3.69	522.5/515.6*	5500	95	29	10
		532.5/133.4	5500	95	41	10
OP$_8$EO	3.69	576.6/559.5*	5500	100	29	10
		576.5/447.4	5500	100	43	10
OP$_9$EO	3.69	620.7/603.4*	5500	110	30	10
		620.7/603.4*	5500	110	44	10
OP$_{10}$EO	3.68	664.6/647.5*	5500	110	31	10
		664.6/277.2	5500	110	45	10
OP$_{11}$EO	3.64	708.7/691.5*	5500	110	33	10
		708.7/277.2	5500	110	48	10
OP$_{12}$EO	3.44	752.8/735.6*	5500	115	34	10
		752.8/277.2	5500	115	50	10
OP$_{13}$EO	3.44	796.8/779.6*	5500	120	33	10
		796.8/277.2	5500	120	50	10
OP$_{14}$EO	3.29	840.8/823.6*	5500	110	33	10
		840.8/277.2	5500	110	48	10
OP$_{15}$EO	3.26	884.8/867.6	5500	115	34	10
		884.8/277.2*	5500	115	50	10
OP$_{16}$EO	3.24	929.0/911.7	5500	120	33	10
		929.0/277.2*	5500	120	50	10
NP$_2$EO	4.16	326.3/183.0*	5500	48	15	10
		326.3/127.3	5500	48	18	10
NP$_3$EO	4.18	370.3/353.3	5500	57	12	10
		370.3/227.1*	5500	57	17	10
NP$_4$EO	4.13	414.4/397.4*	5500	60	15	10
		414.4/271.6	5500	60	22	10

待测物	保留时间（min）	定性和定量离子对（m/z）	电喷雾电压 IS（V）	去簇电压 DP（V）	碰撞气能量 CE（V）	碰撞室出口电压 CXP（V）
NP₅EO	4.13	458.5/441.3*	5500	60	19	10
		458.5/441.3*	5500	60	25	10
NP₆EO	4.13	502.5/485.6*	5500	70	20	10
		502.5/359.4	5500	70	25	10
NP₇EO	4.10	546.5/529.5*	5500	70	24	10
		546.5/291.5	5500	70	32	10
NP₈EO	4.10	590.6/573.5*	5500	80	25	10
		590.6/291.5	5500	80	35	10
NP₉EO	4.10	634.8/617.6*	5500	90	25	10
		634.8/291.5	5500	90	35	10
NP₁₀EO	4.07	678.5/661.5*	5500	90	27	10
		634.8/291.5	5500	90	39	10
NP₁₁EO	4.07	722.6/705.7*	5500	90	28	10
		722.6/291.5	5500	90	40	10
NP₁₂EO	4.13	766.9/335.3	5500	100	34	10
		766.9/291.5*	5500	100	42	10
NP₁₃EO	4.13	810.8/793.4*	5500	100	30	10
		810.8/291.5	5500	100	45	10
NP₁₄EO	4.10	854.8/837.5*	5500	100	32	10
		854.8/291.2	5500	100	47	10
NP₁₅EO	4.10	898.8/881.8*	5500	110	33	10
		898.8/291.2	5500	110	49	10
NP₁₆EO	4.13	942.9/925.5*	5500	110	35	10
		942.9/291.2	5500	110	50	10

* 为定量离子对。

6. 定性判定及定量测定

（1）LC-MS 定性。标准工作溶液和样液等体积穿插进样,样液与标准品的保留时间对照,对待测组分进行定性。反相/正相色谱峰保留时间与标准工作溶液一致时,可用 LC-MS/MS 法进一步分析确证。确证无误后,用标准工作曲线按外标法对待测样品进行定量,样品溶液中待测物的响应值均应在仪器测定的线性范围内。

（2）LC-MS/MS 定性。当按照 LC-MS/MS 条件测定样品和标准工作溶液时,除保留时间一致外,样品中各组分定性离子的相对丰度需与标准工作溶液中的相对丰度进行比较,偏差不超过表 5-52 规定的范围,则可判定样品中存在对应的被测物。

表 5-52 定性确证时相对离子丰度的最大允许偏差

相对离子丰度(%)	>50	20~50	10~20	≤10
允许的最大偏差(%)	±20	±25	±30	±50

7. 计算

(1)LC-MS 法。按式(5-27)计算试样中 AP 和 APEO 含量,结果保留小数点后两位。

$$X = \frac{(c - c_0) \times V}{m} \tag{5-27}$$

式中:X 为试样中待测物的含量(mg/kg);C 为从标准工作曲线得到的样液中待测物的浓度(mg/L);C_0 为从标准工作曲线得到的空白试验溶液中待测物的浓度(mg/L);V 为样液最终定容体积(mL);m 为最终样液所代表试样的质量(g)。

(2)LC-MS/MS 法计算公式。按式(5-28)~式(5-30)计算试样中 APEO 含量,结果保留至小数点后两位。

$$X = \sum X_n \tag{5-28}$$

$$X_n = \frac{A_n \times c_{ns} \times V}{A_{ns} \times m} \tag{5-29}$$

$$c_{ns} = \frac{A_{ns} \times M_{ns} \times c_s}{\sum (A_{ns} \times M_{ns})} \tag{5-30}$$

式中:X 为试样中 OP$_n$EO 或 NP$_n$EO 含量(mg/kg);X_n 为试样中聚合度为 n 的 AP$_n$EO 含量总和(mg/kg);A_n 为试样中聚合度为 n 的 AP$_n$EO 峰面积;C_{ns} 为标准工作溶液中聚合度为 n 的 AP$_n$EO 的浓度(mg/L);V 为样液最终定容体积(mL);A_n 为标准工作溶液中聚合度为 n 的 AP$_n$EO 峰面积;m 为试样的质量(g);M_{ns} 为聚合度为 n 的 AP$_n$EO 的相对分子质量;c_s 为标准工作溶液中 AP$_n$EO 的浓度(mg/L)。

按式 5-31 计算试样中 AP 的含量:

$$X = \frac{(C - C_0) \times V}{m} \tag{5-31}$$

式中:X 为试样中 OP 或 NP 的含量(mg/kg);C 为从标准工作曲线得到的样液中 OP 或 NP 的浓度(mg/L);C_0 为从标准工作曲线得到的空白试验溶液中 AP 的浓度(mg/L);V 为样液最终定容体积(mL);m 为最终样液所代表试样的质量(g)。

六、检测过程中的技术细节与存在的问题

(一)烷基酚聚氧乙烯醚特殊的定性定量方法

由于烷基酚聚氧乙烯醚是一类聚合物,聚氧乙烯单元结构的长度,即聚合度,会影响到仪器色谱图的出峰情况,聚合度越低,亲水基团占比越低,在色谱分离中倾向于更不易于流动相洗脱而出峰;聚合度越高,亲水集团占比越高,在色谱分离中倾向于更易被流动相洗脱而出峰。故聚合度越高,保留时间越小,反之保留时间越大。但烷基酚聚氧乙烯醚并非只是单一聚合度,而是具有多种聚合度且各聚合度质谱丰度依聚合度从小到大呈正态分布,这种正态分布的质谱特性是烷基酚聚氧乙烯醚的特殊的定性依据。

图 5-18 是平均聚合度 $n=5$ 的壬基酚聚氧乙烯醚标准品（IGEPAL ® CO-520）、平均聚合度 $n=9$ 的壬基酚聚氧乙烯醚标准品（IGEPAL ® CO-630）和平均聚合度 $n=12$ 的壬基酚聚氧乙烯醚标准品（IGEPAL ® CO-720）用液相色谱质谱联用仪检测中的质谱图比较。可以看出，不同平均聚合度的壬基酚聚氧乙烯醚其质谱均呈现正态分布，但其正态分布的"集中区域"不一样，平均聚合度低的集中在低质量数端，平均聚合度高的集中在高质量数端。对于单个聚合度离子通道来说，保留时间不会因为其平均聚合度的改变而改变。但因为聚合度的丰度分布不同，导致不同平均聚合度的壬基酚聚氧乙烯醚会有不一样保留时间的总离子流图，见图 5-19。所以，另一定性判定依据，是烷基酚聚氧乙烯醚的各个聚合度离子通道的保留时间，而并非总离子流图的保留时间。这也影响了烷基酚聚氧乙烯醚的定量方式。

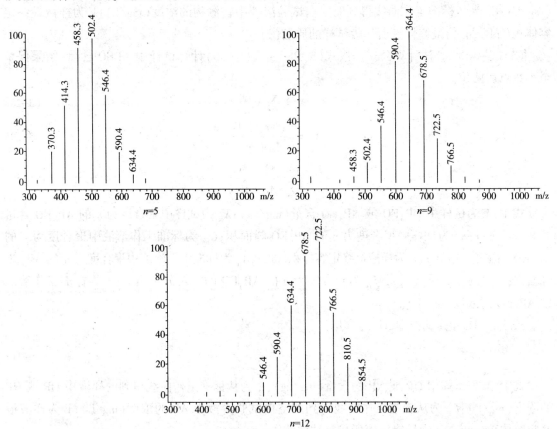

图 5-18 壬基酚聚氧乙烯醚 IGEPAL ® CO-520/CO-630/CO-720 的质谱图

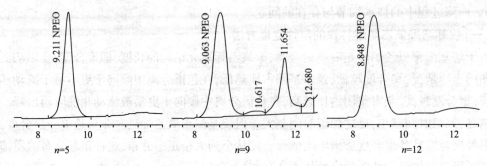

图 5-19 壬基酚聚氧乙烯醚 IGEPAL ® CO-520/CO-630/CO-720 的总离子流图

烷基酚聚氧乙烯醚是采用单通道定量加和的形式进行定量的,具体流程为:对于标准曲线的建立,特定浓度的烷基酚聚氧乙烯醚,先计算出各个聚合度单通道的色谱响应值与所有聚合度通道色谱响应值总和的比例,通过该比例将烷基酚聚氧乙烯醚的浓度折算出该单通道的浓度,各个曲线点均如此进行,则形成各个聚合度通道的浓度与色谱峰响应值对应的"子标准曲线",将样品的各个通道的色谱峰响应值代入"子标准曲线"求得各个聚合度烷基酚聚氧乙烯醚的浓度,进行加和,从而求出样品的烷基酚聚氧乙烯醚的总浓度。这就是烷基酚聚氧乙烯醚的特殊的定量方法。

值得注意的是,在进行烷基酚聚氧乙烯醚的测定时,会出现因将保留时间区间内的杂质峰当成烷基酚聚氧乙烯醚,即假阳性的风险。除了需要查看疑似峰的质谱分布是否符合烷基酚聚氧乙烯醚的特殊的正态分布外,也应该在进行烷基酚聚氧乙烯醚的定量过程中时刻注意是否将杂质峰亦加入其中。因为当使用峰加和的方法进行定量时,样品的质谱分布其实也会反映在计算后的分通道浓度的结果中,即分通道浓度的结果应当也会满足正态分布,当出现某些单通道计算浓度不满足该正态分布趋势,则需判定是否该通道有将杂质峰引入计算的风险。

(二)烷基酚的多样性

检测标准中作为烷基酚的检测对象一般为壬基酚($4\text{-}n\text{-}$壬基酚)和辛基酚($4\text{-}n\text{-}$辛基酚),而由于因烷基异构而产生的多种不同结构的烷基酚,也具有与常规检测的壬基酚、辛基酚类似的功能用途,也逐渐受到关注。常见的烷基酚见表5-53所示。

表5-53 常见的烷基酚

中文名	英文名	CAS No.	备注
4-正壬基酚	4-n-Nonylphenol	104-40-5	NP:烷基为直链
壬基酚,包括苯环取代位和烷基取代基的各种异构体	Nonylphenol, mixture of ring and chain isomers	84852-15-3	NP:烷基为直链支链
4-正辛基酚	4-n-Octylphenol	1806-26-4	OP:烷基为直链
4-特辛基酚	4-tert-Octylphenol	140-66-9	OP:烷基为支链

因此,在进行烷基酚的测定时,会出现因漏判定其他烷基异构的烷基酚出现假阴性的风险:因为这些烷基异构的烷基酚具有与常规测定烷基酚相似的检测参数条件,但由于结构的差异带来的与常规测定的烷基酚不一样的保留时间。烷基酚在液相色谱质谱联用仪上的色谱出峰见图5-20所示。

在进行色谱峰判定时,容易将这些峰当作杂质峰而忽略烷基异构这种情况的存在。在今后的烷基酚的检测工作中,必定是朝着烷基酚的多样性方向发展。一方面烷基酚的检测对象更加丰富(烷基的长度、烷基的异构等),另一方面烷基酚的检测因为烷基酚结构的扩充而变得更加复杂和完善。

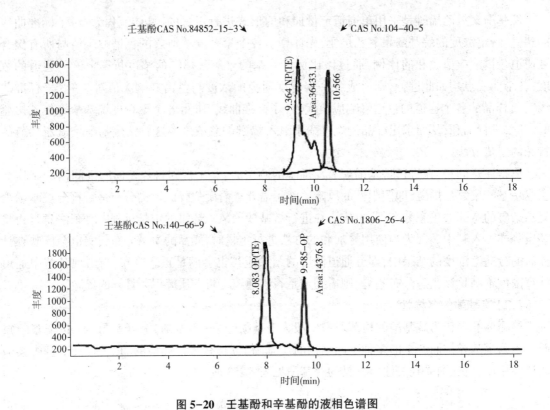

图 5-20　壬基酚和辛基酚的液相色谱图

另外,壬基酚可能会在 GC 进样口端由于热裂解而产生假阳性结果。一般会有随进样口端温度的升高而检出结果增加的规律性。此种假阳性有可能来自于 PVC 工艺过程中添加的稳定剂 TNPP (CAS No. 26523-78-4)。故当 NP 在 GC-MS 上有检出时需要用 LC-MS 或 LC-MS/MS 进一步确认和定量分析。

(三) 标准物质对测试结果的影响

当待测样品中 APEO 各个聚合度的分布与所用标准物质差别较大时,所测得的结果与真实值有较大出入。以 OPEO 为例,以 $OP_{10}EO$ 为标液,对已知浓度的 OP_5EO、$OP_{10}EO$ 及 $OP_{16}EO$ 进行定量时,$OP_{10}EO$ 的测得值接近于理论值,而 OP_5EO 和 $OP_{16}EO$ 的结果与理论值有较大偏差。说明当样品中 OPEO 聚合度发生变化的时候,检测结果的可信度降低。事实上,如果采用不同品牌的标准物质,即使证书上标识标准物质的平均聚合度相同,不同供应商工艺差别导致实际质量浓度分布情况并不一致,所得出的定量结果也不能很好地吻合。

第九节　全氟辛烷磺酰基化合物及全氟辛酸的检测方法与标准

1947 年,美国 3M 公司成功研制出全氟化合物,由于其具有优良的热稳定性、化学稳定性、高表面活性、疏水和疏油性能,开始被广泛应用于润滑剂、灭火剂、表面活性剂、清洗剂、化妆品、纺织品、室内装潢、皮革制品等生产领域。其中全氟辛酸和全氟辛烷磺酰基化合物是目前最受关注的两种典型的全氟化合物。

一、PFOS 和 PFOA 的结构、应用以及毒性问题

（一）PFOS 和 PFOA 的结构

PFOS 是全氟辛基磺酸化合物（Perfluorooctane Sulfonate）的英文缩写，欧盟指令 2006/122/EC 对 PFOS 的定义是指具有 $C_8F_{17}SO_2X$ 分子式的化合物，其中 X＝羟基、金属盐或其他盐类、卤化物、酰胺以及包括聚合物在内的其他衍生物。结构式为：

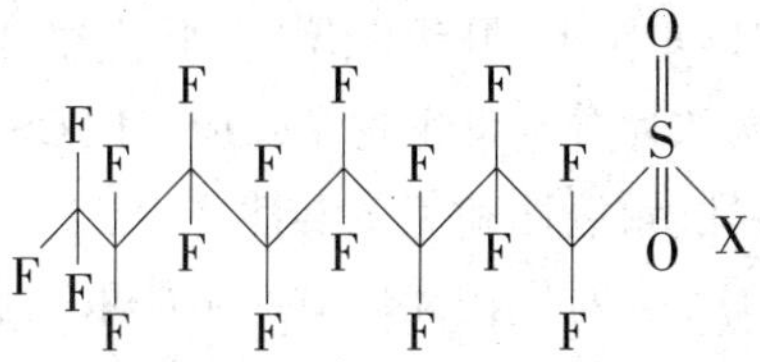

PFOA 是全氟辛酸类化合物（Perfluorooctanoic Acid）的英文缩写，其分子式为 $C_7F_{15}COOH$，其包括所有含有 C_7H_{15} 特征基团的具有 8 个骨架碳原子的化合物和聚合物以及其盐类物质，结构式为：

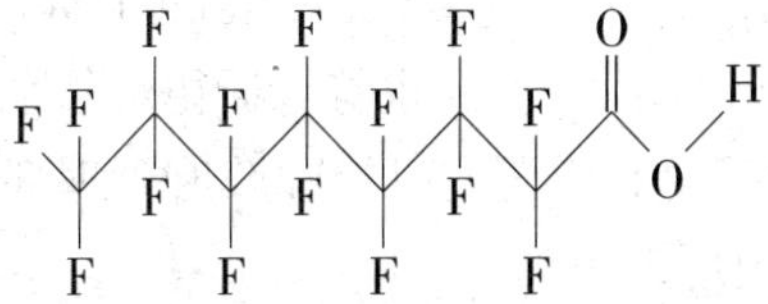

PFOS 和 PFOA 中由于烃链碳原子上的氢被氟全部取代，碳氟键具有极强的极性和键能，这使得这类化合物具有很高的化学稳定性和生物惰性，能够经受加热、光照、化学作用、微生物作用和高等脊椎动物的代谢作用而很难降解，只有在高温焚烧时才会发生裂解，分解出二氧化碳、氟气和惰性挥发性气体。由于难于脱氟降解，PFOS 和 PFOA 在生物体内蓄积水平远高于有机氯农药和二噁英等持久性有机污染物。此外，全氟化合物具有表面活性，含有水溶性官能团，在水中具有较大的溶解度（PFOS:0.57g/L; PFOA:4.7g/L），随污水排放是其成为持久性污染的主要原因。

在美国化学文摘（CAS）登记目录中，有 96 种不同氟化有机物可在环境中通过分解释放出 PFOS。常见的具有重要商业用途的有以下几种：全氟辛基磺酸（PFOS）、全氟辛基磺酰胺（PFO-SA）、N-甲基-全氟辛基磺酰胺（N-Me-FOSA）、N-乙基-全氟辛磺酰胺（N-Et-FOSA）、N-甲基全氟辛基磺酰胺乙醇（N-Me-FOSE alcohol）、N-乙基全氟辛基磺酰胺乙醇（N-Et-FOSE alcohol）、全氟辛酸（PFOA）。

（二）PFOS 和 PFOA 在纺织领域的应用

PFOS 和 PFOA 系列化合物目前在纺织领域已经有成熟广泛的应用。PFOS 类物质可用于生产纺织染整方面的整理剂以及用于纺织印染后期的防水、防油、防紫外线的整理，是纺织品拒水拒油整理的主要活性成分。作为一种功能化、智能化的产品，经过 PFOS 拒水拒油整理的纺织品能抵御雨水、油迹，又能让人体的汗液、汗气及时地排出，从而使人体保持干爽和温暖。PFOS 类物质还可用于生产具有拒水拒油功能的餐桌布、汽车防护罩等。

PFOA 及其盐类，在工业上主要用途是作为生产聚四氟乙烯，即特富龙（Telfon）的工业助剂，该材料广泛用于不黏涂层的生产。在纺织行业，PFOA 主要作为乳化剂用于生产含氟聚合物。此类氟表面活性剂具有润滑性和防水、防油效果。将 PFOA 等含氟表面活性剂作为助剂添加到浆料中，制成成品后，可直接涂于织物或纸张表面，借助黏合剂的作用，其在织物或纸张表面会形成一层氟烷基向外定向排列的拒水、拒油层,起到防水防油的效果,并可保持原产品的柔韧性、透气性、外观及湿强度。目前国内许多纺织品使用的"三防"整理剂乳液大多含有 PFOA,少量含 PFOS 类化合物。

(三) PFOS 和 PFOA 的毒性问题

作为全氟化合物,PFOS 和 PFOA 是目前世界上发现的最难降解的有机污染物之一,具有很高的生物富集性和多种毒性。有研究表明,PFOS 和 PFOA 进入生物体主要分布在血液和肝脏中,在一定剂量下可引起生物体体重降低、肝组织增重、肺泡壁变厚、线粒体受损、基因诱导、幼体死亡率增加以及容易感染疾病致死等不良生物学效应。PFOS 和 PFOA 对生物体所产生的毒性一般可分为器官毒性、生殖毒性、致癌性和免疫毒性。

大量研究证实,PFOS 和 PFOA 会对生物和环境产生严重影响。2001 年,美国环保局将其列入持久性环境污染物黑名单,进行严格管理。2002 年,欧盟经济合作和发展组织(Organization for Economic Cooperation and Development,简称 OECD)进行的一项评估表明,全氟辛烷磺酰基化合物(PFOS)对哺乳动物是 PBT 物质,即持久性、生物累积性和毒性物质,必须引起各方关注。此外,欧盟委员会的健康与环境风险科学委员会(SCHER)也认定,PFOS 完全满足了高持久性和高生物累积性的划分标准,属于 vPvB 类物质,也符合斯德哥尔摩公约关于持久性有机污染物质(POPs)的认定标准。许多国家环境科学研究机构和政府管理部门非常关注 PFOS 和 PFOA 对环境污染问题和它引起的生态效应。

二、PFOS/PFOA 的限制

(一) REACH 法规的相关限制

2006 年 12 月 17 日,欧洲议会和欧盟理事会通过第 2006/122/EC 号指令,限制 PFOS 在产品、半成品、零件及用于特定零部件中及产品的涂层表面,如纺织品中使用。对销售和使用的物质和制剂中,PFOS 的含量不得超过 0.005%(50ppm),在半成品、物品或零部件中,PFOS 含量不得高于 0.1%(1000ppm),或对纺织品和其他的涂层材料而言,PFOS 的含量不得超过 $1\mu g/m^2$。2009 年 6 月,该指令被转换成 REACH 法规附件ⅩⅦ第 53 项。2011 年 3 月 2 日,欧盟委员会公布第 207/2011 号法规,将原第 53 项(全氟辛烷磺化物,PFOS)从 REACH 法规附件ⅩⅦ中删除,因为该物质已被认定为是持久性有机污染物质(POPs),应禁止生产及销售。但对纺织品或其他涂层材料的限量要求仍为<$1\mu g/m^2$。

2012 年 12 月 19 日,ECHA 发布的第八批 SVHC 中有四个长链全氟烷基羟酸,它们是全氟十一烷酸、全氟十二烷酸、全氟十三烷酸、全氟十四烷酸,都属 vPvB 物质。和 PFOS 和 PFOA 一样,这些全氟烷酸都可作为防水、防油、防污的"三防"整理剂而广泛用于纺织产品。

同时,全氟辛酸(PFOA)及其盐类也被怀疑与 PFOS 有类似的风险。2013 年 6 月 20 日,ECHA 发布第 9 批 SVHC 候选清单,PFOA 因被认定为生殖毒性和 PBT 物质而正式列入其中。之后,陆续被列入 SVHC 候选清单的全氟化合物还有:全氟壬酸及其钠盐和铵盐、全氟癸酸(PF-DA)及其钠盐和铵盐、全氟己基磺酸及其盐类(PFHxS)。

2017 年 6 月 14 日,欧盟发布(EU)2017/1000,正式将 PFOA 及其盐类和相关物质纳入 REACH 法规限制物质清单,新增附件ⅩⅦ第 68 项关于全氟辛酸(PFOA)的限制条款,规定如下:

(1)自 2020 年 7 月 4 日起,该物质本身不得生产或投放市场。

（2）自2020年7月4日起,当物料、配制品或物品中PFOA及其盐类物质含量≥25ppb或者PFOA相关物质单项或者多项的总量≥1000ppb时,以下用途不得用于生产或投放市场:作为另一种物质的组成成分;混合物;物品。

（3）对于以下物品,另有规定如下:

①用于制造半导体的设备;乳胶印刷油墨:自2022年7月4日起实施。

②用于保护工人健康和安全的纺织品;用于医用纺织品、水处理过滤、生产过程和污水处理的膜;等离子体纳米涂层:自2023年7月4日起实施。

③93/42/EEC指令范围内除植入性医疗装置以外的医疗器械:自2032年7月4日起实施。

（二）生态纺织品相关标准的限制

Eco-Label在纺织品限制物质清单中规定,在后整理阶段,对防水和防油的"三防"功能性整理中,不得使用含氟整理剂,包括全氟或多氟的整理剂。在最终产品阶段,用于户外或特种需求的含氟聚合物层压制品或薄膜,不得采用PFOA或具有更长碳链的同系物原料。

Standard 100 by OEKO-TEX ® 不仅限制PFOS和PFOA,而且限制其他全氟及多氟化合物,将全氟化合物（PFCs）作为一种物质分类单独列出,加以限制。表5-54列出2019版Standard 100 by OEKO-TEX ® 对全氟及多氟化合物（PFCs）的限制要求。

表5-54　Standard 100 by OEKO-TEX ®（2019版）对PFCs的限制要求
（适用于所有经防水、防污或防油整理或涂层的材料）

产品级别	I 婴幼儿	II 直接接触皮肤	III 非直接接触皮肤	IV 装饰材料
PFOS, PFOSA, PFOSF, N-Me-FOSA, N-Et-FOSA, N-Me-FOSE, N-Et-FOSE;总计（μg/m²）	<1.0	<1.0	<1.0	<1.0
PFOA（μg/m²）	<1.0	<1.0	<1.0	<1.0
PFHpA（mg/kg）	<0.05	<0.1	<0.1	<0.5
PFNA（mg/kg）	<0.05	<0.1	<0.1	<0.5
PFDA（mg/kg）	<0.05	<0.1	<0.1	<0.5
PFUdA（mg/kg）	<0.05	<0.1	<0.1	<0.5
PFDoA（mg/kg）	<0.05	<0.1	<0.1	<0.5
PFTrDA（mg/kg）	<0.05	<0.1	<0.1	<0.5
PFTeDA（mg/kg）	<0.05	<0.1	<0.1	<0.5
全氟羧酸*/每种（mg/kg）	<0.05	—	—	—
全氟辛磺酸*/每种（mg/kg）	<0.05	—	—	—
部分氟化羧酸*/氟化磺酸*/每种（mg/kg）	<0.05	—	—	—
部分氟化直链醇*/每种（mg/kg）	<0.50	—	—	—
氟化醇与丙烯酸的酯/每种（mg/kg）	<0.50	—	—	—

注　* 参考表5-55

表 5-55　全氟及多氟化合物

名称	CAS NO.	缩写
全氟辛烷磺酸和磺酸盐	1763-23-1, et. al.	PFOS
全氟辛烷磺酰胺	754-91-6	PFOSA
全氟辛烷磺酰氟	307-35-7	PFOSF/ POSF
N-甲基全氟辛烷磺酰胺	31506-32-8	N-Me-FOSA
N-乙基全氟辛烷磺酰胺	4151-50-2	N-Et-FOSA
N-甲基全氟辛烷磺酰胺乙醇	24448-09-7	N-Me-FOSE
N-乙基全氟辛烷磺酰胺乙醇	1691-99-2	N-Et-FOSE
全氟庚酸及其盐	375-85-9, et. al.	PFHpA
全氟辛酸及其盐	335-67-1, et. al.	PFOA
全氟壬酸及其盐	375-95-1, et. al.	PFNA
全氟癸酸及其盐	335-76-2, et. al.	PFDA
全氟十一烷酸及其盐	2058-94-8, et. al.	PFUdA
全氟十二烷酸及其盐	307-55-1, et. al.	PFDoA
全氟十三烷酸及其盐	72629-94-8, et. al.	PFTrDA
全氟代十四酸及其盐	376-06-7, et. al.	PFTeDA
其他,更多全氟羧酸		
全氟丁酸及其盐	375-22-4, et. al.	PFBA
全氟戊酸及其盐	2706-90-3, et. al.	PFPeA
全氟己酸及其盐	307-24-4, et. al.	PFHxA
全氟(3,7-二甲基辛酸)及其盐	172155-07-6, et. al.	PF-3,7-DMOA
全氟烷基磺酸		
全氟丁烷磺酸及其盐	375-73-5, 59933-66-3, et. al.	PFBS
全氟己烷磺酸及其盐	355-46-4, et. al.	PFHxS
全氟庚烷磺酸及其盐	375-92-8, et. al.	PFHpS
全氟癸烷磺酸及其盐	335-77-3, et. al.	PFDS
部分氟化羧酸/氟化磺酸		
7H-全氟庚酸及其盐	1546-95-8, et. al.	7HPFHpA
2H,2H,3H,3H-全氟十一烷酸及其盐	34598-33-9, et. al.	4HPFUnA
1H,1H,2H,2H-全氟辛烷磺酸及其盐	27619-97-2, et. al.	1H,1H,2H,2H PFOS
部分氟化直链醇		
1H,1H,2H,2H-全氟-1-己醇	2043-47-2	4:2 FTOH
1H,1H,2H,2H-全氟-1-辛醇	647-42-7	6:2 FTOH

续表

名称	CAS NO.	缩写
1H,1H,2H,2H-全氟-1-癸醇	678-39-7	8:2 FTOH
1H,1H,2H,2H-全氟-1-十二烷醇	865-86-1	10:2 FTOH
氟化醇与丙烯酸的酯		
1H,1H,2H,2H-全氟辛基丙烯酸酯	17527-29-6	6:2 FTA
1H,1H,2H,2H-全氟癸基丙烯酸酯	27905-45-9	8:2 FTA
1H,1H,2H,2H-全氟十二烷基丙烯酸酯	17741-60-5	10:2 FTA

我国团体标准 T/CNTAC 8—2018、美国 AAFA 的 RSL 以及 ZDHC 的 MRSL 也都将 PFOS 和 PFOA 纳入限制使用的监管范围,具体见表 5-56。

表 5-56　全氟辛烷磺酰基化合物的主要限制法规

标准编号	管控范围	管控物质	限值
T/CNTAC 8-2018	产品的防水、防油和防污整理	全氟辛烷磺酰基化合物(PFOS)	≤1μg/m²
		全氟辛酸(PFOA)及其盐类	≤1μg/m²
AAFA RSL 第 20 版(2019)	纺织品和涂层	全氟辛酸(PFOA)及其盐和酯	<1μg/m²
		全氟辛烷磺酰基化合物(PFOS)	<1μg/m²
	产品/物品	全氟辛酸(PFOA)及其盐和酯	<0.1%(质量分数)
		全氟辛烷磺酰基化合物(PFOS)	<0.1%(质量分数)
	物质或配制品	全氟辛酸(PFOA)及其盐和酯	<0.001%(质量分数)
ZDHC MRSL1.1	原材料和成品供应商要求	全氟辛酸(PFOA)和相关物质 全氟辛烷磺酸(PFOS)和相关物质	不得有意使用
	化学品供应商商业制剂限量	全氟辛酸(PFOA)和相关物质	总计≤2mg/kg
		全氟辛烷磺酸(PFOS)和相关物质	总计≤2mg/kg

三、欧盟关于 PFOS 和 PFOA 检测方法的技术规范文件

欧洲标准化委员会(CEN)于 2010 年发布 CEN/TS 15968:2010,该技术规范文件给出了关于制备品、半成品和物品包括纺织品和覆盖材料中 PFOS 及其化合物含量的测定方法,采用甲醇萃取、用高效液相色谱串联质谱(LC-MS/MS)或高效液相色谱四极杆质谱(LC-qMS)测定样品萃取液中 PFOS 化合物。虽然到目前为止,此技术规范还没有转化为正式的国际标准文件,但已成为纺织产品中 PFOS 和 PFOA 检测方法的主要指导与参考文件。

以下对 CEN/TS 15968:2010 中针对纺织、皮革产品的测试方法作详细介绍。

(一)范围与原理

该技术规范适用于带有涂层或浸渍处理过的固体物品、液体和防火海绵等。制定了采用甲醇萃取、用高效液相色谱串联质谱(LC-MS/MS)或高效液相色谱四极杆质谱(LC-qMS)分析样品萃取液中 PFOS 化合物的检测方法。该方法所分析的全氟辛烷磺酸及衍生物列于表 5-57

中。列出的分析物不可能包括所有的全氟辛烷磺酸衍生物,其他的全氟辛烷磺酸化合物和PFOA可参考此方法。

表5-57 CEN/TS 15968:2010 方法所测定的物质

化合物名称	简称	CAS No.	相对分子质量	分子式
全氟辛烷磺酸	PFOS	1763-23-1	500.13	$C_8F_{17}SO_3H$
全氟辛烷磺酰胺	PFOSA	754-91-6	499.14	$C_8F_{17}SO_2NH_2$
N-甲基-全氟辛烷磺酰胺	N-Me-FOSA	—	513.17	$C_8F_{17}SO_2NH(CH_3)$
N-乙基-全氟辛烷磺酰胺	N-Et-PFOS	—	527.20	$C_8F_{17}SO_2NH(C_2H_5)$
N-甲基-全氟辛基磺酰胺乙醇	N-Me-PFOS alcohol	24448-09-7	557.23	$C_8F_{17}SO_2N(CH_3)CH_2CH_2OH$
N-乙基-全氟辛基磺酰胺乙醇	N-Et-PFOS alcohol	1691-99-2	571.25	$C_8F_{17}SO_2N(C_2H_5)CH_2CH_2OH$

注 PFOS可能以盐形式存在,例如钾盐(CAS No. 2795-39-3),锂盐(CAS No. 29457-72-5),铵盐(CAS No. 29081-56-9)和 二乙醇胺盐(CAS No. 70225-39-5),或其他形式存在。此技术规范描述的方法也适用于所有PFOS盐类化学品。

该技术规范文件对测定PFOS化合物的以下几个步骤进行了描述:样品的取样;用甲醇萃取过程;甲醇萃取液的净化处理;用LC-qMS或LC-MS/MS定性定量分析;结果计算。

(二) 设备和试剂

样品容器、实验室器皿以及萃取设备可能的部件使用前需要用水和甲醇充分清洗,与样品或萃取物接触的设备或任何可能的部件在使用时需要核查无背景污染物。所有设备需避免使用玻璃,可采用PP、PE器皿。

1. 设备与仪器

测量和切割纺织品、皮革和纸张等平面材料的切割工具和测量工具;固体研磨设备;125μm筛;分析天平精确到0.001g和0.0001g;聚丙烯或聚乙烯小瓶;超声波水浴(可控温至20~70℃);浓缩装置;检测仪器:LC-MS/MS或LC-qMS或LC-TOFMS(液相色谱飞行时间质谱)。

2. 化学物质及试剂

(1)萃取试剂:甲醇;

(2)液相色谱和质谱的试剂:超纯水;醋酸(纯度≥99.9%);乙酸铵(纯度≥97%);甲醇(色谱级);甲酸(纯度≥99%);

(3)内标物质:$^{13}C_x$-PFOS{如[F(CF_2)_8SO_3^-H^+],-1,2,3,4-$^{13}C_4$}或$^{18}O_x$-PFOS{如[F(CF_2)_8SO_3^-H^+],-$^{18}O_2$}。其他标记类型的标准品若可行,也可使用。

(4)校准溶液的浓度范围0.5~50μg/L。

(三) 样品的取样

该技术规范文件描述了两种不同结果的表达方式而需要采用的两种不同的取样方式:一种方式是基于面积的含量(质量/面积),另一种是基于质量的含量(质量/百分数)。

(1)带有涂层的材料,如纸、纺织品、皮革、地毯、衣服和鞋类,此类材料按面积计算。使用合适的工具切割取200cm²样品。确保样品没有被延伸(起皱材料容易有高的表面积)。若样品不合适于量取面积,则称量至少2g的样品。

（2）对于非涂层的材料，此类材料按重量计算。

样品的预处理：皮革材料需剪成最大不超过 25mm² 的碎片，纺织品和纸需剪成不超过 1mm² 的碎片，聚合物和胶料需研磨成颗粒状。

（四）样品的萃取与净化

将测试样品放入加盖试管中，加入合适质量的内标物溶液，平衡样品至少 1h，加入 50mL 甲醇至试管，或者加入能够浸没样品量的甲醇，旋紧试管盖，放入 60℃ 的超声水浴中超声 2h。

由于在萃取过程中，萃取物中可能含有能干扰液相色谱质谱测定的物质，如来自皮革的天然脂质，需经过净化，以减少这些干扰对结果的影响。对甲醇萃取物进行净化可使用活性炭净化或固体萃取（SPE）净化法。

（五）分析测定

1. 分析仪器

该技术规范文件采用的是液相色谱串联质谱法，在附录 A 中以资料性文件给出了在方法开发和验证时被证明是合适的液相色谱串联质谱和液相色谱飞行时间质谱的操作条件。该文件给出了最佳灵敏度下 MS/MS 选择的特征离子，见表 5-58。液相色谱串联质谱的操作条件参数见表 5-59。

表 5-58　定量选择的特征离子

序号	分析物	缩写	M1[a]	M2[a]	M3[a]
1	全氟-正辛烷磺酸	PFOS	498.93	79.96	98.96
2	全氟-正辛烷磺酸-$(1,2,3,4-^{13}C_4)$	$^{13}C_4$-PFOS	502.94	79.96	98.96
3	全氟辛烷磺酸盐	PFOS	498.93	79.96	98.96
4	全氟辛烷磺酸胺	PFOSA	499.14	77.96	168.99
5	N-甲基-十七氟辛烷磺胺	N-Me-FOSA	511.96	168.99	482.93
6	N-乙基-十七氟辛烷磺胺	N-Et-FOSA	525.98	168.99	482.93
7	N-甲基-十七氟辛烷磺酸乙醇胺	N-Me-FOSE	555.99	526.98	482.93
8	N-乙基-十七氟辛烷磺酸乙醇胺	N-Et-FOSE	570.00	541.00	482.93

注　M1[a] 是母离子的分子重量；M2[a] 是子离子中相对丰度最高的离子的分子重量；M3[a] 是子离子中相对丰度次高的离子的分子重量。

表 5-59　液相色谱串联质谱操作条件参数

液相色谱（LC）条件	
色谱柱	Betasil C18,5μm,2.1mm×50mm
保护柱	Zorbax XDB-C8,5μm,2.1mm×12.5mm
流动相	A：2mmol/L 乙酸铵水溶液：甲醇 9：1 B：甲醇
梯度程序	开始时为 30%,18min 中增加到 85% 并保持到 20min,回到初始条件
柱温（℃）	30

续表

进样体积(μL)	10
流速(mL/min)	0.3
质谱(MS)条件	
离子化	四极杆,负电子喷雾电离
模式	多反应选择监测(MRM)
毛细管电压(kV)	1
质谱源温度(℃)	120
脱溶剂化温度(℃)	450
锥孔气流量(L/min)	60
脱溶剂气流量(L/min)	740
锥孔电压(V)	90(对于 PFOS)
碰撞能量(eV)	35(对于 PFOS)

2. 定性与定量

对于目标物的定性确定,可通过分析样品与参考物质的保留时间及特征离子的强度是否匹配来进行判断。如果在同一测定条件下,样品色谱图中某组分的保留时间与浓度相当的校准标准物的色谱图中目标物的保留时间一致,偏差在±0.2%之内,特征离子的相对丰度与校准标准物色谱图中相对丰度相匹配,可判为样品中存在此目标化合物。

产品中的 PFOS 一般含有线性异构体和支链异构体的产物,支链异构体也应进行测定和定量。因此在分析 PFOS 时,质谱图中体现为多峰而非单一的峰。支链异构体会以一个单峰共流出,而线性(正辛基)异构体可以通过使用特定的色谱柱将它与其他异构体分离,如上述仪器操作条件中给出的色谱柱。由于支链异构体标准物不易获取,故所有异构体的定量需要基于线性异构体的响应因子计算。对于其他 PFOS 化合物(例如 PFOSA,PFOSE)也可采用相似的方法。在通常情况下,支链异构体在线性异构体前被洗脱出来。

该技术规范文件在定量计算部分,描述了外标校准曲线定量样品,和用标记的参考溶液加标,即内标法定量。当添加内标测定时,测试样品浓度的误差可能来自样品预处理步骤或样品萃取体积的损失,以及来自样品基体的影响。萃取物中内标的浓度应低于或等于样品的最大可允许的浓度。

所有支链异构体必须使用直链异构体的响应因子计算。

(六)结果的表达

结果的表示有两种类型:对于有涂层的材料,用 $\mu g/m^2$ 表示此方法可测定的 PFOS 及衍生物;用质量百分数表示其他类型的样品。

四、我国关于纺织品中 PFOS 和 PFOA 的相关检测标准

(一)GB/T 31126—2014《纺织品 全氟辛烷磺酰基化合物和全氟羧酸的测定》

1. 范围与原理

本标准规定了采用液相色谱串联质谱仪(LC–MS/MS)测定纺织品中全氟辛烷磺酰基化合

物和全氟羧酸的方法。本标准适用于各类纺织产品。

测试原理为:纺织品中的全氟辛烷磺酰基化合物和全氟羧酸经甲醇超声提取,提取液经滤膜过滤净化后,采用液相色谱串联质谱仪测定,用选择离子确证,外标法定量。

2. 设备及仪器

液相色谱串联质谱仪:配有电喷雾离子源;分析天平:分度值 0.0001g;涡旋混合器;超声波清洗器:工作频率 28~40kHz;台式离心机:转速不低 4000r/min;直尺:最小刻度为毫米;聚丙烯刻度离心管(带螺旋盖):50mL,15mL;氮吹仪。

3. 化学物质及试剂

(1)甲醇:色谱纯;0.005mol/L 乙酸铵溶液:称取 0.3850g 乙酸铵,用水溶解并定容至1000mL,摇匀。标准物质见表 5-60。

表 5-60 全氟辛烷磺酰基化合物和全氟羧酸

化合物	CAS No.	相对分子质量	分子式
全氟辛酸	335-67-1	414.07	$C_8HF_{15}O_2$
全氟辛烷磺酸(钠)	—	522.11	$C_8F_{17}O_3S(Na)$
全氟十一酸	2058-94-8	564.09	$C_{11}HF_{21}O_2$
全氟十二酸	307-55-1	614.10	$C_{12}HF_{23}O_2$
全氟辛烷磺酰胺	754-91-6	499.17	$C_8H_2F_{17}NO_2S$
全氟十三酸	72629-94-8	664.11	$C_{13}HF_{25}O_2$
全氟十四酸	376-06-7	714.11	$C_{14}HF_{27}O_2$
N-乙基全氟辛烷磺酰胺	4151-50-2	527.19	$C_{10}H_6F_{17}NO_2S$

(2)标准储备溶液:准确称取上述标准物质,甲醇溶解定容,分别配制成浓度为 50mg/L 的标准储备溶液。此标准储备溶液在 0~4℃冰箱中保存有效期为 6 个月。

(3)混合标准工作溶液:根据需要配制。如用甲醇将标准储备溶液稀释成适当浓度的混合标准工作溶液,浓度为 0.5μg/L、1.0μg/L、2.5μg/L、5.0μg/L、10.0μg/L。混合储备溶液在 0~4℃冰箱中保存有效期为 1 个月。

(4)尼龙滤膜:0.22μm。尼龙过滤膜预先用甲醇浸泡超声处理 30min。

(5)氮气:纯度 99.99%(氮吹仪使用);高纯氮气:纯度 99.999%(液相色谱串联四极杆质谱仪使用)。

4. 实验步骤

按 GB/T 4669—2008 测定待测样品的单位面积质量。

提取和净化:取代表性的样品,剪碎成约 5mm×5mm 碎片,混匀。称取 2g(精确至 0.0001g)。置于 50mL 聚丙烯离心管中,加入 40mL 甲醇至完全浸没试样,涡旋混匀后于室温在超声波清洗机中超声提取 40min。提取液以 4000r/min 离心 3min。取 4mL 上清液甲醇至 15mL 离心管,氮吹浓缩至 1mL。过 0.22μm 滤膜后,供液相色谱串联质谱仪分析。

5. 测定

(1)色谱和质谱条件,表 5-61 中色谱参数已被证实是合适的,质谱的参数见表 5-62。

表 5-61　液相色谱质谱分析条件

色谱条件	
色谱柱	C18 柱,3μm,2.1mm×100mm,或相当色谱柱
柱温(℃)	30
流速(mL/min)	0.3
进样量(μL)	10
流动相	流动相 A:100%甲醇;流动相 B:0.005mol/L 乙酸铵溶液
洗脱条件	0:00:A 30%,B 70%;7:00:A 90%,B 10%;12:30:A 90%,B 10%;12:31:A 30%,B 70%;17:00:A 30%,B 70%
质谱条件	
离子源	电喷雾离子源(ESI)
扫描极性	负离子扫描
扫描方式	多反应监测(MRM)
使用前调节各参数使质谱灵敏度达到检测要求	
电喷雾电压(V)	−3500
鞘气	氮气(N₂),压力:40 psi(276kPa)
毛细管温度(℃)	350
辅助气	氮气(N₂)压力:15 bar
碰撞气	氩气(Ar)压力:1.5mTorr (0.2Pa)

表 5-62　目标化合物的监测离子对和碰撞能量

化合物名称	监测离子对 m/z	毛细管电压(V)	碰撞能量(V)
全氟辛酸	413.0/169.0	−50.0	14.5
	413.0/369.0 *		11.5
全氟辛烷磺酸(钠)	499.0/80.0 *	−108.0	46.5
	499.0/99.0		28.0
全氟十一酸	562.7/519.4	−66.0	14.0
	562.7/268.9 *		20.0
全氟十二酸	612.8/568.9 *	−71.0	15.0
	612.8/268.8		16.0
全氟辛烷磺酰胺	498.0/78.0 *	−84.0	19.5
	498.0/169.0		24.0
全氟十三酸	662.9/619.2 *	−79.0	14.0
	662.9/168.9		28.0
全氟十四酸	712.6/669.2 *	−88.0	14.0
	712.6/168.9		29.0
N-乙基全氟辛烷磺酸胺	526.0/169.0 *	−72.0	24.5
	526.0/269.0		20.0

注　* 为定量离子对。

（2）定性测定。分别取 10μL 试样溶液和混合标准工作溶液进行 LC-MS/MS 分析,如果样品的质量色谱峰保留时间与标准品一致,允许偏差小于±0.25min,定性离子对的相对丰度与浓度相当的工作溶液的相对丰度一致,相对丰度允许偏差不超过表5-52规定的范围,则可判断样品中存在相应的被测物。

（3）定量测定。根据试样中被测物的含量,选取响应值相近的标准工作液进行分析,以目标化合物的峰面积为纵坐标,以目标化合物的浓度为横坐标做标准工作曲线,按照外标法进行定量计算,标准工作液和样液中待测物的响应值均应在仪器线性响应范围内,如果含量超过标准曲线范围,应用甲醇稀释到适当浓度后分析。在上述色谱条件下,参考保留时间为:全氟辛酸（8.9min）,全氟辛烷磺酸（9.2min）,全氟辛烷磺酰胺（10.3min）,N-乙基全氟辛烷磺酰胺（11.2min）。

6. 计算

（1）基于试样质量的计算。按下式计算试样中待测物的含量。

$$X_i = \frac{(c_i - c_0) \times V}{m \times 100} \tag{5-32}$$

式中:X_i 为样品中被测组分含量（mg/kg）;c_i 为从标准工作曲线得到的被测组分溶液浓度（μg/L）;c_0 为从标准工作曲线得到的被测组分空白试验溶液浓度（μg/L）;V 为样品溶液定容体积（mL）;m 为样品的质量（g）。

（2）基于试样面积的计算。按下式计算式样中待测物的含量。

$$X_i = \frac{(c_i - c_0) \times V \times w}{m \times 100} \tag{5-33}$$

式中:X_i 为样品中被测组分含量（μg/m²）;c_i 为从标准工作曲线得到的被测组分溶液浓度（μg/L）;c_0 为从标准工作曲线得到的被测组分空白试验溶液浓度（μg/L）;V 为样品溶液定容体积（mL）;w 为样品的单位面积质量（g/m²）;m 为样品的质量（g）。

计算三次测定结果的算术平均值,结果保留至小数点后一位。全氟辛烷磺酸及其盐类的质量以全氟辛烷磺酸钠形式表达。该方法的全氟辛烷磺酰基化合物的测定低限均为 0.5μg/m²,全氟羧酸的测定低限为 0.005mg/kg。

（二）GB/T 36929—2018《皮革和毛皮 化学试验 全氟辛烷磺酰基化合物（PFOS）和全氟辛酸类物质（PFOA）的测定》

1. 范围和测试原理

此标准规定了皮革、毛皮中可萃取的全氟辛烷磺酸基化合物（PFOS）和全氟辛酸（PFOA）的高效液相色谱串联质谱测定方法。该标准适用于各种皮革、毛皮及其制品。

甲醇作为溶剂,索氏提取装置萃取,萃取液经固相萃取柱净化后,以高效液相色谱串联质谱仪（HPLC-MS/MS）测定全氟辛烷磺酸基化合物 PFOS 和全氟辛酸 PFOA,选择离子确证,外标法定量。

2. 标准品

全氟辛基磺酸钾标准品,（PFOS,CAS No.2795-39-3）,纯度 > 95%（质量分数）;全氟辛酸标准品,（PFOA,CAS No.335-67-1）,纯度 > 95%（质量分数）。

3. 样品制备

皮革按 QB/T 2716—2018 的规定进行,毛皮按 QB/T 1272—2012 的规定进行。

4. 提取和净化

准确称取剪碎的样品 2.5g 试样(精确至 0.01g),放入纤维素套管,然后将其放至索氏提取装置中,加入甲醇 50mL 提取,提取液转移至 100mL 容量瓶,用甲醇洗涤残渣后洗液移入容量瓶并定容,摇匀后移取 1mL 至 50mL 聚丙烯离心管中,加入 20mL 水,涡旋混匀,待净化。

分别用 2mL 甲醇和 2mL 水活化固相萃取柱,逐渐加入上述样液,依次用 2% 甲酸溶液 1mL 和甲醇 2mL 淋洗萃取柱,弃去流出液,再用 2.5mL 的氨水甲醇溶液洗脱,收集洗脱液,氮吹浓缩至约 1mL。然后用乙腈乙酸铵混合溶液定容至 5mL,经 0.22μm 滤膜过滤后,用液相色谱串联质谱(LC—MS/MS)测定。

5. 测定

(1)LC—MS/MS 分析条件。采用表 5-63 和表 5-64 所列参数已被证明对测试是合适的是可行的。

表 5-63　液相色谱质谱分析条件

色谱柱	C18 柱,2.1mm×100mm,粒径 1.8μm,或相当者
柱温(℃)	40
流速(mL/min)	0.2
进样量(μL)	5
流动相	流动相 A:5mmol/L 乙酸铵溶液;流动相 B:乙腈
梯度洗脱程序	0:00:A 58%,B 42%;1:50:A 58%,B 42%;2:50:A 5%,B 95%;4:00:A 5%,B 95%;4:50:A 58%,B 42%;6:00:A 58%,B 42%
离子源	电喷雾电离源(ESI)
扫描方式	负离子模式
检测方式	多反应监测(MRM)
雾化气、锥孔气	高纯氮气
碰撞气	高纯氩气

表 5-64　PFOS 和 PFOA 的监测离子对及采集时间、锥孔电压和碰撞能量

化合物	定性离子(m/z)	定量离子对	采集时间(s)	碰撞气能量(eV)	锥孔电压(V)
PFOS	498.6/79.7	498.6/79.7	0.200	45	50
	498.6/98.8		0.100	40	
PFOA	412.7/368.8	412.7/368.8	0.200	11	15
	412.7/168.9		0.100	15	

(2)HPLC—MS/MS 定性和定量分析。按照上述分析条件对 PFOS 和 PFOA 进行测定,如果样品中待测物的色谱峰保留时间与相应标准工作溶液相近,且样品中待测物的定性离子的相对丰度,与浓度接近的标准工作溶液的定性离子的相对丰度的偏差不超过表 5-52 的规定,则可判定为样品中存在待测物。

6. 结果计算

按下列公式计算样品中 PFOS 和 PFOA 含量,结果保留小数点后一位:

$$X = \frac{c \times V \times f}{m} \qquad (5-34)$$

式中：X 为样品中 PFOS 和 PFOA 的含量（mg/kg）；C 为从标准工作曲线得到的 PFOS 和 PFOA 浓度（mg/L）；V 为试样溶液定容体积（mL）；f 为稀释倍数；m 为样品的质量（g）。

该方法对样品中 PFOS 和 PFOA 的测定低限均为 0.5mg/kg。

五、PFOS 和 PFOA 检测方法的研究进展与存在的问题

（一）PFOS 和 PFOA 检测方法的研究进展

1. 复杂样品的前处理技术

对于纺织品，由于加工工艺和材质的差别，样品组成及其浓度复杂多变，对色谱分析方法的直接分析测定构成的干扰因素特别多，因此优化样品的预处理过程显得至关重要。目前常用的前处理技术有：超声萃取技术、固相萃取技术、液—固萃取技术和衍生化技术。

超声萃取方法（USE）是一种常用的样品萃取方法，由于其操作简单易行，并且保养方便，所用溶剂量不是很大，已经被广泛应用于各个领域。在有关 PFOS 及 PFOA 的检测中经常用到。但 USE 只能用于简单样品的前处理，对于一些复杂基质的萃取则需要进行纯化过程。USE 只能作为提取的手段，而不能达到对提取液的净化提纯作用，需作进一步的改进，如采用固相萃取柱净化。GB/T 31126—2014 即采用甲醇超声萃取法。

固相萃取（SPE）是目前使用最广泛的萃取技术。SPE 是利用吸附剂将目标物吸附，再经过洗脱液洗脱或解吸附，从而达到对目标物分离和富集的目的。PFOS 等全氟表面活性剂具有较长的烷基链，可利用固相萃取法来进行富集提取。目前，样品前处理使用较多的固相萃取柱是 C18 柱和 HLB 柱。

液—固萃取（索氏提取）是利用一些常用的溶剂，如甲醇、乙腈、乙酸乙酯、三氯甲烷、无水乙醇等，于索氏提取器中对样品进行萃取。目前，液—固萃取技术主要应用于食品包装材料和鞋材等样品的萃取。如 GB/T 36929—2018 采用甲醇作为溶剂，索氏提取法提取样品。

衍生化技术在色谱分析中应用广泛。PFOS 及其相关产品具有较高的稳定性和沸点，极性强，有研究利用 GC 和 GC-MS 进行测定时，需要先对 PFOS 进行衍生化，使其转化成可以气化的衍生物，以此提高检测的灵敏度。现有的对 PFOS 测定研究所使用的衍生化方法有硅烷化、酯化和酰化反应。

2. 检测技术方面

由于全氟化合物自身是非挥发的，因此要通过衍生的方法使 PFCs 成为 PFCs 的甲基酯才可以进行 GC-MS 检测，步骤烦琐，衍生化过程会产生有毒物质，且线性范围窄，因而气相方法在一定程度上受到局限。目前用于 PFOS 及 PFOA 的检测技术主要集中在液相方面，主要有高效液相色谱串联质谱（HPLC-MS/MS）、高效液相色谱质谱联用（HPLC-MS）、高效液相色谱四极杆飞行时间串联质谱（HPLC-Q-TOF）等。

高效液相色谱串联质谱（HPLC-MS/MS）是目前应用最为广泛的一种 PFOS 和 PFOA 的检测方法，上述的两个国家检测标准采用的均为此检测技术。它可以定量地检测环境基质、生物组织、化学品和纺织品中的全氟烷基化合物，主要优点是灵敏度高、选择性好、分析模式多、背景干扰小。能提供比单级 MS 更详细的结构信息，LC 部分分析物无须彻底分离，能简化复杂基质

的前处理工作,在低含量有害物质残留分析中具有显著优势。其缺点是仪器较为昂贵,中小型实验室较难普及。

液相色谱质谱联用仪(HPLC-MS)由于价格相对 HPLC-/MS/MS 低廉,也是目前标准方法及较多实验室采用的方法,但对于 PFOS 分析来说,基质复杂,容易出现干扰,其净化本底,除去杂质干扰的步骤增加了样品处理时间,难度和检测成本。

高效液相色谱四极杆飞行时间串联质谱(HPLC-Q-TOF)具有高分辨率和高质量准度,可将共流出物及基质干扰减至最小,确保检测目标组分。样品在"飞行过程中"自动完成准确质量测定,从而帮助消除基体杂质干扰所造成的假阳性结果的出现,是分析复杂样品中全氟化合物的重要工具。但相对四极杆串联质谱法来说灵敏度稍低,线性范围小,存在一定的局限性,仪器较为昂贵,暂未广泛运用到日常的监测中。

(二)存在的问题

1. 标准物质的问题

由于 PFOS 类化合物众多且同时存在不同支链长度的异构体,标准物中往往含有不同支链的异构体混合物,而且很多全氟烷基化合物至今没有标样。目前商用的标准物质纯度从86%至98%不等,当用混合标样进行定量时,杂质可以引起偏差。如果标准物中的异构体与样品中的异构体种类和数量相差甚远时,将会使检测结果出现较大偏差。

2. 基质干扰的影响

对于纺织品,由于加工工艺和材质的差别,PFOS 的提取可能会引入不同的基质,从而给测定带来干扰。若不进一步净化,纺织品中的复杂基体很可能抑制离子化效率。此外,在采用 HPLC-ESI/MS/MS 进行 PFOS 类化合物的定性定量分析时,经过电喷雾口共流出的基体组分可能会抑制或增加离子化,为使定量准确。基体匹配标准物是一种有效的控制方法,但实际操作性较为烦琐,且很难找到合适的基体,目前,同位素标记的内标是一个比较合适的消除基体干扰的方法。

3. 污染源的控制

PFOS 能不可逆地吸附在玻璃表面上,所以实验过程中要避免使用玻璃器皿,此外也需避免聚四氟乙烯产品在过程中的使用,如试剂瓶盖、液相色谱柱管路等。此外,在滤膜的选择方面,实验证明,一般的滤膜如 PTFE、尼龙材质的滤膜会对 PFOS 等目标物有一定的吸附,再生纤维素膜回收率比较高,有研究提到尼龙滤膜用甲醇超声 30min 后使用效果较好,所以 PFOS 的测试选择滤膜需要相当谨慎。

参考文献

[1]王建平,陈荣圻,吴岚,等.REACH 法规与生态纺织品[M].北京:生态纺织出版社,2009.

[2]陆佳英.纺织品中有机锡化合物测试方法的对比研究[J].中国纤检,2017,70-72.

[3]王栋,方浩然,叶佳楣,等.HPLC-ICP/MS 法测定纺织品中 4 种有机锡化合物的含量[J].上海纺织科技,2015,43(11):77-78,80.

[4]王栋,董文洪,吴坚,等.ICP-MS 快速筛查生态纺织品中 4 种有机锡化合物[J].上海纺织科技,2015,43(8):91-93.

[5]张晓利,冼燕萍,刘崇华,等.GC-MS/MS 法检测并确证纺织品中 5 种有机锡化合物[J].分析测试学报,2012,31(8):909-914.

[6]柳英霞,李娟,鄢爱平,等.食品中有机锡化合物分析方法研究进展[J].食品科学,2010,31(19):435-442.

[7]戚佳琳.工业产品与生态环境中有机锡化合物的形态分析与应用研究[D].青岛:中国海洋大学,2013.

[8]王珊珊.有机锡化合物的生物毒性效应及其预测方法研究[D].北京:北京化工大学,2005.

[9]江桂斌.国内外有机锡污染研究现状[J].卫生研究,2001,30(1):1-3.

[10]陈再洁,王智,郑建明,等.HPLC-UV 同时测定皮革中三种含氯苯酚[J].皮革与化工,2010,27(5):31-33.

[11]蒋小良.不同萃取方法—气相色谱法测定皮革制品中五氯苯酚的比较[J].西部皮革,2014,36(18):30-34.

[12]李萍,管秀娟.固相萃取和高效液相色谱联用测定污水中的五氯苯酚[J].环境工程,2007,25(3):75-76.

[13]朱磊,黄楠,高俊伟,等.GC-MS/MS 法测定婴幼儿纺织品中的五氯苯酚[J].印染,2007(14):47-49.

[14]洪爱华,尹平河,黄晓兰.高效液相色谱-质谱联用法测定纺织品中的含氯苯酚[J].分析试验室,2009,28(11):88-90.

[15]张开庆,黄伟雄,张晓利,等.GC-MS 与 GC 测定纺织品 PCP 含量的比较[J].印染,2009,16:43-45.

[16]童金柱.纺织工业中的甲醛问题[J].纺织导报,2003(3):94-96.

[17]陈洋,唐瑶,曹婉鑫.纺织品中甲醛含量测定的研究进展[J].国际纺织导报 2015(8):54-56.

[18]于文佳,卫碧文,望秀丽,等.轻纺消费品中增塑剂的 ASAP-MS/MS 快速筛查[J].印染,2016,42(3):46-50.

[19]綦敬帅,宋吉英,史衍玺,等.用索氏提取—气相色谱法测定 PVC 管材中的邻苯二甲酸酯类增塑剂[J].塑料科技,2014,42(2):100-105.

[20]李天宝,刘炜,王春利,等.纺织品中邻苯二甲酸酯类增塑剂含量的安全评价[J].福建分析测试,2014,23(1):27-31.

[21]陈晓明,刘元军,拓晓.阻燃机理及纺织品阻燃整理剂的应用与发展趋势[J].成都纺织高等专科学校学报,2015,32(3):47-50.

[22]张晓利,麦晓霞,周长征.纺织品中磷酸三酯类化合物的超声提取 GC-MS 检测[J].印染,2017,43(6):39-50.

[23]李丽,杨锦飞.阻燃剂的限制法规及发展趋势[J].塑料助剂,2014(4):14-20.

[24]康宁.气质联用法测定纺织品中溴系阻燃剂[J].印染助剂,2016,33(6):56-60.

[25]曾立平.超高效液相色谱法测定纺织品中多溴联苯(醚)类阻燃剂[J].毛纺科技,2016,44(7):37-42.

[26]曾云想,梁婷婷,汤明河,等.SPE-UPLC-MS/MS 测定纺织品中 8 种有机磷酸酯阻燃剂[J].分析仪器,2017(4):56-61.

[27]王成云,龚叶青,谢堂堂,等.纺织品中禁用有机磷阻燃剂的超声萃取—气相色谱—质谱—选择离子监测法测定[J].分析科学学报,2012,28(5):652-656.

[28]张海军,高媛,马新东,等.短链氯化石蜡(SCCP)的分析方法、环境行为及毒性效应研究进展[J].中国科学:化学,2013,43(3):255-264.

[29]陈金泉,杨瑜榕.纺织品中短链氯化石蜡的前处理方法研究[J].中国纤检,2012(8):86-88.

[30]杨立新,刘印平,王丽英,等.短链氯化石蜡毒性效应及检测技术研究进展[J].食品安全质量检测学报,2015,6(10):3795-3803.

[31]武海莹,周兆懿,李卫东,等.纺织品中短链氯化石蜡的萃取净化方法[J].印染,2016(24):44-48.

[32]辛苑娜,冯岸红,林志惠,等.气相色谱-电子捕获负离子源-质谱法测定短链氯化石蜡的研究进展[J].理化检验(化学分册),2015(10):1479-1485.

[33]姜瑞妹.烷基酚聚氧乙烯醚的检测技术及其应用研究[D].杭州:浙江理工大学,2014.

[34]陈荣圻.纺织品限用 APEO 亟待建立国家标准与法规[J].印染,2011,37(23):39-42.

[35]赵海浪,诸佩菊,吴东晓. 纺织品中烷基酚聚氧乙烯醚检测方法的研究进展[J]. 中国纤检,2013(2):83-85.

[36]吕宜春. 纺织品中烷基酚聚氧乙烯醚的分析方法[J]. 纺织科技进展,2014(2):58-60.

[37]王东林,吴穗生,杨梅,等. LC-MS/MS法检测纺织品中APEO的研究[J]. 化纤与纺织技术,2017,46(2):34-39.

[38]MASAHIKO T,SHIGEKI D,TAKEOTSHI N. Rapid Commum. Mass[J]. Spectrom,2003,17:383-390.

[39]高宏平,常薇,张磊,等. 纺织品中全氟辛烷磺酸及全氟辛酸的测定及其研究进展[J]. 产业用纺织品,2011(9):41-44.

[40]陈剑君,方凯,胡鸣韵. PFOA和PFOS检测方法研究进展[J]. 化工生产与技术,2011,18(3):9-12.

[41]王麟. 纺织品中全氟辛酸和全氟辛烷磺酰基化合物的检测方法[D]. 上海:东华大学,2010.

[42]刘文莉,李春霞. 纺织品、皮革制品中全氟辛酸(PFOA)和全氟辛烷磺酸盐(PFOS)的测定方法初探[J]. 中国纤检,2010(10):60-62.

第六章 可能作为杂质或残留物存在的有害物质检测方法与检测标准

在纺织产品的生产工艺流程中,除了因功能性添加剂或加工助剂而引入的有害物质,纺织产品中还存在另外一些有害物质,它们并非有意添加,而是作为原料或助剂里的杂质,或是滞留于纺织产品上的残余物。如多环芳烃、富马酸二甲酯、农药(杀虫剂)残留、溶剂残留物和挥发性有机物等。

第一节 多环芳烃的检测方法与标准

一、多环芳烃的定义和种类

多环芳烃(Polycyclic Aromatic Hydrocarbons,简称 PAHs)是指分子中含有两个或两个以上苯环的碳氢化合物。目前已知的多环芳烃约 200 多种。

(一)多环芳烃的分类

根据苯环的连接方式分为两类:第一类稠环型芳烃,相邻苯环之间有两个碳原子相连,性质介于苯和烯烃之间,结构如图 6-1(a)所示,常见的有萘、蒽、菲、苯并[a] 芘等;第二类为非稠环型芳烃,苯环与苯环之间通过单键连接,结构如图 6-1(b)所示,常见的有联苯、1,4-联三苯、1,2-二苯基乙烷等。

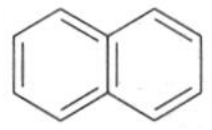

(a)稠环型多环芳烃结构类型 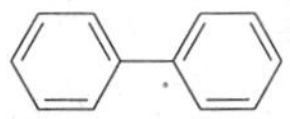　　　　　　　　(b)非稠环型多环芳烃结构类型

图6-1　多环芳烃结构

根据苯环中碳原子是否被取代,分为杂环芳烃和非杂环芳烃。杂环芳烃是指苯环上的碳原子被氧、硫、氮原子取代的多环芳烃。

根据苯环数量,分为二环芳烃、三环芳烃、四环芳烃、五环芳烃等。

根据分子结构形态,分为直链多环芳烃和角状多环芳烃。

本节所指的多环芳烃是非杂环的稠环芳烃。

(二)列入管控范围的多环芳烃化合物

目前被列入管控范围的多环芳烃 PAHs 有 24 种,见表 6-1。

表 6-1　列入管控范围的 24 种多环芳烃化合物

序号	中文名	英文名	CAS No.	结构式	分子式/相对分子质量
1	苊	Acenaphthene	83-32-9		$C_{12}H_{10}$/154.2
2	苊烯	Acenaphthylene	208-96-8		$C_{12}H_8$/152.2
3	蒽	Anthracene	120-12-7		$C_{14}H_{10}$/178.2
4	苯并[a]蒽	Benzo[a]anthracene	56-55-3		$C_{18}H_{12}$/228.3
5	苯并[a]芘	Benzo[a]pyrene	50-32-8		$C_{20}H_{12}$/252.3
6	苯并[b]荧蒽	Benzo[b]fluoranthene	205-99-2		$C_{20}H_{12}$/252.3
7	苯并[g,h,i]芘	Benzo[g,h,i]perylene	191-24-2		$C_{22}H_{12}$/276.3
8	苯并[k]荧蒽	Benzo[k]fluoranthene	207-08-9		$C_{20}H_{12}$/252.3
9	䓛	Chrysene	218-01-9		$C_{18}H_{12}$/228.3
10	二苯并[a,h]蒽	Dibenzo[a,h]anthracene	53-70-3		$C_{22}H_{14}$/278.4
11	荧蒽	Fluoranthene	206-44-0		$C_{16}H_{10}$/202.3
12	芴	Fluorene	86-73-7		$C_{13}H_{10}$/166.2

序号	中文名	英文名	CAS No.	结构式	分子式/相对分子质量
13	茚并[1,2,3-cd]芘	Indeno [1,2,3-cd] pyrene	193-39-5		$C_{22}H_{12}$/276.3
14	萘	Naphthalene	91-20-3		$C_{10}H_8$/128.2
15	菲	Phenanthrene	85-01-8		$C_{14}H_{10}$/178.2
16	芘	Pyrene	129-00-0		$C_{16}H_{10}$/202.3
17	苯并[e]芘	Benzo[e]pyrene	192-97-2		$C_{20}H_{12}$/252.31
18	苯并[j]荧蒽	Benzo[j]fluoranthene	205-82-3		$C_{20}H_{12}$/252.31
19	环戊烯[c,d]芘	Cyclopenta[c,d]pyrene	27208-37-3		$C_{18}H_{10}$/226.278
20	1-甲基芘	1-Methylpyrene	2381-21-7		$C_{17}H_{12}$/216.27
21	二苯并[a,e]芘	Dibenzo[a,e]pyrene	192-65-4		$C_{24}H_{14}$/302.37
22	二苯并[a,h]芘	Dibenzo[a,h]pyrene	189-64-0		$C_{24}H_{14}$/302.37
23	二苯并[a,i]芘	Dibenzo[a,j]pyrene	189-55-9		$C_{24}H_{14}$/302.37
24	二苯并[a,l]芘	Dibenzo[a,l]pyrene	191-30-0		$C_{24}H_{14}$/302.37

二、纺织产品上多环芳烃的来源和危害

多环芳烃一般存在于煤、煤焦油和原油等自然物质中,而一些人为因素也会使环境中产生多环芳烃化合物,如汽车尾气、香烟烟雾、炭烧烤肉类以及使用过的电动机润滑油。多环芳烃具有潜在的毒性和致癌致畸变性,并且可以在生物体内累积,在食物链中传递,给自然环境和人类健康带来极大的威胁。

(一)纺织产品中多环芳烃(PAHs)的来源

对于纺织产品中含有多环芳烃,通常并非有意添加,而是作为原材料被带入以及存在于纺织品附件中,比如塑料纽扣、一些染料和染料助剂等。天然原材料棉花、羊毛等暴露于受多环芳烃污染的环境中,造成原材料污染进而导致纺织品成品中可能含有多环芳烃。人工合成的腈纶、涤纶、聚酯纤维等都是通过石油裂解得到,而原材料石油中就含有多环芳烃类物质,造成合成加工过程中可能存在着残留。纺纱工艺过程中,通常会加入一些矿物油助剂减少机械对纱线纤维的损伤,提高纱线制成率和纱线质量。纺织品上的PVC胶印和印花过程也会使用到矿物油作为机油,使用的矿物油中可能含有多环芳烃,最后造成纺织成品含有多环芳烃。还有着色过程使用的炭黑着色剂,炭黑主要有气态或液态的碳氢化合物如甲烷气和重质芳烃油为原料,在一定条件下部分燃烧或受热分解形成。

在纺织品行业中,多环芳烃还可用作生产染料的基本原料。例如:萘的磺化物,萘磺酸和萘磺酸盐。萘磺酸合成的1-萘酚和2-萘酚,是许多染料的合成前体以及染料和橡胶的加工助剂。烷基萘磺酸盐为阴离子表面活性剂,具有润湿和消泡性能,广泛用在纺织品行业中的漂白和染色工序中。以菲为原料可制备2-氨基菲醌、苯绕蒽酮、硫化还原染料(蓝BO、黑BB和棕色)等。蒽则主要用来生产染料中间体蒽醌和鞣剂单宁。蒽醌经磺化、氯化、硝化等过程,可得到范围很广的染料中间体,用于生产蒽醌系分散染料、酸性染料、还原染料、反应染料等。蒽醌染料在合成染料领域占据重要的位置。以芘为原料可制造聚酯纤维用的C. I. 荧光增白剂179和萘酰亚胺类C. I. 荧光增白剂162。此外,芘可以制造苉红系、苝类有机颜料。

萘极容易挥发,萘蒸汽可以驱逐害虫,可作为纺织品的防腐剂使用。当衣物与使用含萘的防腐剂储存在一起,导致纺织品残留有萘。纺织品附件纽扣,在挤塑过程中,为避免脱模时与模具之间存在黏附,往往会加入脱模剂,而脱模剂中也可能含有多环芳烃。

(二)多环芳烃(PAHs)的危害

1976年,国际癌症研究中心(IARC)列出94种对试验动物致癌化合物,其中15种属于多环芳烃。国际癌症研究机构把苯并[a]蒽、苯并[a]芘、二苯并[a,h]蒽分类为对人体很可能有致癌性;苯并[b]荧蒽和茚并[1,2,3-cd]芘被分类为对人体可能有致癌性。其中苯并[a]芘分布广泛、性质稳定、致癌性强,被作为环境中PAHs污染的重要指标。

许多PAHs化合物都具有很强的致癌性、致畸性和致突变性。研究发现,经常接触含PAHs煤焦油的人群其患癌的风险要高于一般人。PAHs也可能是导致肺癌发病率上升的重要原因。Armstrong等调查研究得出大气中苯并[a]芘质量浓度与肺癌死亡率有明显的相关性,在炼焦、煤气、铝业工作的职业人群中,大气中苯并[a]芘达到$1g/m^3$时,诱发肺癌风险高出一般人群的6%。多环芳烃对胎儿的发育也会有影响,有研究发现产前处于多环芳烃的环境中,引起胎儿宫内发育迟缓、出生后的胎儿有体重、身高、头围等减小的情况。

多环芳烃能够吸收一定波长的可见光(400～760nm)和紫外光(290～400nm),并对紫外辐射引起的光化学反应敏感,当人体同时暴露于多环芳烃和紫外照射下,就会出现人体细胞被破坏、DNA被损伤、细胞遗传信息会突变等情况发生。

三、多环芳烃(PAHs)的相关法规和要求

(一)欧盟REACH法规对多环芳烃(PAHs)含量的限制要求

欧盟发布的第2005/69/EC号指令(现REACH法规附录XⅦ第50项)规定市场上销售的添加油或用于制造轮胎的添加油应满足:8种多环芳烃总含量小于10mg/kg,其中苯并[a]芘不得超过1mg/kg,否则不能投放市场或使用它们生产轮胎,并于2010年1月生效。2013年12月,欧盟颁布了条例(EU) No.1272/2013,对REACH法规附录XⅫ第50项中多环芳烃的规定进行修改。该条例对多环芳烃的禁用范围从生产轮胎或轮胎部件的填充油,扩大至日常消费品中可接触的橡胶或塑料部件,包括以下几大类:运动器材,如自行车、高尔夫球棍、球拍;家用器具、手推车、助行器;供室内使用的工具;衣服、鞋子、手套和运动服装;表带、腕带、面罩和束发圈;玩具和儿童护理产品。

虽然此次指令修改并未增减多环芳烃限制种类,但限制的8种多环芳烃单个物质含量不得超过1mg/kg,对8种限制物质的总和不做规定。此外该条例对玩具和儿童产品做出了更严格的规定,具体规定和要求见表6-2。该条例已于2015年12月27日正式生效。

表6-2 REACH附录XⅦ第50项对多环芳烃限值要求 (单位:mg/kg)

多环芳烃	填充油、轮胎及轮胎部件中使用的多环芳烃	消费品	儿童玩具和护理产品
苯并[a]蒽	—	<1	<0.5
苯并[a]芘	<1	<1	<0.5
苯并[b]荧蒽	—	<1	<0.5
苯并[k]荧蒽	—	<1	<0.5
䓛	—	<1	<0.5
二苯并[a,h]蒽	—	<1	<0.5
苯并[e]芘	—	<1	<0.5
苯并[j]荧蒽	—	<1	<0.5
总和	<10	—	—

(二)德国GS认证产品中对多环芳烃(PAHs)含量的限制要求

2014年8月,德国技术设备及消费品委员会(ATAV)公布了GS认证中有关产品中多环芳烃含量限制的标准AfPS GS 2014:01 PAK(PAH),该标准于2015年7月1日正式生效。

2019年9月15日,德国产品安全委员会发布了GS认证中有关产品中多环芳烃(Polycyclic Aromatic Hydrocarbons,简称PAHs)含量限制的新标准,即AfPS GS 2019:01 PAK(PAH)。该标准将取代AfPS GS 2014:01 PAK(PAH),并于2020年7月1日正式生效,旧版AfPS GS 2014:01 PAK将于2020年6月30日失效。

AfPS GS 2019:01 PAK(PAH)主要有以下更新:

（1）PAHs 列表由原 18 项调整为 15 项，删除了苊烯/Acenaphthylene、苊/Acenaphthene、芴/Fluorene 三项。

（2）将原先在第二类和第三类中的"2009/48/EC 指令定义的玩具材料"纳入第一类予以管控，将"儿童产品"作为一类产品纳入第二和第三类管控范围。

AfPS GS 2019:01 PAK(PAH)对多环芳烃含量限制见表 6-3。

表 6-3　AfPS GS 2019:01 PAK(PAH)对多环芳烃含量限制要求　（单位:mg/kg）

物质	类别 1[a]	类别[b]		类别[c]	
		儿童产品	其他类产品	儿童产品	其他类产品
Benzo(a)pyrene 苯并(a)芘	<0.2	<0.2	<0.5	<0.5	<1
Benzo(e)pyrene 苯并(e)芘	<0.2	<0.2	<0.5	<0.5	<1
Benzo(a)Anthracene 苯并(a)蒽	<0.2	<0.2	<0.5	<0.5	<1
Benzo(b)Fluoranthene 苯并(b)荧蒽	<0.2	<0.2	<0.5	<0.5	<1
Benzo(j)Fluoranthene 苯并(j)荧蒽	<0.2	<0.2	<0.5	<0.5	<1
Benzo(k)Fluoranthene 苯并(k)荧蒽	<0.2	<0.2	<0.5	<0.5	<1
Chrysene 䓛	<0.2	<0.2	<0.5	<0.5	<1
Dibenzo(a,h)Anthracene 二苯并(a,h)蒽	<0.2	<0.2	<0.5	<0.5	<1
Benzo(g,h,i)Perylene 苯并(g,h,i)苝	<0.2	<0.2	<0.5	<0.5	<1
Indeno(1,2,3-cd)pyrene 茚苯(1,2,3-cd)芘	<0.2	<0.2	<0.5	<0.5	<1
Phenanthrene 菲，Pyrene 芘，Anthracene 蒽，Fluoranthene 荧蒽	<1(总和)	<5(总和)	<10(总和)	<20(总和)	<50(总和)
Naphthalene 萘	<1	<2		<10	
15[d] 种 PAHs 总量	<1	<5	<10	<20	<50

[a] 意图放入口中的材料或 2009/48/EC 指令定义的玩具材料或 3 岁以下儿童使用的长时间接触皮肤(超过 30s)的产品材料。

[b] 未包含在类别 1 中与皮肤长时间接触(超过 30s)，或者反复与皮肤短时间接触的材料。

[c] 未包含在类别 1 和 2 中，与皮肤短时间接触(不超过 30s)的材料。

[d] 15 种 PAHs 见本节表 6-3 中所列。

（三）Standard 100 by OEKO-TEX ®对多环芳烃(PAHs)含量的限制要求

Standard 100 by OEKO-TEX ®于 2010 年起规定对纺织品中的 16 种多环芳烃进行了要求，规定 16 种的总限值为 10mg/kg，苯并[a]芘限值为 1.0mg/kg。2013 年 Oeko-Tex Standard 100 对候选认证的纺织品又新增 8 项多环芳烃限值要求。目前现行实施的 2019 版 Standard 100 by OEKO-TEX ®限制的多环芳烃为 24 种，限值要求见表 6-4。

表 6-4　Standard 100 by OEKO-TEX ®对多环芳烃的限值要求　（单位：mg/kg）

多环芳烃[a]	第一类 婴幼儿	第二类 直接接触皮肤	第三类 非直接接触皮肤	第四类 装饰材料
苯并[a]芘	0.5	1.0	1.0	1.0
苯并[e]芘	0.5	1.0	1.0	1.0
苯并[a]蒽	0.5	1.0	1.0	1.0
䓛	0.5	1.0	1.0	1.0
苯并[b]荧蒽	0.5	1.0	1.0	1.0
苯并[j]荧蒽	0.5	1.0	1.0	1.0
苯并[k]荧蒽	0.5	1.0	1.0	1.0
二苯并[a,h]蒽	0.5	1.0	1.0	1.0
24 种 PAHs 总和[b]	5.0	10	10	10

[a] 适用于合成纤维、纱线或股线以及塑料材料。

[b] 24 种 PAHs 见本节表 6-1 中所列。

（四）我国团体标准 T/CNTAC 8—2018《纺织产品限用物质清单》对多环芳烃的限制要求

我国在纺织行业对多环芳烃的管控起步较晚，2018 年，中国发布首个纺织产品限用物质清单标准 T/CNTAC 8—2018《纺织产品限用物质清单》，才将多环芳烃纳入限用物质清单，限值要求见表 6-5。

表 6-5　T/CNTAC 8—2018 多环芳烃的要求

项目	限制范围		限量要求
多环芳烃（PAHs）（mg/kg），≤ 注：18 种多环芳烃见表 6-6	萘		2
	其他单一多环芳烃（PAH）	婴幼儿用纺织产品	0.5
		其他产品	1
	18 种多环芳烃总量（PAHs）	婴幼儿用纺织产品	5
		其他产品	10

（五）美国 AAFA 对多环芳烃（PAHs）的限制要求

美国 AAFA 参考 REACH 法规附录 XVII 和中国台湾 CNS 3478（塑胶鞋）、CNS 15503（儿童用品安全一般要求），将 18 种 PAHs 纳入限制物质清单中。

各法规或标准中限制多环芳烃的种类比较，见表 6-6。

表 6-6　各法规和标准中限制的多环芳烃种类的比较

序号	名称	CAS No.	EPA	REACH 法规附录 XVII	AfPS GS 2019:01 PAK(PAH)	Standard 100 by OEKO- TEX ®	TCNTAC 8—2018	AAFA
1	萘	91-20-3	√	×	√	√	√	√

序号	名称	CAS No.	EPA	REACH 法规附录 XVII	AfPS GS 2019:01 PAK(PAH)	Standard 100 by OEKO-TEX ®	TCNTAC 8—2018	AAFA
2	苊烯	208-96-8	√	×	×	√	√	√
3	苊	83-32-9	√	×	×	√	√	√
4	芴	86-73-7	√	×	×	√	√	√
5	菲	85-01-8	√	×	√	√	√	√
6	蒽	120-12-7	√	×	√	√	√	√
7	荧蒽	206-44-0	√	×	√	√	√	√
8	芘	129-00-0	√	×	√	√	√	√
9	䓛	218-01-9	√	√	√	√	√	√
10	苯并[a]蒽	56-55-3	√	√	√	√	√	√
11	苯并[b]荧蒽	205-99-2	√	√	√	√	√	√
12	苯并[k]荧蒽	207-08-9	×	√	√	√	√	√
13	苯并[j]荧蒽	205-82-3	√	√	√	√	√	√
14	苯并[a]芘	50-32-8	×	√	√	√	√	√
15	苯并[e]芘	192-97-2	√	√	√	√	√	√
16	茚并[1,2,3-cd]芘	193-39-5	√	√	√	√	√	√
17	二苯并[a,h]蒽	53-70-3	√	√	√	√	√	√
18	苯并[g,h,i]芘	191-24-2	√	×	√	√	√	√
19	1-甲基芘	2381-21-7	×	×	×	√	×	×
20	环戊并[c,d]芘	27208-37-3	×	×	×	√	×	×
21	二苯并[a,e]芘	192-65-4	×	×	×	√	×	×
22	二苯并[a,h]芘	189-64-0	×	×	×	√	×	×
23	二苯并[a,i]芘	189-55-9	×	×	×	√	×	×
24	二苯并[a,l]芘	191-30-0	×	×	×	√	×	×

注 "√"表示限制;"×"表示不限制。

四、多环芳烃的检测方法与检测标准

目前国内外对多环芳烃检测方法的研究主要集中在大气、土壤、水源、食品以及消费品。多环芳烃检测的前处理方法主要有索氏萃取法、超声波萃取法、固相萃取法等。检测方法主要有高效液相色谱—紫外法、气相色谱—质谱联用法(GC-MS)、薄层层析荧光光度法和荧光分光光度法等,其中 GC-MS 应用比较普遍。

国际上有代表性的检测标准有:美国环境保护署(EPA)测试方法 EPA 610 和 EPA 8100;ISO 的测试方法 ISO13877 和 ISO18287;德国 GS 认证指定的方法 AfPS GS 2019:01 PAK。其中德国 GS 认证指定的 AfPS GS 2019:01 PAK 测试方法因其可操作性和有效性被广泛采用,并被运用在纺织产品的 PAHs 的检测中。

我国于 2007 年开始就有对于多环芳烃的检测标准,但推出的标准主要针对矿物油、塑料、橡胶原料以及制品、轮胎中多环芳烃的检测。针对纺织品中多环芳烃的检测起步较晚。2011 年我国正式推出了对纺织品中多环芳烃的检测标准,即 GB/T 28189—2011《纺织品　多环芳烃的测定》。另外,GB/T 33427—2016《胶鞋　多环芳烃含量实验方法》、GB/T 33391—2016《鞋类和鞋类部件中存在的限值含量.　多环芳烃(PAH)的测定》、SN/T 2926—2011《鞋材中多环芳烃的测定　气相色谱质谱法》、SN/T 3338—2012《进出口纺织品中多环芳烃残留量检测方法》等推荐标准或行业标准中检测方法也可作为实验室中参考方法的选择。

下面,分别以德国 AfPS GS 2019:01 PAK(PAH)和我国 GB/T 28189—2011 为代表,详细说明测试步骤。

(一)德国 GS 认证指定方法:AfPS GS 2019:01 PAK(PAH)

1. 方法简述

(1)取代表性的样本,用剪刀切割等方法剪成 2~3mm 碎片。取 500mg 样品与 20mL 的甲苯混合,加入内标溶液,在 60℃ 超声波水浴中提取 1h。取出冷却至室温后,取出萃取液。某些聚合物(如塑料或橡胶制品)的萃取液,可能导致基质问题,需用柱层析法进行纯化处理。气相色谱质谱(GC-MS)SIM 法进行定量分析。

(2)对样品量不足的处理。若要分析的材料的总质量小于 500mg,则按下面步骤进行:该产品相同的材料可以混合作为一个样本,但另外的产品不能使用。单个成品中小于 50mg 的材料,可不用测试。若样品量在 50~500mg,则样品必须根据标准测试方法采用合适比例的甲苯萃取(可以按 50mg 样品量 10mL 甲苯比例)。样品的实际质量需在报告上记录下来。

2. 主要设备和仪器

分析天平,精确至 0.0001g;50mL 耐热螺纹试管;可控温的超声波水浴;气相色谱质谱联用仪(GC-MS)等。

3. 试剂和材料

内标 1:萘-d8;内标 2:芘-d10,或 蒽-d10,或 菲-d10;内标 3:苯并[a]芘-d12,或 苉-d12,或 三苯基苯。至少使用三种以上内标测试,加入甲苯溶剂中使用。甲苯(色谱级);正己烷(色谱级);硅胶填充柱(1cm 厚无水硫酸钠 + 1g 已活化硅胶);限制清单中 15 种多环芳烃的原始标准品或混合标准液。

4. 校准溶液

校准溶液至少选择三点校准点,浓度范围 2.5~250 ng/mL,涵盖 0.1~10mg/kg 样品中目标物的含量范围。

5. 测试步骤

(1)样品萃取:取有代表性的样品,剪成不超过 2~3mm 的碎片。称取 500mg 置于 50mL 螺纹试管中,加入 20mL 含有内标的甲苯溶液。60℃ 水浴超声波萃取 1h,冷却至室温。稍加摇匀后,用于测试或用甲苯稀释待测。

(2)柱层析纯化步骤:某些聚合物(如塑料或橡胶制品)的材料,可能发生基质问题,这时需要使用硅胶柱纯化处理。

带止流阀的净化柱(约 220mm×15mm),底部填有玻璃棉及 4g 硅胶和 1cm 厚的无水硫酸钠。硅胶用前需加入10%的水使其失去活性(将硅胶放在烧瓶中,加适量水,然后在室温和标准压力下均质化1h,此硅胶可以在室温下储存于密封玻璃瓶中)。再向净化柱中加10mL石油醚,即可完成。

将甲苯提取液在旋转蒸发仪中蒸发至1mL左右,并通过上述净化柱。用20mL淋洗液冲洗旋转瓶,洗液也转移到净化柱中。用50mL石油醚洗脱,收集的石油醚洗脱液中加入1mL甲苯,氮气缓吹浓缩至1mL。甲苯稀释定容到一定体积,GC-MS进行分析。

6. 仪器设置参数

(1)标准方法中推荐了下列仪器设置参数,见表6-7。

表6-7 GC-MS仪器设置参数

仪器类型		气相色谱—质谱联用仪
色谱柱		HT8 (25m, ID 0.22mm, 0.25μm)
进样体积(μL)		1(脉冲不分流)
进样口温度(℃)		280
传输线温度(℃)		260
升温程序	初始温度(℃)	50
	平衡时间(min)	2
	升温速率(℃/min)	11
	结束温度(℃)	320
	柱后时间(min)	8
数据采集模式		全扫描—选择离子采集(SCAN-SIM)

(2)其他可供选择和参考的参数设置,见表6-8。

表6-8 其他可供选择和参考的GC—MS参数设置

仪器类型		气相色谱—质谱联用仪
色谱柱		DB-EUPAH (20m×180μm×0.14μm) 或相当者
升温程序	初始温度(℃)	100
	初始时间(min)	2
	升温速率1	20℃/min 升至180℃
	升温速率2	10℃/min 升至320℃保持2min
	后运行温度(℃)	320
	后运行时间(min)	2
载气		氦气
流速(mL/min)		1.0
进样量(μL)		1
进样口温度(℃)		270

续表

仪器类型	气相色谱—质谱联用仪
传输线温度(℃)	300
分流模式	脉冲不分流
数据采集模式	全扫描—选择离子采集(SCAN-SIM)

注 苯并[b]荧蒽和苯并[j]荧蒽 两者在多环芳烃专用色谱柱(DB-EUPAH)上的分离度较好。

7. 分析

(1)内标物质。此标准规定至少使用三种内标物质,见表6-9。

表6-9 内标物质的不同组别的校正范围

内标/组别	多环芳烃	内标物质
I	萘	萘-d8
II	苊烯	苊-d10;或 蒽-d10;或 菲-d10
II	苊	苊-d10;或 蒽-d10;或 菲-d10
II	芴	苊-d10;或 蒽-d10;或 菲-d10
II	菲	苊-d10;或 蒽-d10;或 菲-d10
II	蒽	苊-d10;或 蒽-d10;或 菲-d10
II	荧蒽	苊-d10;或 蒽-d10;或 菲-d10
II	芘	苊-d10;或 蒽-d10;或 菲-d10
II	苯并[a]蒽	苊-d10;或 蒽-d10;或 菲-d10
II	䓛	苊-d10;或 蒽-d10;或 菲-d10
III	苯并[b]荧蒽	苯并[a]芘-d12;或 苝-d12;或 三苯基苯
III	苯并[j]荧蒽	苯并[a]芘-d12;或 苝-d12;或 三苯基苯
III	苯并[k]荧蒽	苯并[a]芘-d12;或 苝-d12;或 三苯基苯
III	苯并[a]芘	苯并[a]芘-d12;或 苝-d12;或 三苯基苯
III	苯并[e]芘	苯并[a]芘-d12;或 苝-d12;或 三苯基苯
III	茚并[1,2,3-cd]芘	苯并[a]芘-d12;或 苝-d12;或 三苯基苯
III	二苯并[a,h]蒽	苯并[a]芘-d12;或 苝-d12;或 三苯基苯
III	苯并[g,h,i]菲	苯并[a]芘-d12;或 苝-d12;或 三苯基苯

(2)标准曲线。对每种PAH,参照上述所提到的内标法,采用至少三点的校准曲线,建议工作溶液范围为0.1~10mg/kg。超过校准范围的浓度可以通过稀释来测定。

(3)根据校准工作曲线,计算实际样品中多环芳烃的含量 C_{sample}(mg/kg)。公式如下:

$$C_{Sample} = \frac{C_i \cdot V_{Extract}}{M_{Sample}} \tag{6-1}$$

式中:C_i 为分析仪器上得到的对应物质的浓度(μg/mL);$V_{Extract}$ 为加入萃取试剂的量(mL,萃取试剂为甲苯,一般情况下为20mL);M_{Sample} 为称取的测试样品量(g)。

此标准方法对每种 PAH 的定量限为 0.2mg/kg。

（4）目标化合物定量离子与定性离子见表 6-10,多环芳烃的色谱流图如图 6-2 所示。

（二）GB/T 28189—2011《纺织品 多环芳烃的测试》

1. 范围

采用 GC-MS 测定纺织品中 16 种多环芳烃,本标准适用于各种类型的纺织品。

2. 原理

超声波提取,提取液经硅胶固相萃取柱净化后,浓缩定容,GC-MS 测定,采用选择离子检测模式,外标法定量。

3. 设备和仪器

气相色谱质谱仪（GC-MS）;可控温的超声波萃取仪:工作频率为 40kHz 或 45kHz,（60±2)℃;恒温水浴旋转蒸发仪,控温精度±2℃;固相萃取装置;氮吹仪;分析天平,精确至 0.0001g;聚四氟乙烯铝膜（0.45mm）等常规实验室器具。

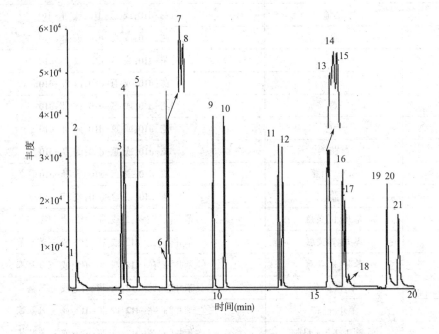

图 6-2　多环芳烃和内标物质色谱图

1—萘-d8　2—萘　3—苊烯　4—苊　5—芴　6—菲-d10　7—菲　8—蒽　9—荧蒽　10—芘
11—苯并[a]蒽　12—䓛　13—苯并[b]荧蒽　14—苯并[k]-荧蒽　15—苯并[j]荧蒽　16—苯并[e]芘
17—苯并[a]芘　18—芘-d12　19—茚并[1,2,3-cd]芘　20—二苯并[a,h]蒽　21—苯并[g,h,i]苝

表 6-10　多环芳烃化合物定量离子与定性离子

内标/组别	多环芳烃	定量离子	定性离子		
内标 Ⅰ	萘-d8	136.1	137.1	134.1	108.1
Ⅰ	萘	128.1	127.1	129.1	102.1
内标 Ⅱ	菲-d10	188.1	187.1	189.1	160.1

续表

内标/组别	多环芳烃	定量离子	定性离子		
Ⅱ	苊烯	152.1	151.1	153.1	76.1
Ⅱ	苊	153.1	154.1	152.1	76.1
Ⅱ	芴	166.1	165.1	167.1	82.4
Ⅱ	菲	178.1	176.1	179.1	89.1
Ⅱ	蒽	178.1	176.1	179.1	89.1
Ⅱ	荧蒽	202.1	200.1	203.1	101.1
Ⅱ	芘	202.1	200.1	203.1	101.1
Ⅱ	苯并[a]蒽	228.1	226.1	229.1	114.1
Ⅱ	䓛	228.1	226.1	229.1	114.1
内标 Ⅲ	䓛-d12	264.1	260.1	265.1	132.1
Ⅲ	苯并[b]荧蒽	252.1	250.1	253.1	126.1
Ⅲ	苯并[j]荧蒽	252.1	250.1	253.1	126.1
Ⅲ	苯并[k]荧蒽	252.1	250.1	253.1	126.1
Ⅲ	苯并[a]芘	252.1	250.1	253.1	126.1
Ⅲ	苯并[e]芘	252.1	250.1	253.1	126.1
Ⅲ	茚并[1,2,3-cd]芘	276.1	274.1	277.4	138.1
Ⅲ	二苯并[a,h]蒽	278.1	276.1	279.1	139.1
Ⅲ	苯并[g,h,i]芘	276.1	274.1	277.1	138.1

4. 试剂和材料

正己烷(色谱纯);丙酮(色谱纯);二氯甲烷(色谱纯);16 种多环芳烃标准品,纯度≥96%;正己烷+丙酮(体积比 1:1);正己烷+二氯甲烷(体积比 3:2);标准储备液(1000mg/L):准确称取表 6-12 中所列 16 种多环芳烃标准品,正己烷将每种标物质配成浓度约 1000mg/L 的标准储备液,0~4℃避光保存,有效期 12 个月;混合标准工作溶液(10mg/L):准确移取适量标准储备液,正己烷配置成浓度为 10mg/L 的混合标准工作液。再根据需要配制成其他浓度的标准工作溶液,0~4℃避光保存,有效期 3 个月。

硅胶固相萃取柱:500mg/3mL 或相当者,使用前用 5mL 正己烷预淋洗,保持湿润。

5. 测试程序

(1)样品准备。取有代表性的样品,剪碎成 5mm×5mm,混匀。

(2)提取。准确 1g(精确至 0.01g)上述样品,置于 50mL 螺纹试管,加入 30mL 提取液(正己烷+丙酮,1:1 体积比),密封后,在 60℃水浴超声萃取 30min。冷却至室温,提取液转移至 150mL 平底烧瓶;再用 30mL 提取液(正己烷+丙酮,体积比 1:1)重复萃取一次。合并两次萃取液。在 35℃水浴中旋转蒸发至近干,加入 2mL 正己烷溶解样品,净化处理。(注:无须每个样品进行净化,选择有干扰物质的样品进行净化。)

(3)净化和定容。处理后的样液转移至固相萃取柱中,控制流速为 0.5 滴/s,然后加入 5mL 正己烷洗脱,弃去洗脱液。加入 5mL 正己烷+二氯甲烷(体积比 3:2)淋洗,收集淋洗液。在

35℃水浴中,用氮吹仪缓慢吹至近干。加入正己烷定容至 2mL。经 0.45μm 滤膜过滤至 GC 小瓶中,进行 GC-MS 分析。

(4)空白试样为不含样品的试样,操作步骤按上述(2)和(3)操作。

6. 测定

(1)气相色谱设置参数。由于测试结果取决于所使用的仪器,因此不能给出色谱分析的普遍参数,表 6-11 已被证明对测试是合适的。

表 6-11 GC-MS 气相色谱设置参数

		气相色谱—质谱联用仪
色谱柱		DB-5MS,30m×250μm×0.25μm,或相当者
升温程序	初始温度(℃)	50
	初始时间(min)	0
	升温速率 1	从 50℃ 以 20℃ /min 升至 250℃,保持 0min
	升温速率 2	5℃ /min 升至 310℃ 保持 5min
进样口温度(℃)		270
质谱接口温度(℃)		280
四极杆温度(℃)		150
离子源温度(℃)		230
流速(mL/min)		1.0
进样量(μL)		1
电离方式		EI,电离能量 70eV
分流模式		脉冲不分流
数据采集模式		全扫描/选择离子采集(SCAN/SIM)

(2)气相色谱质谱定性和定量分析。根据样液中被测物质含量情况,选定浓度相近的标准溶液与样液等体积穿插进样,标准工作溶液和待测样液中多环芳烃的响应值均应在线性范围内。必要时稀释。

在上述气相色谱质谱条件下,16 种多环芳烃的保留时间、定性离子、定量离子及丰度比见图 6-3 和表 6-12。

7. 分析与计算

(1)GB/T 28189—2011 对纺织品中 16 种多环芳烃的测定底限均为 0.1mg/kg。

(2)根据校准工作曲线计算实际样品中多环芳烃的含量。

$$X_i = \frac{C_i \times V \times F}{m} \tag{6-2}$$

式中:X_i 为样品种多环芳烃 i 的含量(mg/kg);C_i 为标准工作溶液中多环芳烃 i 的浓度(mg/L);V 为样液最终定容体积(mL);F 为稀释因子;m 为称取的样品质量(g)。

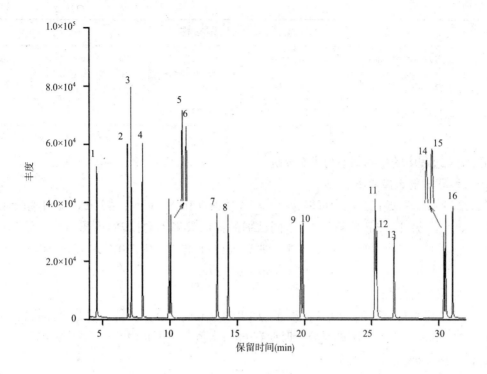

图 6-3　16 种多环芳烃色谱图

1—萘　2—苊烯　3—苊　4—芴　5—菲　6—蒽　7—荧蒽　8—芘　9—苯并[a]蒽
10—䓛　11—苯并[b]荧蒽　12—苯并[k]荧蒽　13—苯并[a]芘
14—茚并[1,2,3-cd]芘　15—二苯并[a,h]蒽　16—苯并[g,h,i]芘

表 6-12　目标化合物保留时间和定量离子与定性离子

序号	多环芳烃	保留时间(min)	定量离子	定性离子		
1	萘	4.78	128	127	129	102
2	苊烯	6.665	152	151	153	76
3	苊	6.877	153	154	152	76
4	芴	7.507	166	165	167	139
5	菲	8.674	178	176	179	152
6	蒽	8.736	178	176	179	152
7	荧蒽	10.126	202	200	203	101
8	芘	10.413	202	200	203	101
9	苯并[a]蒽	12.411	228	226	229	114
10	䓛	12.480	228	226	229	113
11	苯并[b]荧蒽	14.883	252	250	253	126
12	苯并[k]荧蒽	14.953	252	250	253	125
13	苯并[a]芘	15.696	252	250	253	126

续表

序号	多环芳烃	保留时间(min)	定量离子	定性离子		
14	茚并[1,2,3-cd]芘	18.700	276	274	277	138
15	二苯并[a,h]蒽	18.829	278	276	279	139
16	苯并[g,h,i]芘	19.371	276	274	277	138

五、检测过程中的技术细节与难点分析

(一)萃取试剂选择和影响

萃取试剂如甲苯或正己烷中可能含有待测物质萘,因此在进行样品分析前应对萃取试剂进行空白值测定。另外,样品种类不同,不同试剂的提取效率不同,其中甲苯的萃取效率较高。ABS 塑料不适宜用二氯甲烷萃取,会发生溶胀现象;TPE 包胶、PA+30%GF 塑料、HDPE 塑料等在甲苯中会发生溶胀现象,采用二氯甲烷提取效果较好。

(二)样品处理过程

多环芳烃往往会吸附在玻璃器皿表面。如果刚萃取完的样品不能及时仪器分析,应于 0~4℃避光保存最多一周。再次进行分析时应在 60℃水浴条件下超声 5min。冷却至室温,过滤,然后进行仪器分析。

(三)挥发性萘的分析

萘的挥发性较强,当样品的物理形态不同和前处理的步骤不同,都会导致相同的样品测试结果不稳定。例如,液态状的样品,在前处理时采用了在一定温度条件对其进行烘干测试,以及未对其进行烘干测试,同样质量样品进行后续有机试剂萃取步骤,最后两种情况下的结果偏差较大。

(四)样品基质的影响

在实际样品分析时,经常会遇到样品成分复杂,基质干扰大,有沉淀,或样品中含有的待测多环芳烃目标物的同分异构体等情况。当沉淀产生时,可以采取固相萃取柱净化步骤,除去部分大颗粒物质。当样品本身含有干扰物质,并与待测的多环芳烃含有相同的定性离子和定量离子,定性离子和定量离子的丰度比与标准品相比有偏差。判断此干扰物质是否为待测多环芳烃,或者是多环芳烃的同分异构体。可通过样品加标,或更换不同类型色谱柱,或调整色谱的升温程序。

另外,苯并[b]荧蒽和苯并[j]荧蒽在 DB-EUPAH 比 DB-5MS 色谱柱上的分离度好,而茚并[1,2,3]芘和二苯并[a,h]蒽在 DB-EUPAH 比 DB-5MS 色谱柱上的分离度差。因此需根据待测物质来选择色谱分析柱。

第二节　富马酸二甲酯(DMF)的检测方法与检测标准

一、富马酸二甲酯的定义和危害

富马酸二甲酯(Dimethyl Fumarate)又名 2-丁烯二酸二甲酯、反丁烯二酸二甲酯(2-Butenedioicacid-dimethylester),俗称防霉保鲜剂霉克星1号,简称为DMF。化学分子式$C_6H_8O_4$,相对分子质量为144.13。常温下为白色鳞片状结晶体或结晶粉末,稍有辛辣味,溶于乙酸乙酯、氯仿、丙酮和醇类,微溶于乙醚,微溶于水。

富马酸二甲酯(DMF)对微生物有广泛、高效的抑菌、杀菌作用,曾广泛用于食品、饲料、烟草、皮革和衣物等防腐防霉及保鲜。富马酸二甲酯(DMF)是20世纪80年代国际上兴起的高效、低毒防霉剂,常用于皮革、鞋类、纺织品等的生产、储存、运输中。富马酸二甲酯多数包在小袋中,放在产品包装中或放在鞋盒里,从而保持产品干燥和防潮,防止产品生霉。

富马酸二甲酯(DMF)具有毒性,超过正常使用量时可能引起消费者皮肤过敏、皮疹或灼伤。根据临床试验,DMF可经食道吸入,对人体肠道、内脏产生腐蚀性损害和引起过敏;并且当该物质接触到皮肤后,会引发接触性皮炎痛楚,包括发痒、刺激、发红和灼伤;对人类的身体健康造成了极大的危害,尤其对儿童的成长发育会造成很大危害。

二、富马酸二甲酯的相关法规和要求

2009年3月17日,欧盟委员会通过了《要求各成员国保证不将含有生物杀灭剂富马酸二甲酯(DMF)的产品投放市场或销售该产品的决议》(2009/251/EC),该指令明确规定,如果产品或产品配件中富马酸二甲酯的含量超过了0.1mg/kg,或者产品及包装内已声明了其富马酸二甲酯含量,如干燥剂、防霉剂小袋,都将被认定为"含有富马酸二甲酯"的产品,禁止进入欧盟市场流通和销售。此后,欧盟陆续发布DMF修订指令2010/153/EC、2011/135/EU、2012/48/EU,延长此规定的生效日期。2012年5月15日,欧盟(EU)No.412/2012指令,正式批准将富马酸二甲酯(DMF)加入REACH法规附件XVII《对某些危险物质、混合物、物品在制造,投放市场和使用过程中的限制物质清单》第61项,规定欧盟市场上流通的产品或产品配件中富马酸二甲酯(DMF)的含量不得超过0.1mg/kg。

其他相关法规和纺织产品生态安全性能也都采用REACH法规的限制要求,详细管控范围和限制见表6-13。

表6-13　富马酸二甲酯的主要限制法规要求

法规/标准编号	管控范围	限量(mg/kg)
ISO 16186:2012	鞋类:鞋类材料、干燥剂和其他产品	0.1
T/CNTAC 8—2018	家用、装饰用和服用纺织产品	0.1
AAFA限用物质清单	服装、鞋类和家纺产品	0.1
Standard 100 byOEKO-TEX ®	纺织品、皮革制品以及生产各阶段的产品,包括纺织及非纺织的附件	0.1

三、富马酸二甲酯常用的检测方法

样品的前处理方法主要采用超声波萃取法、固相萃取法。仪器分析测试方法主要有气相色谱法(GC)、薄层色谱法(TLC)、紫外分光光度法(UV)、液相色谱法(HPLC)、气质联用(GC-MS)和气相色谱—二级质谱联用法(GC-MS/MS)。

(一)样品前处理方法

1. 超声波萃取

和常规萃取技术相比,超声波萃取快速、价廉、高效。超声波提取是利用超声波具有的机械效应、空化效应和热效应,通过增大介质分子的运动速度、增大介质的穿透力以提取有效成分,被多个标准所采用。

2. 固相萃取 (SPE)

SPE 是一种用途广泛的样品前处理技术,大多用来处理液体样品,萃取、浓缩和净化其中的半挥发性和不挥发性化合物,用于富马酸二甲酯的前处理时,一般是和超声波萃取法结合使用,对试样进行超声萃取后进行提取净化。

(二)仪器分析方法

用薄层色谱法测定富马酸二甲酯的含量,方法简便易行,适用于基层实验室应用。紫外分光光度法是利用富马酸二甲酯在可见光和紫外区都有吸收的特性进行分析。但该方法检测限比较高,达不到欧盟要求,因此未见用于纺织品中富马酸二甲酯的检测。

高效液相色谱法测定纺织品中富马酸二甲酯含量过程相较薄层色谱法更为简便,但皮革萃取液中的杂质对测定结果干扰严重,难以实现准确定量。此法被用于分析食品中防腐剂。如NY/T 1723—2009,该标准规定了用高效液相色谱法测定食品中富马酸二甲酯的含量。

气相色谱法测定富马酸二甲酯具有快捷、重现性好的特点。如 SN/T 2454—2010,该标准使用气相色谱分离氢火焰检测器定量分析防霉剂中富马酸二甲酯。而气相色谱质谱联用仪 (GC-MS)以灵敏度高、干扰少、分析用溶剂消耗少而被广泛应用于富马酸二甲酯的定量分析中。如 ISO16186:2012、GB/T 26713—2011,GB/T 26702—2011 和 GB/T 28190—2011 中都采用GC-MS 分析不同产品中富马酸二甲酯的含量。

随着仪器分析技术的进步,具有能进一步排除干扰、增强结构解析和定性能力、提高灵敏度的气相色谱—二级质谱联用法(GC-MS/MS)也被用于富马酸二甲酯的分析,GB/T 26713—2011 中即规定了鞋类和鞋类部件中富马酸二甲酯的气相色谱—二级质谱检测方法。

四、富马酸二甲酯的主要检测标准

国内外富马酸二甲酯的主要检测标准有:ISO/TS 16186:2012《鞋类 可能存在于鞋类和鞋类部件的关键物质 鞋类材料中富马酸二甲酯的测定》、GB/T 28190—2011《纺织品 富马酸二甲酯的测定》、GB/T 26713—2011《鞋类 化学试验方法 富马酸二甲酯(DMF)的测定》、GB/T 26702—2011《皮革和毛皮 化学试验 富马酸二甲酯含量的测定》、SN/T 2450—2010《纺织品中富马酸二甲酯的测定 气相色谱质谱法》。

实验室测定纺织品及皮革类产品中富马酸二甲酯的含量的检测标准均采用以下测试原则:称取一定量的剪碎样品,加入有机溶剂进行萃取,再用相关仪器对萃取溶液进行分析,最后计算出富马酸二甲酯的含量。但是不同的标准对于萃取溶剂、净化措施、分析仪器以及定量方式等有所不同,具体对比见表 6-14。

表 6-14 各检测方法与标准的比较

标准方法	萃取溶剂	净化措施	分析仪器	定量方式
ISO 16186:2012	丙酮	纺织品:无须净化 皮革:过柱净化	GC-MS	内标法
GB/T 26713—2011	乙酸乙酯	纺织品、合成革及填充物: 无须净化 皮革:过柱净化	GC-MS GC-MS/MS	外标法
GB/T 26702—2011	乙酸乙酯	过柱净化	GC-MS	外标法
GB/T 28190—2011	乙酸乙酯	无	GC-MS	外标法

(一) ISO 16186:2012

1. 范围

该方法适用于鞋类材料、干燥剂和其他产品中的富马酸二甲酯的测定。

2. 方法原理

将样品剪成小块,用丙酮超声萃取,材料不同,采用不同的萃取方式:方法一,适用于不需要净化和浓缩就可得到简单的色谱图的样品,如纺织品;方法二,适用于需要净化和浓缩处理的复杂基质的样品,如皮革等。

3. 标准和试剂

(1)常规试剂。见表 6-15 信息表,标准物质纯度≥99.5%。

表 6-15 标准和试剂信息表

物质	CAS No.	物质	CAS No.
富马酸二甲酯	624-49-7	马来酸二甲酯	624-48-6
d2-富马酸二甲酯(内标)	23057-98-9	丙酮	67-64-1

(2)储备溶液和工作溶液。

①内标储备液(1g/L)。准确称取 10mg d_2-DMFU 至 10mL 容量瓶中,丙酮定容。将储备液转移至 10mL 带有 PTFE 盖的棕色瓶中,4℃保存。

②内标工作溶液(1mg/ L)。用丙酮将内标储备溶液稀释 1000 倍。

③标准储备溶液(1g/L)。分别准确称取 50mg 富马酸二甲酯和马来酸二甲酯(精确到 0.1mg)至 50mL 容量瓶中,丙酮定容。

④标准工作溶液(1mg/L)。用丙酮将标准储备溶液稀释 1000 倍。

4. 主要设备

分析天平,精确到 0.1mg;可密封玻璃瓶,40mL;超声波提取器;0.45μm PTFE 滤膜;1mL 带 PTFE 垫的样品瓶;气相色谱—质谱联用仪(GC-MS)。

5. 样品制备

关于鞋类样品,上面的衬底和垫底必须测试,每个测试只包含一种单一的材料(皮革、纺织品或聚合物)。将均一材质的纺织品、皮革或聚合物材料剪成每条边不长于 0.5cm,干燥剂样品不做任何处理。

(1)均质材料萃取程序。

①萃取。称取 1.000g 试样于 40mL 玻璃瓶中,加入 1mg/L 内标溶液 1mL 和 9mL 丙酮,拧紧瓶盖,将玻璃瓶置于超声波水浴中 60℃超声萃取 1h,待萃取液冷却至室温,用 PTFE 滤膜过滤,取萃取液至样品瓶中,用 GC-MS 分析测试。

②富马酸二甲酯和马来酸二甲酯的工作溶液。分别移取 5μL、10μL、50μL 和 100μL 的 1mg/L 富马酸二甲酯和马来酸二甲酯的工作溶液以及 100μL 的 1mg/L 内标溶液,用丙酮定容至 1000μL,配制成含有 0.1μg/mL 内标溶液的富马酸二甲酯和马来酸二甲酯的工作溶液,浓度分别为 0.005μg/mL、0.01μg/mL,0.05μg/mL、0.1μg/mL。

(2)复合材料的萃取程序。

①萃取。称取 1.000g 样品于 40mL 玻璃瓶中,加入 100μL 1mg/ L 内标溶液和 9.9mL 丙酮,拧紧瓶盖,将玻璃瓶置于超声波水浴中 60℃超声萃取 1 h,冷却至室温。

②净化步骤。取 5mL 萃取液至离心管中,氮吹至约 0.2mL,加入 1mL 正己烷提取,通过以下步骤将洗涤液净化过柱(Florisil,2g/6mL)。

活化:6mL 正己烷;洗涤:2mL 正己烷,2mL 正己烷/丙酮(体积比 80∶20),以上两步的洗脱液均不要。洗脱 4mL 正己烷/丙酮(体积比 80∶20),洗脱液氮吹至 0.5mL。如必要,可用 PTFE 滤膜过滤,转移至 GC-MS 小瓶。

③富马酸二甲酯和马来酸二甲酯的校准曲线。富马酸二甲酯和马来酸二甲酯可按照表 6-16 指示配置。工作曲线中 100μg/L 浓度相当于 0.1mg/kg 试样含量。

表 6-16　富马酸二甲酯和马来酸二甲酯的校准溶液

标准	浓度 1	浓度 2	浓度 3	浓度 4	浓度 5
移取 1mg/L DMFU/DMMA 溶液的体积(μL)	50	100	150	200	250
移取 1mg/L 内标溶液的体积(μL)	100	100	100	100	100
移取丙酮的体积(μL),定容体积 1mL	850	800	750	700	650
DMFU/DMMA 的浓度(μg/L)	50	100	150	200	250
内标浓度(μg/L)	100	100	100	100	100

6. 气质联用仪(GC-MS)测定

确保富马酸二甲酯和马来酸二甲酯有效的分离,避免马来酸二甲酯导致的假阳性结果。气相色谱质谱分析条件的设置可参考以下参数。

(1)测试方法例 1。仪器参数见表 6-17,保留时间和质荷比见表 6-18。

表 6-17　气相色谱质谱分析条件

色谱柱	35%苯基-65%二甲基硅氧烷(DB-35MS),15m×0.25mm×0.5μm
载气	氦气,流速 1mL/min,不分流进样
升温程序	100℃保持 1.5min,40℃/min 升至 180℃,50℃/min 升至 300℃保持 2.5min
进样口温度(℃)	250

续表

传输线温度(℃)	280
进样体积(μL)	1
MS 扫描模式	SIM(选择离子模式)需要采集的质荷比离子参考表 6-18

表 6-18　保留时间和质荷比 m/z

物质	保留时间（min）	质荷比 m/z
富马酸二甲酯	2.27	113/59/85
d2-富马酸二甲酯	2.27	115
马来酸二甲酯	2.50	113/59/85

校准和计算：可用 113 作为定量离子制订一条由不同浓度组成的校准曲线。通过不同定性离子和不同保留时间来区别不同的目标物质。定量结果受内标溶液影响。

（2）测试方法例 2。仪器参数见表 6-19,定量离子见表 6-20。

富马酸二甲酯可在 GC-MS 中选用选择离子(SIM)或全扫描(Scan)双模式采集。

表 6-19　气相色谱质谱分析条件

色谱柱	DB-35MS(或者等同于 35%苯基-65%二甲基硅氧烷)30m×0.25mm×0.5um
载气	氦气,不分流模式进样 1μL
升温程序	50℃保持 2min,6℃/min 升至 110℃,30℃/min 升至 310℃保持 4min
进样口温度(℃)	250
传输线温度(℃)	280
进样体积(μL)	1
MS 采集模式	SIM(选择离子)需要采集的质荷比离子参考表 6-20,单四极杆仪器可用双扫描模式,Scan 全扫描的范围为 50~160amu

表 6-20　定量离子

目标物	离子
富马酸二甲酯	113(定量离子)
	85(定性离子)
d2-富马酸二甲酯	115(定量离子)
马来酸二甲酯	113(定量离子)
	85(定性离子)

（二）GB/T 26713—2011

1. 范围

本标准规定了鞋类和鞋类部件中富马酸二甲酯的试验方法,气相色谱质谱和气相色谱二级质谱检测方法。本标准适用于鞋类和鞋类部件中富马酸二甲酯的测定。

2. 原理

采用脱水乙酸乙酯对试样中的富马酸二甲酯进行超声波提取,提取液净化后,用气相色谱质谱(GC-MS)或气相色谱二级质谱(GC-MS/MS)测定和确证,外标法定量。

注:当采用 GC-MS 测定出的基质干扰严重,富马酸二甲酯含量较低时,只需采用 GC-MS/MS 确认。

3. 试剂

除非另有规定,仅使用分析纯或更高纯度试剂。乙酸乙酯:经 5A 分子筛脱水处理;富马酸二甲酯标准品:纯度≥98%;中性氧化铝小柱:1000mg,6mL;正己烷。

4. 设备和仪器

分析天平,精确到 0.0001g;气相色谱质谱联用仪(GC-MS):配有电子轰击电离离子源(EI);气相色谱二级质谱联用仪(GC-MS/MS):配有电子轰击电离离子源(EI);旋转蒸发仪;具塞量筒 5mL;超声波提取器:40 kH;离心机;离心管:2mL;针式过滤头:孔径 0.45μm 等实验室常规器具。

5. 试验步骤

(1)试样的制备。取有代表性的样品,按 GB/T 22049—2008 的规定进行环境调节后,将样品剪成约 5mm×5mm 的小试样片,不少于 10g。分别对衬里和帮面进行制样和测定,不同材料也应分别制样和测定。如果衬里和帮面不能分开时,那么衬里和帮面应一起制样和测定,测定方法也应按衬里材料进行。

(2)试样的处理。

①纺织品、人造革(合成革)及填充物。从已剪碎的试片中称取约 5.0g(精确至 0.001g),将试样置于具塞锥形瓶中,加入 30mL 经分子筛脱水处理的乙酸乙酯,将锥形瓶密闭,用力振荡,使所有试样浸于液体中(若试样未能全部没入液体中,再补充适量的脱水乙酸乙酯直到试样全部没入液体为止),在超声波中超声萃取 10min,将萃取液滤进圆底烧瓶中;再用 20mL 脱水乙酸乙酯重复上述步骤 1 次,合并萃取液;最后用 10mL 脱水乙酸乙酯淋洗锥形瓶和试样,用力振荡,合并萃取液。在旋转蒸发仪上将萃取液浓缩至 3mL,转移至具塞量筒,用少量脱水乙酸乙酯淋洗圆底烧瓶,洗液并入具塞量筒,最后用脱水乙酸乙酯定容至 5mL 配制成试液。若试液混浊或有沉淀,用注射器吸取少量试液注入带 2mL 离心管的离心机进行离心分层 5~10min(转速 8000 r/min),离心后的上层清液经针式过滤头过滤,立即用气相色谱质谱联用仪进行分析。

②皮革样品。从已剪碎的小试片中称取约 5.0g(精确至 0.001g),将试样置于具塞锥形瓶中,加入 30mL 经分子筛脱水处理的乙酸乙酯,将锥形瓶密闭,用力振荡,使所有试样浸于液体中(若试样未能全部没入液体中,再补充适量的脱水乙酸乙酯直到试样全部没入液体为止),在超声波中超声萃取 10min,将萃取液滤进圆底烧瓶中;再用 20mL 脱水乙酸乙酯重复上述步骤 1 次,合并萃取液;最后用 10mL 脱水乙酸乙酯淋洗锥形瓶和试样,用力振荡,合并萃取液。在旋转蒸发仪上将萃取液浓缩至 1mL。取 5mL 正己烷倒入中性氧化铝小柱中活化柱子,再加入 5mL 脱水乙酸乙酯润洗柱子,然后把浓缩好的萃取液转移到柱子中,经柱子净化后的试液用具塞量筒收集,用少量脱水乙酸乙酯淋洗圆底烧瓶几次,洗液分别倒入柱子中,合并净化液,定容至 5mL,若试液混浊或有沉淀,用注射器吸取少量试液注入带 2mL 离心管的离心机进行离心分层 5min(转速 8000r/min),离心后的上层清液经针式过滤头过滤,立即用气相色谱质谱联用仪

进行分析。

（3）标准溶液的配制。准确称取富马酸二甲酯标准品0.02g（精确至0.001g）放于25mL具塞容量瓶中，用脱水乙酸乙酯溶解并定容，摇匀。再用脱水乙酸乙酯逐级稀释，配制成浓度分别为0.1mg/L、0.5mg/L、1.0mg/L、5.0mg/L、10.0mg/L、20.0mg/L、50.0mg/L的标准工作溶液，于4℃冰箱中避光保存，有效期为1个月。

（4）气相色谱质谱联用仪（GC-MS）的测定。

①气相色谱质谱分析条件。设定的参数应保证色谱测定时被测组分与其他组分能够得到有效的分离，表6-21给出的参数证明是可行的。

表6-21　气相色谱质谱分析条件

色谱柱	DB-5MS柱，30m×0.25mm（内径）×0.25μm，或者相当
载气	氦气，纯度≥99.999%，控制方式：恒定流速为1.0mL/min
柱温	60℃，5℃/min升至100℃，25℃/min升温280℃，10min
进样口温度（℃）	250（不分流进样，1min后开阀）
气相色谱质谱接口温度（℃）	280
进样体积（μL）	1
离子源	EI源
电离能量（eV）	70
四极杆温度（℃）	150
离子源温度（℃）	230
溶剂延迟时间（min）	3
扫描模式	选择离子（SIM），定性离子 m/z：113,85,59；定量离子 m/z：113

②气相色谱质谱分析及阳性结果确证。根据试液中富马酸二甲酯的含量情况，选取浓度相近的标准工作溶液，标准工作溶液和试液中富马酸二甲酯的响应值均应在仪器的线性范围内，在上述气相色谱质谱条件下，富马酸二甲酯的保留时间约为6.5min。

如果试液与标准工作溶液的总离子流色谱图中，在相同保留时间有色谱峰出现，则根据富马酸二甲酯的特征离子碎片及其丰度比对其进行确证。定性离子 m/z：113,85,59（其丰度比为100：60：30）；定量离子 m/z：113。

（5）气相色谱二级质谱联用法（GC-MS/MS）测定。

①气相色谱二级质谱分析条件。对于基质干扰严重、富马酸二甲酸含量较低的样品，可采用气相色谱二级质谱（GC-MS/MS）方法测定样品中富马酸二甲酯含量，表6-22给出的参数证明是可行的。

表6-22　气相色谱质谱分析条件

色谱柱	DB-5MS柱，30m×0.25mm（内径）×0.25μm，或者相当
载气	氦气，其纯度≥99.999%，控制方式：恒定流速为1.0mL/min
柱温	从60℃开始以5℃/min的速率升温至100℃，再以25℃/min的速率升温至280℃，保持10min

进样口温度(℃)	100(不分流进样,1min 后开阀)
接口温度(℃)	280
进样体积(μL)	1
离子源	EI 源
电离能量(eV)	70
溶剂延迟时间(min)	3
扫描模式	二级质谱(MS-MS),定性离子 m/z:85,53,113;定量离子 m/z:85
裂解方式	共振
激发存储水平	49.6m/z
激发裂解电压(V)	0.5

②气相色谱二级质谱分析及阳性结果确证。根据试液中富马酸二甲酯的含量情况,选取浓度相近的标准工作溶液,标准工作溶液和试液中富马酸二甲酯的响应值均应在仪器的线性范围内,在上述 GC-MS/MS 条件下,富马酸二甲酯的保留时间约为 6.5min。如果试液与标准工作溶液的总离子流色谱图中,在相同保留时间有色谱峰出现,则根据富马酸二甲酯的特征离子碎片及其丰度比进行确证。定性离子 m/z:85,53,113(丰度比 100∶11∶5);定量离子 m/z:85。

6. 结果计算

按下式计算富马酸二甲酯的含量。

$$X = (c \times V)/m \tag{6-3}$$

式中:X 为试样中富马酸二甲酯的含量(mg/kg);c 为由标准工作曲线得到的试样溶液中富马酸二甲酯的质量浓度(mg/L);V 为试液的定容体积(mL);m 为试样质量(g)。

(三) GB/T 28190—2011

1. 范围

本标准规定了采用气相色谱质谱法(GC-MS)测定纺织品中富马酸二甲酯含量的方法。本标准适用于各种类型的纺织品。

2. 原理

采用乙酸乙酯对试样中的富马酸二甲酯进行超声提取,提取液经浓缩、定容和过滤后,用气相色谱质谱法(GC-MS)进行测定和确证,外标法定量。

3. 试剂和材料

除非另有说明,在分析中所用试剂均为分析纯。乙酸乙酯:经 5Å 分子筛脱水处理。5Å 分子筛放在 500℃ 马弗炉中灼烧 2 h,待炉温降至 100℃ 以下,取出放入装有无水硅胶的干燥器中冷却后,以 250g/500mL 的比例加入至刚启封的乙酸乙酯中,静置 24h 后备用;富马酸二甲酯标准品:纯度≥99%。

标准储备溶液:称取适量的富马酸二甲酯标准品,用乙酸乙酯配制成浓度为 1000mg/L 的标准储备溶液。在 4℃ 冰箱中避光保存条件下,标准储备溶有效期为 12 个月。

标准工作溶液:根据需要,将标准储备溶液用乙酸乙酯稀释成适当浓度的标准工作溶液。在 4℃ 冰箱中避光保存条件下,标准工作溶液的有效期为 3 个月。

4. 仪器和设备

气相色谱质谱联用仪:带 EI 源;超声波发生器:工作频率为 40 kHz;旋转蒸发仪 (10℃/min);分析天平:精度 0.0001g;具塞锥形瓶:100mL;圆底烧瓶:250mL;有机相过滤膜:0.45μm 等。

5. 分析步骤

(1)提取。选取代表性样品,剪碎至 5mm×5mm 以下,混匀后从中称取 2g,精确至 0.01g,置于具塞锥形瓶中,加入 40mL 乙酸乙酯,于常温下在超声波发生器中萃取 30min,将萃取液转移至圆底烧瓶,再用 40mL 乙酸乙酯对锥形瓶中样品重复提取 10min,合并两次萃取液,然后用 20mL 乙酸乙酯洗涤残渣,并入萃取液中。在旋转蒸发仪上于(40±2)℃浓缩至近 1mL,用氮气吹至近干,然后用乙酸乙酯定容至 2.0mL。溶液经有机相过滤膜过滤后,作为样液供气相色谱质谱测定。

(2)测定。

①气相色谱质谱条件。表 6-23 给出的参数证明是可行的。

表 6-23　气相色谱质谱分析条件

色谱柱	DB-WAX 柱,30m×0.25mm(i.d.)×0.25μm,或者相当
载气	氦气,其纯度≥99.999%,控制方式:恒定流速为 1.0mL/min
色谱柱温度	50℃,10℃/min 升至 150℃(3min),20℃/min 升至 245℃(5min)
进样口温度	240℃,不分流进样,1min 后开阀
接口温度(℃)	250
进样体积(μL)	1
离子源	EI 源
电离能量(eV)	70
溶剂延迟时间(min)	6
扫描方式	选择离子监测模式,定性和定量选择离子的选择参见表 6-24
四极杆温度(℃)	180
离子源温度(℃)	230

②气相色谱—质谱分析及阳性结果确证。根据试液中被测物质含量情况,选定浓度相近的标准工作溶液,对标准工作溶液与样液等体积参插进样测定,标准工作溶液与待测液中富马酸二甲酯的响应值均应在仪器的线性范围内。

如果样液与标准工作溶液的选择离子色谱图中,在相同保留时间有色谱峰出现,则根据表 6-24 中的特征离子碎片及其丰度比进行确证。

表 6-24　　定性和定量选择离子的选择

物质名称	参考保留时间(min)	特征碎片离子(amu)		丰度比
		定量离子	定性离子	
富马酸二甲酯	11.30	113	113,85,114	100:58:20

6. 结果计算

试样中富马酸二甲酯的含量按下式计算,计算结果表示到小数点后一位:

$$X = (A \times c_s \times V)/(A_s \times m) \tag{6-4}$$

式中:X 为样品中富马酸二甲酯含量(mg/kg);A 为试样提取液中富马酸二甲酯的峰面积(扣除空白);c_s 为标准工作溶液中富马酸二甲酯的浓度(mg/L);V 为试样定容的体积(mL);A_s 为标准工作溶液中富马酸二甲酯的峰面积;m 为试样的质量(g)。

五、检测过程中的质量控制与干扰排查

富马酸二甲酯在测试过程中,由于待测样品尤其是皮革样品基质干扰较为严重,造成检测定性的困难,同分异构体的存在以及检测过程的污染也是造成检测困难原因所在。

(一)测试过程中污染的排查

为防止样品分析中使用的设备以及溶剂,带入富马酸二甲酯造成干扰,因此在每次更换设备、溶剂供应商以及每次做样时,都应做空白试验以排除外界对测试结果的影响。

(二)分析过程中的质量控制

为确保阳性样品定量的准确性,在测试过程中要保证其精密度和准确性,通过质控样品和样品加标确保富马酸二甲酯的回收率;要确保仪器的准确性,每 10~15 进针后回读校正曲线,确保仪器的稳定性。

(三)同分异构体的干扰

富马酸二甲酯的同分异构体为马来酸二甲酯,即顺丁烯二酸二甲酯,可用作增塑剂、脂肪油类的防腐剂,保留时间和富马酸二甲酯很接近,因此在测试过程中,要确保富马酸二甲酯和马来酸二甲酯能够得到有效的分离,以避免富马酸二甲酯假阳性的结果。建议依据 ISO 16128:2012 在标准曲线中加入马来酸二甲酯,以提供样品分析时目标物的辨析。

(四)样品基质的干扰

在测试过程中,待测样品尤其是皮革样品基质干扰较为严重,一般通过过柱净化或者使用不同的仪器进行测试,排除基质造成的干扰。

(五)干扰峰的排查

在遇到样品存在干扰,无法定性的时候,可以运用稀释、使用其他柱子或仪器、延长升温时间、加标回收等方式来排查干扰,可同时使用一种或两种以上,目的在于将样品干扰降至最低,以确保定性定量的准确性。

第三节　农药(杀虫剂)残留量的检测方法与标准

农药,是指任何用于杀灭有害动植物的化学物质或制剂,包括用于保护植物或其产品不受有害有机体的侵害、调节植物生长、防范有害生物等,如除草剂、杀虫剂、杀菌剂等。

一、纺织品中农药(杀虫剂)的来源与种类

(一)纺织产品中残留农药的来源

纺织产品中残留农药的来源主要有两个方面:一是纺织原料纤维植物在种植过程中可能使用的杀虫剂、杀菌剂或除草剂等;二是纺织品加工、仓储过程中施加的防腐剂、防虫剂、防霉剂、

杀菌剂等。在天然纤维植物(棉、亚麻等)的种植过程中,定期使用农药已成为保证该类作物抵御各种病虫害侵袭的必要手段。纤维原料储存过程中使用的防腐剂、杀菌剂、防霉剂、防蛀剂,以及生产加工过程中为确保织物能够抵抗环境中的虫蛀霉变而添加的某些具有杀虫或抑制虫蛀侵蚀效果的化学制剂,都涉及纺织产品中农药残留及控制问题。此外,纺织品还容易受大气、水质、农药残留、土壤污染和纺织品生产加工时化学处理等因素污染。例如,种植在受到农药污染的环境中的纤维作物也可以从土壤中吸收、富集农药,纤维原料中的农药残留与土壤污染程度、作物生长周期和农药持久性等因素有关。

(二)列入生态纺织产品监控范围的农药(杀虫剂)种类

目前纺织产品中常见的残留农药的种类有:有机氯类农药、有机磷类杀虫剂、拟除虫菊酯杀虫剂、苯氧基羧酸除草剂、氨基甲酸酯、苯基脲类除草剂等,被列入生态纺织产品监控范围的农药(杀虫剂)有 70 种,如表 6-25 所示。

表 6-25　列入监控范围的农药

序号	英文名/中文名	CAS No.	分子式	结构式
1	2,4,5-T/2,4,5-涕	93-76-5	$C_8H_5Cl_3O_3$	
2	2,4-D/2,4-滴	94-75-7	$C_8H_6Cl_2O_3$	
3	Acetamiprid /啶虫脒	135410-20-7 160430-64-8	$C_{10}H_{11}ClN_4$	
4	Aldicarb /涕灭威	116-06-3	$C_7H_{14}N_2O_2S$	
5	Aldrine /艾氏剂	309-00-2	$C_{12}H_8Cl_6$	

序号	英文名/中文名	CAS No.	分子式	结构式
6	Azinophosethyl /益棉磷/乙基谷硫磷	2642-71-9	$C_{12}H_{16}N_3O_3PS_2$	
7	Azinophosmethyl /保棉磷/谷硫磷	86-50-0	$C_{10}H_{12}N_3O_3PS_2$	
8	Bromophos-ethyl /乙基溴硫磷	4824-78-6	$C_{10}H_{12}BrCl_2O_3PS$	
9	Captafol /敌菌丹	2425-06-1	$C_{10}H_9Cl_4NO_2S$	
10	Carbaryl /甲萘威	63-25-2	$C_{12}H_{11}NO_2$	
11	Chlorbenzilate /乙酯杀螨醇	510-15-6	$C_{16}H_{14}Cl_2O_3$	
12	Chlordane /氯丹	57-74-9	$C_{10}H_6Cl_8$	
13	Chlordimeform /克死螨	6164-98-3	$C_{10}H_{13}ClN_2$	
14	Chlorfenvinphos /毒虫畏	470-90-6	$C_{12}H_{14}Cl_3O_4P$	

续表

序号	英文名/中文名	CAS No.	分子式	结构式
15	Clothianidin /可尼丁	210880-92-5	$C_6H_8ClN_5O_2S$	
16	Coumaphos /香豆磷/蝇毒磷	56-72-4	$C_{14}H_{16}ClO_5PS$	
17	Cyfluthrin /氟氯氰菊酯	68359-37-5	$C_{22}H_{18}Cl_2FNO_3$	
18	Cyhalothrin/λ-氯氟氰菊酯	91465-08-6	$C_{23}H_{19}ClF_3NO_3$	
19	Cypermethrin /氯氰菊酯	52315-07-8	$C_{22}H_{19}Cl_2NO_3$	
20	DEF /脱叶膦	78-48-8	$C_{12}H_{27}OPS_3$	
21	Deltamethrin /溴氰菊酯	52918-63-5	$C_{22}H_{19}Br_2NO_3$	
22	DDD /米托坦	53-19-0 72-54-8	$C_{14}H_{10}Cl_4$	

序号	英文名/中文名	CAS No.	分子式	结构式
23	DDE /滴滴伊	3424-82-6 72-55-9	$C_{14}H_8Cl_4$	
24	DDT /滴滴涕	50-29-3 789-02-6	$C_{14}H_9Cl_5$	
25	Diazinon /二嗪农	333-41-5	$C_{12}H_{21}N_2O_3PS$	
26	Dichlorprop/2,4-滴丙酸	120-36-5	$C_9H_8Cl_2O_3$	
27	Dicrotophos /白治磷	141-66-2	$C_8H_{16}NO_5P$	
28	Dieldrine /狄氏剂	60-57-1	$C_{12}H_8Cl_6O$	

续表

序号	英文名/中文名	CAS No.	分子式	结构式
29	Dimethoate /乐果	60-51-5	$C_5H_{12}NO_3PS_2$	
30	Dinoseb, its salts and acetate/ 地乐酚,及其盐和醋酸盐	88-85-7 et. al.	$C_{10}H_{12}N_2O_5$	
31	Dinotefuran /呋虫胺	165252-70-0	$C_7H_{14}N_4O_3$	
32	Endosulfan, α-/α-硫丹	959-98-8	$C_9H_6Cl_6O_3S$	
33	Endosulfan, β-/β-硫丹	33213-65-9	$C_9H_6Cl_6O_3S$	
34	Endrine /异狄氏剂	72-20-8	$C_{12}H_8Cl_6O$	
35	Esfenvalerate /高效氰戊菊酯	66230-04-4	$C_{25}H_{22}ClNO_3$	

续表

序号	英文名/中文名	CAS No.	分子式	结构式
36	Fenvalerate /氰戊菊酯	51630-58-1	$C_{25}H_{22}ClNO_3$	
37	Heptachlor /七氯	76-44-8	$C_{10}H_5Cl_7$	
38	Heptachloroepoxide /环氧七氯	1024-57-3 28044-83-9	$C_{10}H_5Cl_7O$	
39	Hexachlorobenzene /六氯代苯	118-74-1	C_6Cl_6	
40	Hexachlorcyclohexane，α-/ α-六六六	319-84-6	$C_6H_6Cl_6$	
41	Hexachlorcyclohexane，β-/ β-六六六	319-85-7	$C_6H_6Cl_6$	
42	Hexachlorcyclohexane，δ-/ δ-六六六	319-86-8	$C_6H_6Cl_6$	

序号	英文名/中文名	CAS No.	分子式	结构式
43	Imidacloprid /吡虫啉	105827-78-9 138261-41-3	$C_9H_{10}ClN_5O_2$	
44	Isodrine /异艾氏剂	465-73-6	$C_{12}H_8Cl_6$	
45	Kelevane /克来范	4234-79-1	$C_{17}H_{12}Cl_{10}O_4$	
46	Kepone /十氯酮	143-50-0	$C_{10}Cl_{10}O$	
47	Lindane /林丹	58-89-9	$C_6H_6Cl_6$	
48	Malathion /马拉硫磷	121-75-5	$C_{10}H_{19}O_6PS_2$	

序号	英文名/中文名	CAS No.	分子式	结构式
49	MCPA/2-甲-4-氯 (苯氧)乙酸	94-74-6	$C_9H_9ClO_3$	
50	MCPB/2-甲-4-氯 (苯氧)丁酸	94-81-5	$C_{11}H_{13}ClO_3$	
51	Mecoprop/2-甲-4-氯 (苯氧)丙酸	93-65-2	$C_{10}H_{11}ClO_3$	
52	Metamidophos /甲胺磷	10265-92-6	$C_2H_8NO_2PS$	
53	Methoxychlor /甲氧滴滴涕	72-43-5	$C_{16}H_{15}Cl_3O_2$	
54	Mirex /灭蚁灵	2385-85-5	$C_{10}Cl_{12}$	
55	Monocrotophos /久效磷	6923-22-4	$C_7H_{14}NO_5P$	

续表

序号	英文名/中文名	CAS No.	分子式	结构式
56	Nitenpyram /烯啶虫胺	150824-47-8 120738-89-8	$C_{11}H_{15}ClN_4O_2$	
57	Parathion /对硫磷	56-38-2	$C_{10}H_{14}NO_5PS$	
58	Parathion-methyl /甲基对硫磷	298-00-0	$C_8H_{10}NO_5PS$	
59	Perthane /乙滴涕	72-56-0	$C_{18}H_{20}Cl_2$	
60	Phosdrin/Mevinphos /速灭磷/磷君	7786-34-7	$C_7H_{13}O_6P$	
61	Phosphamidone /磷胺	13171-21-6	$C_{10}H_{19}ClNO_5P$	
62	Propethamphos /烯虫磷/胺丙畏	31218-83-4	$C_{10}H_{20}NO_4PS$	
63	Profenophos /丙溴磷	41198-08-7	$C_{11}H_{15}BrClO_3PS$	

续表

序号	英文名/中文名	CAS No.	分子式	结构式
64	Strobane /毒杀芬	8001-50-1	$C_{10}H_9Cl_7$	
65	Quinalphos /喹硫磷	13593-03-8	$C_{12}H_{15}N_2O_3PS$	
66	Telodrine /碳氯灵	297-78-9	$C_9H_4Cl_8O$	
67	Thiacloprid /噻虫啉	111988-49-9	$C_{10}H_9ClN_4S$	
68	Thiamethoxam /噻虫嗪	153719-23-4	$C_8H_{10}ClN_5O_3S$	
69	Toxaphene /毒杀芬	8001-35-2	$C_{10}H_8Cl_8$	

续表

序号	英文名/中文名	CAS No.	分子式	结构式
70	Trifluralin /氟乐灵	1582-09-8	$C_{13}H_{16}F_3N_3O_4$	

二、纺织品中农药残留的相关限制要求

虽然绝大部分被纤维吸收的农药在织物加工过程中会被除去,但仍有部分农药会残留在最终产品上。这些农药对人体的毒性强弱不一,并与在纺织品上的残留量有关,其中有些极易经皮肤为人体所吸收,且对人体有相当的毒性,轻者会引起皮肤过敏、呼吸道疾病或其他中毒反应,重者会诱发癌症。

农药对人体的毒害极大,国内外早就开始对天然纤维类纺织品的农药残留进行严格控制,农药残留已成为生态纺织产品安全性能的监控项目之一。

(一)欧盟 Eco-Label 对农药残留的要求

欧盟 Eco-Label 指令 2014/350/EU 在纺织纤维部分,要求如下:

(1)棉花和其他天然纤维素种子纤维(包括木棉):用于 Eco-Label 标签的纺织产品的棉花,在种植过程中都不得使用下列任何一种农药(杀虫剂):甲草胺、滴灭威、艾氏剂、毒杀酚、敌菌丹、氯丹、2,4,5-T、杀虫脒、氯苄酯、氯氰菊酯、滴滴涕、狄氏剂、地乐酚及其盐类、硫丹、埃氏剂、草酸甘酯、七氯、六氯苯、六氯环己烷(全部的同分异构体)、甲胺磷、甲基邻二胺基、甲基对硫磷、久效磷、烟碱类(氯噻啶,吡虫啉,噻虫嗪)、对硫磷、磷酰胺、五氯苯酚、硫氧芬奈克斯和三氟噻嗪。棉花中含有上述农药(杀虫剂)的残留总量不得超过 0.5ppm。棉花须经过检测并提供检测报告。

(2)羊毛和其他蛋白纤维(包括绵羊毛,骆毛、羊驼毛和山羊毛):所残留的农药和杀虫剂的总量不得超过表 6-26 中列出的限制总量。

表 6-26　羊毛中禁用杀虫剂的限量

杀虫剂种类	限量值（总量）(mg/kg)
γ-六氯代环己烷(林丹)、α-六氯代环己烷、β-六氯代环己烷、δ-六氯代环己烷、艾氏剂、狄氏剂、异狄氏剂、p,p'-DDT、p,p'-DDD	0.5
氯氰菊酯、溴氰菊酯、氰戊酸盐、氰氟氰菊酯、氟氯苯菊酯	0.5
二嗪农、烯虫磷、氯芬磷、二氯芬硫磷、氯苯硫磷、毒死蜱、皮蝇磷	2
二氟脲、杀虫脲、环虫腈	2

(二)Standard 100 by OEKO-TEX Ⓡ对农药残留的要求

Standard 100 by OEKO-TEX Ⓡ 从初期版本限制 12 种杀虫剂,经过不断的修订,2019 年版

本对杀虫剂限制的种类增加到 70 种,见表 6-25,婴幼儿产品总量限量为 0.5mg/kg,非婴幼儿产品总量限制为 1.0mg/kg。

(三) 美国 AAFA《限制物质清单》对农药残留的要求

美国 AAFA《限制物质清单》2019 年版中对农药(杀虫剂)的限制种类和限量见表 6-27。

表 6-27　AAFA 的《限制物质清单》(2019)对农药(杀虫剂)的限制

CAS No.	化学品名称	限量值(mg/kg)
93-72-1	2-(2,4,5-三氯苯氧基)丙酸、其盐和化合物	未检出
93-76-5	2,4,5-三氯苯氧基乙酸、其盐和化合物	
309-00-2	艾氏剂	
57-74-9	氯丹	
72-54-8	二氯苯并噻唑-二苯基-二氯乙烷(DDD)	
72-55-9	二氯苯并噻唑-二苯基-二氯乙烯(DDE)	
50-29-3	二氯苯并噻唑-二苯基-三氯乙烷(DDT)	
60-57-1	狄氏剂	
72-20-8	异狄氏剂	
76-44-8	七氯	
1024-57-3	环氧七氯	
115-29-7	硫丹及其异构体	禁止
959-98-8		
33213-65-9		
36355-01-8	六溴联苯	
608-93-5	五氯苯	10
608-90-2	五溴苯	禁止
63405-99-2	4,6-二氯苯并噻唑-7-(2,4,5-三氯-苯氧基) 0-2-三氟甲基苯基-咪唑(DTTB)	≤30
118-74-1	六氯苯	
608-73-1	六氯环己烷(HCH,所有异构体),除了 γ-六氯环己烷(除林丹)	禁止
465-73-6	异艾氏剂	
4234-79-1	克来范	
143-50-0	开蓬(十氯酮)	
72-43-5	甲氧氯	
2385-85-5	灭蚁灵	
72-56-0	乙滴涕	
82-68-8	五氯硝基苯	

续表

CAS No.	化学品名称	限量值(mg/kg)
8001-50-1	氯化松节油	
297-78-9	碳氯灵	
8001-35-2	毒杀芬	
1336-36-3 53469-21-9 and Various	氯化的对三联苯,包括多氯联苯(PCB)	
Various	氯化的对三联苯,包括多氯三苯对三联苯(PCT)	禁止
Various	氯化萘	
Various	氯化烷烃	
Various	卤化二苯基甲烷	
99688-47-8	一甲基-二溴-二苯基甲烷	
81161-70-8	一甲基-二氯-二苯基甲烷	
76253-60-6	一甲基-四氯-二苯基甲烷	
87-86-5	五氯苯酚(PCP)及其盐类和化合物	未使用(纺织品和皮革); ≤5(木质材料)
25167-83-3 935-95-5	四氯苯酚(TeCP)及其盐和化合物 2,3,5,6-TECP	未检出 (0.5)
624-49-7	富马酸二甲酯	禁止

(四)我国对纺织产品中农药(杀虫剂)残留的要求

我国 GB/T 22282—2008《纺织纤维中有毒有害物质的限量》和 GB/T 18885—2009《生态纺织品技术要求》中对纺织产品中农药(杀虫剂)残留的要求见表 6-28。

表 6-28 国内对纺织品农药限量标准

限量标准	适用范围		限量值(mg/kg)
GB/T 18885—2009《生态纺织品技术要求》	纺织品	杀虫剂总量 (包括 PCP/TeCP)	婴幼儿:0.5
			直接接触皮肤:0.5
			非直接接触皮肤:0.5
			装饰材料:0.5
GB/T 22282—2008《纺织纤维中有毒有害物质的限量》	棉和其他天然纤维素种子纤维	杀虫剂(总量)	0.5
	含脂原毛和其他蛋白质纤维(绵羊毛、山羊毛、驼毛、兔毛、羊驼毛、牦牛毛和马海毛)	杀虫剂(总量)	有机氯类:0.5
			有机磷类:2.0
			拟除虫菊酯类:0.5
			几丁质合成抑制剂类:2.0

三、纺织品中农药(杀虫剂)残留量的检测分析技术

(一)样品的前处理技术

样品的前处理技术是农药残留检测的前提。对纺织品上残留农药的有效萃取必须考虑三个因素:一是溶剂能从色谱柱上快速洗提;二是溶剂不能含有与农药同时洗提出的杂质;三是溶剂不会和任何目标组分发生化学反应从而影响分析结果。传统又经典的萃取方法是索氏提取法,采用的萃取溶剂为丙酮和正己烷,萃取时间一般为 10h 左右,有时甚至更长。近年来,一些新的前处理方法被引入农药残留的检测方法中,解决了传统前处理方法的提取时间长、干扰杂质多、溶剂消耗量大、操作程序烦琐等弊端。

目前国际上较多使用的前处理技术有:超声波提取法、加速溶剂萃取法(ASE),固相微萃取(SPME)、微波萃取法、基质固相分散萃取法(MSPD)、QuEchERS 法等。其中,超声波提取法比较普及,超声波提取时间短、可批量操作、工作效率高、运行费用低,相对其他提取方法应用最为广泛。

加速溶剂萃取法(ASE)是在高温及加压条件下的溶剂提取法,适用于固体或半固体样品。随着温度的增加使更多的待测物溶解于溶剂中,同时增加压力则有利于提高溶剂的沸点,使其在较大的压力下仍保持液态,使更多的溶质溶解于其中。

固相微萃取(SPME)是集取样、萃取、富集、进样于一体的萃取分离技术,具有用时短、用量少、无溶剂、重现性好、灵敏度高等优点,适于分析挥发性或非挥发性物质。SPME 在农药残留分析中多用于水(包括井水、环境水、饮用水)、土壤、食物和生物流动样品。近几年也常被应用于纺织品检测中,有研究利用 SPME 技术结合 GC-MS 法,对棉纺织品中加入的 7 种棉花种植中常用的痕量有机磷农药进行检测,方法快速、简单、选择性好、灵敏度高,可解决生态纺织品无溶剂化萃取的基质效应问题。

基质固相分散萃取法(MSPD)是一种样品快速处理技术,其操作一般是将样品直接与固定相一起研磨,混匀制成半固态,装柱,然后进行淋洗、洗脱等类似于 SPE 的操作。不需要进行组织匀浆、沉淀、离心、pH 调节和样品转移等操作步骤,避免了样品均化、转溶、乳化、浓缩造成的待测物的损失,而非常大的柱容量也提高了提取净化的效率。适用于药物的多残留分析和动植物样品的多残留分析。目前 MSPD 在果蔬的农药残留检测中得到了广泛的应用。

QuEchERS(Quick, Easy, Cheap, Effective, Ruggedand Safe)法以一种快速、简便、价格低廉的分析方法,实现了高质量的农药多残留分析,也称为分散固相萃取(dispersive-SPE)法。该法将乙腈和定量的无水硫酸镁、氯化钠和样品混合,过滤后取乙腈的萃取溶液和无水硫酸镁及伯仲胺吸附剂简单混匀后,离心即可上机分析。该方法具有少污染、操作简便、快速、费用低等优点。

(二)仪器分析技术

由于农药的种类繁多,其对应的化学结构和性能也千差万别,欲采用一种技术并在相同的技术条件下检测所有的农药显然是不现实的。比较合理的方法是按农药的化学结构进行分类,选择适配的色谱分析技术条件,特别是色谱柱和检测器,在获得理想的分离效果和灵敏度的前提下,以尽可能少的分析技术条件涵盖所有的农药品种。纺织品上农药残留检测的仪器分析技术,包括气相色谱技术和高效液相色谱技术。

1. 气相色谱法及其联用技术

气相色谱技术是发展最为成熟的色谱技术,常用于农药检测的气相色谱检测器有电子捕获检测器(ECD)、硫磷检测器(FPD)、氮磷检测器(FTD 或 NPD)和质谱(MS)。ECD 适用于分析痕量电负性较强的有机化合物,如有机氯农药;FPD 适用于分析痕量含磷、硫有机化合物,如有机磷农药;FTD 适用于分析痕量含氮、磷的有机化合物,如氨甲基磷酸酯类农药;相对于前面几种检测器,质谱(MS)具有较强的分子结构鉴定能力,适合大部分农药的分析并具有较高的灵敏度。目前,气相色谱质谱法在纺织品农药残留检测中得到了广泛的应用。在我国国家标准 GB/T 18412.1~7《纺织品　农药残留量的测定》的系列标准中,分别针对不同种类的农药,采用了上述不同的检测器进行测定,而多个标准中均采用了气相色谱质谱法(GC-MS)。见本节第四部分 GB/T 18412 系列标准的检测方法的比较。

气相色谱串联质谱仪(GC-MS/MS)是目前农残检测中最为先进的仪器,它的选择性反应监测技术(SRM)和多反应监测技术(MRM)显示出二级质谱在进行残留分析上的优势。GC-MS/MS 在不降低待测物定性信息的基础上,大幅度提高了分析结果的准确性、可靠性和灵敏度。同时,由于其灵敏度高,定性定量准确,可进一步降低方法的检出限,完全可以满足对纺织品中多种农药残留同时检测的要求。

2. 液相色谱法及其联用技术

高效液相色谱法(HPLC)常用于分析高沸点(如双吡啶除草剂)和热不稳定(如苄脲和 N-甲基氨基甲酸酯)的农药残留,多使用 C8 及 C18 反相高效液相色谱法。超高效液相色谱法(UPLC)是借助于 HPLC 的理论及原理涵盖了小颗粒填料、低系统体积及快速检测手段等全新技术,具有耐压强、高灵敏度、高分离度、分析时间短、分析成本低等优点,逐步应用于我国的农药残留分析中。

对相对分子质量较大、极性太强或热不稳定性的农药及其化合物,并最大限度地排除本底干扰时,需采用高效液相色谱质谱联用(HPLC-MS)技术来检测。由于色谱质谱串联技术特别适用于多残留分析,目前国内外已把它作为农药残留快速检测技术之一。GB/T 18412.5—2008《纺织品　农药残留量的测定　第 5 部分:有机氮农药》规定用液相色谱质谱/质谱测定和确证八种有机氮农药,检出限为 0.10mg/kg。LC-MS/MS 与现有的分析方法相比,具有简化样品的前处理过程、减少检验周期、省略衍生化步骤等优点。目前,LC-MS/MS 已成为农药残留检测中痕量目标物分离、富集和测定的有力工具,在纺织品农药残留分析中取得了很大的发展。

四、农药(杀虫剂)的相关检测标准

目前国际上尚无专门用于纺织品上农药残留的检测方法标准,较多的是参照美国 EPA 的检测方法。如 Eco-Label 指令 2014/350/EU 在纺织纤维部分,规定棉花提供的检测报告中可采用的测试方法为:美国 EPA 8081 B[有机氯杀虫剂,用非极性溶剂(异辛烷或正己烷)超声波或索氏提取],美国 EPA 8151 A(氯化除草剂,用甲醇萃取),美国 EPA 8141 B(有机磷化合物)和美国 EPA 8270 D(半挥发性有机化合物)。

目前我国针对纺织品中农药残留的检测标准,是 2006 年发布的 GB/T 18412《纺织品　农药残留量的测定》系列标准,共包含七部分。

所涉及的农药共 88 种(不包含异构体),分别为有机氯、有机磷、拟除虫菊酯、有机氮、苯氧羧酸五大类农药,采用的分析方法涉及 GC-ECD,GC-MS,GC-FPD,LC-MS/MS 和衍生化 GC-MS 等多种技术,样品的预处理方法也各不相同。

(一) GB/T 18412.1—2006《纺织品 农药残留量的测定 第 1 部分:77 种农药》

1. 范围原理

该标准规定了采用气相色谱质谱(GC-MS)测定纺织品中 77 种农药(表 6-29)残留量的方法,适用于纺织材料及其产品。原理是试样经正己烷—乙酸乙酯(1:1)超声波提取,氟罗里硅藻土固相柱净化,气相色谱质谱测定和确证,外标法定量。

2. 材料设备

主要试剂有正己烷、乙酸乙酯、丙酮、乙腈、甲苯、无水硫酸钠。标准溶液的配制方法是将 77 种农药的标准品(纯度≥97%)分别用丙酮配制成标准储备溶液,再根据需要用丙酮稀释成标准工作溶液。主要设备有气相色谱质谱仪、超声波发生器、旋转蒸发器等。

3. 技术参数

(1)提取。取代表性的样品,将其剪碎至 5mm×5mm 以下,混匀。称取 2.0g(精确至 0.01g)试样,置于 100mL 具塞锥形瓶中,加入 50mL 正己烷—乙酸乙酯(1:1),于超声波发生器中提取 20min,将提取液过滤。残渣再用 30mL 正己烷—乙酸乙酯(1:1)超声提取 5min,合并滤液,经无水硫酸钠柱脱水后,收集于 100mL 浓缩瓶中,于 40℃水浴旋转蒸发器浓缩至近干,加入 3mL 乙腈—甲苯(1:3)溶解残渣。

(2)净化。用 5mL 乙腈—甲苯(1:3)预淋洗氟罗里硅藻土固相柱,将提取样液移入净化柱中,用 2×2mL 乙腈—甲苯(1:3)洗涤容器并入柱中,再用 15mL 乙腈—甲苯(1:3)进行洗脱。收集全部洗脱液于 50mL 浓缩瓶中,于 40℃水浴中旋转蒸发器浓缩至近干,用丙酮溶解并定容至 2.0mL,供气相色谱—质谱确证和测定。

(3)测定。GC-MS 的测定条件:色谱柱:DB-5MS,30m×0.25mm×0.1μm;色谱柱温度:50℃ (2min),10℃/min 升至 180℃(1min),3℃/min 升至 270℃(10min);进样口温度:270℃;色谱—质谱接口温度:280℃;载气:氦气,纯度≥99.999%,流速 1.2mL/min;电离方式:EI;电离能量:70eV;测定方式:选择离子监测方式,定量和定性检测参数见表 6-29,定量测定的选择离子监测方式的质谱参数见表 6-30;进样方式:无分流进样,1.5min 后开阀;进样量:1μL。

(4)气相色谱—质谱分析及阳性结果确证。根据样液中被测物含量情况,选定浓度相近的标准工作溶液,对标准工作溶液与样液等体积参插进样测定,标准工作溶液和待测样液中每种农药的响应值均应在仪器检测的线性范围内。

上述测定参数下,77 种农药定量测定的选择离子检测方式的质谱参数见表 6-30,气相色谱图见图 6-4。

如果样液与标准工作溶液的选择离子色谱图中,在相同保留时间有色谱峰出现,则根据表 6-29 中每种农药列出的选择离子的种类及其丰度比对其进行确证。

4. 结果计算

试样中每种农药残留量按下式计算,计算结果表示到小数点后两位。

$$X_i = \frac{A_i \times c_i \times V}{A_{is} \times m} \tag{6-5}$$

式中:X_i 为试样中农药 i 残留量(μg/g);A_i 为样液中农药 i 的峰面积(或峰高);A_{is} 为标准

工作溶液中农药 i 的峰面积(或峰高); C_i 为标准工作溶液中农药 i 的浓度($\mu g/mL$); V 为样液最终定容体积(mL); m 为最终样液代表的试样量(g)。

表 6-29 77 种农药定量和定性选择离子及测定低限表

序号	农药名称	出峰顺序	保留时间 (min)	特征碎片离子(amu)			测定低限 ($\mu g/g$)
				定量	定性	丰度比	
1	甲胺磷	1	10.34	141	110,111,126	100：16：27：14	0.20
2	敌敌畏	2	10.65	220	185,187,222	21：100：33：12	0.10
3	速灭磷	3	13.11	192	164,193,224	100：30：30：9	0.20
4	杀线威	4	14.13	205	177,206,220	100：7：17：26	0.20
5	异丙威	5	14.46	136	121,122,103	45：100：10：8	0.10
6	灭虫威	6	14.55	168	109,153,169	100：44：59：10	0.20
7	氧化乐果	7	15.10	156	141,181,213	100：12：8：6	0.20
8	四氯硝基苯	8	15.27	261	169,142,107	72：100：86：12	0.05
9	甲基内吸磷	9	15.34	142	143,169,230	100：50：14：18	0.10
10	丙线磷	10	15.63	242	158,168,200	24：100：14：39	0.10
11	杀虫脒	11	15.96	196	152,168,181	100：38：7：74	0.20
12	百治磷	12	16.13	193	127,192,237	13：100：8：10	0.10
13	久效磷	13	16.21	192	127,164,223	16：100：9：4	0.20
14	氟乐磷	14	16.24	306	203,215,231	100：72：11：10	0.05
15	α-六六六	15	16.58	219	264,290,335	72：100：94：59	0.05
16	甲基乙拌磷	16	16.79	246	158,185,217	100：80：30：10	0.05
17	六氯苯	17	16.81	284	142,214,249	100：21：13：23	0.05
18	乐果	18	17.21	125	87,143,229	59：100：13：11	0.20
19	克百威	19	17.41	221	131,149,164	9：13：53：100	0.20
20	β-六六六	20	17.57	219	181,183,217	75：99：100：55	0.05
21	γ-六六六	21	17.74	219	181,183,254	72：100：97：23	0.05
22	五氯硝基苯	22	17.83	295	237,249,265	90：100：88：39	0.05
23	烯虫磷	23	18.23	236	194,205,222	69：100：10：71	0.10
24	二嗪磷	24	18.32	304	248,276,289	100：40：47：18	0.05
25	乙拌磷	25	18.37	274	142,153,186	85：100：95：90	0.10
26	δ-六六六	26	19.10	219	181,183,254	70：100：92：21	0.05
27	抗蚜威	27	19.82	238	138,166,167	29：10：100：10	0.20
28	甲基对硫磷	28	19.98	263	200,233,246	100：10：14：8	0.10
29	甲萘威	29	20.04	144	115,116,201	100：41：23：8	0.20
30	七氯	30	20.17	337	272,237,374	23：100：35：13	0.10
31	杀螟硫磷	31	20.93	277	214,247,260	100：8：6：55	0.05

续表

序号	农药名称	出峰顺序	保留时间（min）	特征碎片离子（amu）			测定低限（μg/g）
				定量	定性	丰度比	
32	艾氏剂	32	21.38	293	255,263,298	39:30:100:30	0.10
33	马拉硫磷	33	21.44	256	173,211,285	10:100:9:6	0.10
34	倍硫磷	34	21.73	278	245,263,279	100:7:7:13	0.05
35	毒死蜱	35	21.84	314	197,258,286	71:100:43:28	0.05
36	对硫磷	36	21.86	291	218,235,261	100:10:16:14	0.05
37	异艾氏剂	37	22.57	364	193,263,293	7:100:46:6	0.10
38	毒虫畏(Z)	38	23.16	323	267,269,295	69:100:66:24	0.10
	毒虫畏(E)	40	23.66				
39	环氧七氯	39	23.28	353	317,388,263	100:8:9:15	0.05
40	喹硫磷	41	23.74	298	225,241,270	100:22:48:41	0.10
41	cis-氯丹	42	24.16	373	237,263,272	100:63:30:37	0.10
42	o,p'-滴滴依	43	24.50	318	210,246,281	48:13:100:5	0.05
43	乙基溴硫磷	44	24.51	359	242,303,331	100:33:81:35	0.10
44	α-硫丹	45	24.69	339	241,265,277	45:100:70:81	0.10
45	杀虫畏	46	24.86	329	204,240,331	100:8:10:98	0.10
46	trans-氯丹	47	24.89	373	237,263,272	100:64:22:50	0.10
47	丙溴磷	48	25.88	339	269,297,374	100:45:44:40	0.20
48	狄氏剂	49	25.91	263	277,345,380	100:86:49:49	0.10
49	p,p'-滴滴依	50	26.03	318	246,281,316	79:100:15:61	0.05
50	o,p'-滴滴滴	51	26.20	235	199,212,320	100:15:8:5	0.05
51	异狄氏剂	52	26.40	317	263,281,345	100:85:64:47	0.10
52	β-硫丹	53	26.92	339	237,265,277	44:100:62:53	0.10
53	p,p'-滴滴滴	54	28.01	235	199,212,237	100:11:8:65	0.05
54	o,p'-滴滴涕	55	28.07	235	199,121,246	100:22:10:14	0.05
55	脱叶磷	56	28.20	258	202,226,314	44:100:44:19	0.10
56	三唑磷	57	29.58	257	208,285,313	100:67:74:33	0.10
57	敌瘟磷	58	29.97	310	173,201,218	74:100:35:18	0.10
58	p,p'-滴滴涕	59	32.76	235	199,212,246	100:11:13:7	0.05
59	苯硫磷	60	33.20	323	185,278,293	47:100:10:8	0.10
60	甲氧滴滴涕	61	33.68	274	212,227,238	6:8:100:5	0.05
61	联苯菊酯	62	33.70	181	165,166,182	100:25:26:15	0.10
62	甲氰菊酯	63	33.95	181	209,265,349	100:30:48:15	0.10
63	保棉磷	64	34.96	160	125,132,161	100:16:75:12	0.20

序号	农药名称	出峰顺序	保留时间（min）	特征碎片离子（amu）			测定低限（μg/g）
				定量	定性	丰度比	
64	呋线威	65	35.13	382	163,194,325	10:100:27:14	0.20
65	灭蚁灵	66	35.15	272	237,332,404	100:49:11:6	0.05
66	氯氟氰菊酯(RS)	67	36.80	181	197,208,225	100:77:54:8	0.10
67	益棉磷	68	36.93	160	132,133,161	86:100:11:10	0.20
68	氟丙菊酯	69	37.61	181	208,247,289	100:64:13:43	0.10
69	氯菊酯(Ⅰ)	70	38.69	183	163,165,184	100:18:16:15	0.02
	氯菊酯(Ⅱ)	71	39.13			100:25:20:15	
70	蝇毒磷	72	39.17	362	226,306,334	100:58:14:14	0.20
71	氟氯氰菊酯(Ⅰ)	73	40.64	206	163,199,226	76:100:47:60	0.20
	氟氯氰菊酯(Ⅱ)	74	40.97			64:100:40:44	
	氟氯氰菊酯(Ⅲ)	75	41.18			75:100:46:59	
	氟氯氰菊酯(Ⅳ)	76	41.33			63:100:38:43	
72	氯氰菊酯(Ⅰ)	77	41.56	181	163,208,209	88:100:22:31	0.20
	氯氰菊酯(Ⅱ)	78	41.96			76:100:18:28	
	氯氰菊酯(Ⅲ)	79	42.10			88:100:21:34	
	氯氰菊酯(Ⅳ)	80	42.25			73:100:17:26	
73	氟硅菊酯	81	42.53	286	179,199,258	70:100:19:48	0.10
74	杀灭菊酯	82	43.86	181	209,225,419	100:23:90:65	0.20
75	氰戊菊酯	83	44.29	181	209,225,419	100:24:87:66	0.20
76	氟胺氰菊酯(Ⅰ)	84	45.11	181	209,250,252	18:25:100:32	0.10
	氟胺氰菊酯(Ⅱ)	85	45.35				
77	溴氰菊酯	86	46.70	181	209,251,253	100:26:48:94	0.20

表 6-30　定量测定的选择离子监测方式的质谱参数

通道	时间（min）	选择离子（amu）
1	9.00	141,192,220
2	13.50	125,136,142,156,168,192,193,196,205,219,221,236,238,242,261,274,285,295,304,306
3	19.45	144,256,263,277,278,291,293,314,337
4	22.20	235,257,258,263,298,310,317,318,320,323,329,339,353,359,364,373
5	32.00	160,181,183,272,274,323,362,382
6	39.50	181,206,286

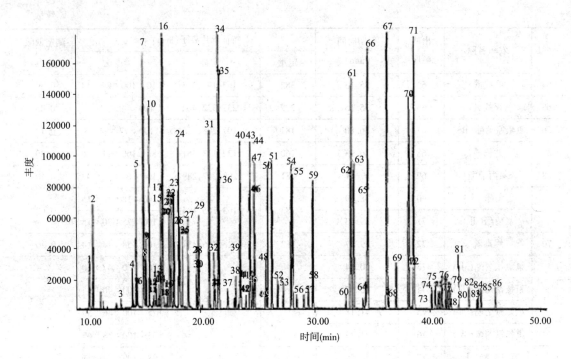

图 6-4　77 种农药标准物质气相色谱—质谱选择离子色谱图

(二) GB/T 18412.2—2006《纺织品　农药残留量的测定　第 2 部分：有机氯农药》

1. 范围和原理

本标准规定了采用气相色谱电子捕获检测器（GC-ECD）和气相色谱质谱（GC-MS）测定纺织品中 26 种有机氯农药（表 6-31）残留的方法，适用于纺织材料及其产品。原理是试样经丙酮—正己烷(1∶8)超声波提取，用气相色谱电子捕获检测器测定或用气相色谱质谱测定和确证，外标法定量。

2. 材料设备

主要的试剂有丙酮、正己烷、苯、无水硫酸钠。标准溶液的配制方法是将 26 种有机氯农药标准品（纯度≥98%）用苯配制成标准储备溶液，再根据需要用苯逐级稀释成适用浓度的系列混合标准工作溶液。主要设备有气相色谱电子捕获检测器、气相色谱质谱、超声波发生器、旋转蒸发器等。

3. 技术参数

(1) 提取。取代表性样品，将其剪碎至 5mm×5mm 以下，混匀。称取 2.0g（精确至 0.01g）试样，置于 100mL 的具塞锥形瓶中，加入 50mL 丙酮—正己烷(1∶8)，于超声波发生器中提取 20min。将提取液过滤。残渣再用 30mL 正己烷提取 5min，合并滤液，经无水硫酸钠柱脱水后，收集于 100mL 浓缩瓶中，于 40℃水浴旋转蒸发器浓缩至近干，用苯溶解并定容至 5.0mL，供气相色谱测定或气相色谱—质谱确证和测定。

(2) GC-ECD 的测定条件。色谱柱：HP-5 30m×0.32mm×0.1μm；色谱柱温度：50℃ (2min)，10℃/min 升至 180℃(1min)，3℃/min 升至 270℃(5min)；进样口温度：280℃；检测器

温度:300℃;载气、尾吹气:氮气,纯度≥99.999%,流速 1.2mL/min,尾吹流量 50mL/min;进样方式:无分流进样,1.5min 后开阀;进样体积:1μL。

(3)气相色谱分析。根据样液中有机氯农药含量情况,选定浓度相近的标准工作溶液,对标准工作溶液与样液等体积参插进样。标准工作溶液和待测样液中每种有机氯农药的响应值均应在仪器检测的线性范围内,外标法测定。上述 GC-ECD 测定参数下,26 种有机氯农药标准物质的参考保留时间见表 6-31,气相色谱图见图 6-5。

(4)GC-MS 的测定条件。色谱柱:DB-5MS,30m×0.25mm×0.1μm;色谱柱温度:50℃(2min),10℃/min 升至 180℃(1min),3℃/min 升至 270℃(5min);进样口温度:270℃;色谱—质谱接口温度:280℃;载气:氦气,纯度≥99.999%,流速 1.2mL/min;电离方式:EI;电离能量:70eV;测定方式:选择离子监测方式,定性和定量选择离子见表 6-31,定量测定的选择离子监测方式的质谱参数见表 6-32;进样方式:无分流进样,1.5min 后开阀;进样量:1μL。

(5)气相色谱—质谱分析及阳性结果确证。根据样液中被测物含量情况,选定浓度相近的标准工作溶液,对标准工作溶液与样液等体积参插进样测定,标准工作溶液和待测样液中每种有机氯农药的响应值均应在仪器检测的线性范围内。

上述 GC-MS 测定参数下,26 种有机氯农药标准物质的参考保留时间见表 6-31,气相色谱质谱图见图 6-6。如果样液与标准工作溶液的选择离子色谱图中,在相同保留时间有色谱峰出现,则根据表 6-32 中每种有机氯农药选择离子的种类及其丰度比对其进行确证。

4. 结果计算

试样中每种有机氯农药残留量按下式计算,计算结果表示到小数点后两位。

$$X_i = \frac{A_i \times c_i \times V}{A_{is} \times m} \tag{6-6}$$

式中:X_i 为试样中有机氯农药 i 残留量(μg/g);A_i 为样液中有机氯农药 i 的峰面积(或峰高);A_{is} 为标准工作溶液中有机氯农药 i 的峰面积(或峰高);c_i 为标准工作溶液中有机氯农药 i 的质量浓度(μg/mL);V 为样液最终定容体积(mL);m 为最终样液代表的试样量(g)。

表 6-31　26 种有机氯农药定量和定性选择离子及测定低限表

序号	农药名称	保留时间(min)		特征碎片离子(amu)			测定低限(μg/g)	
		GC-ECD	GC-MS	定量	定性	丰度比	GC-ECD	GC-MS
1	四氯硝基苯	16.047	15.44	261	169,142,107	72:100:86:12	0.02	0.05
2	氟乐灵	17.204	16.44	306	203,215,231	100:72:11:10	0.01	0.05
3	α-六六六	18.913	16.80	219	264,290,335	72:100:94:59	0.01	0.05
4	六氯苯	19.194	17.02	284	142,214,249	100:21:13:23	0.01	0.05
5	β-六六六	19.913	17.61	219	181,183,217	75:99:100:55	0.02	0.05
6	γ-六六六	20.156	17.81	219	181,183,254	72:100:97:23	0.01	0.05
7	五氯硝基苯	20.353	17.98	295	237,249,265	90:100:88:39	0.01	0.05

序号	农药名称	保留时间(min)		特征碎片离子(amu)			测定低限(μg/g)	
		GC-ECD	GC-MS	定量	定性	丰度比	GC-ECD	GC-MS
8	δ-六六六	21.130	18.61	219	181,183,254	70：100：92：21	0.02	0.05
9	七氯	23.184	20.35	337	272,237,374	23：100：35：13	0.02	0.10
10	艾氏剂	24.800	21.72	293	255,263,298	39：30：100：30	0.02	0.10
11	异艾氏剂	26.227	22.93	364	193,263,293	7：100：46：6	0.02	0.10
12	环氧七氯	27.025	23.65	353	317,388,263	100：8：9：15	0.02	0.05
13	cis-氯丹	28.026	24.55	373	237,263,272	100：63：30：37	0.05	0.10
14	o,p'-滴滴依	28.350	24.89	318	210,246,281	48：13：100：5	0.02	0.05
15	α-硫丹	28.663	25.09	339	241,265,277	45：100：70：81	0.02	0.10
16	trans-氯丹	28.828	25.26	373	237,263,272	100：64：22：50	0.05	0.10
17	狄氏剂	30.062	26.33	263	277,345,380	100：86：49：49	0.01	0.10
18	p,p'-滴滴依	30.518	26.44	318	246,281,316	79：100：15：61	0.02	0.05
19	o,p'-滴滴滴	31.241	26.81	235	199,212,320	100：15：8：5	0.05	0.05
20	异狄氏剂	31.774	27.36	317	263,281,345	100：85：64：47	0.02	0.10
21	β-硫丹	32.386	27.84	339	237,265,277	44：100：62：53	0.02	0.10
22	p,p'-滴滴滴	32.540	28.51	235	199,212,237	100：11：8：65	0.02	0.05
23	o,p'-滴滴涕	34.101	28.64	235	199,121,246	100：22：10：14	0.05	0.05
24	p,p'-滴滴涕	34.485	30.42	235	199,212,246	100：11：13：7	0.02	0.05
25	甲氧滴滴涕	37.936	33.67	274	212,227,238	6：8：100：5	0.01	0.05
26	灭蚁灵	39.979	35.24	272	237,332,404	100：49：11：6	0.01	0.05

表 6-32　定量测定的选择离子监测方式的质谱参数

通道	时间(min)	选择离子(amu)
1	5.00	261,306
2	16.60	219,249,293,295,337,353,364
3	24.20	318,339,373
4	26.00	235,263,317,318,320,339
5	32.00	272,274

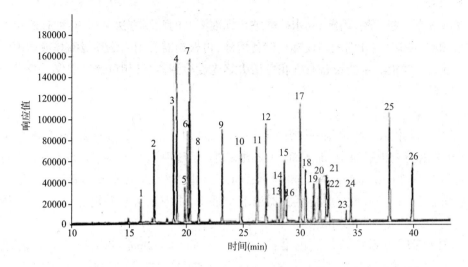

图 6-5 26 种有机氯农药标准物质气相色谱图(GC-ECD)

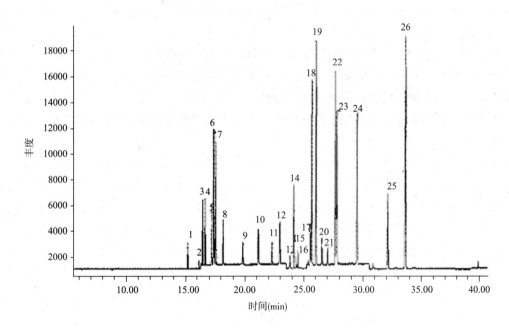

图 6-6 26 种有机氯农药标准物质气相色谱质谱图(GC-MS)

(三)GB/T 18412.3—2006《纺织品 农药残留量的测定 第 3 部分:有机磷农药》

1. 范围和原理

本标准规定了采用气相色谱火焰光度检测器(GC-FPD)和气相色谱质谱(GC-MS)测定纺织品中 30 种有机磷农药(表 6-33)残留量的方法,适用于纺织材料及其产品。原理是试样经乙酸乙酯超声波提取,用气相色谱火焰光度检测器测定或用气相色谱质谱测定和确证,外标法定量。

2. 材料设备

主要试剂有乙酸乙酯、丙酮、无水硫酸钠。标准溶液的配制方法是将 30 种有机磷农药标准品(纯度≥98%)用丙酮分别配制成标准储备溶液,再根据需要用丙酮逐级稀释成适用浓度的系列混合标准工作溶液。主要设备有气相色谱火焰光度检测器、气相色谱质谱仪、超声波发生器、旋转蒸发器等。

3. 技术参数

(1)提取。取代表性样品,将其剪碎至 5mm×5mm 以下,混匀。称取 2.0g(精确至 0.01g)试样,置于 100mL 具塞锥形瓶中,加入 50mL 乙酸乙酯,于超声波发生器中提取 20min。将提取液过滤。残渣再用 30mL 乙酸乙酯超声提取 5min,合并滤液,经无水硫酸钠柱脱水后,收集于 100mL 浓缩瓶中,于 40℃水浴旋转蒸发器浓缩至近干,用丙酮溶解并定容至 5.0mL,供气相色谱测定或气相色谱质谱确证和测定。

(2)GC-FPD 的测定条件。色谱柱:HP-5,30m×0.32mm×0.1μm;色谱柱温度:50℃(2min),10℃/min 升至 180℃(1min),3℃/min 升至 270℃(12min);进样口温度:280℃;检测器温度:300℃;载气、尾吹气:氮气,纯度≥99.999%,流速 1.2mL/min,尾吹流量 50mL/min;燃气:氢气,流量 75mL/min;助燃气:空气,流量 100mL/min;进样方式:无分流进样,1.5min 后开阀;进样量:1μL。

(3)气相色谱分析。根据样液中有机磷农药含量情况,选定浓度相近的标准工作溶液,对混合标准工作溶液与样液等体积参插进样。标准工作溶液和待测样液中每种有机磷农药的响应值均应在仪器检测的线性范围内,外标法测定。

上述 GC-FPD 测定参数下,30 种有机磷农药标准物质的参考保留时间见表 6-33,气相色谱图见图 6-7。

(4)GC-MS 的测定条件。色谱柱:DB-5MS,30m×0.25mm×0.1μm;色谱柱温度:50℃(2min),10℃/min 升至 180℃(1min,)3℃/min 升至 270℃(8min);进样口温度:270℃;色谱质谱接口温度:280℃;载气:氦气,纯度≥99.999%,流速 1.2mL/min;电离方式:EI;电离能量:70eV;测定方式:选择离子监测方式,定量和定性检测见表 6-33,定量测定的选择离子监测方式的质谱参数见表 6-34;进样方式:无分流进样,1.5min 后开阀;进样量:1μL。

(5)气相色谱质谱分析及阳性结果确证。根据样液中被测物含量情况,选定浓度相近的标准工作溶液,对标准工作溶液与样液等体积参插进样测定,标准工作溶液和待测样液中每种有机磷农药的响应值均应在仪器检测的线性范围内。

上述 GC-MS 测定下,30 种有机磷农药标准物质的参考保留时间见表 6-33,气相色谱质谱图见图 6-8。

如果样液与标准工作溶液的选择离子色谱图中,在相同保留时间有色谱峰出现,则根据表 6-33 每种有机磷农药选择离子的种类及其丰度比对其进行确证。

4. 结果计算

试样中每种有机磷农药残留量按式(6-7)计算,计算结果表示到小数点后两位。

$$X_i = \frac{A_i \times c_i \times V}{A_{is} \times m} \tag{6-7}$$

式中:X_i 为试样中有机磷农药 i 残留量(μg/g);A_i 为样液中有机磷农药 i 的峰面积(或峰

高);A_{is}为标准工作溶液中有机磷农药i的峰面积(或峰高);c_i为标准工作溶液中有机磷农药i的质量浓度($\mu g/mL$);V为样液最终定容体积(mL);m为最终样液代表的试样量(g)。

表 6-33　30 种有机磷农药定量和定性选择离子及测定低限

序号	峰号	农药名称	保留时间(min)		特征碎片离子(amu)			测定低限(μg/g)	
			GC-FPD	GC-MS	定量	定性	丰度比	GC-FPD	GC-MS
1	1	甲胺磷	11.02	10.38	141	110,111,126	100:16:27:14	0.20	0.20
2	2	敌敌畏	11.43	10.77	220	185,187,222	21:100:33:12	0.05	0.10
3	3	速灭磷	14.11	13.25	192	164,193,224	100:30:30:9	0.20	0.10
4	4	氧化乐果	16.46	15.24	156	141,181,213	100:12:8:6	0.20	0.10
5	5	甲基内吸磷	16.94	15.62	142	143,169,230	100:50:14:18	0.10	0.10
6	6	丙线磷	17.17	15.81	242	158,168,200	24:100:14:39	0.05	0.10
7	7	百治磷	17.75	16.33	193	127,192,237	13:100:8:10	0.20	0.20
8	8	久效磷	17.92	16.48	192	127,164,223	16:100:9:4	0.20	0.20
9	9	甲基乙拌磷	18.61	17.01	246	158,185,217	100:80:30:10	0.05	0.10
10	10	乐果	18.83	17.20	125	87,143,229	59:100:13:11	0.10	0.10
11	11	烯虫磷	19.81	18.07	236	194,205,222	69:100:10:71	0.10	0.10
12	12	二嗪磷	20.30	18.48	304	248,276,289	100:40:47:18	0.10	0.10
13	13	乙拌磷	20.47	18.59	274	142,153,186	85:100:95:90	0.05	0.10
14	14	甲基对硫磷	22.25	20.11	263	200,233,246	100:10:14:8	0.10	0.10
15	15	杀螟硫磷	23.52	21.25	277	214,247,260	100:8:6:55	0.10	0.05
16	16	马拉硫磷	24.06	21.77	256	173,211,285	10:100:9:6	0.10	0.20
17	17	倍硫磷	24.45	22.07	278	245,263,279	100:7:7:13	0.10	0.05
18	18	对硫磷	24.58	22.18	291	218,235,261	100:10:16:14	0.05	0.05
19	19	毒虫畏 Z	26.07	23.52	323	267,269,295	69:100:66:24	0.10	0.10
	20	毒虫畏 E	26.64	24.04					
20	21	喹硫磷	26.76	24.12	298	225,241,270	100:22:48:41	0.20	0.20
21	22	乙基溴硫磷	27.66	24.90	359	242,303,331	100:33:81:35	0.10	0.10
22	23	杀虫畏	28.05	25.25	329	204,240,331	100:8:10:98	0.10	0.10
23	24	丙溴磷	29.19	26.29	339	269,297,374	100:45:44:40	0.20	0.20
24	25	脱叶磷	29.41	26.50	258	202,226,314	44:100:44:19	0.20	0.20
25	26	三唑磷	32.71	29.60	257	208,285,313	100:67:74:33	0.20	0.20
26	27	敌瘟磷	33.33	30.05	310	173,201,218	74:100:35:18	0.20	0.20
27	28	苯硫磷	36.78	33.22	323	185,278,293	47:100:10:8	0.20	0.20
28	29	保棉磷	38.74	35.02	160	125,132,161	100:16:75:12	0.20	0.20
29	30	益棉磷	40.88	37.02	160	132,133,161	86:100:11:10	0.20	0.20
30	31	蝇毒磷	43.24	39.25	362	226,306,334	100:58:14:14	0.20	0.20

表 6-34 定量测定的选择离子监测方式的质谱参数

通道	时间(min)	选择离子(amu)
1	8.00	141,220
2	12.00	142,156,192,193,229,236,242,246,263,274,304
3	21.00	256,258,277,278,291,298,323,329,339,359
4	28.00	160,257,310,323,362

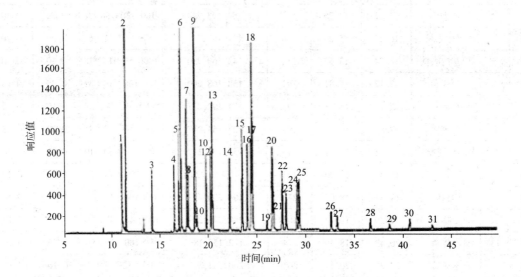

图 6-7 有机磷农药标准物质的气相色谱图(GC-FPD)

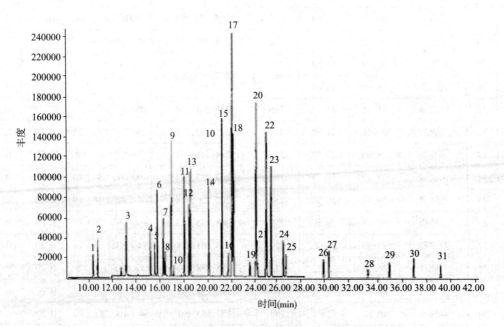

图 6-8 有机磷农药标准物质的气相色谱—质谱图(GC-MS)

(四) GB/T 18412.4—2006《纺织品　农药残留量的测定　第4部分:拟除虫菊酯农药》

1. 范围与原理

本标准规定了采用气相色谱—电子捕获检测器(GC-ECD)和气相色谱—质谱(GC-MS)测定纺织品中12种拟除虫菊酯农药(表6-35)残留量的方法,适用于纺织材料及其产品。原理是试样经丙酮-正己烷(1∶4)超声波提取,用气相色谱电子捕获检测器测定或用气相色谱质谱测定和确证,外标法定量。

2. 材料设备

主要试剂有丙酮、正己烷、无水硫酸钠,标准溶液的配制方法是将每种拟除虫菊酯农药标准品(纯度≥98%)用正己烷分别配制成标准储备溶液,再用正己烷逐级稀释成适当浓度的系列混合标准工作溶液。主要设备有气相色谱电子捕获检测器、气相色谱质谱仪、超声波发生器、旋转蒸发器等。

3. 技术参数

(1) 提取。取代表性的样品,将其剪碎至5mm×5mm以下,混匀。称取2.0g(精确至0.01g)试样,置于100mL具塞锥形瓶中,加入50mL丙酮—正己烷(1∶4),于超声波水浴中提取20min。将提取液过滤。残渣再用30mL丙酮—正己烷(1∶4)超声提取5min,合并滤液,经无水硫酸钠柱脱水后,收集于100mL浓缩瓶中,于40℃水浴旋转蒸发器浓缩至近干,用正己烷溶解并定容至5.0mL,供气相色谱测定或气相色谱质谱确证和测定。

(2) GC/ECD的测定条件。色谱柱:HP-5,30m×0.32mm×0.1μm;色谱柱温度:50℃(2min),10℃/min升至180℃(1min),3℃/min升至270℃(10min);进样口温度:280℃;检测器温度:300℃;载气、尾吹气:氮气,纯度≥99.999%,流速1.2mL/min,尾吹流量50mL/min;进样方式:无分流进样,1.5min后开阀;进样量:1μL。

(3) 气相色谱分析。根据样液中拟除虫菊酯农药含量情况,选定浓度相近的标准工作溶液,对标准工作溶液与样液等体积参插进样。标准工作溶液和待测样液中每种拟除虫菊酯农药的响应值均应在仪器检测的线性范围内,外标法测定。

上述GC/ECD条件下,12种拟除虫菊酯农药标准物质的参考保留时间见表6-35,气相色谱图见图6-9。

(4) GC-MS的测定条件。色谱柱:DB-5MS,30m×0.25mm×0.1μm;色谱柱温度:50℃(2min),10℃/min升至180℃(1min),3℃/min升至270℃(10min);进样口温度:270℃;色谱—质谱接口温度:280℃;载气:氦气,纯度≥99.999%,流速1.2mL/min;电离方式:EI;电离能量:70eV;测定方式:选择离子监测方式;进样方式:无分流进样,1.5min后开阀;进样量:1μL。

(5) 气相色谱—质谱分析及阳性结果确证。根据样液中被测物含量情况,选定浓度相近的标准工作溶液,对标准工作溶液与样液等体积参插进样测定,标准工作溶液和待测样液中每种拟除虫菊酯农药的响应值均应在仪器检测的线性范围内。

上述GC-MS条件下,12种拟除虫菊酯农药标准物质的参考保留时间见表6-35,气相色谱质谱图见图6-10。如果样液与标准工作溶液的选择离子色谱图中,在相同保留时间有色谱峰出现,则根据表6-35每种拟除虫菊酯农药选择离子的种类及其丰度比对其进行确证。

4. 结果计算

试样中每种拟除虫菊酯农药残留量按下式计算,计算结果表示到小数点后两位。

$$X_i = \frac{A_i \times c_i \times V}{A_{is} \times m}$$

（6-8）

式中:X_i 为试样中拟除虫菊酯农药 i 残留量($\mu g/g$);A_i 为样液中拟除虫菊酯农药 i 的峰面积(或峰高);A_{is} 为标准工作溶液中拟除虫菊酯农药 i 的峰面积(或峰高);c_i 为标准工作溶液中拟除虫菊酯农药 i 的质量浓度($\mu g/mL$);V 为样液最终定容体积(mL);m 最终样液代表的试样量(g)。

表 6-35　12 种拟除虫菊酯农药定量和定性选择离子及测定低限表

序号	峰号	农药名称	保留时间(min)		特征碎片离子(amu)			测定低限(μg/g)	
			GC-ECD	GC-MS	定量	定性	丰度比	GC-ECD	GC-MS
1	1	联苯菊酯	37.95	33.72	181	165,166,182	100:25:226:15	0.05	0.10
2	2	甲氰菊酯	38.27	33.99	181	209,265,349	100:30:48:15	0.05	0.10
3	3	氯氟氰菊(RS)	41.25	36.80	181	197,208,225	100:77:54:8	0.05	0.10
4	4	氟丙菊酯	41.99	37.69	181	208,247,289	100:64:13:43	0.05	0.10
5	5	氯菊酯(Ⅰ)	43.49	38.82	183	163,165,184	100:18:16:15	0.02	0.02
	6	氯菊酯(Ⅱ)	43.92	39.32			100:25:20:15		
6	7	氟氯氰菊(Ⅰ)	45.53	40.75	206	163,199,226	76:100:47:60	0.10	0.20
	8	氟氯氰菊(Ⅱ)	45.85	41.09			64:100:40:44		
	9	氟氯氰菊(Ⅲ)	46.10	41.29			75:100:46:59		
	10	氟氯氰菊(Ⅳ)	46.23	41.45			63:100:38:43		
7	11	氯氰菊酯(Ⅰ)	46.55	41.68	181	163,208,209	88:100:22:31	0.10	0.20
	12	氯氰菊酯(Ⅱ)	46.90	42.00			76:100:18:28		
	13	氯氰菊酯(Ⅲ)	47.16	42.21			88:100:21:34		
	14	氯氰菊酯(Ⅳ)	47.31	42.34			73:100:17:26		
8	15	氟硅菊酯	49.21	43.09	286	179,199,258	70:100:19:48	0.10	0.10
9	16	杀灭菊酯	50.04	44.38	181	209,225,419	100:23:90:65	0.10	0.20
10	17	氰戊菊酯	50.89	45.03	181	209,225,419	100:24:87:66	0.10	0.20
11	18	氟胺氰菊(Ⅰ)	51.06	45.22	181	209,250,252	18:25:100:32	0.05	0.10
	19	氟胺氰菊(Ⅱ)	51.40	45.47					
12	20	溴氰菊酯	53.66	46.72	181	209,251,253	100:26:48:94	0.10	0.20

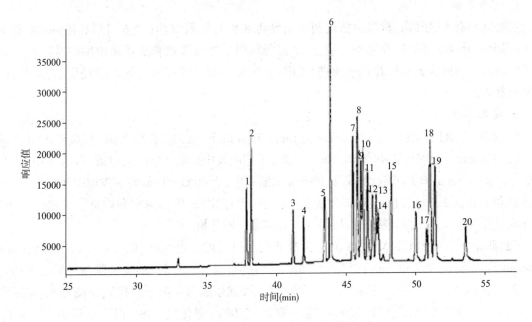

图6-9　拟除虫菊酯农药标准物质气相色谱图（GC-ECD）

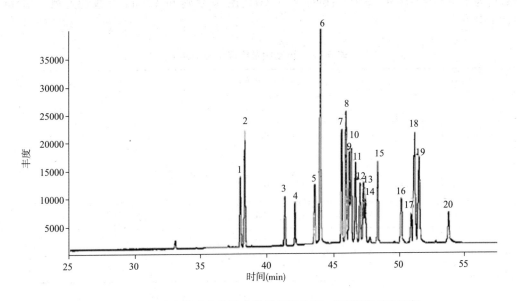

图6-10　拟除虫菊酯农药标准物质气相色谱—质谱图（GC-MS）

（五）GB/T 18412.5—2008《纺织品　农药残留量的测定　第5部分:有机氮农药》

1. 范围与原理

本标准规定了采用液相色谱—质谱/质谱（LC-MS/MS）测定纺织品中8种有机氮农药残留量的方法,适用于纺织材料及其产品。原理是试样经甲醇超声波提取,用液相色谱—质谱/质谱测定和确证,外标法定量。

2. 材料设备

主要试剂有水、甲醇。标准溶液配制方法是将 8 种有机氮农药(表 6-37)标准品(纯度≥98%)用甲醇分别配制成标准储备溶液,根据需要再用甲醇逐级稀释成适用浓度的系列混合标准工作溶液。主要仪器有液相色谱质谱/质谱(电离喷雾离子源/ESI)、超声波提取器、天平、旋转蒸发器等。

3. 技术参数

(1)提取。取代表性样品,将其剪碎至5mm×5mm以下,混匀。称取2.0g(精确至0.01g)试样,置于100mL具塞锥形瓶中,加入20mL甲醇,于超声波中提取20min后过滤,残渣再用10mL甲醇超声提取5min,合并滤液,收集于100mL浓缩瓶中,于40℃水浴旋转蒸发浓缩至近干,用甲醇溶解并定容至2.0mL,过0.45μm滤膜后,供液相色谱质谱/质谱测定和确证。空白试验:除不称取试样外,均按上述步骤进行,所得样液与样品一同分析。

(2)测定。下列的LC-MS/MS测定参数证明是可行的。色谱柱:Extend-C18柱,150mm×4.6mm×5μm;流速:0.4mL/min;进样量:10μL;柱温:室温;流动相及梯度洗脱条件见表6-36;离子源:电喷雾离子源(ESI);扫描方式:正离子扫描(地乐酚为负离子扫描);检测方式:多反应监测(MRM);电喷雾电压(IS):5500V,地乐酚为-5500V;雾化气(GSI):氮气,压力137.9kPa(20psi);气帘气(CUR):氮气,压力137.9kPa(20psi);辅助气(GS2):氮气,压力206.8kPa(30psi);离子源温度(TEM):550℃;碰撞气(CAD):氮气,流速6mL/min;多反应监测(MRM)参数见表6-37。

表 6-36　流动相及梯度洗脱条件

时间(min)	流动相 A(甲醇)(%)	流动相 B(水)(%)
0	40	60
3.00	40	60
8.00	80	20
10.00	100	0
18.00	100	0
18.01	40	60
25.00	40	60

表 6-37　多反应监测条件

序号/峰号	分析物	保留时间(min)	母离子 Q_1 m/z	子离子 Q_3 m/z	碰撞气能量 CE(V)	去簇电压 DP(V)	测定低限(mg/kg)
1	杀线威	4.66	242.1	121.3 *	18	73	0.10
				72.3	35	73	
				185.0	15	73	

续表

序号/峰号	分析物	保留时间 (min)	母离子 Q₁ m/z	子离子 Q₃ m/z	碰撞气能量 CE(V)	去簇电压 DP(V)	测定低限 (mg/kg)
2	灭多威	5.73	163.0	106.1*	12	58	0.10
				88.1	12	58	
				122.3	7	58	
3	地乐酚	11.69	239.2	193.0*	−34	−60	0.10
				163.0	−43	−60	
				134.0	−59	−60	
4	涕灭威	12.37	208.1	116.2*	10	55	0.10
				191.0	6	55	
				89.2	21	55	
5	克百威	13.32	222.3	165.0*	16	70	0.10
				123.2	30	70	
6	甲萘威	13.72	202.2	145.2*	12	55	0.10
				127.2	38	55	
				115.3	50	55	
7	异丙威	14.35	194.2	152.2*	12	70	0.10
				137.2	12	70	
				95.3	20	70	
8	敌菌丹	16.06	364.2	220.2*	18	65	0.10
				188.0	26	65	

注 加 * 的离子用于定量。

(3)液相色谱质谱/质谱测定及确证。根据样液中被测物含量情况,选定浓度相近的标准工作溶液,标准工作溶液和待测样液中 8 种有机氮农药的响应值均应在仪器检测的线性范围内。标准工作溶液与样液等体积参插进样测定。

标准溶液及样液均按表 6-36 和表 6-37 的条件进行测定,如果样液中与标准溶液相同的保留时间有峰出现,则对其进行确证。经确证分析被测物色谱峰保留时间与标准物质相一致,并且在扣除背景后的样品谱图中,所选择的离子均出现;同时所选择的离子丰度比与标准物质相关离子的相对丰度一致,相似度在允许偏差之内,被确证的样品可判定为阳性检出。在上述液相色谱质谱/质谱条件下,8 种有机氮农药标准物质的液相色谱保留时间见表 6-37,液相色谱质谱/质谱总离子流图参见图 6-11。

4. 结果计算

试样中每种有机氮农药残留量按下式计算:

$$X_i = \frac{A_i \times c_i \times V \times 1000}{A_{is} \times m \times 1000} \tag{6-9}$$

式中：X_i 为试样中农药 i 残留量（mg/kg）；A_i 为样液中农药 i 的峰面积（或峰高）；A_{is} 为标准工作溶液中有农药 i 的峰面积（或峰高）；c_i 为标准工作液中农药 i 的浓度（μg/mL）；V 为样液最终定容体积（mL）；m 为最终样液代表的试样量（g）。计算结果应扣除空白值。

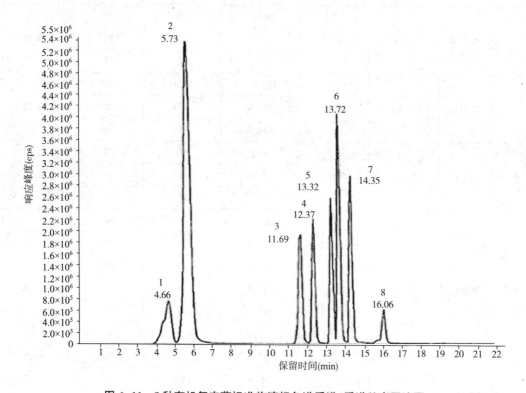

图 6-11 8 种有机氮农药标准物液相色谱质谱/质谱总离子流图

（六）GB/T 18412.6—2006《纺织品 农药残留量的测定 第 6 部分：苯氧羧酸类农药》

1. 范围与原理

本标准规定了采用气相色谱质谱（GC-MS）测定纺织品中 2,4-滴（2,4-D）、2,4-滴丙酸（Dichlorprop）、2-甲-4-氯乙酸（MCPA）、2-甲-4-氯丙酸（MCPP）、2-甲-4-氯丁酸（MCPB）、2,4,5-涕（2,4,5-T）6 种苯氧羧酸类农药残留量的方法，适用于纺织材料及其产品。原理是试样经酸性丙酮水溶液提取，提取液经二氯甲烷液液分配提取后，再用甲醇—三氟化硼乙醚溶液甲酯化，经正己烷萃取，用气相色谱质谱测定和确证，外标法定量。

2. 试剂、材料设备

试剂有丙酮、二氯甲烷、甲醇、正己烷、三氟化硼乙醚溶液、浓硫酸、无水硫酸钠、氯化钠。标准溶液配制方法是将 6 种苯氧羧酸类农药标准品（纯度≥98%）用丙酮分别配制成标准储备液，根据需要再用丙酮稀释成适用浓度的混合标准工作溶液。主要的设备有气相色谱质谱仪、超声波发生器、旋转蒸发器、涡旋混合器、水浴锅、离心机等。

3. 技术参数

（1）提取。取代表性样品，将其剪碎至 5mm×5mm 以下，混匀。称取 2.0g（精确至 0.01g）试样，置于 100mL 的具塞锥形瓶中，依次加入 10mL 硫酸溶液和 50mL 丙酮，于超声波发生器中提取 20min。将提取液过滤于 250mL 浓缩瓶中，残渣再用 10mL 硫酸溶液和 50mL 丙酮超声提取

5min,合并滤液,于40℃水浴旋转蒸发器浓缩以除去丙酮。将残留溶液移入125mL分液漏斗中,加入10mL硫酸溶液和10mL饱和氯化钠溶液,依次用2×30mL二氯甲烷萃取两次,合并有机相,经无水硫酸钠柱脱水后,收集于100mL浓缩瓶中,于40℃水浴旋转蒸发器浓缩至近干。

(2)甲酯化。加入3mL三氟化硼乙醚—甲醇混合溶液(20∶80),于涡旋混合器中充分溶解后,将其移入15mL离心管中,加塞,于70℃水浴锅中酯化1h,冷却至室温。加入5mL硫酸钠溶液,再准确加入5.0mL正己烷,于涡旋混合器混合1min,再以4000 r/min离心3min,取正己烷层溶液供气相色谱—质谱测定。

(3)标准工作溶液的制备。准确移取一定体积的适用浓度的混合标准工作溶液于15mL的离心管中,用氮气流吹干后,再按上面的甲酯化步骤进行。

(4)GC-MS的测定条件。色谱柱:DB-1701MS,30m×0.25mm×0.1μm;色谱柱温度:50℃(2min),30℃/min升至200℃(1min),6℃/min升至260℃(5min);进样口温度:270℃;色谱—质谱接口温度:280℃;载气:氦气,纯度≥99.999%,流速:1.2mL/min;电离方式:EI;电离能量:70eV;测定方式:选择离子监测方式,定量测定的选择离子监测方式的质谱参数见表6-38;进样方式:无分流进样,1.5min后开阀;进样量:1μL。

(4)气相色谱—质谱分析及阳性结果确证。根据样液中被测物含量情况,选定浓度相近的标准工作溶液,对标准工作溶液与样液等体积参插进样测定,标准工作溶液和待测样液中每种苯氧羧酸类甲酯响应值均应在仪器检测的线性范围内。

上述GC-MS条件下,每种苯氧羧类甲酯的保留时间见表6-38,其标准物质的气相色谱图见图6-12。如果样液与标准工作溶液的选择离子色谱图中,在相同保留时间有色谱峰出现,则根据表6-38种苯氧羧酸类甲酯选择离子的种类及其丰度比例对其进行确证。

4. 结果计算

试样中每种苯氧羧酸农药残留量按下式计算,结果表示到小数点后两位。

$$X_i = \frac{A_i \times c_i \times V}{A_{is} \times m} \tag{6-10}$$

式中:X_i 为试样中苯氧羧酸农药 i 残留量($\mu g/g$);A_i 为样液中苯氧羧酸类甲酯 i 的峰面积(或峰高);A_{is} 为标准工作溶液中苯氧羧酸类甲酯 i 的峰面积(或峰高);c_i 为标准工作溶液中苯氧羧酸农药 i 的质量浓度($\mu g/mL$);V 为样液最终定容体积(mL);m 为最终样液代表的试样量(g)。

表6-38 6种苯氧羧酸类甲酯定量和定性选择离子表和测定低限

序号/峰号	农药名称	CAS No.	保留时间 (min)	特征碎片离子(amu)			测定低限 (μg/g)
				定量	定性	丰度比	
1	2-甲-4-氯丙酸甲酯	23844-56-6	7.87	228	169,142,107	88∶100∶80∶42	0.02
2	2-甲-4-氯乙酸甲酯	2436-73-9	7.99	214	155,141,125	89∶63∶100∶42	0.25
3	2,4-D丙酸甲酯	57153-17-0	8.26	248	189,162,133	36∶48∶100∶13	0.10
4	2,4-滴甲酯	1928-38-7	8.39	234	199,175,161	66∶100∶58∶26	0.05
5	2-甲-4-氯丁酸甲酯	57153-18-1	9.39	242	211,155,142	65∶71∶24∶100	0.10
6	2,4,5-涕甲酯	1928-37-6	9.47	268	233,209,181	48∶100∶39∶24	0.05

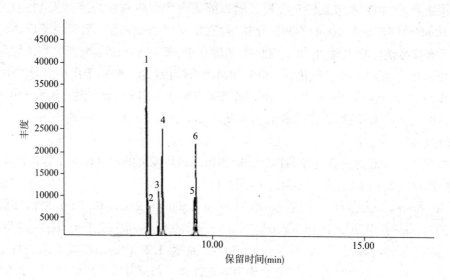

图6-12　6种苯氧羧酸类甲酯气相色谱质谱图(GC-MS)

(七) GB/T 18412.7—2006《纺织品　农药残留量的测定　第7部分:毒杀芬》

1. 范围与原理

本标准规定了采用气相色谱电子捕获检测器(GC-ECD)和气相色谱质谱(GC-MS)测定纺织品中毒杀芬残留量的方法,适用于纺织材料及其产品。原理是试样经正己烷超声波提取,提取液浓缩定容后,用GC-ECD测定或用GC-MS测定和确证,外标法定量。采用GC-ECD测定时,测定低限为0.20μg/g,采用GC-MS测定时,测定低限为0.50μg/g。

2. 试剂、材料设备

主要试剂有正己烷、无水硫酸钠。标准工作溶液配制方法是将毒杀芬标准品($C_{10}H_{10}Cl_5$,CAS No. 8001-35-2,纯度≥78%)用正己烷配制成标准储备液,根据需要再用正己烷逐级稀释成适用浓度的标准工作溶液。主要仪器设备有气相色谱电子捕获检测器、气相色谱质谱仪、超声波发生器、旋转蒸发器等。

3. 技术参数

(1)提取。取代表性样品,将其剪碎至5mm×5mm以下,混匀。称取5.0g(精确至0.01g)试样,置于100mL的具塞锥形瓶中,加入50mL正己烷于超声波中提取20min。将提取液过滤。残渣再用30mL正己烷超声提取5min,合并滤液,经无水硫酸钠柱脱水后,收集于100mL浓缩瓶中,于40℃水浴旋转蒸发器浓缩至近干,用正己烷溶解并定容至5.0mL,供气相色谱测定或气相色谱质谱确证和测定。

(2)GC/ECD的测定条件。色谱柱:HP-5,30m×0.32mm×0.1μm;色谱柱温度:100℃(1min),30℃/min升至180℃(1min),15℃/min升至270℃(10min);进样口温度:280℃;检测器温度:300℃;载气、尾吹气:氮气,纯度≥99.999%,流速1.2mL/min,尾吹流量50mL/min;进样方式:无分流进样,1.5min后开阀;进样量:1μL。

(3)气相色谱分析。根据样液中毒杀芬含量情况,选定浓度相近的标准工作溶液,对标准工作溶液与样液等体积参插进样。标准工作溶液和待测样液中毒杀芬的响应值均应在仪器检测的线性范围内。毒杀芬含量采用22个色谱峰峰面积总和进行外标法定量。

上述 GC-ECD 条件下,毒杀芬标准物质的参考保留时间和气相色谱图见图 6-13。

(4)GC-MS 的测定条件。色谱柱:DB-5MS 30m×0.25mm×0.1μm;色谱柱温度:50℃(1min),30℃/min 升至 180℃(1min),15℃/min 升至 280℃(20min);进样口温度:270℃;色谱质谱接口温度:280℃;载气:氦气,纯度≥99.999%,流速 1.2mL/min;电离方式:EI;电离能量:70eV;测定方式:选择离子监测方式;选择离子:定量 159amu、231amu,定性 159amu、231amu、293amu、341amu;进样方式:无分流进样,1.5min 后开阀;进样量:1μL。

(5)气相色谱质谱分析及阳性结果确证。根据样液中被测物含量情况,选定浓度相近的标准工作溶液,对标准工作溶液与样液等体积参插进样测定,标准工作溶液和待测样液中毒杀芬的响应值均应在仪器检测的线性范围内。如果样液与标准工作溶液的选择离子色谱图中,在相同保留时间有色谱峰出现,则根据选择离子 m/z:159、231、293、341 的丰度比对其进行确证。毒杀芬含量采用22个色谱峰的峰面积总和进行外标法定量。

上述 GC-MS 条件下,毒杀芬标准物质的参考保留时间见图 6-14。

4. 结果计算

试样中毒杀芬残留量按下式计算,计算结果表示到小数点后两位。

$$X = \frac{\sum A_i \times c \times V}{\sum A_{is} \times m} \tag{6-11}$$

式中:X 为试样中毒杀芬残留量($\mu g/g$);$\sum A_i$ 为样液中毒杀芬的峰面积总和;$\sum A_{is}$ 为标准工作溶液中毒杀芬的峰面积总和;c 为标准工作溶液中毒杀芬的质量浓度($\mu g/mL$);V 为样液最终定容体积(mL);m 为最终样液代表的试样量(g)。

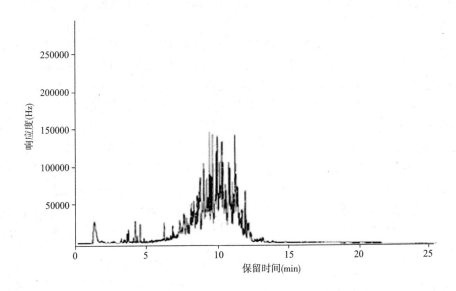

图 6-13　毒杀芬标准物的气相色谱图(GC-ECD)

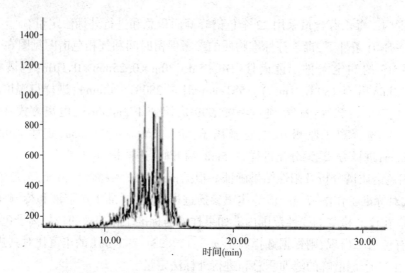

图 6-14　毒杀芬标准物的气相色谱—质谱图（GC-MS）

（八）GB/T 18412《纺织品　农药残留量的测定》系列标准的选择

标准的 7 个部分分别针对不同种类的农药,测试方法和测试仪器。GB/T 18412.1 涵盖了 GB/T 18412.2、GB/T 18412.3、GB/T 18412.4 的全部农药以及 GB/T 18412.5 部分有机氮农药。对于这种相互交叉的情况,究竟选择哪个标准进行测定,取决于样品的实际情况、对测定低限的要求和实验室自身的技术条件等。对于 GB/T 18412 第一部分未涉及的苯氧羧酸、有机氮、毒杀芬的测定则必须用各自的标准方法测定。

对于同一个标准不同仪器的选择,如测试有机氯的 GC-ECD 和 GC-MS,有机磷的 GC-FPD 和 GC-MS 的选择问题,一般情况下推荐使用 GC-MS,ECD 或 PFD 虽然是专用检测器,但缺点是定性鉴定能力极差。如果在无干扰的困扰下可以采用这些专用检测器,以达到更好的灵敏度和测试的重现性。

此外,纺织产品上农药(杀虫剂)残留量测定的行业标准有:SN/T 1837—2006《进出口纺织品　硫丹、丙溴磷残留量的测定　气相色谱—串联质谱法》;SN/T 1766.1—2006《含脂羊毛中农药残留量的测定　第 1 部分:有机磷农药的测定　气相色谱法》;SN/T 1766.2—2006《含脂羊毛中农药残留量的测定　第 2 部分:有机氯和拟除虫菊酯农药的测定　气相色谱法》;SN/T 1766.3—2006《含脂羊毛中农药残留量的测定　第 3 部分:除虫脲和杀铃脲的测定　高效液相色谱法》;SN/T 2461—2010《纺织品中苯氧羧酸类农药残留量的测定　液相色谱—串联质谱法》;SN/T 4671—2016《进出口棉花中草甘膦及其代谢物残留量的测定　液相色谱—质谱/质谱法》;SN/T 4672—2016《进出口棉花中烟碱类农药残留量的液相色谱质谱—质谱法》;SN/T 4673—2016《进出口棉花中烟乙烯利、噻苯隆、敌草隆农药残留量的测定　液相色谱—质谱质谱法》;SN/T 4740—2016《进出口棉纺织原料　脱叶剂类农药残留量的测定　液相色谱质谱—质谱法》。

五、检测方法中的难点分析

纺织品上农药残留检测的难点,首先要考虑的问题是测试物质繁多,性质各异。生态纺织品所有的有害物质检测中,农药检测是最复杂、难度最大的,因为农药的种类繁多,结构性质多异,测试流程烦琐。在实际测试中,一次做好一种或几种农药的测试难度不大,然而市面上多数农药的测试需求是需要测试数十种农药,如果全部分开一个一个地的进行测试,效率非常低,测试成本极大,必将造成巨大的资源浪费。如果合并到一起测试,物质与物质之间的干扰以及不同种类农药的化学性质以及稳定性差异,很难保证每种物质都有理想的分析效果。

前面介绍的一些纺织品农药残留的检测标准,实际测试时,往往无法完全达到部分标准所声称的效果,所以按照这些测试标准进行测试可能会遇到一些问题,如繁多的农药,同时测试时多少会有一些物质萃取效率、检测低限难以满足要求。采用气相色谱技术进行农药分析时,基质效应也是一个必须充分予以关注的问题。随着市面上日益增多的纺织产品种类出现,必将带来越来越多的基质干扰类型,以及农药与纺织品结合牢固程度导致的萃取效率低的问题,目前的检测标准包含的净化手段和萃取技术也可能无法满足新的要求。

针对纺织品中前面提到的几类农药,有机氯农药化学性质最稳定,实际测试起来出现问题的概率较小,但有机磷、有机氮、菊酯等农药中有些组分化学性质非常不稳定,容易降解,往往会出现检测的重现性差、标准溶液稳定性差等现象。特别是有机磷农药,多次研究表明,气相色谱法检测有机磷农药时,基本大部分物质难以建立好校准曲线,只能以等体积参插进样的方式进行校准和定量计算,从而使分析效率大大降低。并且这些农药对气相色谱柱的柱效要求也非常高,往往要成色比较新的柱子才能满足测试要求。

与其他很多纺织品中的有害物质相比,农药的特点是更新快,新的农药不断被研制出来。对于新的农药品种,当前的检测技术很可能无法继续满足要求,导致检测技术上面临新的挑战,所以纺织品农残的检测方法须克服现有的困难向多元化的方向发展。

第四节　溶剂残留物的检测标准与方法

一、纺织品中溶剂残留物的来源与危害

有机溶剂具有易挥发性,且在溶解一些不溶于水的化合物(如油脂、染料、聚合物等)时性质不易发生改变,因此广泛应用于纺织工业、皮革工业、印染工业等领域。有机溶剂种类较多,常用的有:卤代烃类(如四氯化碳)、芳香烃类(如萘、二甲苯)、烯烃类(如四氯乙烯)、醛类(如甲醛)、酰胺类(如 N,N-二甲基甲酰胺)以及酮类、醚类、胺类、羧酸类、杂环化合物等。

纺织品从原料生产加工到成品整理都不可避免会使用到大量有机溶剂。在氨纶、芳纶、腈纶等合成纤维的生产过程中,大量使用 N-甲基吡咯烷酮(NMP)、酰胺类溶剂、乙二醇醚类溶剂作为纺丝溶剂、匀染剂以及各种纺织助剂的溶剂。乙二醇单乙醚可用于制造纤维的染色剂,也可用作皮革生产过程中的乳液稳定剂和油墨溶剂。四氯乙烯是干洗剂的主要溶剂。这些有机溶剂部分残留在纺织品中,不但影响产品质量,也给人体健康和环境安全带来一定危害。

由于有机溶剂的大量使用,导致纺织品和皮革中可能会有部分残留。残留在纺织品中的有机溶剂,它们与水有极好的混溶性,导致衣物在日常穿着过程中若被唾液或人体酸碱汗液浸湿,这些物质很容易通过迁移经口进入人体或接触人体皮肤而被吸收,危害消费者健康。大部分有机溶剂都是原发性皮肤刺激物,对皮肤、呼吸道黏膜和眼结膜具有不同程度的刺激作用;能引起中枢神经系统的非特异性抑制和周围神经疾患。其中某些有机溶剂作用于周围神经系统、肺脏、心脏、肝脏、肾脏、血液系统和生殖系统,造成特殊的损害,有的甚至具有致癌或潜在致癌、致基因突变等作用。例如,乙二醇醚类溶剂不仅会对人体的血液循环系统和神经系统造成永久性的损害,还会对女性的生殖系统造成永久性的损害,导致女性不育,长期接触还会致癌;N,N-二

甲基甲酰胺对眼睛、皮肤和呼吸道均具有一定的刺激作用,也能引起食欲不振、恶心、呕吐、腹部不适或便秘等症状,严重时可能会导致中毒性肝病。

二、纺织品中溶剂残留物的相关限制要求

欧盟化学品管理局(ECHA)列入 SVHC 清单的有机溶剂多达十几种:丙烯酰胺、三氯乙烯、乙二醇单甲醚、乙二醇单乙醚、2-乙氧基乙基乙酸酯、1-甲基吡咯烷酮、1,2,3-三氯丙烷、1,2-二氯乙烷、双(2-甲氧乙基)醚、N,N-二甲基乙酰胺(DMAC)、三甘醇二甲醚、1,2-二甲氧基乙烷、甲酰胺、N,N-二甲基甲酰胺、乙二醇二乙醚、呋喃、氢化三联苯。其中,三氯乙烯、1,2-二氯乙烷和双(2-甲氧乙基)醚已被正式列入 REACH 法规附件XIV需授权使用的物质清单中。

REACH 法规附件XVII《对某些危险物质、混合物和物品的生产、销售和使用的限制》中对十几种有机溶剂进行限制,具体见表 6-39。

此外,Eco-Lable, Standard 100 by OEKO-TEX ®,美国 AAFA 的 RSL,有害化学物质"零排放"计划(ZDHC)的《生产限用物质清单》(MRSL)都对有机溶剂进行了限制。具体限制值见表 6-39。

表 6-39 某些有机溶剂的管控和限值

法规/标准编号	管控范围	管控物质	限值
REACH 附件XVII	物品	苯	玩具或玩具部件中,不得高于 5mg/kg;混合物中,<0.1%
	物质,或其他物质的组成成分,混合物	三氯甲烷	混合物中,<0.1%
		三氯乙烷	
		四氯乙烷	
		1,1,1,2-四氯乙烷	
		五氯乙烷	
		1,1-二氯乙烯	
	物质,或其他物质的组成成分,混合物	六氯乙烷	不得投放市场使用
	胶黏剂,喷涂油漆	甲苯	<0.1%
	混合物	三氯苯	<0.1%
	染料,除漆剂,清洁剂,光亮漆,地板密封剂	二乙二醇单甲醚(DEGME)	<0.1%
	喷漆,喷雾式清洁剂	二乙二醇丁醚(DEGBE)	<0.3%
	氯丁橡胶基胶黏剂	环己烷	<0.1%
	脱漆剂	二氯甲烷	<0.1%
	灌浆材料	丙烯酰胺	<0.1%
	空气清新剂,除臭剂	1,4-二氯苯	<0.1%
	挡风玻璃清洗剂,解冻液	甲醇	<0.6%
	物质,混合物	1-甲基-2-吡咯烷酮	<0.3%

续表

法规/标准编号	管控范围	管控物质	限值
Eco-Label	纺织最终产品	N,N-二甲基乙酰胺	3 岁以下婴幼儿产品：≤0.001%； 皮肤直接接触产品：≤0.005%； 皮肤接触有限产品和内衬织物：≤0.005%
Standard 100 by OEKO-TEX ® (2019)	婴幼儿产品、直接接触皮肤产品、非直接接触皮肤产品、装饰材料	N-甲基吡咯烷酮（NMP）	<0.05%； <0.1% （适用于由腈纶、氨纶/聚氨酯和芳纶制成的材料及涂层纺织品）
		N,N-二甲基乙酰胺（DMAc）	<0.05%； <0.1% （适用于由腈纶、氨纶/聚氨酯和芳纶制成的材料及涂层纺织品）
		N,N-二甲基甲酰胺（DMF）	<0.05%； <0.1% （适用于由腈纶、氨纶/聚氨酯和芳纶制成的材料及涂层纺织品）
		甲酰胺（Formamide）	≤0.02%
AAFA 限用物质清单（第 20 版,2019）	纺织品和鞋类成品或测试部件	六氯丁二烯	<100ppm
		四氯化碳	<0.1%
		1,1,1-三氯乙烷	<0.1%
		五氯乙烷	<0.1%
		1,1,1,2-四氯乙烷	<0.1%
		1,1,2,2-四氯乙烷	<0.1%
		氯仿	<0.1%
		1,1,2-三氯乙烷	<0.1%
		1,1-二氯乙烷	<0.1%
		三氯乙烷	<0.1%
		四氯乙烷	<0.1%

续表

法规/标准编号	管控范围	管控物质	限值	
			A组	B组
ZDHC(MRSL1.1)	纺织品和合成革、天然皮革制造和加工过程	二甘醇二甲醚	不得有意使用	50mg/kg
		乙二醇单乙醚		
		乙二醇乙醚乙酸酯		50mg/kg
		乙二醇二甲醚		50mg/kg
		乙二醇甲醚		50mg/kg
		乙二醇甲醚乙酸酯		50mg/kg
		2-甲氧基-1-丙醇醋酸酯		50mg/kg，皮革加工1000mg/kg
		三甘醇二甲醚		50mg/kg
		1,2-二氯乙烷		5mg/kg
		二氯甲烷		5mg/kg
		三氯乙烯		40mg/kg
		四氯乙烯		5mg/kg

三、纺织品中溶剂残留物测定的检测方法和检测标准

目前针对纺织品中溶剂残留物测定的方法主要采用以甲醇为提取溶剂,超声水浴萃取法提取纺织品中的有机溶剂残留物,用气相色谱质谱法(GC-MS)进行测定。

(一)GB/T 35446—2017《纺织品　某些溶剂的测定》

GB/T 35446—2017是第一个针对纺织产品中9种残留溶剂测试的中国国家标准,于2017年12月29日发布,2018年7月1日正式实施。

1. 适用范围和基本原理

该标准规定了采用气相色谱质谱仪(GC-MS)或气相色谱氢火焰离子化检测器(GC-FID)测定纺织品中9种有机溶剂残留量的方法,该方法适用于各种纺织产品。这9种有机溶剂残留为:乙二醇二乙醚、乙二醇单甲醚、乙二醇单乙醚、乙二醇乙醚醋酸酯、N,N-二甲基甲酰胺、N,N-二甲基乙酰胺、1,2,3-三氯丙烷、N-甲基吡咯烷酮、三甘醇二甲醚。

该方法规定用甲醇在超声波水浴中提取试样中残留的有机溶剂,浓缩定容后用GC-MS或GC-FID进行测定,根据保留时间和/或质谱选择离子进行定性分析,外标法定量。

2. 试剂、标准溶液与设备

甲醇:色谱纯;有机溶剂标准储备溶液(1000mg/L):用表6-40所列的9种有机溶剂的标准物质,配制每种物质有效浓度为1000mg/L的甲醇标准储备溶液;混合标准工作溶液(1mg/L):取上述标准储备溶液置于同一容量瓶中,用甲醇逐级稀释至1mg/L;标准储备溶液在0~4℃保存,有效期为6个月;标准工作溶液现配现用,可根据需要配制成其他合适的浓度。

气相色谱仪:配有质量选择检测器;或配有氢火焰离子化检测器;天平:感量0.01mg和0.01g;超声波发生器:工作频率为40kHz;提取器:50mL,由硬质玻璃制成,带旋盖密封;浓缩瓶;

150mL;旋转蒸发仪;有机微孔滤膜:0.45μm,尼龙滤膜。

3. 分析步骤

(1)样品的萃取。取代表性样品,剪碎至 5mm×5mm 以下,混匀;称取 1.0g,精确至 0.01g,置于 50mL 提取器中;准确加入 20mL 甲醇,置于超声波发生器中超声提取 30min;将提取液转移至 150mL 浓缩瓶中;残渣再用 20mL 甲醇提取一次,合并提取液于浓缩瓶中;将浓缩瓶置于旋转蒸发仪上,于 30℃左右的温度下缓慢浓缩至约 1mL,用甲醇定容至 2mL;上清液用 0.45μm 有机微孔滤膜过滤,供 GC-MS 或 GC-FID 分析用。

(2)GC-MS 测定。下列 GC-MS 分析条件供参考。色谱柱:DB-WAX,30m×0.25mm×0.25μm 或相当者;色谱柱温度:50℃(5min),10℃/min 升至 160℃(3min),10℃/min 升至 220℃(2min);进样口温度:200℃;色谱—质谱接口温度:230℃;离子源温度:230℃;载气:氦气,纯度≥99.999%,流速 1.0mL/min;进样方式:不分流进样;进样量:1μL;离子化方式:EI;离子化电压:70eV;质谱扫描模式:选择特征离子监测(SIM)模式,监测离子见表 6-40。

分别取试样溶液和标准工作溶液等体积穿插进样测定,通过比较试样溶液与标准工作溶液色谱峰的保留时间以及特征离子的相对丰度比值进行定性,外标法定量。

表 6-40　有机溶剂名称及其标准物质的质谱特征离子

序号	中英文名称	CAS No.	特征碎片离子 m/z	
			定量离子	定性离子
1	乙二醇二乙醚 Ethylene glycol diethyl ether	629-14-1	59	45,51,74
2	乙二醇单甲醚 2-Methoxyethanol	109-86-4	45	47,58,76
3	乙二醇单乙醚 2-Ethoxyethanol	110-80-5	59	43,45,72
4	乙二醇乙醚醋酸酯 Ethylene glycol monoethyl ether acetate	111-15-9	59	43,72,87
5	N,N-二甲基甲酰胺 N,N-dimethylformamide	68-12-2	73	42,44,58
6	N,N-二甲基乙酰胺 N,N-dimethlylacetamide	127-19-5	72	43,44,87
7	1,2,3-三氯丙烷 1,2,3-Trichloropropane	96-18-4	75	67,77,110
8	N-甲基吡咯烷酮 N-methylpyrrolidone	872-50-4	99	42,44,71,98
9	三甘醇二甲醚 Triethylene glycol dimethyl ether	112-49-2	59	58,89,103,133

（3）GC-FID测定。色谱柱：HP-INNOWAX,30m×0.32mm×0.5μm 或相当者；色谱柱温度：50℃（5min）,10℃/min升至160℃（2min）,35℃/min升至240℃（3min）；进样口温度：200℃；检测器温度：200℃；载气：氮气，纯度≥99.999%，流速 2.0mL/min；氢气流速：30mL/min；空气流速：300mL/min；补偿气：氮气，流速20mL/min；进样方式：不分流进样；进样量：1μL。

分别取试样溶液和标准工作溶液等体积穿插进样测定，通过比较试样溶液与标准工作溶液色谱峰的保留时间进行定性，外标法定量。

4. 结果计算与测定低限

试样中有机溶剂残留量 X_i 按下式计算，计算结果精确至小数点后一位。

$$X_i = \frac{A_i \times c_{is} \times V}{A_{is} \times m}$$ (6-12)

式中：X_i 为试样中有机溶剂的残留量（mg/kg）；A_i 为样液中有机溶剂的色谱峰面积；A_{is} 为标准工作溶液中有机溶剂的色谱峰面积；c_{is} 为标准工作溶液中有机溶剂的浓度（mg/L）；V 为样液最终定容体积（mL）；m 为试样质量（g）。

该方法测定结果以各种有机溶剂的检测结果（mg/kg）分别表示，计算结果表示到小数点后一位；GC-MS 和 GC-FID 对 9 种有机溶剂的测定低限均为 5.0mg/kg。

（二）SN/T 3587—2016《进出口纺织品　酰胺类有机溶剂残留量的测定　气相色谱—质谱法》

SN/T 3587—2016 是我国行业标准。

1. 适用范围和基本原理

SN/T 3587—2016 规定了纺织品中 5 种酰胺类有机溶剂残留量的气相色谱—质谱检测方法。5 种酰胺类有机溶剂残留为：甲酰胺、N-甲基甲酰胺、N-甲基乙酰胺、N,N-二甲基甲酰胺、N,N-二甲基乙酰胺。

基本原理：样品经甲醇超声提取、浓缩定容后，样液用气相色谱—质谱联用仪测定，采用全扫描检测进行定性，用选择离子进行外标法定量。

2. 分析步骤

取代表性样品，将其剪碎至 5mm×5mm 以下，混匀；准确称取上述试样 1.0g，精确至 0.01g，置于 100mL 具塞萃取管中，加入 25mL 甲醇，于 45℃条件下超声提取 30min；收集所有提取液，残渣用 25mL 甲醇重复提取一次，合并提取液于 100mL 浓缩瓶中；将浓缩瓶置于旋转蒸发仪上，于 40℃水浴中缓慢浓缩至近干，再用氮气流吹干；用甲醇定容至 2mL，取部分样液经 0.45μm 有机滤膜过滤，供 GC-MS 分析用。

3. GC-MS 测定

SN/T 3587—2016 只采用气相色谱质谱联用仪测定，仪器测试条件如下。

色谱柱：DB-624,30m×0.25mm×1.40μm，或相当者；色谱柱温度：60℃（3min）,20℃/min升至100℃（3min）,50℃/min升至220℃（2min）；进样口温度：230℃；质谱接口温度：280℃；离子源温度：220℃；四极杆温度：150℃；电离方式：EI；电离能量：70eV；进样量：1μL；进样方式：脉冲分流进样，分流比为 20∶1；载气：氦气，纯度≥99.999%，流速 0.8mL/min；溶剂延迟：3min；测定方式：全扫描（SCAN）和选择特征离子扫描（SIM）同时进行，选择离子见表 6-41 列出的 5 种酰胺类有机溶剂的参考定性离子和定量离子。

表 6-41　酰胺类化合物的参考定性离子和定量离子

序号	中英文名称	CAS No.	特征碎片离子 m/z		
			定量离子	定性离子	丰度比
1	甲酰胺 Formamide	75-12-7	45	45,44,43,42	999:248:108:18
2	N-甲基甲酰胺 N-Methylformamide	123-39-7	59	59,58,41,60	999:80:30:30
3	N-甲基乙酰胺 N-Methylacetamide	79-16-3	73	73,43,58,42	999:920:560:192
4	N,N-二甲基甲酰胺 N,N-dimethylformamide	68-12-2	73	73,44,42,43	999:887:422:114
5	N,N-二甲基乙酰胺 N,N-dimethylacetamide	127-19-5	44	44,43,87,42	999:479:321:232

4. 结果计算与测定低限

试样中酰胺类化合物的含量 X_i 按下式计算,计算结果精确至小数点后一位。

$$X_i = \frac{A_i \times c_{is} \times V}{A_{is} \times m} \tag{6-13}$$

式中:X_i 为试样中酰胺类化合物的含量(mg/kg);A_i 为样液中酰胺类化合物的色谱峰面积(或峰高);A_{is} 为标准工作溶液中酰胺类化合物的色谱峰面积(或峰高);c_{is} 为标准工作溶液中酰胺类化合物的浓度(mg/L);V 为样液最终定容体积(mL);m 为试样质量(g)。

该方法测定结果以各种酰胺类化合物的检测结果(mg/kg)分别表示,计算结果表示到小数点后一位;各种酰胺类化合物的测定低限均为 1.0mg/kg;低于测定低限时,试验结果为未检出。

(三)其他检测方法

(1)采用超纯水机械萃取,反相高效液相法(RPHPLC)同时检测纺织品中 N,N-二甲基甲酰胺(DMF)、N,N-二甲基乙酰胺(DMAc)和 N-甲基吡咯烷酮(NMP)三种残留溶剂。结果表明,三种残留溶剂均具有良好的线性关系,其相关系数均大于 0.999,方法检出限为 1.1~2.8mg/kg。

(2)超声提取—全蒸发顶空—气相色谱法同时测定纺织品中 N,N-二甲基甲酰胺(DMF)、N,N-二甲基 乙酰胺(DMAC)、N-甲基吡咯烷酮(NMP)、甲酰胺(FMA)四种溶剂残留的方法。样品经丙酮超声提取后,取微量提取液在 150℃ 下加热 20min,使其完全蒸发,抽取顶空气体进气相色谱,用氢火焰离子化检测器(FID)检测。以保留时间定性,内标法定量,以 N,N-二甲基丙酰胺(DMP)作内标物。结果表明,DMF、DMAC、NMP 在 0.8~100μg 范围内,FMA 在 2~100μg 范围内,线性关系良好;四种物质的平均回收率为 82.5%~96.1%;RSD(n=6)为 1.6%~2.8%;DMF、DMAC、NMP 方法检出限均为 30μg/g,FMA 方法检出限为 80μg/g。本法操作简单、准确性高、重复性好,可用于纺织品中 DMF、DMAC、NMP、FMA 残留量的分析。

(3)快速测定纺织品中有害有机溶剂残留量的超高效液相色谱—静电场轨道阱高分辨质谱(UPLC-Orbitrap HRMS)方法,该方法以乙醇为萃取溶剂,100℃下微波萃取纺织品中残留的有害有机溶剂,萃取液直接进行 UPLC-Orbitrap HRMS,提取离子色谱峰面积外标法定量。对样品的提取条件、分析条件进行了优化。该方法的定量限为 0.5~10.0μg/kg。该方法简便快速,灵敏度高,定量限低,可有效地解决纺织品中残留的有害有机溶剂的快速测定问题。

四、检测过程中的技术分析与注意事项

(一)样品提取

溶剂残留物为小分子化合物,需要选择合适的提取溶剂,降低样品的基质对溶剂残留物测试的干扰影响;溶剂残留物的极性、沸点差异较大,需要根据测试的目标物选择合适的溶剂进行提取;顶空加热方式前处理是直接加热样品,加速样品中的溶剂残留物的挥发,适合低沸点溶剂残留物的测试;与低沸点溶剂相比,高沸点的溶剂残留物则需要提高顶空加热温度以及延长顶空加热条件,以满足分析的灵敏度。

(二)仪器分析

对于 3 个碳以下溶剂残留物,GC-FID 的灵敏度较低;并且 GC-FID 和 GC-ECD 仅通过保留时间判断目标物,抗干扰能力差;带有紫外检测器或二极管阵列检测器的液相色谱仅适合分析带有不饱和键的化合物,测试物质受限;GC-MS 则通过保留时间与特征质谱判断目标物,有较好的抗干扰能力,越来越广泛被运用于溶剂残留的测试中。

(三)色谱柱的选择

溶剂的极性差异大,所以需要根据目标溶剂物质选择合适的色谱柱用于 GC 分析;一般 DB-624 色谱柱可满足大部分溶剂残留物的测试需求;但是对于强极性物质例如酰胺类等,WAX 色谱柱的分离效果更优。

(四)环境干扰

日常分析测试中,会使用大量有机溶剂提取,如二氯甲烷、氯仿、甲苯等,这些提取溶剂的使用,对溶剂残留物的测试造成了严重干扰。所以,溶剂残留物测试对环境的要求相对于其他有害物质的测试较为严格。需避免在溶剂残留测试的环境中使用测试目标物作为溶剂。

第五节　挥发性有机物的检测标准与方法

一、挥发性有机物的定义和危害

(一)挥发性有机物的定义

关于挥发性有机物(VOCs)的定义较多,根据世界卫生组织(WHO)的定义,挥发性有机物是指在常温下,熔点低于室温而沸点在 50~260℃之间的挥发性有机化合物的总称。美国联邦环保署(EPA)的定义:挥发性有机化合物是除 CO、CO_2、H_2CO_3、金属碳化物、金属碳酸盐和碳酸铵外,参加大气光化学反应的碳化合物。我国 GB/T 24281—2009《纺织品有机挥发物的测定　气相

色谱—质谱法》中定义总有机挥发物为以固相微萃取装置捕集,直接热解吸,非极性色谱柱分离,GC-MS检测,保留时间在正己烷和正十六烷之间的有机化合物的总和。挥发性有机化合物(VOCs)这一术语在环境法规、产品法规中被广泛使用。不同法规之间VOCs的定义不同,给VOCs的鉴定、检测带来不少困难。一般说来,VOCs包括非甲烷烃类(烷烃、烯烃、炔烃、芳香烃等)、含氧有机物(醛、酮、醇、醚等)、含氯有机物、含氮有机物、含硫有机物等,是形成臭氧(O_3)和细颗粒物(PM2.5)污染的重要前体物。

(二)挥发性有机物的危害

在纺织产品中可能出现的挥发性有机物残留有化纤高聚物单体、纺丝溶剂、染整助剂及清洗剂中的卤代烃组分等,纺织品中常见的甲醛、甲苯、二甲苯、四氯乙烯和三氯乙烷等大都具有特殊气味,对皮肤、眼睛及口腔黏膜有刺激作用,部分苯系化合物甚至会损害人体中枢神经系统,诱发白血病。而带有黏合剂、涂层或发泡材料的窗帘、墙布和床垫等,则可能含有多种挥发性有机物。在使用过程中,挥发性有机物会逐渐迁移到环境中,造成严重的室内空气污染,危害人类健康。

二、挥发性有机物的主要限制法规

表6-42总结了国内外相关标准对挥发性有机物的限制要求。

表6-42 国内外相关标准对挥发性有机化合物的限量要求

标准	范围	限量要求	
		物质	限值
GB 18587—2001	地毯	TVOC	A级:≤0.500mg/(m^2·h); B级:≤0.600mg/(m^2·h)
		苯乙烯	A级:≤0.400mg/(m^2·h); B级:≤0.500mg/(m^2·h)
		4-苯基环己烯	A级:≤0.050mg/(m^2·h); B级:≤0.050mg/(m^2·h)
	地毯衬垫	TVOC	A级:≤1.000mg/(m^2·h); B级:≤1.200mg/(m^2·h)
		丁基羟基甲苯	A级:≤0.400mg/(m^2·h); B级:≤0.500mg/(m^2·h)
		4-苯基环己烯	A级:≤0.030mg/(m^2·h); B级:≤0.030mg/(m^2·h)
GB 21550—2008	人造革	其他挥发性有机物	≤20g/m^2

续表

标准	范围	限量要求	
		物质	限值
Eco-Label	印花工序，对于印花色浆	可挥发性有机物（VOCs） 包括：$C_{10} \sim C_{20}$ 的脂肪族烷烃、丙烯酸单体、醋酸乙烯单体、苯乙烯单体、丙烯腈单体、丙烯酰胺单体、丁二烯单体、醇、酯、多元醇、甲醛、磷酸酯和烷烃中以杂质存在的苯，还有氨	≤5%（质量分数）
Standard 100 by OEKO-TEX ®	纺织品包括： Ⅰ 婴幼儿 Ⅱ 直接与非直接接触皮肤 Ⅳ 装饰材料	甲醛	<0.1mg/m³
		甲苯	<0.1mg/m³
		苯乙烯	<0.005mg/m³
		乙烯基环己烷	<0.002mg/m³
		苯基环己烷	<0.03mg/m³
		丁二烯	<0.002mg/m³
		氯乙烯	<0.002mg/m³
		芳香烃	<0.3mg/m³
		有机挥发物	<0.5mg/m³
美国 AAFA	纺织品和人造革	挥发性有机物	≤20g/m²
GB/T 18885—2009	纺织品包括： Ⅰ 婴幼儿 Ⅱ 直接与非直接接触皮肤 Ⅳ 装饰材料	甲醛	<0.1mg/m³
		甲苯	<0.1mg/m³
		苯乙烯	<0.005mg/m³
		乙烯基环己烷	<0.002mg/m³
		苯基环己烷	<0.03mg/m³
		丁二烯	<0.002mg/m³
		氯乙烯	<0.002mg/m³
		芳香烃	<0.3mg/m³
		有机挥发物	<0.5mg/m³
有害化学物质零排放（ZDHC）	A 组：原材料和成品供应商	苯、二甲苯、邻甲苯酚、间甲苯酚、对甲苯酚	不得有意使用
	B 组：化学品供应商商业制剂限制	苯	≤50mg/kg
		二甲苯	≤500mg/kg
		邻甲苯酚	≤500mg/kg
		间甲苯酚	≤500mg/kg
		对甲苯酚	≤500mg/kg

三、挥发性有机物的检测分析方法

挥发性有机物的检测方法通常为样品经不同的采样富集后,使用气相色谱或气质联用仪进行分析。比较有代表性的挥发性有机物的检测方法有重量法、顶空法、吹扫捕集法、固相微萃取法、环境舱热脱附法和袋子法。

(一)重量法

重量法是利用物质的挥发性质,通过加热使被测组分转化为挥发性物质从试样中逸出,根据气体逸出前后试样的质量之差来计算被测组分含量,又称挥发法,如国标 GB 21550—2008 第 5.5 节中规定的方法。

(二)顶空法

顶空法,又称为静态顶空法,分为液态顶空和固体顶空两种,前者是将样品溶解在适当的溶剂中,放入顶空瓶中在设定温度下平衡一段时间,使残留溶剂在两相中达到气液平衡,定量取气体直接进样进行色谱分析。后者的具体操作方法为将待分析样品直接放入顶空瓶中,在设定温度下平衡一段时间,待样品中的挥发性有机物挥发至平衡状态后,使用顶空进样针抽取气体并进行色谱分析。该方法操作简便,具有较高的灵敏度和较快的分析速度。如标准 HJ 507—2009《环境标志产品技术要求 皮革和合成革》附录 F 规定的方法。

(三)吹扫捕集法

吹扫捕集法,又叫动态顶空,是常见的挥发性有机物检测前处理技术之一,是将样品放在吹扫管中,通过惰性气体对样品进行持续吹扫,使样品中的挥发性物质逸出,在气体出口处采用装有吸附剂的捕集装置进行浓缩或采集,最后将提取物进行脱附,高温解吸直接进气相或者气质联用仪进行测试。吹扫捕集法不使用有机溶剂萃取和浓缩,有较高的富集效率,处理步骤简单,干扰物少,对环境危害小,被广泛应用于环境、食品及医疗用品等样品的分析。

(四)固相微萃取法

固相微萃取(SPME)法是一种集采样、萃取和富集于一体的样品前处理方法。SPME 法通常是将进样针插入顶空瓶,将萃取纤维暴露于样品体系中,富集目标物达到平衡状态后,直接在色谱仪进样口完成解析脱附并实现进样分析。SPME 法有三种基本萃取方式:顶空萃取、直接萃取及膜保护萃取,其中,顶空萃取最为常见。挥发性有机物很容易从纺织品中释放出来,加之 SPME 法具有萃取和富集的作用,使得挥发性有机物的检测限显著降低,极大地提高了检测的灵敏度。国标 GB/T 24281—2009《纺织品 有机挥发物的测定 气相色谱质谱法》采用此方法。

(五)环境舱热脱附法

环境舱热脱附法针对的是在一定空间体积内挥发性有机物的释放含量。环境舱热脱附法可以模拟真实使用条件,对样品进行无损检测,在模拟温度、湿度和空气交换率的使用条件下,获得样品向空气中释放挥发性有机物的情况。样品通常置于环境舱中间,待样品的挥发性有机物达到释放平衡状态,再用吸附管于环境舱气体出口处采集一定体积的气体,由此将舱内气体中的待测挥发性有机物富集于管中的吸附剂上。采样完成后,将吸附管放入热脱附仪中迅速加热,使挥发性有机物挥发至冷阱中再次被捕集,待吸附管中的挥发性有机物被全部转移至冷阱后,加热冷阱,使挥发性有机物经由载气带入气相色谱柱,经分离后由质谱法进行定性或定量测定。Standard 100 by OEKO-TEX ® 和 GB/T 18885—2009《生态纺织品技术要求》均要求采用此方法。国标 GB 18587—2001《室内装饰装修材料、地毯、地毯衬垫及地毯胶黏剂有害物质限量》和国际标准 ISO 16000-6:2011《气相色谱法测试室(舱)内挥发性有机物的方法》介绍了此方法的操作。其中 ISO 16000-6:2011 方法没有指定舱体具体测试参数,也没有对样品量及分析方法等参数做详细规定。

(六)袋子法

袋子法是对"环境舱热脱附法"的简易操作。将定量的样品放入密封的样品袋中并充入定量干净的气体,样品袋加热至指定的温度搁置固定时间后,通过空气采样系统采集一定体积的气体样品进行分析。此方法通常对样品总体测试,样品不经破坏,反映整体样品挥发性有机物的挥发性能,操作简便。采用此方法的标准有:国际标准 ISO 12219-2:2012《道路车辆的内部空气　第 2 部分:测定来自车辆内部零件和材料的挥发性有机化合物排放的筛选法　袋子法》。

对比上述的顶空法、固相微萃取法和环境舱热脱附法这三种方法,顶空法操作最为简便,普及率最高;固相微萃取法具有富集功效,检出限可达 10^{-9},适用于痕量分析;环境舱热脱附法测定的是挥发性有机物的释放量,可以模拟真实使用条件对样品进行无损检测,但气体释放平衡通常需要几天的时间,检测周期长。这三种方法的原理不同,检测结果不具可比性。

四、挥发性有机物的相关检测标准

Standard 100 by OEKO-TEX ® 的测试方法条款 22《释放量测定》,对挥发性有机物测定的方法为:将样本置于规定大小的恒温箱中,在按规定的空气交换率调节好的流动空气中进行平衡,在持续的通风条件下,取定量空气样品并通过吸附剂,用合适的溶剂进行解吸,采用气相色谱法与质谱法联用的分析方法进行测定(即为环境舱热脱附法)。

我国目前对于挥发性有机物测定的检测标准有:GB/T 24281—2009《纺织品　有机挥发物的测定　气相色谱质谱法》、GB 21550—2008《聚氯乙烯人造革有害物质限量》、SN/T 3778—2014《纺织品　挥发性有机化合物释放量试验方法　小型释放舱法》、GB 18587—2001《室内装饰装修材料、地毯、地毯衬垫及地毯胶黏剂有害物质限量》。

以下选择国内常用的具有代表性的三种不同方法:固相微萃取 SPME-顶空采样法、重量法、小型释放舱法做详细介绍。

(一)GB/T 24281—2009《纺织品　有机挥发物的测定　气相色谱—质谱法》

本标准采用固相微萃取(SPME)—顶空采样仪(HS)—气相色谱质谱(GC-MS)法测定纺织品中总有机挥发物、总芳香烃化合物以及氯乙烯、1,3-丁二烯、甲苯、乙烯基环己烯、苯乙烯和4-苯基环己烯的方法。适用于各类纺织品。

1. 原理

将试样置于一定温度条件的顶空采样仪中,试样中有机挥发物释放到气相中,以固相微萃取(SPME)装置捕集,并达到吸附平衡,经热解吸后用气相色谱质谱(GC-MS)法测定。

2. 仪器

气相色谱仪:配有质量选择检测器(MSD);顶空采样仪:内径 160mm,容积 2000mL,温度范围为室温至 250℃,控温精度 ±1℃,顶盖配有两个进样口和一个采样口;固相微萃取(SPME)装置:萃取头吸附剂为 75μm Carboxen/PDMS,或其相当者;分析天平:精度为 0.0002g;超声波振荡器。

3. 试剂

（1）有机挥发物标准品。氯乙烯、1,3-丁二烯、甲苯、乙烯基环己烯、苯乙烯、4-苯基环己烯、苯、乙基苯、苯基乙炔、n-丙基苯、异丙基苯、α-苯丙烯、n-丁基苯、辛基苯、间二甲苯、对二甲苯、2-乙基甲苯、3-乙基甲苯、乙烯基甲苯、1-异丙基-4-甲基苯、1,2,4-三甲基苯、1,2,3-三甲基苯、1,2,4,5-四甲基苯、1,4-二异丙基苯、1,3-二异丙基苯、茚、正己烷、正十六烷。

注：在不影响定性测定的情况下，除六种单体（氯乙烯、1,3-丁二烯、甲苯、乙烯基环己烯、苯乙烯和4-苯基环己烯）外的标准品可选用其他纯度试剂。

（2）内标物质。正辛烷或正庚烷。

（3）有机溶剂。正戊烷、甲醇、丁酮。

（4）甲苯、乙烯基环己烯、苯乙烯和4-苯基环己烯标准储备溶液的配制。称取少量正戊烷于100mL棕色容量瓶中，减量法分别称取约0.4g（精确至0.2mg）的甲苯、乙烯基环己烯、苯乙烯和4-苯基环己烯于容量瓶中，用正戊烷定容。

注：该标准储备溶液在0~4℃的冰箱中密闭保存，有效期为2周。

（5）甲苯、乙烯基环己烯、苯乙烯和4-苯基环己烯标准工作溶液的配制。移取适量标准储备溶液于10mL棕色容量瓶中，以正戊烷稀释至刻度，使校准工作溶液的浓度分别为2000μg/mL、1000μg/mL、500μg/mL、200μg/mL、50μg/mL和10μg/mL。

注：该标准工作溶液在0~4℃的冰箱中密闭保存，有效期为2周。

（6）氯乙烯和1,3-丁二烯的标准工作溶液的配制。以丁酮为溶剂，按GB/T 5009.67—2003中的方法分别配制浓度为100mg/L、50mg/L、20mg/L、10mg/L和5mg/L的氯乙烯和1,3-丁二烯的标准工作溶液。该溶液用前配制。

（7）内标（200mg/L）的配制。在100mL棕色容量瓶中加入少量正戊烷，减量法称取约0.02g（精确至0.2mg）的正辛烷或正庚烷于容量瓶中，以正戊烷定容。

注：该内标溶液在0~4℃的冰箱中密闭保存，有效期为2周。

4. 试验步骤

（1）空白试样的选择与准备。从待测样品或与待测样品成分相似的其他纺织样品（如贴衬）上剪取数块面积为100cm²的试样，在沸水中煮沸30min，于120℃干燥20min，冷却至室温，然后置于甲醇溶剂中，超声萃取30min，空气中晾干后，120℃干燥20min，冷却至室温待用。

（2）SPME萃取头的净化。将SPME萃取头插入气相色谱进样口或其他净化装置中，在300℃条件下净化60min，立即将SPME萃取头插入气相色谱进样口进行GC-MS分析，直至分析色谱图中无目标物和非稳定性干扰色谱峰存在。

（3）顶空采样仪的准备。以甲醇清洗顶空采样仪的内壁与样品支架并烘干，温度升至120℃后，放入2块空白试样，盖好顶盖，平衡60min，由顶盖采样口将已净化的SPME萃取头插入顶空采样仪中，萃取20min立即插入气相色谱进样口进行GC-MS分析，直至分析色谱图中无目标物和非稳定干扰色谱峰存在。

（4）试样的准备。从样品上剪取2块面积为100cm²的试样，准确称取其质量（精确至1mg），以铝箔密封。

（5）甲苯、乙烯基环己烯、苯乙烯和4-苯基环己烯标准工作曲线的测定。待顶空采样仪升至 120℃后,将 2 块空白试样叠放在样品支架上,盖好顶盖,用 10μL 微量进样针分别移取 4μL 工作标准溶液,迅速从顶盖进样口注入顶空采样仪内部,同时注入 4μL 内标溶液,平衡 60min,再将已净化的 SPME 萃取头由顶盖采样口插入顶空采样仪中,萃取 20min 后立即将其插入气相色谱进样口中,按色谱条件进行分析,测定并绘制标准工作曲线。

(6)氯乙烯、1,3-丁二烯标准工作曲线的测定。按上述步骤,由顶空采样仪进样口分别注入 1μL 氯乙烯、1,3 丁二烯标准工溶液和 4μL 内标溶液,测定并绘制氯乙烯的标准工作曲线。

(7)分析条件。由于测试结果取决于所使用的仪器,因此不可能给出色谱分析的普遍参数。采用下列操作条件已被证明对测试是合适的。

①SPME 萃取头解吸条件:温度 250℃,时间 10min;

②毛细管色谱柱:DB-1 柱,60m×0.25mm×0.25μm,或其相当者;

③气相色谱质谱仪参数,见表 6-43。

表 6-43　气相色谱质谱仪参数

色谱柱	DB-1（60m×250μm 内径 ID,0.25μm 膜厚）,或相当者			
进样口温度(℃)	250			
升温速率	初始温度(℃)	35	初始时间(min)	5
	升温速率 1	3℃/min 升至 120℃		
	升温速率 2	15℃/min 升至 250℃,维持 15min		
载气	氮气			
流速(mL/min)	1.0			
传输线温度(℃)	250			
数据采集模式	45~450 amu,全扫描			

(8)样品的测定。待顶空采样仪升至 120℃后,将两片试样叠放在样品支架上,盖好顶盖后,从顶盖进样口注入 4μL 内标,平衡 60min,再将已净化的 SPME 萃取头由顶盖采样口插入顶空采样仪中,萃取 20min 后立即将其插入气相色谱进样口中,按色谱条件进行分析。样品测定前应进行空白试验。

注:当样品中同时含有氯乙烯和 1,3-丁二烯时,可选用选择离子扫描方式测定。

5. 结果计算

(1)解吸量的计算。

①氯乙烯、1,3-丁二烯、甲苯、乙烯基环己烯、苯乙烯、4-苯基环己烯解吸量的计算。

$$M_i = \frac{(A'_i/A'_s) - b_i}{K_i} \times m_s \tag{6-14}$$

式中:M_i 为各单体的解吸量(mg);A'_i 为各单体的峰面积;A'_s 为内标物的峰面积;b'_i 为各单体线性校准方程的斜率;K'_i 为各单体线性校准方程的斜率;m'_s 为内标物的质量(mg)。

②总芳香烃解吸量的计算。除甲苯、乙烯基环己烯、苯乙烯和 4-苯基环己烯外,SPME 萃取头上其他芳香烃单体的解吸量按式(6-14)中甲苯的线性校准方程计算。总芳香烃解吸量按式(6-15)计算。

$$M_a = \sum M_j - \sum M_{j0} \qquad (6-15)$$

式中: M_a 为总芳香烃的解吸量(mg); M_j 为芳香烃单体的解吸量(mg); M_{j0} 为空白实验中芳香烃单体的解吸量(mg)。

③ 总有机挥发物解吸量的计算。除甲苯、乙烯基环己烯、苯乙烯和4-苯基环己烯外,SPME萃取头上有机挥发物单体的解吸量按式(6-14)中甲苯的线性校准方程计算。总有机挥发物解吸量按式(6-16)计算。

$$M_c = \sum M_k - \sum M_{k0} \qquad (6-16)$$

式中: M_c 为总有机挥发物的解吸量(mg); M_k 为有机挥发物单体的解吸量(mg); M_{k0} 为空白实验中有机挥发物单体的解吸量(mg)。

(2)结果表示。

①纺织品中总挥发性有机物的面积浓度的计算。

$$W_s = M_s / S \qquad (6-17)$$

式中: W_s 为总有机挥发物的面积浓度(mg/m²); M_s 为六种单体、总有机挥发物及总芳香烃的面积的解吸量(mg); S 为试样的面积(m²)。

②纺织品中总挥发性有机物的质量浓度计算。

$$W_m = M_m / m_0 \qquad (6-18)$$

式中: W_m 为总有机挥发物的质量浓度(mg/kg); M_m 为总有机挥发物的面积的解吸量(mg); m_0 为试样的质量(kg)。

6. 测定低限

氯乙烯为 0.3mg/m², 1,3-丁二烯为 0.3mg/m², 甲苯为 0.001mg/m², 乙烯基环己烯为 0.005mg/m², 苯乙烯为 0.005mg/m², 4-苯基环己烯为 0.0005mg/m²。

(二) GB 21550—2008《聚氯乙烯人造革有害物质限量》

在 GB 21550—2008 中对其他挥发物的限量要求为,人造革中其他挥发物的含量应不大于 20g/m²。在标准第 5.5 节其他挥发物含量的测定中,采用的测试方法为重量差减法。具体检测过程为:将人造革处于展开状态,沿宽度方法均匀裁取 100mm×100mm 的试样 3 块,试样按 GB/T 2918—1998 中 23/50 2 级环境条件进行 24h 状态调节,准确称取试样,调节电热鼓风干燥箱到 100℃±2℃,将试样水平置于金属网或多孔板上,试样间隔至少 25mm,鼓风以保持空气循环,试样不能受加热元件的直接辐射。经 6h±10min 后取出试样,将试样在 GB/T 2918—1998 中 23/50 2 级环境条件放置 24 h 后称量,按公式(6-19)计算挥发物的含量。

$$X = \frac{m_1 - m_2}{S} \qquad (6-19)$$

式中: X 为挥发性有机物的含量(g/m²); m_1 为试样试验前的质量(g); m_2 为试样试验后的质量,g; S 为试样的面积(m²)。

结果表示,以 3 个试样的测试结果的算术平均值表示,保留两位有效数字。

(三) SN/T 3778—2014《纺织品　挥发性有机化合物释放量的试验方法　小型释放舱法》

本标准规定了纺织品中总挥发性有机化合物、总芳香烃化合物以及氯乙烯、1,3-丁二烯、甲苯、乙烯基环己烯、苯乙烯和4-苯基环己烯释放量的小型释放舱试验方法,适用于纺织品中总挥发性有机化合物、总芳香烃化合物以及氯乙烯、1,3-丁二烯、甲苯、乙烯基环己烯、苯乙烯和 4-苯基环己烯释放量的测定。

该标准对总挥发性有机化合物的定义为:以 Air Toxic 吸附管捕集,热解吸后,非极性色谱柱(极性指数小于 10)分离,质量检测器(MS)检测,保留时间在氯乙烯至正十六烷(包括氯乙烯和正十六烷)之间的挥发性有机化合物总和。

对小型释放舱的容积要求在 50~1000L(包括 50L 和 1000L)之间。

1. 测试原理

将样品置于一定条件(温度、湿度和空气流速)的释放舱中,试样释放的挥发性有机物与进入释放舱的空气混合后从舱出口排出,以吸附剂在释放舱出口处捕集一定体积量的气体中的挥发性有机化合物,经热脱附后,以 GC-MS 测定所捕集挥发性有机化合物的释放浓度,根据释放浓度、产品负载率、气体交换率计算释放速率。

2. 测试过程

(1)测试样品准备。样品应采用铝膜或其他无有机物释放的材料密封包装,如不能立即测试,应密封包装并置于(23±3)℃、相对湿度(50±5)RH% 且无有机物污染的环境中保存,保存时间不超过 10 天。样品的尺寸根据释放舱的有效容积和产品负载率确定,负载率取决于试验目的。

(2)释放舱的工作条件。见表 6-44。

表 6-44 释放舱的工作条件

释放舱参数/单位	参数范围	控制精度
温度(℃)	28	设定值±0.5
相对湿度 RH(%)	50	设定值±3
空气交换率(次/h)	0.5~1.5	设定值±5%

(3)试样放置和采样时间。试样制备好后尽快置于释放舱中,测试试样应放置于舱内的中央位置以保证空气气流均匀分布于测试试样的释放表面。关闭舱门,确认释放舱的气密性和气体流量。原则上,在试验开始后的第 1 天(24h)、第 3 天(72h)、7 天(168h)、14 天(336h)和 28 天(672h)进行空气采样,其他指定时间也可进行空气采样。

当试验周期较长时,两次采样间隔期间,可将试样从释放舱中取出,自由放置于与试验条件相同的环境中,并避免受其他测试试样的污染。采样时,应至少提前 3 天(72h)将试样重新置于释放舱中。

(4)空气采样。释放舱内温度和相对湿度稳定 8h 后方可进行采样。

将恒流采样器与 Air Toxic 吸附管连接,吸附管采样端与释放舱采样口连接,使用恒流采样器采集释放舱出口空气中的 VOCs。采样流量、采样时间根据舱内 VOCs 浓度确定。空气采样时,吸附管及恒流采样器应尽可能靠近释放舱采样口,以保证气体温度与舱内温度一致。对于 Air Toxic 吸附管,通常其采样流量为 100~200mL/min,最大采样量不超过 15L。

(5)分析测试条件。表 6-45~表 6-47 操作条件和参数已被证明是合适的,供参考。

表 6-45　热脱附装置分析参数

吸附管热脱附温度(℃)	300	热脱附时间(min)	5~15
热脱附气流流速(mL/min)	40~50	冷阱捕集低温(℃)	−30~−10
冷阱热脱附温度(℃)	280~300	冷阱热脱附时间(min)	5~10
传输线温度(℃)	220~250	分流比	50∶1(可根据浓度确定分流比)
载气	氮气		

表 6-46　气相色谱质谱仪参数

色谱柱	DB-5MS (30m×250μm 内径 ID,0.25μm 膜厚)		
升温速率	初始温度(℃)	45	初始时间(min)	1
	升温速率1	5℃/min 升至100℃	
	升温速率2	10℃/min 升至250℃,维持10min	
载气	氮气		
色谱质谱接口温度(℃)	260		
流速(mL/min)	1.0		
离子源(EI)温度(℃)	250		
数据采集模式:	单一目标化合物:选择离子采集 SIM 总挥发性有机物(TVOC):全扫描总离子流图 TIC		

表 6-47　目标化合物定量离子与定性离子

序号	化合物	定量离子	定性离子	
1	正己烷	57	86	46
2	苯	78	77	51
3	甲苯	91	92	65
4	乙苯	91	105	106
5	间、对二甲苯	91	105	106
6	苯乙烯	104	103	78
7	邻二甲苯	91	105	106
8	异丙苯	105	120	77
9	正十一烷	57	71	85
10	正十六烷	57	71	85

　　(6)分析测试。按上述分析测定条件设定热脱附装置和色谱工作参数,确认系统无干扰后,依次放入标准样品吸附管、空白吸附管和样品吸附管进行测试。应对色谱峰逐一识别,根据保留时间定性,峰面积定量。部分有机挥发物的 GC-MS 全扫描及选择离子扫描图见图 6-15。

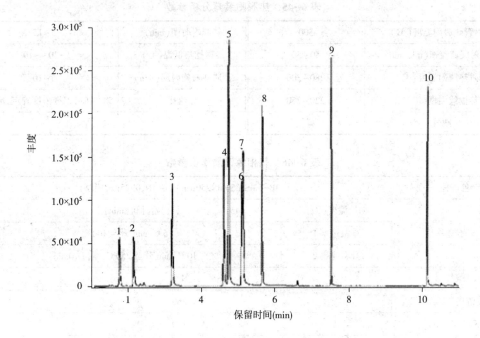

图6-15 有机挥发物的GC-MS全扫描及选择离子扫描图

1—正己烷 2—苯 3—甲苯 4—乙苯 5—间、对二甲苯 6—苯乙烯
7—邻二甲苯 8—异丙苯 9—正十一烷 10—正十六烷

五、检测过程中的难点分析和现存问题

(一)样品采集方式不同

挥发性有机物的检测不同于前面几章纺织品中的偶氮染料或邻苯二甲酸酯等有毒有害物质的检测,由于挥发性有机物具有沸点低、易汽化、相对分子质量小、结构简单的特点,采用传统的固液、液液萃取手段无法满足高通量、低限量的检测需求,且溶剂浓缩过程可能导致低沸点气体扩散挥发,使得测试结果偏低。另外,萃取后的少量溶剂可能含有复杂基质,无法识别其中低含量物质的目标峰。因此,采样富集技术是否高效可靠,是检测灵敏度的关键所在。由于挥发性有机化合物检测的样品采集方式多样,各采样方式存在很大的差异,造成测试结果的不同,测试结果之间没有可比性。

(二)对挥发性有机物的定义不同

由于目前各标准对挥发性有机物的定义不同,很多标准没有对具体的测试物质进行明确的定义界定,这给实际测试带来了极大挑战。同时,由于缺乏统一的纺织产品中挥发性有机化合物的检测标准,在国际纺织品贸易中,不同国家、不同买家对纺织产品上的挥发性有机物的认识存在一定的差异,测试方法不明确,各实验室使用不同的前处理方法及分析方法将对测试结果带来极大的影响。

(三)静态顶空法存在的问题

静态顶空法可直接获得挥发性有机物样本并对其组成进行色谱分析。若样品中待测组分含量较高,较少的气体量就能满足分析需求,此时,静态顶空法是一种简单方便而又快捷有效的分析方法;若样品中待测组分含量不高,则需要大体积进样,才能满足分析需求,有可能造成目标分析物的色谱峰展宽,分离度变差。液态顶空,由于样品被溶解,一部分有机物会溶解在试剂里,在一定的顶空条件下不能有效挥发,可能导致假阴性结果。

(四)固相微萃取 SPME 法存在的问题

固相微萃取 SPME 法具有操作简单、灵敏度高、萃取纤维可重复使用等诸多优点,但由于萃取纤维售价较高,且容易折断损坏,使用成本高。在固相微萃取的应用上,分析物在萃取纤维与样品基质中的分配系数大,适用于痕量分析,可以通过选择合适的萃取纤维来提高试验的灵敏度。固相微萃取,受其萃取头吸附剂的限制及吹扫捕集受捕集管填料的影响,部分挥发性物质没有被有效吸附,对总挥发性有机物含量的测试结果会带来影响。

(五)舱体法测试的问题

舱体法测试挥发性有机物时,舱体内挥发性有机物得到有效的富集,检出限低,但由于富集作用,进入舱体的气体也会被富集,引致舱体本底高,故需要对进入舱体的空气进行净化,活性炭净化为有效的手段;不同挥发性有机物需要选择不同填料的吸附管,Tenax TA 被很多标准方法引用,用于总挥发性有机物(极性柱子分析,保留时间在正己烷和正十六烷之间的挥发性有机物)的测试,该吸附管对低分子量的挥发性有机物吸附性不强;各挥发性有机物在吸附柱中的穿透性能不同,使测试的复杂程度大大加强;测试过程中使用的各种管路也会释放出挥发性有机物,必须确保所有使用的器具、管路不会释放出挥发性有机物,控制过程空白。

参考文献

[1]王建平,陈荣圻,吴岚,等 . REACH 法规与生态纺织品 [M]. 北京:生态纺织出版社,2009.

[2]王建平,吴岚,陆雅芳,等 . REACH 法规的最新进展(一)[J]. 印染,2014,40(20):39-42.

[3]王建平,郑娟 . REACH 法规多环芳烃限制要求的更新解读[J]. 印染,2015,16:42-51.

[4]卫碧文,于文佳,郑翊,等 . GC-MS 测定纺织品中的多环芳烃[J]. 印染,2010(5):38-40.

[5]梁轶群,张风华 . 多环芳烃对儿童早期发育的神经毒性效应分析[J]. 中国妇幼保健,2016,31(23):5217-5219.

[6]戴群莹,彭娟 . 多环芳烃对人类健康影响的研究进展[J]. 重庆医学,2014,43(21):2811-2813.

[7]高建琴,董栋 . 多环芳烃含量限制法规及测试方法比较[J]. 橡胶科技,2015(7):43-51.

[8]李锡东,丁华,殷丽娜,等 . 多环芳烃检测方法研究进展[J]. 橡胶工业,2017,64(2):123-127.

[9]蒋红,赵胤,申屠献忠 . 纺织品行业中多环芳烃的危害及其替代研究[J]. 染整技术,2013,35(9):13-17.

[10]王佳慧 . 纺织品中16种多环芳烃及16种含氯苯酚类物质的检测方法研究[D]. 长春:吉林大学,2016.

[11]李学洋 . 生态纺织品中有害物质的检测及涂层织物成分分析的研究[D]. 天津:天津大学,2012.

[12]李俊芳,闫妍,杨海峰,等 . 消费品中的多环芳烃限量要求及检测方法标准研究进展 [J]. 轻工标准与质量,2013,06:34-36.

[13]吴达峰,吴穗生,杨梅 . 消费品中多环芳烃来源概述 [J]. 化纤与纺织技术,2017,46(4):45-48.

[14]章献忠 . 解读欧盟指令:禁止含富马酸二甲酯的产品投放到市场[J]. 西部皮革,2009,12(8):5-7.

[15]张杨,陈伟强 . 薄层色谱法检测富马酸二甲酯方法探讨[J]. 中国卫生检验杂志,2001,11(6):722.

[16]张龙,于宝杰,杜长海 . 紫外分光光度法测定富马酸二甲酯的含量[J]. 石油化工,1999,28(7):40-44.

[17]MOSTAFALOUS, ABDOLLAHIS. Pesticides and humanchronicdiseases Evidences, mechanisms , and perspectives[J]. Toxicology and Applied Pharmacology, 2013, 268(2):158-177.

[18]杨代凤,刘腾飞,谢修庆,等 . 我国农业土壤中持久性有机氯类农药污染现状分析[J]. 环境与可持续发

展,2017(1):40-43.

[19]王明泰,靳颖,牟峻,等. GC-MS法测定纺织品中77种农药残留量[J]. 印染,2007(4):38-41.

[20]贾海彬,李建国. 纺织品中残留农药的检测方法[J]. 印染,2017(1):47-52.

[21]徐宜宏,姜玲玲,杨潇,等. 纺织品中农药残留检测技术的研究进展[J]. 毛纺科技,2014,42(3):61-64.

[22]薛建平. 快速溶剂萃取—液相色谱—串联质谱法同时测定纺织品中有机氮农药和苯氧羧酸农药的残留 [J]. 分析试验室,2017,36(7):778-784.

[23]汤娟,齐琰,丁友超,等. 气相色谱—质谱法测定纺织品及皮革中9种有机溶剂的残留[J]. 质谱学报, 201,36(1):59-65.

[24]王成云,张其芳,陈家萍,等. 超声萃取—气相色谱法同时测定纺织品中15种乙二醇醚类有机溶剂残留量 [J]. 中国纤维,2015(18):72-76.

[25]保琦蓓,钱丹,吴丰. RP-HPLC法测定织物中残留有机溶剂方法研究[J]. 针织工业,2018(2):67-69.

[26]马明,赵洁,刘曙,等. 超声提取—全蒸发顶空—GC法测定纺织品中4种有机溶剂[J]. 印染,2016(15): 47-50.

[27]王成云,张恩颂,沈雅蕾,等. 气质联用法测定纺织品中乙二醇醚类的残留量[J]. 棉纺织技术,2015,4 (7):72-76.

[28]陈芸,杨海英. 纺织品有机挥发物的测定[J]. 印染,2005(12):33-37.

[29]胡中源,顾煜澄,孙利萍,等. 国内标准中挥发性有机化合物的定义解析[J]. 电镀与涂饰,2018,37(14): 644-651.

[30]涂貌贞. 纺织品中挥发性有机物(VOCs)的检测——静态顶空气相色谱质谱法[J]. 中国纤检,2009(9): 66-68.

[31]刘敏华,刘芳,杜燕珺,等. 纺织品中挥发性有机物检测技术的研究进展[J]. 国际纺织导报,2015(11): 62-66.

[32]高丽荣,卢志刚,朱海鸥,等. 纺织品中挥发性有机物的测定[J]. 南京工业大学学报(自然科学版),2010, 32(3):94-98.

[33]KATSOYIANNIS A,LEVA P,KOTZIAS D. VOC and carbonyl emissions from carpets:A comparative study using four types of environmental chamber[J]. J Hazard Mater,2008,152(2):669-676.

第七章 其他相关指标的检测方法与检测标准

第一节 纺织产品水萃取液 pH 的检测方法与标准

一、pH 对人体的影响

pH 是表示溶液酸性或碱性程度的数值,实际上是指氢离子浓度指数,是溶液中氢离子的总数和总物质的量的比,即所含氢离子浓度的常用对数的负值:$pH=-lg[H^+]$。

通常情况下,人体正常皮肤的 pH 为 5.5~6.5,呈弱酸性,酸性环境可以抑制某些致病菌的生长繁殖,防止外界病菌的侵入,起到保护皮肤免遭感染的作用。如果与皮肤密切接触的纺织产品过酸或过碱,人体的弱酸性环境将会遭到破坏,引起皮肤瘙痒或过敏。此外,过酸或过碱的纺织品同时也意味着过量化学物质的残留,将给人们的健康带来意想不到的危害。

纺织产品在印染和后整理过程中使用的各种染料和整理助剂,若未经充分水洗或中和,以及水洗过程中添加了各种整理剂而未加以规范控制,就会使这些酸性或碱性化学助剂残留在面料上,造成制成的纺织产品水萃取液 pH 偏高或偏低。

需要说明的是,纺织产品水萃取液的 pH 不能误认为是纺织品的酸碱度。纺织产品本身不会电离出酸性或碱性离子,其水萃取液的 pH 是与纺织产品上含有的某些游离物质在水中的电离相关联。

二、纺织产品水萃取液 pH 的相关法规和要求

作为纺织产品生态安全性能的重要检测指标之一,纺织产品水萃取液 pH 是反映纺织产品加工过程的一个有用的表征,已成为买家和消费者了解纺织产品是否满足某些限量要求的常规指标。但是将其作为强制性的要求列入法规的,目前只有中国的国家强制标准 GB 18401—2010。

与纺织产品水萃取液 pH 相关的法规和要求,如表 7-1 所示。

表 7-1 与纺织产品水萃取液 pH 相关的法规和要求

标准	纺织品分类及对应的 pH 限定范围		
GB 18401—2010	A 类 婴幼儿纺织品	B 类 直接接触皮肤的纺织品	C 类 非直接接触皮肤的纺织品
	4.0~7.5	4.0~8.5	4.0~9.0

续表

标准	纺织品分类及对应的 pH 限定范围			
Standard 100 by OEKO-TEX ® （2019 版）	I 类 婴幼儿纺织品	II 类 直接接触皮肤的纺织品	III 类 非直接接触皮肤的纺织品	IV 装饰材料
	4.0~7.5	4.0~7.5	4.0~9.0	4.0~9.0
GB/T 18885—2009	I 类	II 类	III 类	IV 类
	4.0~7.5	4.0~7.5	4.0~9.0	4.0~9.0

三、纺织产品水萃取液 pH 的检测方法

目前,国际上所采用的纺织产品水萃取液 pH 的测定方法,萃取原理基本相同,即先用水在一定的条件下对样品进行萃取,然后用 pH 计测定萃取液的 pH,但在具体的萃取条件上,又分为常温振荡萃取和煮沸萃取两大类。

pH 的测定主要有显色测定法和电化学测定法。指示剂显色测定法是利用指示剂在不同的酸碱度下显示的特征颜色来测定,此方法易受指示剂配制、使用等因素影响,精度较低。电化学测定法是在室温下用玻璃电极的 pH 计对纺织品水萃取液进行电测量,然后转换成 pH。目前常用的 pH 测定方法是电化学测定法。

四、国内外有代表性的纺织品和皮革制品水萃取液 pH 的检测标准

GB/T 7573—2009《纺织品　水萃取液 pH 的测定》、ISO 3071:2005《纺织品　水萃取物 pH 的测定》、ISO 4045:2018《皮革　化学试验　pH 和差异指数》、AATCC 81—2016《经湿态加工处理的纺织品水萃取物的 pH》、JIS L 1096—2010《织物和针织物的试验方法》(第 8.37 条:pH)。

我国 GB/T 7573—2009 是修改采用 ISO 3071:2005《纺织品　水萃取物 pH 的测定》的内容。

JIS L 1096 对于 pH 测定有两种方法,方法 A 是 JIS 方法,方法 B 是 ISO 方法。ISO 法等同 ISO 3071,JIS 法与 ISO 法在样品的萃取条件上不同。

AATCC 81 侧重于生产加工过程中的 pH 控制,与其他的测试方法有较大差别,可比性不强。各种检测标准的主要技术参数比较见表 7-2。

表 7-2　各检测标准的主要技术参数比较

标准	取样	萃取方式	测定	结果计算
ISO 3071:2005	2g,5mm×5mm	室温振摇 2h	pH 计	三个平行试样,取第二和第三次作为测试值,计算平均值
GB/T 7573:2009	2g,5mm×5mm	室温振摇 2h	pH 计	三个平行试样,取第二和第三次作为测试值,计算平均值
ISO 4045:2018	5g	(20±2)℃振摇 6~6.5h	pH 计	两个平行测试的平均值;若 pH<4.00 或 >10.00,应测定其差异指数

续表

标准	取样	萃取方式	测定	结果计算
JIS 1096:2010 （JIS 方法）	5g,10mm×10mm	煮沸 2min 后,静置 30min	pH 计	两个平行测试的平均值
AATCC 81—2016	10g	煮沸 10min,冷却至室温	pH 计	pH 计实测值

各测定标准的技术条件不同,测试结果会存在一定的差异。样品量越多、萃取温度越高、萃取时间越长,则测定值也高(或更偏酸性或更偏碱性)。显然,不同方法所得结果之间没有严格的可比性。对某些在规定的条件下不能充分润湿的试样,测试结果可能无法反映真实情况,因而必须在检测报告中注明。

（一）GB/T 7573—2009《纺织品　水萃取液 pH 的测定》

GB/T 7573—2009 是现行国家强制性标准 GB 18401—2010《国家纺织产品基本安全技术规范》规定执行的 pH 测试方法。

1. 适用范围和原理

该标准规定了纺织品水萃取液 pH 的测定方法,适用于任何形式的纺织品。测试原理为:在室温下,用带有玻璃电极的 pH 计测定纺织品水萃取液的 pH。

2. 试剂

所有试剂均为分析纯。

(1)蒸馏水或去离子水至少满足 GB/T 6682—2008 的三级水的要求,pH 为 5.0~7.5。第一次使用前应检验水的 pH。若不在规定的范围内,可用化学性质稳定的玻璃容器重新蒸馏或采用其他方法使水的 pH 达标。酸或有机物质可以通过蒸馏 1g/L 的高锰酸钾和 4g/L 的氢氧化钠溶液的方式去除。碱性物质(如存在氨)可以通过蒸馏稀硫酸去除;如果蒸馏水不是三级水,可以在烧杯中以中等速率将 100mL 蒸馏水煮沸 10min,盖上盖子冷却至室温。

(2)0.1mol/L 氯化钾(KCl)溶液,用蒸馏水或去离子水制备。

(3)缓冲溶液。用于测定前校准 pH 计。缓冲溶液的 pH 建议在 4、7 或 9 左右。对测定前 pH 计的校准,建议使用与被测溶液的 pH 相近的缓冲溶液。

3. 仪器设备

具塞玻璃或聚丙烯烧杯:250mL,化学性质稳定,用于水萃取液的制备;机械振荡器:能进行旋转或往复式运动以保证在萃取液的制备中,纺织材料内部或溶液中的水能达到充分的交换,往复速率为 60 次/min 或旋转速率为 30r/min 是合适的;容量为 150mL 的烧杯;玻璃棒;pH 计:配玻璃电极,测量精度至少为 0.1;天平:准确度为 0.01g;1L 容量瓶。

注意上述实验用的烧杯和玻璃棒,建议采用专用玻璃器皿并单独放置,测试间闲置时用蒸馏水注满或浸泡。

4. 样品的制备

从批量的纺织材料中获取有代表性的实验室样品并确保满足所有测试样品的需要,将实验室样品剪成 5mm×5mm 的碎片,以确保试样能被迅速润湿。为避免沾污,尽量不用手直接接触样品。从实验室样品中取 3 份平行试样,每份试样为(2.00±0.05)g。

5. 测试程序

(1)水萃取液的制备。在室温下,制备3份平行的萃取液。将每份试样与100mL萃取溶液(蒸馏水/去离子水或氯化钾溶液均可)置于具塞烧瓶中,用手短暂摇动烧瓶以确保试样完全润湿,然后,将烧瓶置于机械振荡器上,振摇2h±5min,同时记录萃取液的温度。

(2)水萃取液pH的测量。在与萃取液萃取试样时相同的条件下校准pH计,校准须用两种或三种缓冲溶液。将pH计的玻璃电极反复多次浸入同一用于制备样品萃取液的溶液(水或氯化钾溶液)中,直到pH读数稳定,具体步骤如下:

①将第一份萃取液倒入烧杯,立即将电极浸入溶液离液面至少10mm处,用玻璃棒轻轻搅拌溶液,直到pH计读数稳定,但无须记录该溶液的pH。

②将第二份萃取液倒入另一个烧杯,不用清洗电极,立即将其浸入溶液离液面至少10mm处,不用搅拌,静置,直到pH计读数稳定,记录此读数。

③将第三份萃取液倒入第三个烧杯,不用清洗电极,立即将其浸入溶液离液面至少10mm处,不用搅拌,静置,直到pH计读数稳定,记录此读数。记录的第二份萃取液和第三份萃取液的pH作为测量值。

6. 结果计算

如果两个pH测量值之间差异(精确至0.1)大于0.2,则另取其他试样重新测试,直到得到两个有效的测量值,计算其平均值,结果保留一位小数。

7. 精密度

9个实验室对7个样品的比对测试结果,经统计分析表明:采用蒸馏水/去离子水作为萃取溶液的,重现性$R=1.7$(pH单位);采用KCl溶液作为萃取溶液的,重现性$R=1.1$(pH单位)。

注意:数据统计分析参照GB/T 6379.2—2004《测量方法与结果的准确度(正准确度与精密度)第2部分:确定标准测量方法重复性与再现性的基本方法》;当某种样品使用水和氯化钾溶液的测定结果发生争议时,推荐采用氯化钾溶液作为萃取介质的测定结果。

8. GB/T 7573—2009 的附录 A

GB/T 7573—2009 的附录 A 是资料性附录,关于标准缓冲溶液的制备。

所有试剂均为分析纯。配制缓冲溶液的水至少满足GB/T 6682—2008三级水的要求,每月至少更换一次。

(1)邻苯二甲酸氢钾缓冲溶液,0.05mol/L(pH=4.0)。称取10.21g邻苯二甲酸氢钾($KHC_8H_4O_4$),放入1L容量瓶中,用去离子水或蒸馏水溶解后定容至刻度。该溶液20℃的pH为4.00,25℃时为4.01。

(2)磷酸二氢钾和磷酸氢二钠缓冲溶液,0.08mol/L(pH=6.9)。称取3.9g磷酸二氢钾(KH_2PO_4)和3.54g磷酸氢二钠(Na_2HPO_4),放入1L容量瓶中,用去离子水或蒸馏水溶解后定容至刻度。该溶液20℃的pH为6.87,25℃时为6.86。

(3)四硼酸钠缓冲溶液,0.01mol/L(pH=9.2)。称取3.80g四硼酸钠十水合物($Na_2B_4O_7 \cdot 10H_2O$),放入1L容量瓶中,用去离子水或蒸馏水溶解后定容至刻度。该溶液20℃的pH为9.23,25℃时为9.18。

9. GB/T 7573—2009 与 ISO 3071:2005 的主要差异

GB/T 7573—2009 修改采用 ISO 3071:2005《纺织品 水萃取液pH的测定》,与ISO 3071:

2005 的主要差异如下：

（1）规范性引用文件中的国际标准替换为相应国家标准。

（2）在仪器设备中增加了 100mL 量筒。

（3）在水萃取液的制备，增加了注 1：室温一般控制在 10~30℃，注 2：如果实验室能够确认振荡 2h 与振荡 1h 的试验结果无明显差异，可采取振荡 1h 进行测定。

（4）将"在萃取液温度下用两种缓冲溶液校准 pH 计"改为"在萃取液温度下用两种或三种缓冲溶液校准 pH 计"。

（5）在精密度条款，增加了注 2：当某种样品使用水或氯化钾溶液的测定结果发生争议时，推荐采用氯化钾溶液作为萃取介质的测定结果。

（6）在试验报告中增加了"a）样品描述"。

（二）ISO 4045:2018《皮革　化学测试 pH 的测定和差异指数》

1. 适用范围和原理

该标准规定了测定皮革水萃取液的 pH 和差异指数的方法，该方法适用于各种类型的皮革。测试原理为：制备待测皮革样品的水萃取液，用 pH 计测量萃取液的 pH，当测得的 pH<4.00 或>10.00 时，测定稀释 10 倍后的水萃取液的 pH。

差异指数（difference figure）是萃取液的 pH 与其稀释 10 倍后的 pH 的差异值。差异指数是一个酸或碱的强度的度量，且应≤1。当萃取液含有游离的强酸（或强碱时），差异指数为 0.7~1.0。随着溶液的稀释，弱酸和弱碱的电离会增加，因此当水萃取液的 pH<4.00 或>10.00 的情况下，差异指数仅能作为游离强酸或强碱存在的判定依据。

若样品量足够，需做两个平行样测试。

2. 测试程序

（1）样品的萃取。称取（5±0.1）g 试样置于广口烧瓶中，加入（100±1）mL 温度为（20±2）℃的水，手工摇晃 30s 使试样润湿，然后将烧杯置于摇床上振摇 6~6.5h，在转移萃取液前让萃取物沉降。如果从悬浮液中将萃取液转移出来比较困难，可以用洁净、干燥、无吸附的筛网（如尼龙布或粗糙的多孔玻璃过滤器）进行过滤，或者进行离心分离。

（2）pH 计的校准。用两种缓冲溶液校准 pH 计，而实际样品的测定值应落在这两种缓冲溶液 pH 之间，校准时的读数精度应达 0.02。

（3）pH 的测定。确认萃取液的温度为（20±2）℃，在搅拌萃取溶液后立即用 pH 计测定其pH，在读数稳定后尽快读取萃取液的 pH，读数精确至 0.05，读数应在电极浸入萃取液后的 30~60s 内完成。pH 的结果表示应为两个平行样测试结果的算术平均值，或单个样品的测试值。结果精确到 0.05pH 单位。

（4）差异指数的测定。若测得的 pH<4.00 或>10.00，应测定其稀释后的差异指数，除非客户或其他规定不要求。用移液管移取 10mL 萃取液至 100mL 容量瓶中，用水稀释至刻度，用约20mL 稀释的溶液淋洗电极，然后按上述程序测定稀释溶液的 pH。差异指数的结果表示应为两个平行样测试结果的算术平均值，或单个样品的测试值。结果精确到 0.05pH 单位。

差异指数的计算：将对萃取液测得的 pH 减去对稀释溶液测得的 pH 即为差异指数，精确至 0.05。

3. 关于 ISO 4045:2018 与 ISO 3071:2005 的比较

虽然同是 ISO 标准,但两个标准却有很大的不同。

(1) ISO 4045:2018 的适用范围是皮革,ISO 3071:2005 适用于纺织品。

(2) ISO 4045:2018 样品称取 5g。ISO 3071:2005 样品称取 2g。

(3) ISO 4045:2018 的萃取溶液是蒸馏水或去离子水,ISO 3071:2005 的萃取溶液是 0.1mol/L 氯化钾溶液或蒸馏水或去离子水。

(4) 两种方法加入的萃取液体积相同,都是 100mL。

(5) ISO 4045:2018 的振荡频率为 (50±10) r/min,时间 6~6.5h。ISO 3071:2005 的振荡频率为 30r/min,时间 2h。

(6) ISO 4045:2018 做两平行试验,结果以试样 pH 的算术平均值表示,精确到 0.05 pH 单位。如果 pH<4 或>10,计算稀释 10 倍后的 pH 的差异指数。ISO 3071:2005 做三平行试验,记录第二份萃取液和第三份萃取液的 pH 作为测量值,计算其平均值,保留 1 位小数。

(7) ISO 3071:2005 更多的是从纺织品的使用角度来看待对水萃取液 pH 的控制,而 ISO 4045:2018 则除了把水萃取液 pH 的测定作为对最终产品的质量控制外,还对皮革产品的生产加工过程进行控制。所以 ISO 4045:2018 特别强调差异指数这一概念,而 ISO 3071:2005 没有提及这一概念。

(三) AATCC 81—2016《经湿法加工的纺织品水萃取液 pH 的测定》

美国标准 AATCC 81—2016(AATCC Test Method 81-2016 pH of the Water-Extract from Wet Processed Textiles)是目前在国际纺织品服装贸易中广泛采用的测定纺织品水萃取液 pH 的方法。

1. AATCC 81—2016 的用途、适用范围和原理

本方法适用于经湿法加工的纺织品 pH 的测定。作为定量测定,所有影响 pH 测定的化学品必须从试样上去除,然后用 pH 计准确测定其水萃取液的 pH。将试样置于蒸馏水或去离子水中煮沸,然后待水萃取液冷却至室温,测定其 pH。

2. 应用和限制

测得的 pH 可用于判断纺织品所经过的湿处理是否适合于后续的染色或后整理,以及评价湿处理后的洗涤和/或中和处理的效果。

该方法应与 AATCC 144《经湿处理的纺织品中的碱总量》(AATCC Test Method 144 Alkali in Wet Processed Textiles:Total)配套使用,以定量测定纺织品上存在的碱的量。如果 pH 显示有相应量的碱或酸存在时,可以用强的缓冲剂将其完全屏蔽起来。

3. 仪器、试剂和试样

pH 计:精确到 0.1;玻璃烧杯:400mL;缓冲溶液:pH 分别为 4.0、7.0、10.0 或其他需要的 pH。

试样:从待测材料上取(10±0.1)g 作为试样,若样品很难弄湿,则需将样品剪成细小碎片。

4. 测试程序

将 250mL 蒸馏水煮沸 10min,放入试样,用玻璃表面皿盖上烧杯,再煮沸 10min。将烧杯(连盖)冷却到室温。用镊子取出试样,使试样上残留的液体流回烧杯。用 pH 计测定萃取液的 pH。

5. 评价分析

（1）水萃取液 pH 取决于纺织品先前的化学处理，洗涤用水的 pH，以及洗涤操作的效率。

（2）通常，样品在碱煮后水萃取液的 pH 高于漂白后水萃取液的 pH。如果样品在漂白后经过洗涤，pH 可能会低一些。

（3）有高 pH 的纺织品可能会出现变黄的趋势，造成色度变化，影响染料的竭染和固色，并导致树脂整理或软化处理固化程度的降低。

AATCC 81 测试方法主要是用于纺织品生产加工中湿处理加工的过程控制，而不适用于最终的纺织产品的质量控制。AATCC 81 所规定的样品煮沸处理的萃取方法与以 ISO 3071 为代表的标准所规定的样品萃取方法完全不同。煮沸的效果不仅与萃取效率有关，而且会直接造成某些挥发性酸或碱的逸失。因此，AATCC 81 和 ISO 3071 之间没有可比性。

五、pH 检测方法的技术问题

pH 的测量虽然简单，但要准确测量并非易事。一个正确 pH 读数是依靠整个操作系统，pH 计的电极和电子单元仪器的工作状态、缓冲液、试验操作过程等因素都会直接影响试验结果的准确性。在检验中以下几个问题值得注意。

1. 玻璃电极的使用和保养

玻璃电极头端敏感玻璃球膜浸泡到水溶液以后，表面会形成水化凝胶层，这是 H^+ 发生离子交换反应的场所。只有保持水化层具有一定的厚度并且很稳定，玻璃电极才会有良好的影响性能，pH 的测量才有可靠保证。所以电极在使用过程中应尽可能避免将电极搁置至干燥，电极使用过后应立即清洗干净，头部浸没在 KCl 溶液中（或 pH 为 7.00 的溶液）中妥善保存。

2. 水萃取液的过滤

GB/T 7573—2009 对萃取液并未说明是否需要过滤，但从日常工作中发现，有些样品特别是毛巾类容易产生许多絮状物，如果不采取过滤直接测量的话，有些絮状物很容易沾在玻璃电极上，且不容易清洗，长时间后对玻璃电极的稳定性和准确性产生比较大的影响。纺织品水萃取液中往往残留许多细小纤维和杂质，如果直接用玻璃电极测量，这些杂质会被吸附在玻璃球膜表面水化层上，影响 H^+ 发生离子交换反应，造成玻璃电极响应缓慢，导致测量结果不准确。因此有必要在测量前对水萃取液进行处理，通常可以用玻璃坩埚漏斗过滤。

3. 萃取介质

当样品使用水和氯化钾溶液的测定结果不一致时，宜采用氯化钾溶液作为萃取介质的测定结果，原因在于氯化钾溶液是强酸强碱盐中性溶液，在水中完全电离，可以增强电导率且不会破坏水的电离平衡，表现在不但测试结果与水溶液接近，而且示值迅速稳定，有更好的重现性。纺织品水萃取液萃取出的离子极为有限，离子强度小，溶液的电导率低，配制纺织品水萃取液的实验室三级水的电导率一般在 (2~5) μS/cm，水萃取液的电阻很高，与测量回路的其他电阻相比已不可忽略，同时由于液接电势的不稳定引起 pH 变化等，导致示值漂移幅度大，因而不易得到重现的结果。0.1mol/L KCl 溶液是典型的中性溶液，为强酸强碱盐，在水中完全电离，K^+ 和 Cl^- 不会改变水中 H^+ 的浓度，即 $H_2O \rightleftharpoons H^+ + OH^-$ 电离平衡不会受到破坏，因而 KCl 溶液不会干扰试液本身的 pH，可以作为离子强度调节剂，增加离子强度，提高电导率，从而提升 pH 测定示值的稳定性。

4. 有关测量温度的要求

由能斯特方程式知,用玻璃电极测量水溶液的 pH 时,pH 是温度的函数。因此,准确测量溶液 pH 的仪器必须带有自动温度补偿功能。此外,在仪器校正或测量时,缓冲溶液和水萃取液应该保持同一温度。

5. 测试时间

在 pH 的测试过程中,测试时间的长短对检测结果存在影响。这主要是由于水萃取液长时间暴露在空气中,会与空气中的 CO_2 作用(空气中的 CO_2 水解生成 H_2CO_3,H_2CO_3 呈弱酸性),从而影响水萃取液的 pH,对于弱碱性或中性试样的影响尤为明显。

第二节　异味的检测方法

一、异味检测的概念和分类

异味通常是指人们不愿意接受或者预示存在某种有害物质或不希望发生的变化所散发出的令人不快或令人不适的气味。将异味纳入纺织产品生态安全性能的检测项目,主要是基于两方面原因:一是通过特定气味,判断被考核的样品上是否存在某种有害物质或是否发生了某些不希望的变化;二是某些特定或非特定的气味,其对人的嗅觉器官的刺激因浓度或强度达到一定的阈值时(通常是因人而异的),会使人感到不适,甚至会引起一系列不良的生理反应,从而对人体健康造成影响。

纺织产品中的异味,主要分类有:霉味、高沸程石油味、芳香烃气味(或香味)、鱼腥味。霉味主要由微生物如细菌、真菌等分解纺织品上的有机物排泄新陈代谢物产生,由于微生物种类较多,受到的环境影响大,因此霉味是一类气味的总称,是细菌、真菌等微生物代谢时产生的有害气体,而这些微生物会成为引发哮喘病的过敏原。纺织服装在生产加工过程中,由于加工工艺、工期、环境等影响,容易滋生微生物。潮湿的储存环境、运输中的雾雨天气等环境因素也有可能产生霉味。

在纺纱工艺及纺织品印染整理过程中,常常使用一些含有汽油、柴油、煤油等矿物油的助剂,如化纤在纺纱时为减少摩擦静电的影响而采取上油处理,煤油用作分散剂或与水及乳化剂构成涂料印花的增稠剂,服装在生产制作中机器上使用的一些油剂等,这些都会给纺织品带来石油气味。高沸程石油属微毒/低毒物质,有麻醉和刺激作用,不慎吸入高沸程石油味可能引起化学性肺炎。

芳香烃是含苯环的烃类化合物的总称。在纺织服装的生产、印染和后整理过程中,使用的纺织品助剂中常含有芳香烃化合物,如苯、苯酚、苯乙烯、甲苯、二甲苯等。此外,为了掩盖其他异味而使用芳香剂,引入让人不愉快的芳香气味。芳香化合物对皮肤、黏膜有刺激性,对中枢神经系统有麻醉作用。

鱼腥味主要是纺织品经树脂整理后,在焙烘过程中产生的副产物三甲胺的气味。但有些副产物三甲胺会以甲胺盐的形式存在于纺织品上,在储存、运输或服用时再分解出三甲胺,产生鱼腥味。其对眼、鼻、咽喉和呼吸道有刺激作用,长期接触会产生眼、鼻、咽喉的干燥、麻痒不适。

二、异味的检测方法

国际上对纺织产品异味的检测有三类方法。

第一类是针对确定的名称和化学结构的挥发性物质,通过化学和仪器分析方法(包括静态顶空—气相色谱质谱联用法、动态顶空—气相色谱质谱联用法和固相微萃取—气相色谱质谱联用法),检测其含量。一般先吸收富集气体样品,再以适当的方法解析所富集的物质,最后通过气相色谱分析技术进行定性定量分析。目前,这类异味的检测通常被归为有机挥发物的检测。

第二类是由有经验的专业人员以嗅觉评判方式,判断纺织产品上是否存在某些特定的异味。通过嗅闻样品所带有的气味,检测出是否有霉味、高沸程石油味、鱼腥味、芳香烃气味中的一种或几种,来判定样品是否有异味。例如:GB 18401—2010 第 6.7 节中规定的方法。

第三类是由有经验的专业人员以嗅觉评判方式,评判纺织产品上是否存在不能确定种类的异味,并以人对此异味的耐受能力给出不同的等级。例如,瑞士标准 SNV 195651《纺织品的鼻嗅异味试验》的测试方法。

由于人的个体的不同,对相同强度的气味的感受程度也可能不同。因此,采用主观评价法对这类异味进行检测时,必须考虑采取多人分别评价,然后对结果进行综合评估。

三、国内外与纺织品异味检测相关的标准和检测方法

异味被中国 GB 18401—2010《国家纺织产品基本安全技术规范》作为强制性的要求列入其标准中。国内外其他对异味测试有要求的标准有 GB/T 18885—2009《生态纺织品技术要求》、Standard 100 by OEKO-TEX ®以及瑞士标准 SNV 195651《纺织品的鼻嗅异味试验》。

(一)GB 18401—2010《国家纺织产品基本安全技术规范》

异味的检测采用嗅觉法,操作者应是经过一定训练和考核的专业人员。样品开封后应立即进行测试,检测应在洁净无异味的环境中进行,操作者洗净双手后戴手套,双手拿起试样靠近鼻腔,仔细嗅闻所带气味,如检测出有霉味、高沸程石油味(如汽油、煤油味)、鱼腥味、芳香烃气味中的一种或几种,即判为有异味,并记录该异味类别,否则判为无异味。

应有二人独立检测,并以二人一致的结果为样品检测结果。如二人检测结果不一致,则增加一人检测,最终以二人一致的结果为样品检测结果。

与 GB 18401—2010 采用相同异味测试方法的,还有 GB/T 18885—2009《生态纺织品技术要求》。

(二)SNV 195651《纺织品的鼻嗅异味试验》

SNV 195651《纺织品的鼻嗅异味试验》,即规定了气味测定的测试条件和测试程序:取大约40g 的测试样本,剪成直径为 13cm 的圆形或者 12cm×12cm 的正方形,置于容积约 2L 密闭干燥器中(按 1g 样本重量匹配 40mL 干燥器体积),将样品松散地堆放在玻璃板或瓷盘上,在干燥器底部的水杯中加入 300mL 饱和碳酸钠溶液,密闭干燥器,在温度为 37℃,相对湿度为 90%的烘箱中,放置 15h。将干燥器从烘箱中取出,打开盖子,但不要将样品从干燥器中取出,测试样品的气味,对感受到的气味的强度进行评估。本试验应由至少 3 人独立进行,在每次测试之间需关闭干燥器。连续进行几次气味测试时,每次测试之间应至少休息 15min。

气味强度的评级为:1 级:无气味,2 级:轻微气味,3 级:中等气味,4 级:强烈气味,5 级:超

强烈气味。

Standard 100 by OEKO-TEX ®（2019 版）的测试方法中，对于纺织地毯、褥垫以及泡沫和不用于制造服装的大面积（非服用）涂层制品，采用 SNV 195651 测试方法评判，规定至少 6 个有经验的测试人员独立判断，气味强度的判定评级为：

1=无气味;2=轻微气味/可接受/不讨厌;3=中等气味/可接受/不讨厌;4=强烈气味/不可容忍/令人讨厌;5=超强烈气味/不可容忍/令人讨厌。中间级别（2~3 级）可以接受。

（三）不同标准对异味要求的比较

不同标准对异味要求的比较见表 7-3。

表 7-3　不同标准对异味要求的比较

标准	Standard 100 by OEKO-TEX ®（2019）		GB/T 18885—2009	GB 18401—2010
适用范围	纺织地毯、褥垫以及泡沫和不用于制造服装的大面积（非服用）涂层制品	除纺织地毯、褥垫以及泡沫和不用于制造服装的大面积（非服用）涂层制品之外的纺织品	除纺织地板覆盖物以外的所有纺织品	附录 A 规定范围以外的所有纺织品
要求	3 级		无异味	无异味	无异味
异味类型	1. 无气味 2. 轻微气味/可接受/不讨厌 3. 中等气味/可接受/不讨厌 4. 强烈气味/不可容忍/令人讨厌 5. 超强烈气味/不可容忍/令人讨厌	霉味、高沸程汽油味、鱼腥味、芳香烃气味、香味（用于消除或者覆盖纺织材料气味）	霉味、高沸程汽油味、鱼腥味、芳香烃气味、香味	霉味、高沸程汽油味、鱼腥味、芳香烃气味

四、异味检测中易发生的问题

（1）异味检测主要依靠人的感官判定，带有一定的主观性，在重复性和重现性上存在问题。同一样品在同一检测条件下，由于不同的检测人员可能存在感官上的差异，得出的检测结果可能不同;同一样品在不同的检测实验室检验，检测结果也可能截然不同。

（2）异味检测人员缺乏专业的培训评定，对于气味种类分辨不够清楚。无论是芳香烃味、高沸程石油味还是霉味都是一大类物质所具有的气味的统称，检测人员若对各种气味缺乏必要的了解，对高沸程石油味和芳香烃味，每人都有自己的理解，不易清晰辨别，则可能将高沸程石油味和芳香烃味误判。同时纺织品异味还存在其他气味的干扰，如干燥剂气味、香味等。

（3）各检测机构对于样品的抽取、保存、检测期限、检测环境、人员安排等没有统一的规范，造成检验结果相差较大。如纺织品异味非常微弱或者没有散发，检测人员则容易忽视，造成漏判。纺织品在实际存储和使用的过程中，经常遇到高温高湿（与测试环境不一致）的环境，纺织品中的异味散发出来，造成与原测试结果不符。因此，样品在送检前需包装完好，不得破损，否则影响气味的检测结果。

(4)对于测试人员要求较高,测试人员需要有健康的身体,测试前不能抽烟,饮食辛辣重口味食物,不能用有气味的化妆品,另外测试时测试人员不能有感冒鼻塞等影响气味判定的身体状况,否则会影响测试人员对异味的敏感度。

纺织品异味的检测还待进一步的完善,为提高检验结果的准确性,制定颁布科学统一的测试方法很有必要,同时加强检验员必备相关理论知识的学习,同实验室人员应保持一致性,定期比对嗅觉,积累经验,实验室间人员应加强沟通学习,定期组织比对,形成交流常态化机制。

参考文献

[1]王建平,陈荣圻.REACH 法规与生态纺织品[M].北京:中国纺织出版社,2009.

[2]柳映青,牛增元,叶湖水.纺织品安全评价及检测技术[M].北京:化学工业出版社,2016.

[3]高维全,何勇,韩冀彭,等.纺织品异味的来源及检测标准[J].上海纺织科技,2009,31(5):41-43.

[4]陈如,王建平,朱雯喆.GB 18401 新旧版本相关测试方法比较[J].印染,2011,37(11):32-38.

[5]胡年睿,陈英,金培毅.HS-GC-MS 法测定纺织品中的气味强度[J].印染,2017,43(6):46-50.

[6]秋海雄,郑件胜.浅析温湿度对纺织品异味测试的影响[J].中国纤检,2017(9):90-91.

[7]刘晓玉.专家解读纺织品异味检测及注意事项[J].中国纤检,2018(2):68-69.